专用于国家职业技能鉴定

国家职业资格培训教程

铸 造 工

（初级技能　中级技能　高级技能）

劳动和社会保障部
中国就业培训技术指导中心　**组织编写**

中国劳动社会保障出版社

图书在版编目（CIP）数据

铸造工：初级技能　中级技能　高级技能/劳动和社会保障部中国就业培训技术指导中心组织编写．—北京：中国劳动社会保障出版社，2003
国家职业资格培训教程
ISBN 7-5045-3987-2

Ⅰ．铸…　Ⅱ．劳…　Ⅲ．铸造-技术培训-教材　Ⅳ．TG2

中国版本图书馆 CIP 数据核字（2003）第 040909 号

中国劳动社会保障出版社出版发行
（北京市惠新东街 1 号　邮政编码：100029）
出　版　人：张梦欣

*

北京市朝阳展望印刷厂印刷装订　新华书店经销
787 毫米×1092 毫米　16 开本　16 印张　399 千字
2003 年 11 月第 1 版　　2014 年 1 月第 10 次印刷
定价：28.00 元
读者服务部电话：010-64929211/64921644/84643933
发行部电话：010-64961894
出版社网址：http：//www.class.com.cn

国家职业资格培训教程

铸　造　工

编审委员会

主　任　陈　宇

委　员　李　玲　陈　蕾　袁　芳　葛　玮　王宝金

沈照炳　应志梁　楼一光　秦克本　宋安祥

马剑南　焦恒昌　吕一飞　徐文彦　陈寿龙

朱庆敏　李智康　吴伟年　何春生　朱初沛

张海英　吴以平　王一飞　应国强

主　编　周文彬

编　者　（以姓氏笔画为序）

吕志军　邹　镭　周卫东　胡朝晟　徐申江

高德明　黄兆鸿　彭　年　蔡晓军

主　审　王　礼

前言

为推动铸造工职业培训和职业技能鉴定工作的开展，在铸造工从业人员中推行国家职业资格证书制度，劳动和社会保障部中国就业培训技术指导中心在完成《国家职业标准——铸造工》（以下简称《标准》）制定工作的基础上，组织参加《标准》编写和审定的专家及其他有关专家，编写了《国家职业资格培训教程——铸造工》（以下简称《教程》）。

《教程》紧贴《标准》，内容上，力求体现“以职业活动为导向，以职业技能为核心”的指导思想，突出职业培训特色；结构上，《教程》是针对铸造工职业活动的领域，按照模块化的方式，分初级、中级、高级、技师、高级技师 5 个级别进行编写的。《教程》的基础知识部分内容覆盖《标准》的“基本要求”；技能部分的章对应于《标准》的“职业功能”，节对应于《标准》的“工作内容”，节中阐述的内容对应于《标准》的“技能要求”和“相关知识”。

《国家职业资格培训教程——铸造工（初级技能　中级技能　高级技能）》适用于对初级、中级、高级铸造工的培训，是职业技能鉴定的指定辅导用书。

本书由上海汇众汽车制造有限公司的周文彬、吕志军、邹镭、周卫东、胡朝晟、徐申江、高德明、黄兆鸿、彭年、蔡晓军编写，周文彬主编；太原重型机械集团技术中心的王礼主审。

由于时间仓促，不足之处在所难免，欢迎读者提出宝贵意见和建议。

劳动和社会保障部中国就业培训技术指导中心

目　录

第一部分　铸造工初级技能

第二部分　铸造工中级技能

第三部分　铸造工高级技能

第一部分　铸造工初级技能

第一章　生产技术准备

第一节　工艺分析

一、铸造工艺符号及表示方法

作为铸造工，首先应能做到充分理解铸造工程师在设计铸造工艺时的意图和要求，而这些意图和要求是铸造工程师在工装设计制造、造型和制芯等生产过程中，在文件如铸件图、铸造工艺图、铸型装配图上以特定的符号标注方式予以充分的表达，所以只有学习和掌握了这些符号的表示方法，才能充分理解工艺文件上的设计意图和技术要求。

为了交流的方便，原中华人民共和国第一机械工业部对铸造工艺符号及表示方法做了统一规定，见表 1—1，适用于砂型铸钢件、铸铁件及非铁合金铸件。表中各种工艺符号及表示方法均分为甲、乙两类形式表示：甲类形式是在蓝图上绘制的铸造工艺图，表示的颜色规定为红、蓝两色；乙类形式是用墨线绘制的铸造工艺图。表中只列入常用工艺符号及表示方法，不常用的工艺符号及表示方法可自行规定。

表 1—1　　　　铸造工艺符号及表示方法

名称	工艺符号及示例	表示方法	名称	工艺符号及示例	表示方法
1. 分模线		甲：用红色线表示；乙：用细实线表示，在任一端划“<”号	3. 分型线	两开箱 上 下　三开箱 上 中 下　上 下	甲：用红色线表示，并用红色写出“上中下”字样；乙：用细实线表示，并且用细实线写出“上中下”字样
2. 分型分模线	上 下	甲：用红色线表示；乙：用细实线表示	4. 分型负数	1# a 上 下	甲：用红色线表示；乙：用细实线表示，并注明减量数值

续表

名称	工艺符号及示例	表示方法	名称	工艺符号及示例	表示方法
5. 工艺补正量	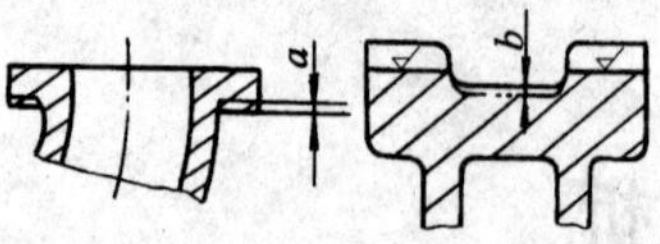	甲：全用红色线表示；乙：用粗实线表示毛坯轮廓、双点划线表示零件形状，注明正、负工艺补正量数值	7. 型芯	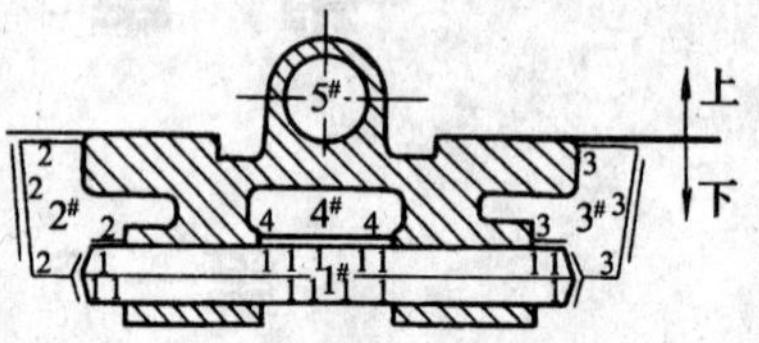	甲：用蓝色线表示；乙：用细实线表示芯头边界，型芯编号用阿拉伯数字$1^{\#}$、$2^{\#}$等标注，边界符号一般只在芯头与型芯交界处用与型芯编号相同的小号数字表示，铁芯须写出“铁芯”字样
6. 不铸出的孔或槽		甲：不铸出的孔或槽在图上用红线打叉；乙：不铸出的孔或槽在铸件图中不画出	8. 机械加工余量		分两种方法，可任选其一：a)甲：全用红色线表示；乙：粗实线表示毛坯轮廓、双点划线表示零件形状，注明加工余量数值；b)在工艺说明中写出上、侧、下字样，注明加工余量数值，特殊要求的加工余量可将数值标在加工符号附近，凡带斜度的加工余量应注明斜度（乙：还需用粗实线表示零件轮廓）

续表

名称	工艺符号及示例	表示方法
9.冒口	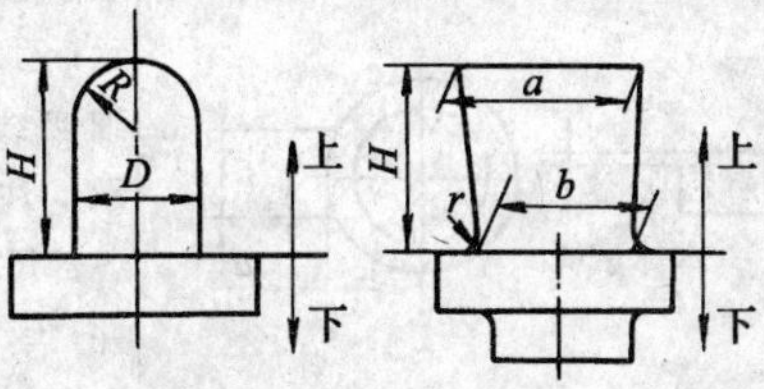	各种冒口，甲：均用红色线表示；乙：均用细实线表示，注明斜度和各部尺寸，并用序号1#、2#区分
10.型芯增减量与芯间间隙	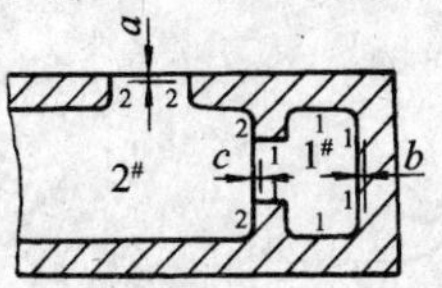	甲：用蓝色线表示；乙：用细实线表示，注明增减量与间隙值，或在工艺说明中注明
11.补贴	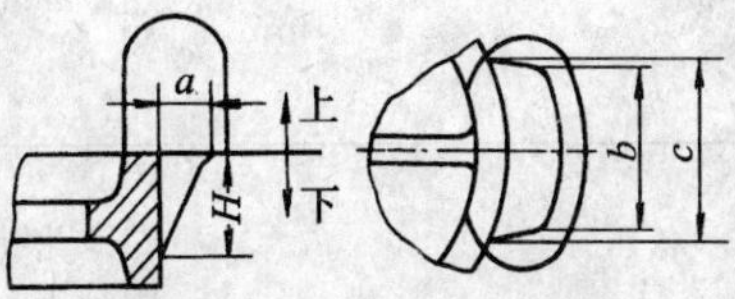	甲：用红色线表示；乙：用细实线表示，并注明各部尺寸
12.出气孔	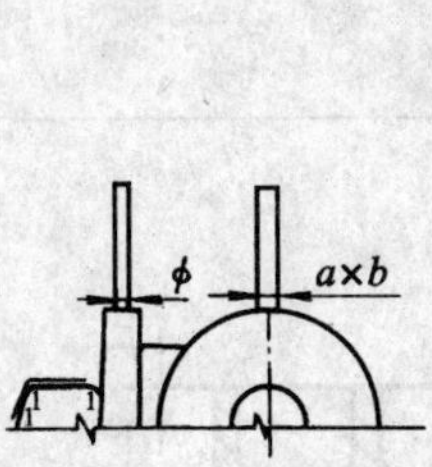	甲：用红色线表示；乙：用细实线表示，并注明各部尺寸
13.芯头斜度与间隙	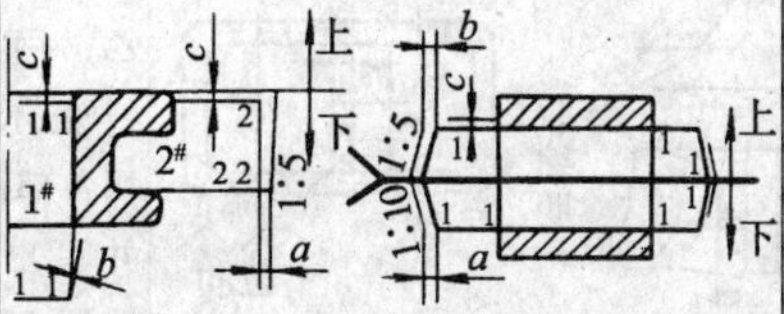	甲：用蓝色线表示；乙：用细实线表示，并注明斜度及间隙值
14.冒口切割余量	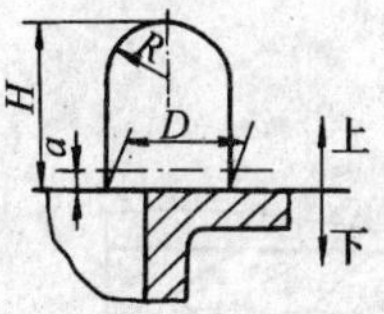	甲：用红虚线表示；乙：用虚线表示，注明切割余量数值
15.捣砂、出气和紧固方向	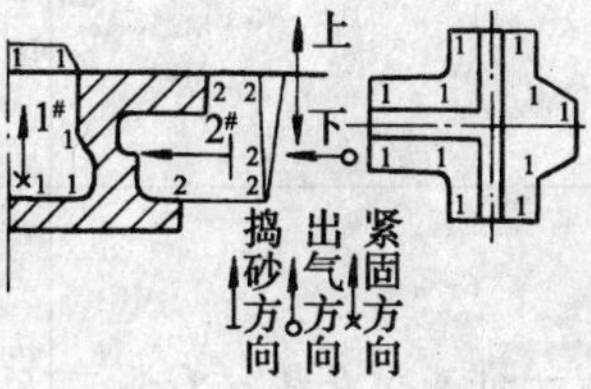	甲：用蓝色线表示；乙：用粗实线表示，箭头表示方向，箭尾划出不同符号
16.冷铁	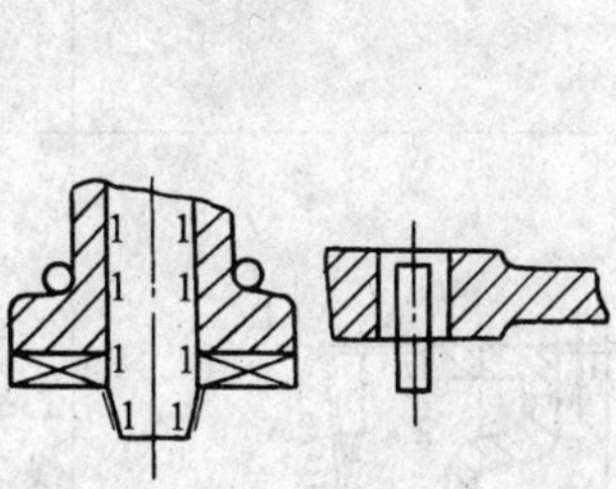	甲：用蓝色线表示；乙：用细实线表示。若为圆钢冷铁，甲：涂淡蓝色；乙：涂淡黑色。成形冷铁打叉，冷铁的编号、数量及规格标注在引线上

续表

名称	工艺符号及示例	表示方法	名称	工艺符号及示例	表示方法
17. 拉肋、收缩肋	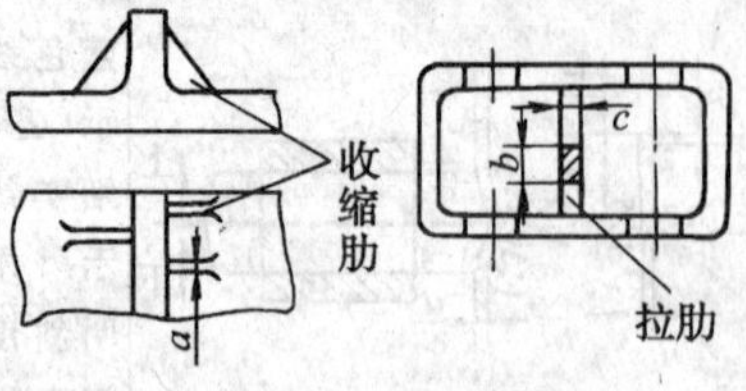 收缩肋 拉肋 a b c	甲：用红色线表示；乙：用细实线表示，注明各部尺寸，并写出“拉肋”和“收缩肋”字样	21. 本体试样	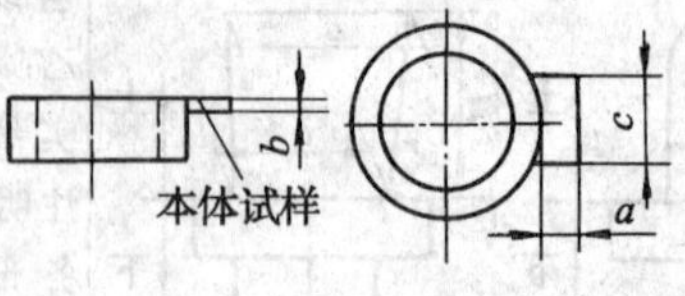 本体试样 a b c	甲：用红色线表示；乙：用细实线表示，注明各部尺寸，并写出“本体试样”字样
18. 样板	 样板	甲：用蓝色线表示；乙：用细实线划出样板轮廓及木材剖面纹理，并写出“样板”字样，专门绘制样板图时，应在检验位置注明样板标记	22. 工艺夹头	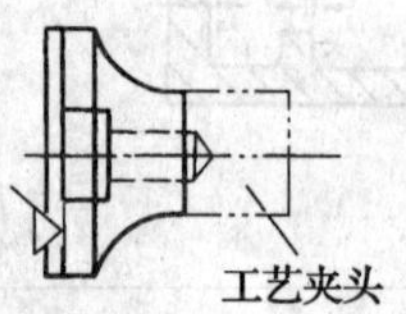 工艺夹头	甲：用红色线表示；乙：用双点划线划出工艺夹头的轮廓，并写出“工艺夹头”字样
19. 浇注系统	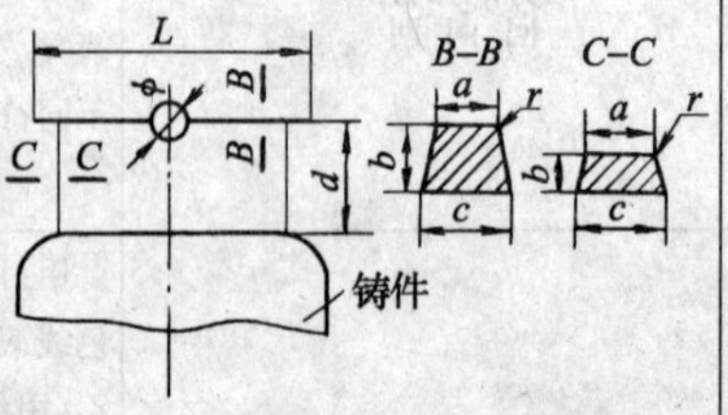 L B B C C d 铸件 B–B a r b c C–C a r b c	甲：用红色线或红色双线表示；乙：用细实线或双细实线表示，并注明各部尺寸	23. 模样活块	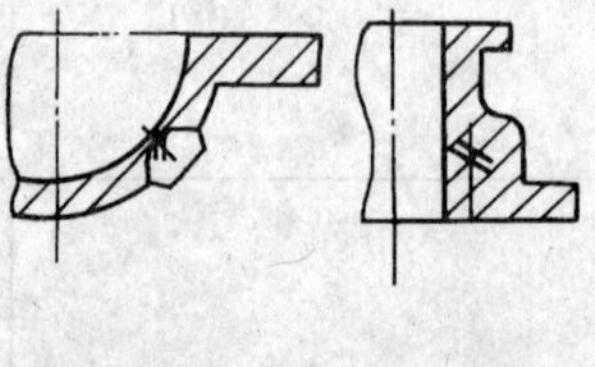	甲：用红色线表示；乙：用细实线表示，并在此线上画两条平行短线
20. 芯撑	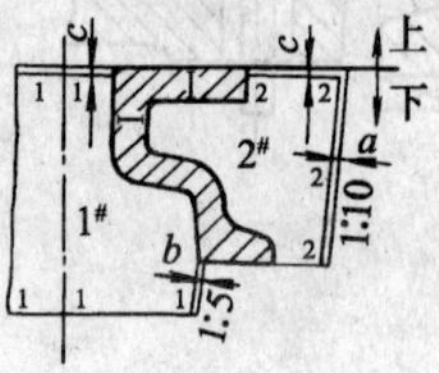 c c 上 下 1 1 2 2 2[#] a 1[#] 1:10 b 1:5	甲：用红色线表示；乙：用粗实线表示，特殊结构的芯撑写出“芯撑”字样	24. 反变形量	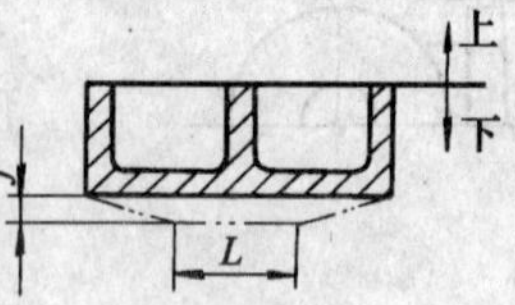 上 下 f L	甲：用红色双点划线表示；乙：用双点划线表示，注明反变形量的数值

二、铸造工艺规程

铸造工艺规程是由设计人员在生产铸件之前编制出来的控制该铸件生产过程的指导性技术文件，它也是生产准备、管理和铸件验收的依据。所以，铸造工正确认识和理解铸造工艺规程对生产出合格的铸件、提高生产率及降低成本有很大的作用。

铸造工艺规程是用文字、表格及图样说明铸造过程的顺序、方法、规范以及所采用的材料和规格等内容的技术文件。各生产厂家根据不同的实际情况一般将铸造工艺规程分为两种形式，一种是通用的工艺文件，另一种是专用的工艺文件。

通用的工艺文件与专用的工艺文件并无本质上的不同。通用的工艺文件一般是对铸造生产中必须遵循的、常规的、通用的操作方法做了具体的规定，其形式有铸造工艺规范、铸造操作规程、工艺守则等。其内容可根据铸造车间生产情况制定，可以是铸造过程的全部，也可以是其中的一部分，如对型砂芯砂的配制、造型制芯、砂型型芯的烘干、合型浇注、合金熔炼、落砂清理等，可制定通用性的（对每一个铸件都适用的）工艺规程。通用的工艺文件也是工厂技术经验结晶的一部分。

而专用的工艺文件是针对不同的用户所提出的对铸件尺寸、形状、材质要求所制定的，其格式和内容由铸件的结构和技术要求决定，其形式一般有铸造工艺图、铸型装配图、铸件图等。专用的工艺文件编制的具体程度和采用的形式又取决于工厂的生产条件和生产性质及加工的复杂程度。例如大批量、机械化生产的铸件，一般有较具体的工艺文件，但对一目了然的加工方式又常不采用铸型装配图。所以，铸造工要认真学习、熟悉工艺文件的使用场合和常用内容、术语等。

1. 铸造工艺图

铸造工艺图是在零件图上采用规定的专用工艺符号，把分型面位置、浇注位置、浇冒口系统及位置、型芯结构、尺寸、数量和加工余量、收缩率、起模斜度、工艺补正量等工艺参数绘制出来的工艺文件，如图 1—1 所示。它对生产的准备，如模样制造、材料和设备的准备及生产后的铸件清理和验收都起着指导作用，同时，也是绘制和编制其他工艺文件的依据和基础。

铸造工艺图是铸造过程中最基本和最重要的工艺文件之一，反映了铸造工艺设计的思路。由于它的专业性较强，故不常用于大批量、机械化生产中的一线生产现场，而以更具体、更简明扼要的工艺文件来指导铸造工的操作。

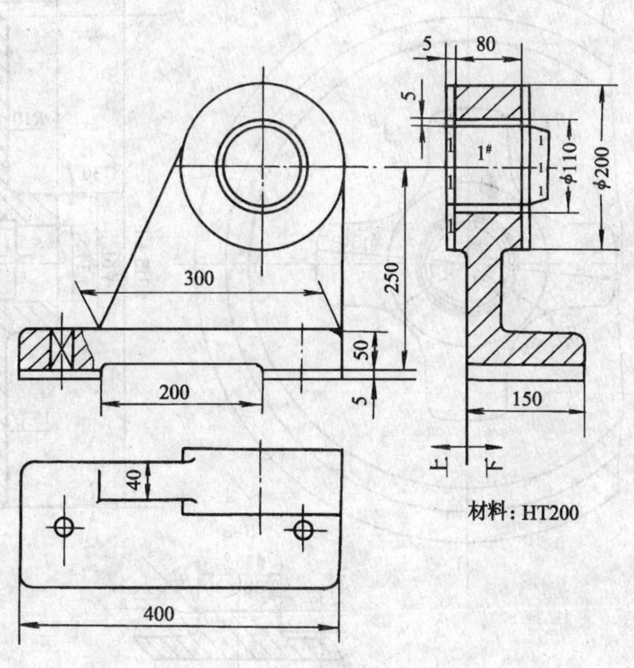

图 1—1　支架铸造工艺图

2. 铸型装配图

铸型装配图是根据铸造工艺图绘制的，它表明了经装配合型后铸型的结构。铸型装配图在图中表示了铸件在砂型中的位置、基本形状和主要壁厚；铸型的分型面位置；型芯在型腔中的位置及下芯顺序和固定方法；铸型排气道的位置和排气方向；冷铁、冒口、浇注系统的基本形状和数量；砂箱结构、形状、合型定位、紧固铸型的方法；标出铸件的主要壁厚检查尺寸、浇冒口主要尺寸、砂箱规格等。它常应用于成批、大量生产的复杂的铸件，是生产准备、合型、检验、工艺调整的依据，其结构如图 1—2 所示。

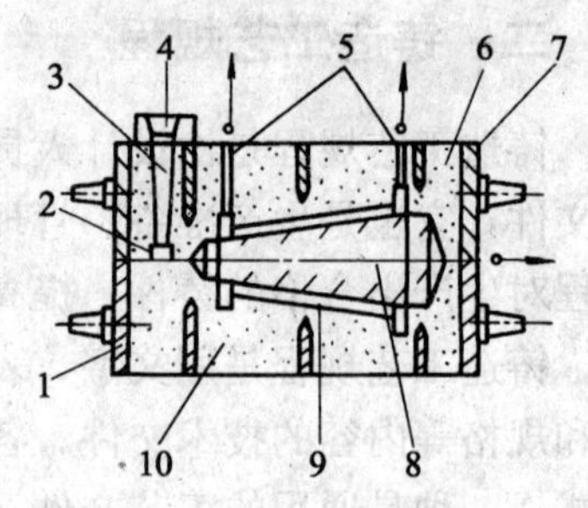

图 1—2　铸型装配图

1—下砂箱　2—横浇道　3—直浇道　4—浇口盆　5—出气冒口　6—上砂型　7—上砂箱　8—型芯　9—型腔　10—下砂型

对于单件小批量生产及简单的铸件不需要绘制铸型装配图。有时，生产厂商也用铸造工艺图替代铸型装配图指导生产。

3. 铸件图

铸件图又称铸件毛坯图，如图 1—3 所示，它是根据铸造工艺图绘制的，是铸造生产用图，也是铸件检验的基准图和铸件验收及设计机械加工工艺、尺寸和夹具的依据。铸件图主要反映铸件实际形状、尺寸和技术要求，把经过铸造工艺设计后的切削余量、加工基准、工艺余量、收缩率、起模斜度、铸肋等改变的零件形状、尺寸公差和精度，以及热处理规范、验收条件等都反映在图样上。适用于成批、大量生产或重要零件。

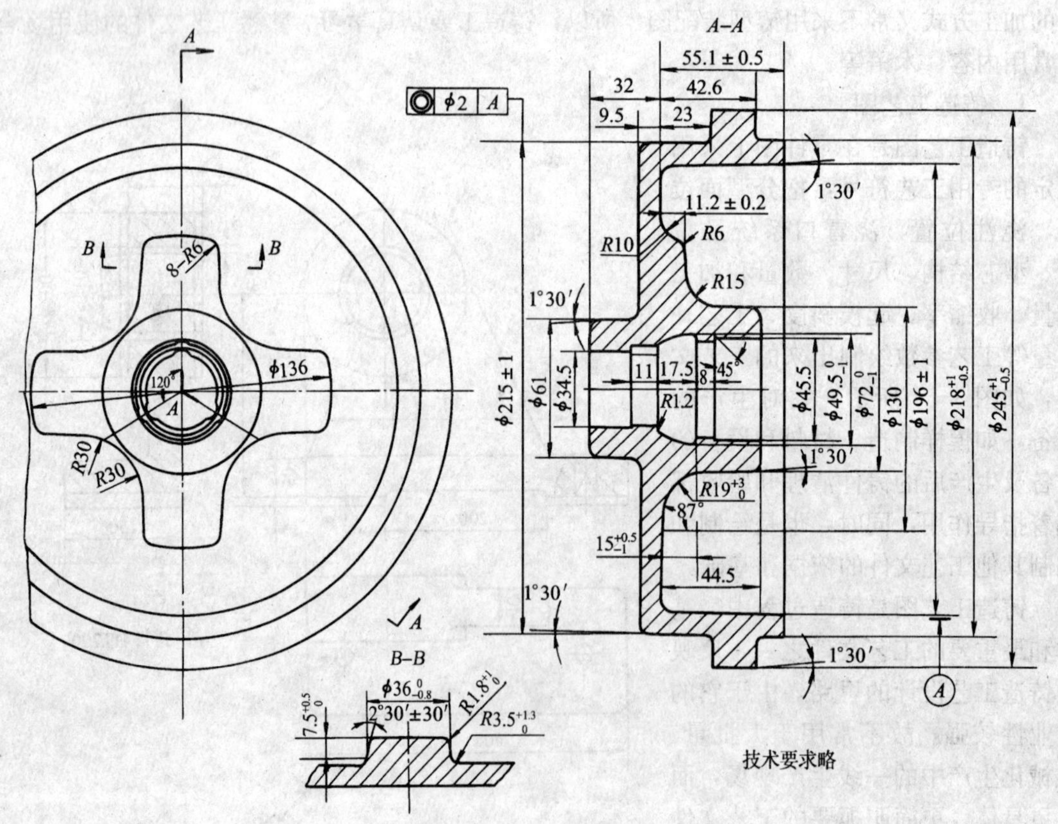

图 1—3　汽车制动毂铸件图

第二节　材料准备

一、常用造型制芯原材料

造型制芯材料的广泛含义是指用来制造铸型、型芯和配制涂料所用的各种材料。

1. 铸造用原砂

（1）铸造用硅砂

铸造用硅砂按国家标准 GB/T 9442—1998 表示为：

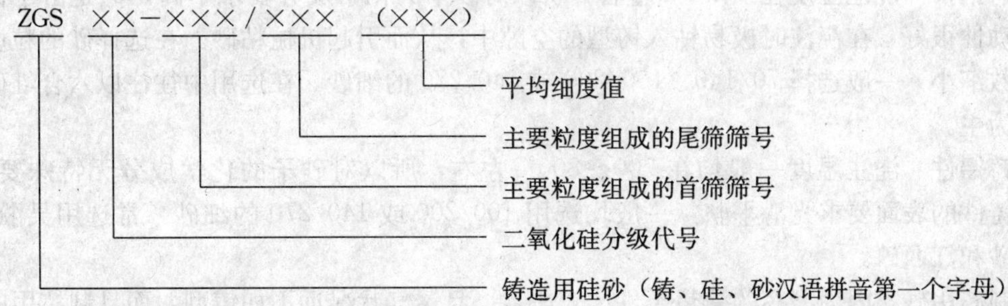

1）二氧化硅分级代号　即指二氧化硅的最低质量分数百分含量。如代号为 98，表示二氧化硅最低含量为 98%。

2）粒度　粒度是标志粒径大小的程度，用筛号表示，见表 1—2，指用铸造标准筛进行筛选试验时，砂粒残留在该筛号的筛上。

铸造用硅砂主要粒度组成通常用残留量最多的相邻 3 个筛的首尾筛号表示。如 50/100 表示该砂集中残留在 50、70、100 号 3 个筛中，且 50 号筛中的残留量比 100 号筛中的多。若 100 号筛中的残留量比 50 号筛中的多，则用 100/50 表示。最集中的相邻 3 个筛上残留砂量之和占砂子总量的百分数称为主含量。主含量越高，粒度越均匀。铸造用砂粒度的主含量应不少于 75%，相邻 4 个筛上的残留量应不少于 85%。

表 1—2　　铸造用硅砂粒度和细度因数

标准筛筛号	6	12	20	30	40	50	70	100	140	200	270	底盘
筛孔尺寸（mm）	3.35	1.70	0.850	0.600	0.425	0.300	0.212	0.150	0.106	0.075	0.053	—
细度因数	3	5	10	20	30	40	50	70	100	140	200	300

3）平均细度　就是根据公式 1—1 计算所得结果取整后的数值，反映了砂子的颗粒分布情况。

$$\text{平均细度} = \frac{\sum P_n X_n}{\sum P_n} \qquad (1\text{—}1)$$

式中　P_n——n 号筛上停留砂粒质量占总量的百分数；

X_n——n 号筛的细度因数（见表 1—2）。

4）含泥量　铸造用硅砂中粒径≤0.02 mm的微粉称为泥，其含量占砂总量的百分数称为含泥量。为降低原砂中的含泥量，可采用水洗、擦洗、浮洗和清洗等方法进行处理。

5）硅砂的选用

①铸钢件　因铸钢浇注温度高，一般在1 500℃以上（最高可达到1 580℃），所以要求硅砂的二氧化硅含量高，通常要求其含量≥92%，同时要求有害杂质如K_2O、Na_2O、CaO、MgO等总量不大于3%，粒度常选用20/40、40/70、50/100。

②铸铁件　浇注温度一般为1 340～1 420℃，对硅砂的二氧化硅含量及耐火度要求均低于铸钢件，二氧化硅含量一般要求≥85%，粒度选用30/50、40/70、50/100、70/140或100/200。在选用中，以内蒙大林砂、河北围场砂、福建平潭砂、江西湖口砂、湖南湘潭砂和江苏阜宁砂为主。

③铸铜件　浇注温度在1 200℃左右，所以对砂中的化学成分要求不高，但是由于铜合金的流动性很好，在浇注时极易钻入铸型的空隙中，从而引起机械粘砂。在选择砂的粒度时要求比数细小，一般选择70/140、100/200或140/270的细砂，在选用中往往以六合红砂和湖口砂为主。

④铸铝件　浇注温度一般均在700～800℃左右，所以对砂子的化学成分无特殊要求。由于对铸件的表面要求光滑平整，一般均选用100/200或140/270的细砂，常选用吴淞砂、六合红砂和江西砂。

⑤制芯用砂　因为型芯的受热条件比较恶劣，且透气状况远不如铸型，而且制芯用的黏结剂种类较多，所以对砂子的要求也不一样。就一般情况而言，砂子的耐火度和二氧化硅含量应比铸型用砂较高。以合成树脂为黏结剂的和以有机物为黏结剂的型芯，对砂子的含泥量要求更低，一般可选用含泥量≤0.50%（或更低）。

6）硅砂的缺点

①硅砂在500～600℃之间会因相变而发生体积膨胀，且膨胀系数较大。

②硅砂的导热系数和蓄热系数低，浇注后的铸型各部分温差较大，铸件在铸型内的凝固和冷却速度比较慢。

③硅砂容易与铁的氧化物作用，铸件易产生化学粘砂。

（2）铸造用特种砂

铸造用特种砂是指非石英质的特种耐火材料，具有更高的耐火度和热化学稳定性，适用于大型铸铁件、铸钢件和合金钢件，也可作涂料的耐火骨料。

1）镁砂　呈深褐色，熔点为1 840℃，碱性，适用于铸造高锰钢的面砂或涂料。

2）锆砂（锆英石砂）　主要由硅酸锆（$ZrSiO_4$）组成，耐火度可达2 000℃，熔点可达到2 204℃，导热性好，热稳定性好，不易与铁的氧化物作用，是中性或弱酸性材料，适用于铸钢面砂、涂料和树脂砂。

3）铬铁矿砂　具有低热膨胀和高导热率，耐火度大于2 000℃，易被熔融金属湿润。因而铸件表面清晰，防铸件粘砂能力较强，常用于大型铸钢件和铸铁件的面砂、芯砂和涂料的耐火骨料。

4）刚玉砂（粉）　硬度高，耐火度高达2 000℃以上，热导率比硅砂高一倍，热膨胀系数比硅砂小一倍，对酸和碱都具有很高的化学抵抗性。主要用作铸造精度高和表面粗糙度低的合金钢铸件的涂料。

5）石灰石砂　其主要优点为溃散性好，除砂容易，但铸件易发生缩孔、气孔和裂纹等缺陷。

6）高铝矾土（又称为熟料）　热膨胀系数小，耐火度较高，同铁及铁的氧化物的浸润性都比较低。一般用于大型碳素钢铸件的面砂或涂料。

7）橄榄石砂　属于碱性砂，熔点为1 540～1 760℃，与硅砂相近。由于膨胀率较小且较均匀，所以橄榄石砂可以有效地减少铸件的夹砂缺陷，特别适用于铸造高锰钢。

2. 铸造用黏结剂

铸造用黏结剂种类较多，大体可分为无机类和有机类2大类。无机类中分铸造用黏土和膨润土2种，有机类有水玻璃、油类和合成树脂3种。

（1）铸造用膨润土

膨润土呈白色、灰色、浅蓝、淡黄、绿色或玫瑰红等颜色，带油脂光泽，有滑腻感。其主要矿物组成为蒙脱石族矿的黏土，蒙脱石含量越高，黏结性越强，吸水能力越大，加水成胶溶液后能长期处于悬浮状态。按其吸附的离子种类可分为钠基膨润土和钙基膨润土。钠基膨润土与钙基膨润土的铸造性能相差极大，钠基膨土对水的黏化作用很大，可以吸附较多的水分子，用其混制的湿型砂的湿抗压强度和热湿抗拉强度都很高，抗夹砂能力也极高。

膨润土的代号为P，在表示方法中要加上主要交换性阳离子的化学元素符号，如钠基膨润土为PNa，钙基膨润土为PCa等。常用膨润土的工艺性能见表1—3。

表1—3　　常用钠基和钙基膨润土的工艺性能

序号	性　能	钠基膨润土	钙基膨润土	序号	性　能	钠基膨润土	钙基膨润土
1	吸水膨胀，胶体分散性	大	中等	5	湿压强度	稍低	高
2	型砂流动性	中等	好	6	干压强度	高	较低
3	热湿拉强度	高	较低	7	型砂韧性	好	中等
4	抗膨胀缺陷能力	好	较低	8	落砂性	较差	好

钙基膨润土中的钙离子被活化剂的阳离子所取代的膨润土称为活性膨润土。常用碳酸钠作为活化剂。

铸造用膨润土按pH值的不同，分为酸性（S）和碱性（J）2种。铸造用膨润土还可以根据工艺试样的湿压强度和热湿拉强度进行分级。

（2）铸造用黏土

铸造用黏土又称为普通黏土或白泥，呈白色或灰白色，其主要矿物质为高岭石，黏土的水化、黏结性、湿压强度和热湿拉强度均小于膨润土。适用干砂型铸铁铸钢件。

铸造用黏土可按耐火度、工艺试样湿压强度值和工艺试样干压强度值进行分级。铸造用黏土以“N”表示。

（3）水玻璃

水玻璃又称硅酸水溶液或泡化碱。由硅石和碳酸钠化合而成，是无色、青绿色或棕色的固体或黏稠液体，属于碱性。

水玻璃的物理性质随着氧化钠和二氧化硅的含量不同而有所差异。氧化钠和二氧化硅的比例称为模数，模数用M表示，模数的大小表明了水玻璃中氧化钠和二氧化硅的相对含量。

当模数不同时，其黏结力也不同。

水玻璃的浓度（密度）是指水玻璃中氧化钠与二氧化硅的固体总量，在水玻璃的模数不变时，其黏结力随浓度的增加而增加。

水玻璃在铸造生产中应用很广泛，可作为型砂芯砂的黏结剂，在铸钢生产中尤为突出。

水玻璃是通过二氧化碳发生化学反应而变化，也可以以加热的方法使其硬化。当水玻璃与油类黏结剂混合在一起时，水玻璃将发生皂化而失去黏结能力。

（4）植物油类

植物油黏结剂的种类较多，有桐油、亚麻油、改性米糠油和塔油等。

在铸造生产中，桐油、亚麻油、改性米糠油比较常用。它们分别是从桐树果实、亚麻油籽和米糠中榨取的植物油，一般呈淡黄色或黄色，其主要成分为脂肪酸和丙三醇。

植物油黏结剂一般用来制作型芯。因其表面张力和黏度较小，芯砂的流动性较好，但湿强度较低，所以型芯在湿态时易产生蠕变，在烘干硬化以后有较高的干强度。

（5）合脂

合脂黏结剂是由合脂经过稀释剂按一定的比例稀释而成的。它是石油的副产品（石蜡）经过氧化、真空蒸馏提取了皂用脂肪酸后的残渣，是呈深褐色、黑色的膏状或半固体物质。稀释剂一般为煤油或轻柴油。

合脂黏结剂一般用来制作不太重要的或小的型芯，其湿强度和干强度均比桐油砂、亚麻油砂差。

（6）酚醛树脂

酚醛树脂是由苯酚和甲醛在酸性或碱性催化剂的催化作用下，经过加热缩聚而成的。酚醛树脂可分为液态和固态两种。

固态酚醛树脂是一种热塑性树脂。它在乌洛托品的作用下并加热，改变了其原来的分子结构，缩聚成体型分子结构的热固性树脂，呈淡黄或深黄色。一般用来制作酚醛树脂覆膜砂，用于壳型壳芯的生产。

当甲醛的克分子数大于苯酚的克分子数时，在碱性催化剂的作用下进行合成反应得到的树脂，其分子结构是带有分支的线形高分子化合物。这种树脂在不加任何固化剂的加热条件下继续缩聚，结成固体结构，而成为不再软化的固体，称为热固性酚醛树脂，呈玫瑰红或淡红色。一般加在糠醛树脂中以增加型芯的干强度和提高抗吸湿性。

（7）糠醛改性尿醛树脂（又称呋喃Ⅰ型树脂）

糠醛改性尿醛树脂是糠醛、尿素和甲醛按比例在乌洛托品的催化作用下缩聚而成的一种热固性树脂，是深褐色或黑色的黏稠状液体。在使用中以氯化铵与尿素的水溶液为固化剂。该树脂一般用于热芯盒制作型芯。

（8）糠醛改性酚醛树脂（又称呋喃Ⅱ型树脂）

糠醛改性酚醛树脂是糠醛、甲醛和苯酚在乌洛托品的催化作用下，加热缩聚而成的热固性树脂，是深褐色或黑色的黏稠状液体。可用乌洛托品或苯磺酸作为固化剂。该树脂一般用于铸钢件的型芯。

3. 铸造用辅助材料

为了改善型砂芯砂的某些性能，必须在型砂芯砂中加入一些附加物，这些附加物称为辅助材料。辅助材料相当广泛，有无机类和有机类。

提高型砂芯砂强度的有糊精、α淀粉、纸浆、糖浆等。

防止铸件粘砂和夹砂的有煤粉、石墨粉、滑石粉、氧化铁粉、渣油和碳酸钠等。

改善型砂芯砂干（湿）透气性的有锯木屑、稻草、纤维物质等。

防止型砂芯砂粘模的有柴油、煤油、硅油及各种脱模剂。

二、型砂芯砂的性能及其影响因素

型砂芯砂是由原砂、黏结剂及某些辅助材料按一定的配比，并经过特定的工艺所混制的混合料。由于黏结剂不一样，用途不一样，混砂工艺不一样，要求的性能也不一样。就常用的黏土型砂芯砂而言，应具备如下一些性能：

1. 强度

在外力作用下，型砂芯砂达到破坏时单位面积上所承受的力称为强度。

型砂芯砂必须具有足够的强度以承受各种外力的作用。如型砂的强度不足，在造型、下芯、合箱、搬动和浇注时，砂型和型芯就可能产生破损、塌落，以及型芯表面经受不住金属液的冲刷，而使铸件产生砂眼、夹砂、胀砂等铸造缺陷。

型砂芯砂的强度分为湿强度、干强度、热强度和表面强度。按受力状态又分为抗压、抗拉、抗剪和劈裂强度等。

影响型砂芯砂强度的因素有：

(1) 原砂的粒度及形状

在黏土的加入量、紧实条件和混砂工艺都相同的情况下，原砂粒度越细或越不均匀，则强度越高。原砂颗粒的形状对强度的影响比较小。尖角形砂虽然有较大的接触面，但因其不易紧实，所以尖角形砂的湿强度往往比圆形砂略差。

(2) 黏土质量

当黏土加入量、紧实条件和混砂工艺不变时，黏土质量越好其强度越高。型砂芯砂随着黏土量的增加，强度也随之提高。钠基黏土的强度较钙基黏土的强度高。目前国内使用的膨润土品种比较多，以辽宁建平的膨润土为优。

(3) 水分

当黏土的种类、加入量不变时，型砂芯砂的湿强度取决于最适宜的水分。随着水分的增加，型砂芯砂湿强度也会增加，当达到一定值时，湿强度下降。但是因水分的变化而引起的型砂芯砂强度的变化，又因黏土的种类而有所差异，钠基膨润土比钙基膨润土小，这是由于黏土的吸水膨胀性和胶体分散性不同。

(4) 紧实度

型砂的紧实度越高，型砂的质点排列越紧凑，质点之间的空隙就越小，型砂的强度就越高。

(5) 混砂工艺

黏土砂混制不好时，型砂中会出现黏土团，使型砂的强度和其他性能都降低。混砂工艺主要控制加料顺序和混砂时间。

2. 透气性

透气性是指紧实砂样的孔隙度。即在标准温度和0.1 kPa压力下，1 min内通过1 cm^2截面和1 cm高试样的空气量。

金属液浇入砂型，尤其是湿砂型时，会产生大量气体，因此砂型必须具备良好的排气能力，否则浇注时有可能发生呛火，造成金属液喷溅，也可能使铸件形成气孔、浇不到等缺陷。砂型的排气能力，一方面由与型腔穿通的出气孔和冒口以及从砂型背部扎出不贯穿的出气孔来决定；另一方面决定于型砂的透气性。

影响型砂透气性的因素有：

(1) 原砂粒度

粒度越粗越均匀，则型砂的透气性越好。

(2) 黏土含量

型砂含水量一定时，黏土加入量越多，则透气性越差。

(3) 水分

合适的水分能保证型砂具有良好的透气性，但不宜过多，否则会降低透气性。

3. 流动性

型砂在外力或本身重力作用下，质点间相互移动的能力称为流动性。

型砂具有良好的流动性就可以得到紧实度均匀、尺寸精确而光滑的砂型和型芯。砂型、型芯越复杂，对型砂流动性的要求越高。流动性好的型砂比较容易压实，压实的速度也较快，高流动性的型砂有利于防止机械粘砂，并获得比较光滑的铸件。

影响型砂流动性的因素有：

(1) 原砂粒度、形状和均匀度

采用粒度大而集中的圆形砂，则型砂的流动性较好。

(2) 混砂工艺

型砂混碾的时间太短或过长、加料次序不对，都可能使型砂流动性降低。

(3) 黏土和水

型砂的流动性随黏土加入量与水的比例在一定范围内增大而降低，黏土的种类对型砂的流动性也有很大的影响。

4. 可塑性与韧性

可塑性是指型砂在外力作用下变形，但当外力去除后能完整地保持所赋予的形状的能力。

韧性是指型砂抵抗脆性破坏的性质。

型砂中的水分对可塑性和韧性的影响比较大。当型砂中的水分较少时，虽然能获得较高的湿强度，但可塑性和韧性较差，起模时铸型易开裂。而略提高型砂的水分，湿强度虽有下降，但型砂的可塑性和韧性会提高，起模时不易损坏铸型。

5. 发气性

型砂被加热时析出气体的能力称为发气性。

型砂发气量的大小与型砂的水分、煤粉和其他附加物的多少有关。在保证型砂的主要性能和铸件表面粗糙度的情况下，应尽可能地降低型砂中的水分、煤粉和其他附加物的加入量。

三、型砂芯砂的分类

生产中所用的型砂和芯砂种类繁多，按黏结剂分为黏土砂、植物油砂、合脂砂、水玻璃砂和合成树脂砂等。按用途分为面砂、单一砂和背砂。按铸型种类分为湿型砂、表干型砂和干型砂等。按浇注的金属种类分为铸铁件用砂、铸钢件用砂和非铁合金铸件用砂等。

1. 面砂

面砂是指特殊配制的在造型时与模样接触的一层型砂。砂型浇注时，面砂直接与高温金属液接触，对铸件质量影响很大，因而面砂应具有较高的强度、韧性、流动性、耐火度和适宜的透气性、抗粘砂和夹砂性等。面砂一般配用的新砂较多或全部用新砂配制。

2. 背砂

背砂是指在模样上覆盖面砂后，填充砂箱用的型砂。背砂只要求具有较好的透气性和一定的强度。背砂一般由旧砂加水配制，必要时加入少量黏土，混砂时间也比较短。

3. 单一砂

单一砂是指不分面砂与背砂的型砂。通常用于中、小型件机器造型，其性能应接近面砂。

采用面砂和背砂，不但便于保证铸件质量，还能降低原材料的消耗，减少舂砂、落砂和混砂的劳动量。但在机器造型车间会使供砂系统复杂并且降低造型机生产率。因此，手工造型多使用面砂和背砂，而机器造型只是在一些重要大件如气缸体等，才使用面砂和背砂。

四、常用涂料知识

涂料是铸造生产的防粘砂材料。

1. 涂料的作用

砂型、型芯表面涂敷涂料有以下作用：

(1) 降低铸件表面粗糙度。一般可比不用涂料的降低 2～3 级。例如采用优质涂料后，可使水泵流道部分的铸件表面粗糙度由不用涂料时的 R_a100～50 μm 降到 $R_a12.5$ μm，并使水泵效率提高 3%左右。

(2) 防止或减少粘砂、夹砂、砂眼等铸造缺陷。

(3) 提高铸件落砂和清理的效率。

(4) 采用添加金属粉末的涂料，可使铸件表面合金化或晶粒细化，提高铸件使用性能。

(5) 用于金属型铸造，可提高金属型的使用寿命，控制铸件的凝固和获得所需金相组织。

2. 涂料的选用

目前，铸造车间使用的涂料种类繁多，必须根据各自特点合理选用。

水基涂料应用较广，因为水便宜、无污染，而且水基涂料比较容易获得许多优良的性能，如悬浮性、涂刷性等，但是，水基涂料层需要烘干。醇基涂料常用乙醇、异丙醇和甲醇作为载体。这种涂料可点燃“自干”，缩短生产周期，节约能源，但涂料成本高，运输不便，悬浮性、涂刷性等不如水基涂料。

铸型涂料按供货状态又可分为浆状、膏状、粉状和粒状 4 种形式。浆状和膏状涂料的特点是涂料已完全制备好，用户使用时只需加入一定量的载体，将涂料稀释到一定的黏度后便可使用。涂料的性能较好，但涂料包装费用高，醇基涂料远距离运输不安全，长期存放会产生沉淀。粉状和粒状涂料中由于不含载体，可用塑料袋包装，包装费用低，运输方便。但用户需有专用的搅拌装置来调配涂料，同时对这种涂料的制备技术要求高，有些性能还难以保证。粒状涂料的优越性高于粉状涂料，使用时无粉尘污染，涂料性能可保证。

3. 涂料的使用方法

涂料的刷涂方法有刷、浸、淋、喷等。

(1) 刷涂法

这种方法是最常用、最简单、最灵活的方法。所用的刷子可分为软毛刷和硬毛刷两种。在刷涂的作用下，涂料变稀，涂料的渗入深度较大，也可避免涂层过厚，但要求工人有熟练的刷涂技术。刷涂主要用于单件生产的砂型或中、大型型芯。

为了刷好涂料，涂料的浓度要合适，刷时要边刷边搅动，并且要刷涂均匀。上涂料膏时，先将砂型（芯）刮去一层，然后抹上 2 mm 左右的涂料膏，用镘刀单方向地将涂料膏压紧压实，再刷一层稀涂料。

刷涂料应注意的事项：

1）涂料要刷涂得均匀，厚薄适当。

2）在用镘刀压实涂料时，不可来回压，以单方向压为好。

3）第一遍涂料要刷得浓一点，稍微晾干后再压实，然后再刷一遍稀涂料。

4）芯头处不应刷涂料，以免妨碍排气。

(2) 浸涂法

将型芯浸没于涂料槽中，停留片刻后取出，淋去多余涂料，即可获得厚薄均匀的涂料层。小型芯需放在漏筐内浸涂。中等大小的型芯一般悬挂在带有机械手的悬链式输送器上进行浸涂。当行进到浸涂工位时，机械手将型芯浸入涂料池中，边行进边转动，然后提起。这适用于大批大量生产性质的车间。浸涂法对简单的小型芯比较合适，生产率高，容易得到表面光滑的涂料层和实现机械化；对复杂的大型型芯不合适，因为多余的涂料流不尽会造成涂料局部堆积。

(3) 淋（浇）涂法

将涂料用低压泵打出，通过雨淋式喷头淋浇在型芯表面，多余的涂料流入池中可继续使用，悬挂型芯（砂型）的装置可以翻转。这种方法节省涂料，生产率较高，但厚度难以控制，适用于大平面、形状简单、没有凹腔的大砂型和型芯。

(4) 喷涂法

适用于大面积的砂型（芯）表面和要求涂料层较厚而需多层喷涂的表面。操作熟练时也能得到光滑的涂料层表面。喷涂法有两种：雾化喷涂和压力喷涂。

1）雾化喷涂　这种方法使用专用的涂料喷枪，通入压缩空气（0.4～0.6 MPa）将涂料雾化后喷洒在砂型或型芯表面。型芯悬挂起来进行喷涂最为有利。在成批和大量生产性质的铸造车间，常设置型芯喷涂生产线。将型芯挂在悬链输送器的吊钩上，当行进到喷涂工位时，吊钩在前进的同时自转，使芯子的各个面都得到喷涂。雾化喷涂生产率高，特别适用于中、大型型芯和大面积砂型。其缺点是由于雾化压力较高，涂料雾有气垫回弹作用，凹槽部位不易喷匀，涂料损失率高，对环境有污染，须采用专用喷涂室强制通风。

因喷涂用涂料密度比刷涂的小，分散介质的消耗量大，对分散介质价格贵的醇基等挥发性强的涂料不合适。用醇基涂料喷涂时，雾化散入空气中的酒精量大，对环境污染比较严重，也易引起火灾，必须注意防火。

2）压力喷涂　与雾化喷涂不同的是压缩空气不与涂料混合，而只是向盛装在密封容器中的涂料加压，使涂料在一定压力下通过喷枪喷涂在砂型或型芯表面。这种喷涂方法不存在

"气垫回弹"，因而凹槽部位也能喷涂均匀，且溶剂挥发少，不污染周围环境。通常多采用低压喷涂，压缩空气压力控制在 0.4 MPa以下。压力喷涂更适用于密度较大的耐火粉料涂料，如锆英粉涂料和铬铁矿涂料。

喷涂时，喷枪的结构、喷嘴直径和压缩空气的压力，都要注意选择。有条件时应尽量采用无气喷涂。近年来，出现了高压无气喷涂的新工艺。这种工艺的涂料层均匀，无飞溅，不污染环境，不仅适用于水基涂料，也适用于醇基涂料。

第三节　铸造合金熔炼

一、铸造合金熔炼的基本知识

1. 铸铁

铸铁是指含碳量的质量分数大于 2.14%，或者组织中具有共晶成分组织的铁碳合金。铸铁大致可分为灰铸铁、球墨铸铁、蠕墨铸铁、可锻铸铁、特殊性能铸铁 5 种基本类型。

(1) 灰铸铁

灰铸铁通常是指具有片状石墨的灰铸铁，含碳量较高。与铸钢相比，其熔化温度较低，熔炼设备和熔炼工艺都比较简单。铸造性能方面，其流动性良好，线收缩率和体收缩率较小，铸件不易开裂，因此适宜铸造结构复杂的铸件及薄壁铸件。

1) 灰铸铁的化学成分　不同牌号的灰铸铁和不同壁厚的铸件的化学成分控制范围见表 1—4。

表 1—4　　灰铸铁化学成分控制范围

牌号	铸件壁厚 (mm)	化学成分（质量分数，%）				
		C	Si	Mn	P	S
HT100	—	3.5～3.9	2.1～2.6	0.5～0.6	＜0.3	＜0.15
HT150	＜30 30～50 ＞50	3.3～3.5 3.2～3.5 3.2～3.5	2.0～2.4 1.9～2.3 1.8～2.2	0.5～0.8 0.5～0.8 0.6～0.9	＜0.2	＜0.15
HT200	＜30 30～50 ＞50	3.2～3.5 3.1～3.4 3.0～3.3	1.6～2.0 1.5～1.8 1.4～1.6	0.7～0.9 0.7～0.9 0.8～1.0	＜0.2	＜0.12
HT250	＜30 30～50 ＞50	3.0～3.3 2.9～3.2 2.8～3.1	1.5～1.8 1.4～1.7 1.3～1.6	0.8～1.0 0.9～1.1 1.0～1.2	＜0.2	＜0.12
HT300	＜30 30～50 ＞50	2.9～3.2 2.9～3.2 2.8～3.1	1.4～1.7 1.3～1.6 1.2～1.5	0.8～1.0 0.9～1.1 1.0～1.2	＜0.15	＜0.12
HT350	＜30 30～50 ＞50	2.8～3.1 2.8～3.1 2.7～3.0	1.3～1.6 1.2～1.5 1.1～1.4	1.0～1.3 1.0～1.3 1.1～1.4	＜0.10	＜0.10

2）孕育铸铁原铁液的化学成分和温度　适当控制孕育处理前原铁液的化学成分和温度，是实现有效孕育处理的重要条件。

原铁液的碳硅含量，应相当于使铸铁组织处于即将由白口向灰口过渡（但仍为白口组织）的临界状态，即相当于白口铸铁的边缘成分。这样，在加入孕育剂时，可收到良好的孕育效果。在孕育处理良好的条件下，适当提高铸铁化学成分中的硅碳比，能减少灰铸铁白口倾向，减小对冷却速率的敏感性，而且还能在一定程度上提高铸铁强度。

原铁液应经过适当的过热和静置，以便使铁液中残存的石墨晶芽有条件得以消除，使悬浮在铁液中的某些可能作为石墨形核基底的夹杂物从铁液中上浮而除去，使铁液得到一定程度的净化。因此应使铁液温度达到 1 450℃以上，并在此温度下静置 10～15 min。

（2）球墨铸铁

球墨铸铁一般是用稀土镁合金对铁液进行处理，以改善石墨形态，从而得到比灰铸铁有更高力学性能的铸铁。球墨铸铁依照基体和性能特点可分为 6 种，即铁素体（高韧性）球墨铸铁、珠光体（高强度）球墨铸铁、贝氏体（耐磨）球墨铸铁、奥氏体－贝氏体（耐磨）球墨铸铁、马氏体－奥氏体（抗磨）球墨铸铁、奥氏体（耐热、耐蚀）球墨铸铁。

球墨铸铁化学成分控制范围见表 1—5，一般薄壁小件含碳量取上限，厚大铸件含碳量取下限。

表 1—5　　球墨铸铁化学成分控制范围（质量分数）　　%

C	Si		Mn	P	S
	珠光体	铁素体			
3.5～3.9	2.0～2.6	2.4～2.9	0.3～0.8	≤0.08	≤0.10

一般球墨铸铁的熔炼过程包括熔炼铁液、球化处理、孕育处理等环节。球墨铸铁件一般需进行热处理，以稳定地获得所需要的基体组织，保证其性能。

（3）蠕墨铸铁

蠕墨铸铁一般用稀土镁合金对铁液进行处理，以改善石墨形态。在石墨蠕化良好的条件下，珠光体蠕墨铸铁的强度和硬度较高，耐磨性较强。而铁素体蠕墨铸铁的导热性较好，在高温作用下，组织较稳定，适于制造在高温下工作、需要有良好的抗热疲劳能力和导热性的零件，如内燃机气缸盖、进排气歧管等。

蠕墨铸铁包括珠光体、珠光体－铁素体、铁素体－珠光体及铁素体 4 种基体的蠕墨铸铁。

1）蠕墨铸铁的化学成分　一般蠕墨铸铁化学成分控制范围见表 1—6。

表 1—6　　蠕墨铸铁化学成分控制范围（质量分数）　　%

C	Si	Mn	P	S
3.6～3.8	2.4～2.7	<1.0%	<0.08	<0.09

2）蠕墨铸铁的生产方法　蠕墨铸铁的生产过程与球墨铸铁大体相似，包括熔化铁液、蠕化—孕育处理、浇注铸件、清理铸件和质量检验等。但蠕墨铸铁件一般不进行热处理，而以铸态使用。为了保证蠕墨铸铁的质量，最重要的是要熔炼出含硫量低的铁液，以及有效的

蠕化—孕育处理。在这些方面，与生产球墨铸铁有一定的相似之处。

(4) 可锻铸铁

可锻铸铁是将白口铸铁通过固态石墨化热处理得到的具有团絮状石墨的铁碳合金。采用不同的热处理方法，可以得到具有不同组织和性能的可锻铸铁，即黑心可锻铸铁、珠光体可锻铸铁和白心可锻铸铁。

一般可锻铸铁化学成分控制范围见表1—7。

表1—7　可锻铸铁化学成分控制范围（质量分数）　%

C	Si		Mn		P	S
	珠光体	铁素体	珠光体	铁素体		
2.3～2.8	1.3～2.0	1.2～1.8	0.4～0.7	0.3～0.6	<0.10	<0.15

(5) 特种铸铁

特种铸铁是指具有特殊使用性能的铸铁材料，主要包括抗磨铸铁、耐热铸铁和耐腐蚀铸铁。为了使铸铁具有这些特殊使用性能，需要使铸铁有一定的组织。特种铸铁中既有非合金铸铁（例如普通白口抗磨铸铁），也有低合金铸铁、中合金铸铁和高合金铸铁（如中锰抗磨用球墨铸铁及高铬抗磨用白口铸铁等）。

2. 铸钢

铸钢按化学成分可分为碳素钢和合金钢，在合金钢中按合金元素含量的多少可分为低合金钢、中合金钢和高合金钢，铸造材料用的主要有铸造碳钢、铸造低合金钢和铸造高合金钢。

(1) 铸造碳钢及铸造低合金钢

铸造碳钢及铸造低合金钢是以碳作为主要强化元素的钢种。结构用钢的含碳量范围为w_C=0.12%～0.62%，属于亚共析钢成分，其组织由不同比例的铁素体和珠光体组成。钢的力学性能主要受含碳量影响。钢的热处理方式包括退火、正火、正火加回火及淬火加回火。在不同热处理条件下，钢的性能有一定的差别。特别是在实际的铸件中，由于凝固过程和结晶条件的不同，使同样化学成分和热处理条件下的性能，可能产生相当大的差异。

1) 铸造碳钢　一般工程用铸造碳钢的化学成分见表1—8（GB/T 11352—1989)。

表1—8　一般工程用铸造碳钢的化学成分的上限值（质量分数）　%

铸造碳钢牌号	C	Si	Mn	S	P	残余元素				
						Ni	Cr	Cu	Mo	V
ZG200—400	0.20	0.50	0.80	0.01	0.01	0.30	0.35	0.30	0.20	0.05
ZG230—450	0.30		0.90							
ZG270—500	0.40									
ZG310—570	0.50	0.60								
ZG340—640	0.60									

注：对上限值，含碳量每减少0.01%，允许锰增加0.04%，但最高至1.00%（除ZG200—400最高1.20%外）。需方不要求时，残余元素可不做分析。

2) 通用铸造低合金钢　在机械制造中，通用的铸造低合金钢主要包括锰系、铬系和镍系3个系列。这些系列的钢种是在铸造碳钢的成分基础上进行合金化，并通过相应的热处理，以获得比铸造碳钢更高的常温力学性能的。

3）具有特殊性能和用途的低合金钢　根据对铸件提出的特殊使用性能要求，有专门用途的铸造低合金钢钢种，其中包括用于厚大截面而又不允许淬火处理的析出强化型低合金钢、耐热用低合金钢、低温用低合金钢以及抗磨用低合金钢等。

（2）铸造高合金钢

在铸造高合金钢中，加入的合金元素总量在10%（质量分数）以上。加入的合金元素可以是一种、两种或更多种。钢中含有大量合金元素后，组织发生了根本的变化，使钢具有特殊的使用性能。

高合金铸钢实际上是特种铸钢。与特种铸铁相比，高合金铸钢具有更高的性能，特别是力学性能。如高铬抗磨白口铸铁，虽有很高的抗磨性，但其韧性较差，不适于在高冲击力的作用下工作，而高锰钢则既有很高的抗磨性，又有很高的冲击韧性，能经受高冲击磨损。又如高硅铸铁在酸类介质中有强耐蚀性，但其强度很低，极易脆裂。而奥氏体不锈钢则既具有耐蚀性，又有较高的强度和很高的冲击韧性。再如高铬铸铁虽有很高的耐热性，但也是低强度、高脆性的材料，而高铬镍钢和铬锰氮钢则具有很高的强度和韧性。因此，高合金铸钢比特种铸铁更适用于在重载荷、冲击和振动条件下工作的机器零件，比特种铸铁具有更大的可靠性和安全性。

3. 非铁合金

熔炼工艺对有色合金铸件的性能和缺陷有很大影响。多数有色合金易产生气孔和夹杂，尤其是钛合金、铝合金、镁合金和某些铜合金。

（1）铸造铝合金

根据生产条件的不同，可采用不同熔炉熔化，如坩埚炉、感应炉、反射炉等。熔炉与能源消耗和冶金质量有直接关系。

铸造铝合金的熔炼工艺要点：

1）熔化前的准备与投料　凡与铝液接触的用具，如坩埚、搅拌用具、取样勺、浇包等，都必须干燥、预热，并刷涂料。涂料如有脱落应补涂。发现锈蚀时，把陈旧的涂料层除掉，然后重新涂刷。待坩埚预热至暗红色时，先加入熔点较低的回炉料、合金锭，再加铝锭和中间合金。对于易氧化易挥发的元素，如稀土元素、镁、钙和锌等，在熔化末期铝液的温度较低时加入，如在680～700℃时将镁压入铝液内。有时变质或细化处理时温度较高，为了迅速降低铝液温度，可预留出少量的金属，也可以用本牌号的回炉料，最后加入。

2）加热熔化　投料后要尽快升温熔化，熔化后铝液不要过热，以防吸气。对Al－Mg合金，要加入覆盖剂，使炉料一旦熔化，就处在覆盖剂层的保护之下。

3）精炼处理　达到精炼温度后，进行精炼处理。如果采用吹气精炼，可以加入质量分数为0.1%～0.5%的覆盖剂。

4）变质处理　根据工艺规定，有的合金在精炼处理之后，要进行变质处理和细化处理。对某些长效变质剂如磷和锑等，可以在预制合金锭时加入，也可以在精炼后加入。其他如锶、钡、稀土、钠、铋、碲等在精炼之后加入，钡和铋以中间合金形式加入，碲以纯物质加入，盐类细化剂一般在精炼之后加入。因钛易产生偏析，尤其是钛加入到高强度Al－Cu合金时，要加强搅拌，勿长时间静置。变质和细化处理后要进行检验。

5）调节温度和浇注　一般情况下，变质温度高于浇注温度。因而变质或细化处理后，要调节温度。浇注时扒净液面上的渣，对 Al—Mg 合金，在扒渣之后，要向液面上撒一层质量分数分别为 50％硫黄粉＋50％硼酸的混合物，以防铝液氧化。静置时间过长，如大于 2～3 h，要重新进行精炼处理。钠变质后，要求在 30 min 内浇注完毕，以防变质失效。

（2）铸造铜合金

对铜合金的炉料和熔剂要求及炉料和坩埚的预热要求与铝合金相同。除普通电阻丝加热炉外，铝合金使用的熔炉均适用于铜合金。根据氢氧平衡原理，铜合金熔炼可采用弱的氧化性气氛。使用液体和气体燃料时，要有适当的过剩空气，烧嘴的火焰呈透明白亮色。也可以加入氧化熔剂来实现。

（3）铸造镁合金

镁合金液的表面氧化膜是疏松的，而且镁是活泼元素，与氧的亲和力强，熔炼时，与大气中的氧气、水蒸气和氮气反应生成夹杂，夹杂物处常伴随有缩松和气孔。另外，由于使用熔剂，使产生熔剂夹杂倾向大，它将成为镁合金铸件的腐蚀源。为了防止镁液与大气的反应，在熔炼过程中，始终要有覆盖剂保护着，为了去除镁液中的氧化物夹杂，要撒入足够数量的精炼剂进行精炼，精炼过程中使镁液产生平稳循环流动，保证精炼剂能充分吸附夹杂物，尔后沉淀在坩埚底部。为了提高性能，要采取细化晶粒处理。所用覆盖剂以氯、氟盐为主。最好在细化晶粒前、后进行两次精炼。

选用钢板焊接坩埚为佳，因为铸铁中含硅量高，石墨坩埚中含有 SiO_2，从而使镁液中含硅量增加，污染镁液，并对坩埚有较快的浸蚀作用，容易产生漏镁事故。

镁液易与氧气及水蒸气产生燃烧反应，因而在熔炼过程中要特别注意安全。一旦产生漏镁燃烧事故，切忌泼水。若漏得不严重，应立即吊出坩埚铸锭，或将其放入盛有干燥 MgO 粉的容器内；如果漏镁严重，可直接撒入大量的干燥熔剂覆盖燃烧的液面。

（4）铸造钛合金

钛合金的比强度、热强性、耐热性、耐蚀性是其他合金所不能比拟的，但是它的冶金制造技术却有很大的难度。这是因为钛是非常活泼的金属，在几百摄氏度条件下就开始吸氢、氧和氮，熔融条件下，和氧、氮、氢及碳的反应相当快，其中氧、氮的危害性最大。一旦氧、氮溶解后，就难以除去，即使微量的氧、氮也能严重降低钛合金的塑性。目前尚找不到一种不污染钛合金液的耐火材料。钛及其合金的熔炼和铸造必须在较高的真空度或惰性气体（Ar 或 Ne）保护下进行。目前，使用的坩埚是水冷铜坩埚，铸型材料是紧密石墨，尽管铸件表面有碳的污染，但价廉易得，在铸钛中应用广泛。

（5）铸造锌合金

锌合金熔炼温度低，坩埚使用寿命较长。但因 Pb 和 Sn 对锌合金耐蚀性影响不良，所以熔锌与熔铜坩埚应严格分开。此外，熔锌坩埚不宜采用铸铁坩埚，所用工具也应涂刷适当涂料，以防锌与铁发生反应。

锌合金一般不需进行精炼处理，所以熔耗量的质量分数在 1％～2％左右。但精炼处理时，熔耗量的质量分数可达 8％左右。

熔炼锌合金时，各元素的烧损率（均按元素质量分数计）大致如下：Zn 1％～3％；Al 1％～1.5％；Cu 0.5％～1.0％；Mg 10％～30％。

对于高铝锌合金还可加入 B、Ti—B、Zr、La 或 Ce 等变质剂进行变质处理，以提高其力学性能。

二、炉前检验方法

1. 铸铁炉前质量检测

(1) 灰铸铁炉前质量检测方法

1) 三角试样法　三角试样的规格如图 1—4 所示，试样砂型可用干砂型或湿砂型。试样冷却至暗红色（600～700℃）淬水，若水强烈沸腾，则试样温度过高，下水速度过快；若水微沸腾，并有吱吱声响，则速度合适。试样冷却后打断，测量试样白口宽度 B，观察截面颜色和组织。

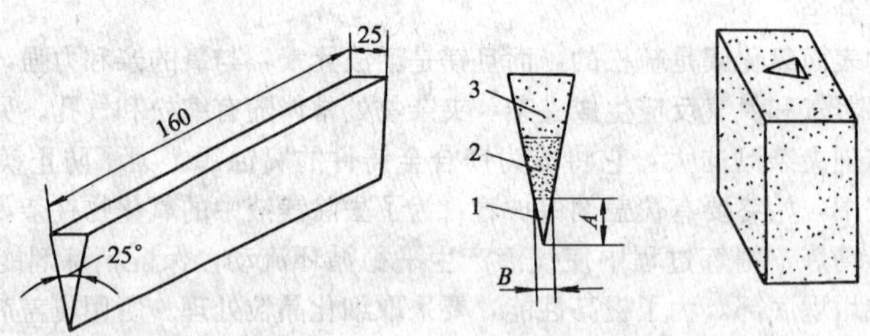

图 1—4　三角试样

1—白口层　2—麻口层　3—灰口层

一般白口宽度应为铸件薄壁处的 1/6～1/3（湿砂型比干砂型激冷作用强，白口宽度偏宽）。白口宽度过大，铁液应补加孕育剂，一般补加 $w_{FeSi75}=0.1\%$，白口宽度可减小 1～1.5 mm；白口宽度过小，应向包内冲入适量铁液以调整其成分。根据断口颜色确定含碳量范围，由白口宽度确定（Si+C）总量，即可知道硅的含量。

此方法一般多用于检验高牌号铸铁。

2) 圆柱形试样法　将铁液浇入预热至 200℃的铁模（如图 1—5 所示）内，试样冷却至暗红色淬水，然后打断，观察断口颜色、白口层深度、试样顶部变化情况，可判断铁液碳硅含量和铸铁牌号。若断口组织里外均匀细致，则碳当量适中，孕育良好，壁厚敏感性小；若内部粗大里外不均，则碳当量高，孕育不良，壁厚敏感性大。

此方法一般都用于检验低牌号铁液。

(2) 孕育铸铁的炉前检测

检验方法有三角试样法、化学分析和金相检验等。三角试样检验仍是目前工厂应用最广泛的一种简便方法。一般先根据本厂铸件壁厚和牌号要求，确定孕育前后三角试样的白口宽度值，然后再确定孕育剂的加入量。表 1—9 可作为实际控制时的参考。

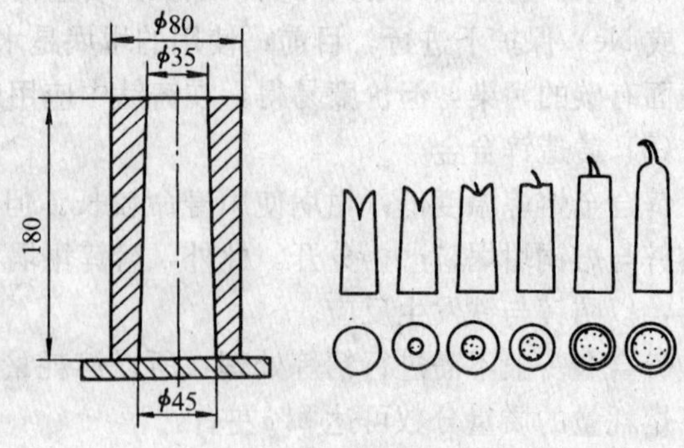

图 1—5　圆柱形试样及检查情况

表 1—9　　孕育剂（FeSi75）加入量

铸铁牌号	铸件壁厚（mm）	三角试样白口宽度（mm）		孕育剂加入量（质量分数，%）
		原铁液	孕育后	
HT200	5～15 35 60	1～5.5	1～3 2～4 4～4.5	0.05～0.15
HT250	8～15 35 60	6～12	3～4 4～6 6～7.5	0.15～0.3
HT300	15 35 60	8～15	4～6 6～9 8～12	0.2～0.5
HT350	20 35 60	9～15	4～6 6～9 8～12	0.2～0.5
HT400	20 35 60	12～24	4～6 6～9 8～12	0.2～0.5

（3）蠕墨铸铁的炉前检测

三角试样尺寸为：底宽 20～22 mm，高为 40～45 mm，长 100 mm，宏观断口特征如图 1—6 所示。

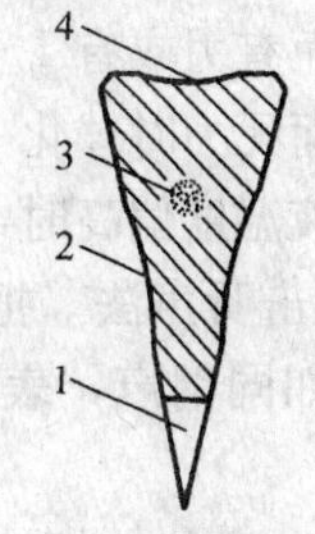

图 1—6　蠕墨铸铁三角试样断口

1—白口　2—侧面缩凹
3—中心缩松　4—顶部缩凹

试样断口呈银灰色，晶粒较细，中心有轻微可见缩松，顶部和两侧有轻微缩凹（处理成功的全白口，也可能不出现缩凹现象），用铁器敲击有钢声时，表面蠕化处理效果良好。白口宽度为 3～7 mm 时可浇注中大件和较厚件，白口宽度小于 3 mm 时可浇注小而薄的铸件。

试样断口呈暗银灰色，组织已细化，但仍较粗，中心缩松不明显，顶部和两侧缩凹，白口宽度不大，说明加入量为“临界点”，可抓紧浇注薄而小的铸件。也可补加质量分数为 0.2%的稀土硅合金，进行二次处理。

试样断口呈暗银灰色，组织粗大，中心无缩松，顶部和两侧无缩凹，无白口或有 1～2 mm 白口，敲击时有“哑闷”声，说明加入量低于“临界点”，必须补加质量分数为 0.2%～0.4%的稀土硅合金，重新处理。

试样断口呈暗银灰色，组织很细，中心有明显缩松，顶部和两侧有较大缩凹，敲击有钢声而较脆，白口宽度很大，则表明稀土合金加入量过多。这时可以提高铁液级别，浇注厚大铸件，或补加少量原铁液以相对减少稀土合金的加入量。尤其是试样断面有“冰壳”组织时，可在补充适量铁液的同时，补加少量蠕化剂如硅铁进行二次孕育，否则，浇注中、小件时会因变脆而发生裂纹。

经过处理的铁液浇注后，若试样白口宽度不断减少，则表明蠕化作用不断衰退；若试样白口宽度不断增大，则表明孕育作用不断衰退，此时可改进孕育方法或调整孕育剂的加入量。

(4) 球墨铸铁的炉前检测方法

1) 三角试样法　断口呈银灰色丝绒状，组织较细，中心有缩松（稀土镁球墨铸铁的中心缩松不明显），顶部和两侧有缩凹，试样有大圆角，角上有白口，敲击时有钢声，淬水后砸开有电石气味，则球化良好；断口呈银灰色，中心有分散黑点，则球化不良；断口呈暗灰色颗粒状或黑麻断面，角上无白口，表明未球化；断口呈麻口或白口，晶粒呈放射状，表明有球化而孕育不足，可补充孕育剂。

2) 圆柱试样法　用处理后的铁液浇注（ϕ20～ϕ30 mm）×120 mm 的圆柱形试棒，冷却至暗红色（600～700℃）淬水，打断并观察断口。试样断口呈银灰色，组织致密，中心有缩松，有电石气味，敲击有钢声，则球化良好；试样断口呈暗灰色，中心无缩松，则表示未球化。

3) 铁液表面膜观察法　球墨铸铁铁液表面有一层很厚的氧化膜，与灰铸铁铁液表面有以下区别：铁液温度越低，氧化膜越明显，当温度超过 1 380℃时，则难以鉴别（此法对稀土镁球墨铸铁不适用）。

球化时，铁液表面平静，覆盖一层皱皮，温度下降后会出现五颜六色的浮皮；未球化时，表面翻腾严重，氧化皮极少，并集中在中央；半球化时，表面现象介于两者之间。

4) 火苗检验法　球化后在补加铁液搅拌、倒包时，铁液表面有火苗窜出，这是镁蒸气逸出燃烧的现象。火苗越多、越蓝、越有力，球化越好。大于 40 mm 的大火苗 3 个以上、小火苗多而有力或有 1～2 个大火苗、杂有 10 个以上的小火苗时球化良好；小于 15 mm 的小火苗少而无力时球化一般（衰退快）；看不到火苗时表明未球化。

在铁液温度偏高时，火苗有萎缩现象，稀土镁球墨铸铁的火苗特征不明显。

5) 敲击听声法　把试片悬空敲击，利用球墨铸铁吸振性差、传音强的特点进行鉴别。尖锐有韵如同钢声，表明有球化；尖锐有韵但响声不长，则半球化；声音闷哑，则未球化。

6) 快速金相分析法　以直径 ϕ20 mm×20 mm 或 ϕ30 mm×30 mm 试棒，凝固后淬水冷却，在砂轮上磨去表面，经粗磨和抛光后用显微镜观察，按球化标准评级。此法可在 2 min内完成，比较准确可靠，由于铸件比试棒大，试棒球化级别要比铸件高一些。

7) 热分析法　用电子电位差计直接记录球墨铸铁试样（ϕ 40 mm×60 mm）的冷却曲线。将记录的曲线与各种球化级别的标准曲线相对照，确定所测试样的球化级别和渗碳体数量，此法约需 2 min 即可完成。

(5) 可锻铸铁的炉前检测方法

1) 三角试样法　与孕育铸铁的方法类似，采用湿砂型竖浇，冷却至 750℃（呈紫红色）以下时淬水，然后打断观察其截面。要求三角试样截面呈全白口或中心有少数灰点，若断口中心灰点较多，则应用该铁液浇注较薄的铸件，或往铁液中补加质量分数为 0.001%～0.003%的铋。

2) 圆柱试样法　采用湿砂型浇注直径等于铸件最大壁厚的 1.5～2 倍，长度为 200～250 mm 的圆棒，冷却至 750℃以下淬水，打断后观察其截面。

整个截面为白口，其中心有5～10个小灰点，则碳、硅总量适当；试棒顶部收缩小，淬水时有微裂现象，试棒不易敲断，截面无针状碳化物出现，呈灰黑色细密组织，则碳低、硅低；试棒顶部不缩，淬水时热裂现象严重，截面呈灰色粒状组织（与碳钢组织相似），试棒易于敲断，则碳高、硅高；试棒顶部收缩大，敲打时性脆，截面平直，针状碳化物从边缘伸至中心，粗大发亮，则碳低、硅高。

3）快速化学分析　浇注一 ϕ20 mm×25 mm 的试块，冷却至750℃以下淬水，钻取粉末分析成分。根据分析结果，鉴别铁液质量和对铁液成分进行调整。

2. 钢液成分的炉前质量检测方法

钢液成分的炉前质量检测方法见表1—10。

表1—10　铸钢炉前检测方法

方法	简　述	质量判断	适用范围
快速化学分析	—	取样快速分析，提供定量数据，准确可靠	测钢液化学成分（碳、硅等十余种）
光谱分析	用专用光谱分析仪测定	迅速、数据定量、准确可靠	十余种元素
结晶定碳法	原理与热分析法相同，钢液的含碳量与液相线的转化温度存在准确的对应关系	用结晶定碳仪测出钢液的开始结晶温度，在经数理统计得出的碳温对照表查出相应的含碳量	测钢液含碳量迅速、准确
炉内火焰观察	1. 炉内火焰熊熊，看不清 2. 炉内火焰弱，看到出钢口 3. 吹氧过程，火焰突然收缩	1. 碳的质量分数在0.3%以上 2. 碳的质量分数在0.3%以下 3. 碳的质量分数在0.1%以下	判断低碳钢液的含碳量
钢液火花观察	钢液含碳量与其氧化时飞溅的火花形状有一定的关系。取一勺钢液，平放在地上，此时观察钢液飞溅的火花形状	根据火花的特征、数量、高低判断钢液含碳量 碳高，火花短，分岔多 碳低，火花长，分岔少	判断钢液含碳量
液面黑点数量法	扒去试样勺上的浮渣，再观察钢液液面的“黑点数量”，钢液温度越高，则“黑点”越明显	黑点不多：w_{Si}=0.20%左右 黑点很多：w_{Si}=0.37%左右 黑点密布：w_{Si}=0.40%	判断含硅量，用于钢液含硅较高时

3. 铸造铝合金变质效果的检测

变质效果的检测方法见表1—11。

表1—11　变质效果的检测方法

方　法	简　述	适用范围
根据弯曲判断	浇注 ϕ15 mm×200 mm 的试样，冷却后折角判断，弯角在90°以内不开裂，断口呈银色细晶组织，表明变质良好。ZL104、ZL101合金试样弯角可以至90°以上而不折断	铸造铝合金
试样断口观察	砂型浇注三角试样或 ϕ15 mm×30 mm 的圆棒状试样，或金属型浇注扁平试样（25 mm×6 mm 矩形试片），试样冷却后击断，观察其断口	铸造铝合金、镁合金

续表

方　法	简　　述	适用范围
液面花纹鉴别法	未变质试样表面光泽发亮；变质后试样液面出现蓝紫色亮纹，并逐渐呈灰白色，后出现花纹，花纹粗、明显，分枝发达，且凝固后试样表面无银白色光屏，呈淡灰色，并有明显花纹，则变质完全	ZL102
变质测量仪	变质效果越好，电导率越高，因此可找出合金由于变质而引起电导率的变化与结晶组织关系，用比较法测出变质后的微比电导值 Δb 进行炉前快速定量地测出变质效果	铸造铝合金

断口状态与变质效果的关系见表 1—12。

表 1—12　　变质后试样断口状况

变质效果	断　口　状　态	采　取　措　施
变质良好	银白色，断口平整，组织细密，无明显的硅亮点	应尽快浇完
变质不足	暗灰色，断口较平整，组织粗大，有明显硅亮点	加入少量变质剂，重新变质
变质过度	青灰色，断口不平整，组织粗大	适当延长静置时间，让钠逸出一些

4. 铸造铜合金炉前弯曲检测

用金属模浇注试样。

铝青铜试样出模后冷却到 550℃以下，颜色暗红时淬水；黄铜和锡青铜应在浇注后 20～30 s 以内淬水。然后将试样三分之一端夹在台钳上，用锤子打击至断为止，测量其折断角 α，观察其断口，判断标准及矫正方法见表 1—13。

只有当合金液的含气量试验及断口检查合格后，弯曲试验的结果才算准确。

表 1—13　　铸造铜合金炉前检测标准及矫正方法

代表合金牌号		铸造锡青铜 ZCuSn5Pb5Zn5	铸造锡青铜 ZCuSn10P1	铸造铝青铜 ZCuAl10Fe3	铸造硅黄铜 ZCuZn16Si4	铸造铝黄铜 ZCuZn25Al6Fe3Mn3
含气量检测	合格	—	—	收缩显著，缩穴呈较深凹洞	表面微凹或冷却后表面覆盖有完整的黑色薄膜	收缩显著，缩穴呈较深凹洞
含气量检测	不合格	—	—	收缩不显著，表面平坦，微凹缩下后又凸出	表面凸出	收缩不显著，表面平坦，微凹或凸出
含气量检测	矫正方法	—	—	用六氯乙烷或脱水氧化锌精炼除气，或吹氮、吹氯除气	沸腾去气 吹氮去气	用六氯乙烷或脱水氧化锌精炼除气，或吹氮、吹氯除气

续表

代表合金牌号		铸造锡青铜 ZCuSn5Pb5Zn5	铸造锡青铜 ZCuSn10P1	铸造铝青铜 ZCuAl10Fe3	铸造硅黄铜 ZCuZn16Si4	铸造铝黄铜 ZCuZn25Al6Fe3Mn3
弯曲检测	合格	折断角 30°～60°	折断角 30°～60°	折断角 70°～100°	折断角 70°～90°	折断角 40°～60°
	不合格	折断角超出范围	折断角超出范围	折断角超出范围	折断角超出范围	折断角超出范围
	矫正方法	折断角过大，补加合金元素，过小补加电解铜	折断角过大，补加锡，过小补加电解铜	折断角过大，补加铝或铜铝中间合金，过小则补加电解铜	折断角过大，补加锌，折断角过小补加铜	折断角过大，补加锌，过小则补加铜
断口检验	合格	结晶细致，成色均匀，颜色灰白，无夹杂、气孔	结晶细致，成色均匀，颜色灰白	结晶细致，成色均匀，颜色淡黄，无夹杂	结晶细致，成色均匀，颜色淡黄	结晶细致，成色均匀，颜色淡黄，无夹杂
	不合格	成色不均，有夹杂、气孔	成色不均	粗晶，柱状晶，成色不均	粗晶，成色不均	粗晶，柱状晶，成色不均
	矫正方法	仔细搅拌合金，除渣后用磷铜重新净化合金，清理金属型，重浇试样检验	仔细搅拌合金	仔细搅拌合金，加氯化锌精炼，降低试样淬水温度或补加电解铜。仔细搅拌合金，除渣重浇试样	仔细搅拌合金或进行除气	仔细搅拌合金及加氯化锌精炼，降低试样淬水温度或补加铜。仔细搅拌合金，除渣重浇试样

5. 铸造非铁合金炉前含气量的检测

铸造非铁合金炉前含气量的检测方法及其特点见表 1—14。

表 1—14　　铸造非铁合金含气量的检测方法及其特点

方　法	优　点	缺　点	使用范围
常压凝固法	1. 操作简便 2. 能与低倍组织检验、密度测定法相配合	1. 灵敏度不高，易误判 2. 只能定性测量合金的相对含气量	铝、铜、锌、镁合金炉前检测
减压凝固法	1. 灵敏度高，不受大气湿度影响 2. 积累经验后，能较准确判断含气量	1. 影响因素多，易误判 2. 需一套测定装置	铝、铜合金炉前检测
现场测氢仪	1. 测定速度快，只需 5～7 min 2. 能测得定量数据	1. 需一套测定装置 2. 绝对含氢量数据不准确 3. 不能重复再现测试数据	铝、铜合金炉前检测
第一泡法	1. 使用方便 2. 能测定量数据	1. 需一套测定装置 2. Al_2O_3夹杂的质量分数＞0.016%时，需过滤合金液再测定 3. 只能测得溶解于铝液中的氢，不能测出吸附于 Al_2O_3的氢	铝合金炉前检测

续表

方法	优 点	缺 点	使用范围
低倍组织观察	1. 直观，能以眼观察 2. 与标准试样对比，能进行针孔评级	1. 试样制备周期长 2. 针孔准确评级较准	铝合金炉后检测
密度测定	1. 简便易行 2. 能测得定量数据，结果较准确	取样应有代表性	铝合金炉后检测
热真空萃取法	可以测得绝对含氢量的可靠数据	1. 设备复杂 2. 操作技术要求很高	铝合金炉后精确测量

6. 铸造锌合金的断口检验

铸造锌合金的断口检验见表 1—15。

表 1—15　　铸造锌合金的断口检验

断 口	内 容
合 格	试样断口晶粒细致，呈银白色或较亮银灰色，或者银灰色夹小块闪烁发光的银白色斑点
不合格及处理方法	1. 断口呈暗灰、暗蓝色，表明杂质较多，可加 Mg 处理 2. 组织尚细，但强度低，可加适当回炉料 3. 组织不细致，可加入少量 Al—Cu 中间合金或回炉料改善 4. 断口夹渣较多，可加入 $ZnCl_2$ 或 C_2Cl_6 再次精炼

三、金属液温度的测定

1. 铸造合金熔炼中常用的测温方法

除经验方法估温外，一般采用专用仪表在炉内或炉外进行间断或连续测温。

(1) 普通热电偶高温计

接触式测温，误差小，稳定性好，测温响应时间较长，需要配备能在金属液中长期工作的热电偶保护套管。用于铸铁、铸钢等高温金属液测温，电偶丝的价格昂贵，适用于铸铁、铸钢、非铁合金熔炼时的炉内或炉外连续或间断测温。

(2) 灯丝隐灭式光学高温计

非接触式测温，使用方便，靠肉眼调节灯丝亮度获取读数，受主观影响大，测量精度低，不能连续测温。适用于铸铁、铸钢熔液非接触式间断测温。

(3) 光电高温计和红外测温仪

非接触式测温，采用电子元件将温度转换成电信号，响应时间短，可以连续测温，测量成本低。适用于铸铁或铸钢熔液的间断或连续测温。

(4) 快速微型热电偶测温仪

接触式测温，测温传感器为一次性消耗品，仅用于间断测温，如操作得当，读数比较准确，可满足生产现场温度监控要求，测量成本低。适用于铸铁、铸钢的生产现场温度测量。

(5) 光导纤维测温仪

非接触式测温，但仪器的光导纤维探头非常靠近被测金属液表面（小于 60 mm），有利于排除烟气、粉尘干扰，在恶劣的测温现场如出铁槽上方工作，仪器主体与光电高温计相同，通过光导纤维实现光信号的导入。适用于铸铁、铸钢的连续测温。

(6) 浅蓝宝石光导测温仪

接触式测温，以高温稳定性很好的蓝宝石探头棒埋于炉衬内，其端面直接与铁液或钢液接触，将热辐射信号通过蓝宝石棒传至炉外，被光电测温仪接收，可排除炉渣、感应磁场等的干扰，是一种较先进的测温仪表。适用于感应电炉熔炼铁液或钢液时的连续测温。

2. 几种常用测温仪

几种测温仪的性能特点及用途见表1—16。

表1—16　几种测温仪的性能特点及用途

名称	性能	特点	用途
B—1便携式指针测温仪	量程：1 250～1 500℃ 最小分度值：5℃ 精度：2.5级	配用铂铑30－铂铑6热电偶，轻便小巧，使用方便，测温迅速	适用于冲天炉炉前快速测温及钢铁和有色金属熔炼时测温
SW—LB—3U 便携式数字测温仪	量程：1 000～1 600℃ 最小分辨力：1℃ 响应时间：<0.4 s	SW系列不同型号产品配用不同传感器，轻便小巧，使用方便	适用于冲天炉炉前快速测温及钢铁和有色金属熔炼时测温
QRWWRe—1 浸入式钨铼测温仪	量程上限：1 700℃ 测量误差：<±2% 响应时间：<20 s	配用二次仪表XCZ101价格低廉，测温迅速，使用方便	可用于点测钢液、铁液、铜液的温度，也可测各种气体温度
CWY—3钢铁熔液测温仪	量程：1 300～1 800℃ 最小分辨力：1℃ 响应时间：<15 s	采用标准化的高温热电偶，轻便小巧，测温迅速，操作简便	适用于钢铁熔液的测温

四、修炉、包材料及修补工艺

1. 冲天炉

冲天炉修炉材料的配比见表1—17，修炉操作工艺见表1—18。

表1—17　冲天炉修炉材料配比（质量分数）　%

材料名称	黏土	耐火砖	耐火砖粉	焦炭粉	硅砂	型砂	石墨粉	水
搪炉材料Ⅰ	40～30				60～70			9～11
搪炉材料Ⅱ	10	20	35		35			9～11
搪炉材料Ⅲ		40～20			60～80			9～11
砖缝填料Ⅰ	40～30	60～70						12～15
砖缝填料Ⅱ		40～30	60～70					9～11
炉底填料						100		5～6
过桥填料	30～20				60～70		10	9～11
前炉内壁搪料	20～10			80～90				9～11
前炉内壁和过桥涂料	10						90	适量

表 1—18　修炉操作要求

工序	操　作　要　求
备料	1. 耐火砖和耐火土等耐火制品必须符合质量要求，且不得露天存放或受潮 2. 砖缝填料和搪炉材料要严格按材料配方调和均匀，搪炉材料的水分含量应尽量低
清炉	1. 切实清除炉内悬挂或附着的炉料，在加料口处加上防护罩，操作人员戴好安全帽之后，方可进入炉内工作。炉内照明灯具要用低压电（最好为 12 V 或 36 V） 2. 炉壁上附着的熔渣、铁块等杂物要清铲干净，但黏附在不需要修补处的光滑、平整的渣层可不清除。除大修外，耐火砖的清铲量要根据熔化量（或熔炼时间）和耐火砖的烧失程度而定，一般情况下，熔化区的耐火砖烧失量大于 1/2 厚度的即应铲除更换
修炉	1. 修筑炉衬前鼓风吹除炉壁上的粉尘，而后在需要修补处刷上黏土浆 2. 耐火砖之间要紧密、牢固贴合，砖缝要小（<2 mm），填满填料，而且砖缝要上下错排开；用搪炉材料修补时，必须砸实，不能有松软之处，且平整，符合炉膛形状、尺寸要求 3. 风口必须严格按规定修造，同排风口必须在同一水平面上，尺寸和斜度准确，并且风口内不能留有杂物 4. 炉底用型砂逐层砸实（亦可采用预制并烘干的成形砂坯铺砌），紧实度要均匀，与炉壁接触处要形成圆角，并形成向过桥倾斜（5°～10°）的坡度 5. 过桥口一般为扁高形状，采用成形耐火砖最好 6. 前炉外层应用隔热材料、内壁应用焦炭粉为主的搪料修筑，前炉炉底亦应修成向出铁口倾斜的坡度，出铁口、出渣口内侧应呈喇叭口形 7. 前炉、出铁槽、出渣槽修好后，要刷一层涂料

2. 电弧炉

（1）碱性电弧炉

炼钢过程中，炉衬材料受到高温炉渣及钢液的侵蚀破坏，故在每炼一炉钢后，都要修补炉衬。

1）补炉材料　碱性电弧炉的补炉材料为镁砂（或烧结白云石），用卤水或沥青作黏结剂。卤水镁砂补炉材料及沥青镁砂补炉材料的成分见表 1—19 和表 1—20。

表 1—19　卤水镁砂补炉材料

名　称	镁砂粒度	卤水密度	配　比	混拌方法	备　注
卤水混合镁砂	0～8（mm）	＞1.3（g/cm³）	100∶(8～10)	人工或用搅拌机	适用于垫炉底下陷部位
卤水镁砂粉	20/40（目）	＞1.3（g/cm³）	100∶(10～12)	混碾机	适用于贴补渣线部位

表 1—20　沥青镁砂补炉材料

名　称	镁砂粒度	沥青粒度	镁砂温度	配　比	备　注
沥青凉镁砂	2～4（mm）	0～8（mm）	室　温	100∶(9～12)	镁砂可用熟白云石或过烧石灰代替
沥青热镁砂	0～8（mm）	0～15（mm）	80～100（℃）	100∶(9～12)	

2）补炉方法

①出钢后补炉前，必须扒净炉内的残钢液、渣。

②人工补炉用大铲贴补或铁锹投补。机械补炉用压缩空气喷补或机械投补。

③在高温条件下快速补炉，使补炉材料自行烧结。先补易冷却的炉门及出钢口两侧部位，其次补被侵蚀严重的电极下炉底部分，然后再补其他部位。

④补层要薄，以利于投入的补炉材料烧结。

（2）酸性电弧炉

酸性电弧炉的炉底和炉墙在每炼一炉之后，不论其状况如何，必须进行熔补。原因是铁的氧化物渗入炉底和炉墙的表层，必须用硅石砂熔补，以便生成高二氧化硅含量的表层。每炼过 25～30 炉后，要用石灰浸蚀炉底工作面，然后重新修补。

1）补炉材料一般用 50%硅石砂和 50%水洗砂的混合材料。

2）为了保证补炉质量，在补炉前必须将炉中的残钢液、残渣扒净，趁热快补，使补炉材料能很好地烧结在原有的炉衬之上，并应强调薄补（补层厚度约 10mm）。

3. 工频感应电炉

工频感应电炉的修炉程序和主要内容见表 1—21。

表 1—21　　工频感应电炉修炉内容

程序	主要内容	
	无芯工频感应电炉	有芯工频感应电炉
1	检查感应线圈、胶木垫块和耐火砖等，并在感应圈内表面、胶木垫块及磁轭内侧涂上绝缘漆	检查炉体结构及各绝缘处，确保符合技术要求
2	在感应线圈内表面、磁轭内侧以及磁轭底部的耐火砖面上垫铺隔热绝缘层	安置耐火套管，铺设绝热垫石棉板，逐层填入耐火材料并打实，完成熔沟捣筑
3	逐层填入耐火材料并打实，填筑坩埚底部	安装磁轭，并将感应器安装到炉体上
4	采用定位法和测量法，安装钢坩埚模	铺设绝热石棉板，砌筑炉底和炉墙，完成炉体砌筑
5	逐层填入耐火材料并打实，填筑坩埚壁	砌筑装料门及炉嘴
6	填筑炉口和炉嘴	砌筑炉盖
7	吊出钢坩埚模具的起熔体贮备烘炉	

修炉各项工作完成并经试运转后，可进行烘炉。烘炉时，要求缓慢、均匀地升温加热。

4. 浇包

浇包修理时，不同包衬（如图 1—7 所示）要选用不同的修包材料（见表 1—22）。

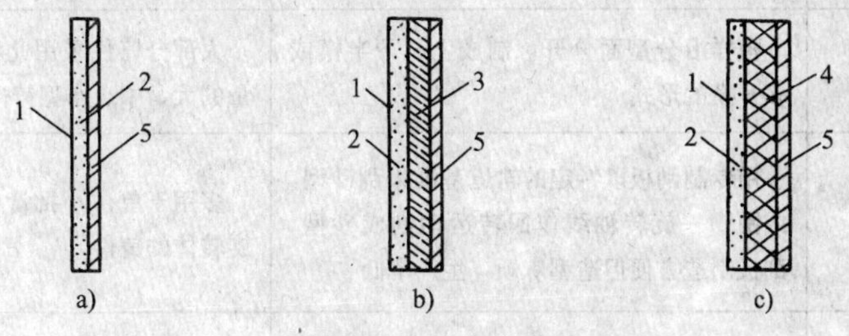

图 1—7　包衬结构

a）手端包　b）抬包及 1 t 以下吊包　c）1 t 以上吊包

1—涂料　2—软材料　3—硬材料　4—耐火砖　5—包壳

表 1—22　　修包材料配方　　%

名称	组成							
	黏土	耐火泥	耐火砖粉	焦炭粉	硅砂	型砂	黑铅粉	水
硬材料Ⅰ	10	20	35	—	35	—	—	适量
硬材料Ⅱ	40	—	—	—	60	—	—	—
硬材料Ⅲ	10～20	—	—	10	20	60～50	—	—
软材料Ⅰ	20	—	—	45	—	35	—	—
软材料Ⅱ	20	—	—	80	—	—	—	—
软材料Ⅲ	10	—	—	90	—	—	—	—
涂　料	10	—	—	—	—	—	90	—

第四节　工 装 设 备

一、造型工艺装备

1. 名称及用途

(1) 模样

模样是用来形成铸型的型腔，由木材、金属或其他材料制成的。模样必须具有足够的强度、刚度和尺寸精度，表面必须光滑，才能保证铸型质量。模样大多数用木材制成，它具有质轻、价廉和容易加工成形等特点，但木模强度和刚度较低，容易变形和损坏，所以只适宜小批量生产。大量成批生产一般采用金属模或塑料模。单件小批量生产及一般的手工造型，使用模样较为经济，对砂箱等工装的要求较低，且易于实现。模样按结构可以分为 4 种，见表 1—23。

表 1—23　　模样结构特点及应用范围

分类	结构特点	应用范围
整体模样	制模方便，可避免因模样分开而引起的模样损坏或变形	一般用于形状简单或小批量生产的铸件，如小件的单件生产或薄壁件的生产
分开模样	模样沿分型面分开，制成上、下半模或多开模的形式	大部分铸件采用此种结构，适于各种批量的大、中、小型铸件的生产
刮板	用专制刮板以特定的轨道基准来刮砂型，或围绕一旋转轴线作回转运动制成砂型，刮板制造方便但造型麻烦，生产率低	多用于单件小批量生产，且外形简单呈旋转体的铸件
骨架模样	铸件截面形状简单，但不能用刮板造型，模样表面又不易加工时，可用此种结构	一般用于尺寸较大、生产数量又少的铸件

（2）模板

模板是模样与模底板的组合，一般带有浇冒口模和定位装置。在成批生产的手工造型和大批量生产的机械化、自动化生产线上，都采用模板造型。用模板造型能简化造型操作，提高铸件质量与劳动生产率。按结构可以分为 4 种：

1）单面模板　用于各种类型中型铸件、各种批量机器造型生产及手工造型成批生产。

2）双面模板　一面造下型，一面造上型，用于小型铸件的脱箱机器造型或手工造型。

3）漏模模板　用于模样高、起模困难的铸件，起模时漏板允许模样通过而把型砂挡住。

4）快换模板及坐标模板　它们实际上是在模板的固定和模样的固定方法上采用了便于拆换的固定方法。用于机器造型小批量生产上。

（3）芯盒及下芯夹具

用来制芯及下芯。复杂的型芯往往分块制造，有时须用下芯夹具使之装配好后一起下入型腔。下芯夹具多用于机器造型。

（4）砂箱

砂箱是铸型的一部分，是容纳和支承砂型的刚性框架。它具有便于舂实型砂、翻转和吊运砂型、浇注时防止金属液将砂型胀裂等作用。砂箱箱体常做成方形框架结构，在砂箱两旁设有便于合型的定位、锁紧和吊运装置。尺寸较大的砂箱，在框架内还设有箱带，外壁设有箱耳、箱把、加强肋、排气孔等。砂箱常用铸铁或铸钢制成，有时也用铝合金及木材等制成。

砂箱是根据铸件的铸造工艺方案、吃砂量及浇冒口的高度要求等设计的，一般用整铸式。砂箱的结构和尺寸对铸件质量和生产率都有很大影响，故对砂箱的结构和尺寸有以下要求：

1）保证砂箱内壁与模样之间的最小吃砂量。

2）砂箱的结构要保证砂箱有足够的强度和刚度，便于造型和落砂，不得妨碍浇冒口的开设，不得妨碍砂型的排气和铸件的收缩。

3）定位装置准确，锁紧装置简便可靠，吊运装置安全。

4）砂箱规格应标准化、系列化和通用化，便于选用和管理。

（5）造型平板

造型平板又称垫板，其工作表面光滑平直，造型时用它托住模样、砂箱和砂型。小型的造型平板一般用硬木制成，较大的常用铸铁、铸钢或铝合金等制成。

2. 维护保养要求

（1）在使用时应轻拿轻放，注意维护其精确度，防止变形或损坏。

（2）要防止造型工具、型砂中的金属块对模样、模板、芯盒等的伤害，舂砂时要避免捣着它们的表面。

（3）在起模或起芯盒后要立即用毛刷清理，并用棉纱擦干净，否则粘模的型（芯）砂风干后不好清除，用硬物清除时易刮坏工作表面。

（4）使用完毕及时清理干净，摆放整齐，金属模应涂油存放，注意保管，防止受潮。

（5）凡用于模板上造型的砂箱，经机械加工的分型面和定位销孔都应注意保管，否则将影响造型质量。砂箱的维护主要是打箱时要小心，勿锤坏砂箱。锤击部位应在箱角处或砂箱上的锤击凸台处，用力不可过猛。带定位装置的砂箱造价较昂贵，应在落砂栅上振动落砂，不可随意锤击落砂。浇注前需抓一把型砂堵在定位销套上，防止铁水流挂在销孔上，清除时破坏定位精度。

二、常用浇注工艺装备

1. 常用浇包的种类

容纳、处理、输送和浇注熔融金属的容器称为浇包。实际选用时可根据生产规模、铸件大小及种类来进行。随着科技的发展，浇包已逐步转向设备化，成为专用浇注机。

常用的浇包有手端包或握包（如图 1—8 所示）、抬包或扛包（如图 1—9 所示）、手动升降式单轨吊包（如图 1—10 所示）、电动升降式吊包、倾转式浇包（如图 1—11 所示）、大型铸件用的桥式起重机吊包、锥筒形吊包（如图 1—12 所示）、滚筒式吊包（如图 1—13 所示），有挡渣效果很好的底注式浇包（如图 1—14 所示）、茶壶式浇包（如图 1—15 所示），有球墨铸铁生产专用的球化处理包（如图 1—16 所示）、球化电动浇包（如图 1—17 所示），还有机械化、自动化程度较高的浇注机，如液压式浇包、浇注车专用包等。

2. 浇包的维护要求

浇包的结构应该坚固、转动灵活；保险装置齐全、有效；修包材料合适，修包质量可靠，浇包容量正确；浇包修筑、修补后经过烘干处理，且达到烘干程度。

图 1—8 手端包或握包

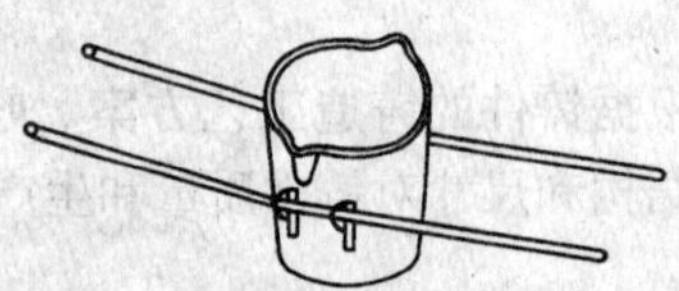

图 1—9 抬包或扛包

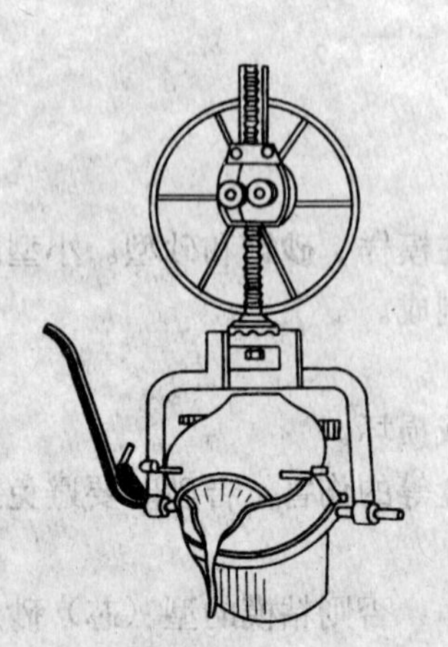

图 1—10 手动升降式单轨吊包

图 1—11 倾转式浇包

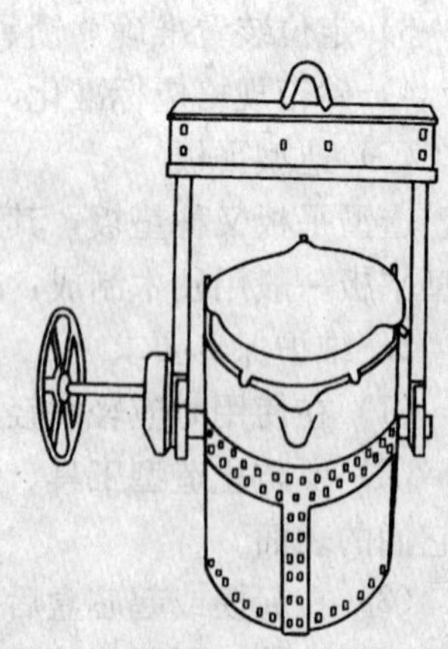

图 1—12 锥筒形吊包

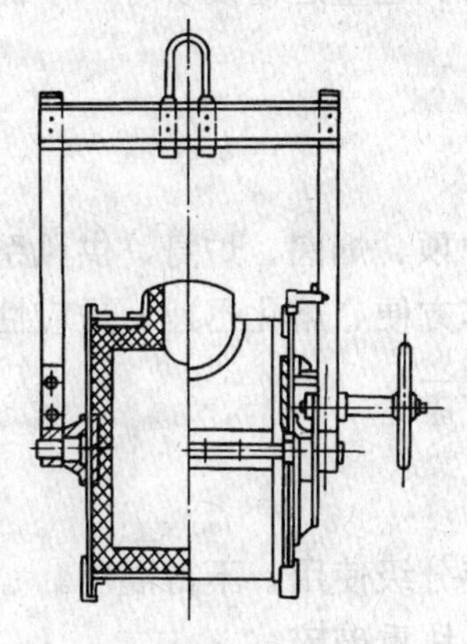

图 1—13　滚筒式吊包

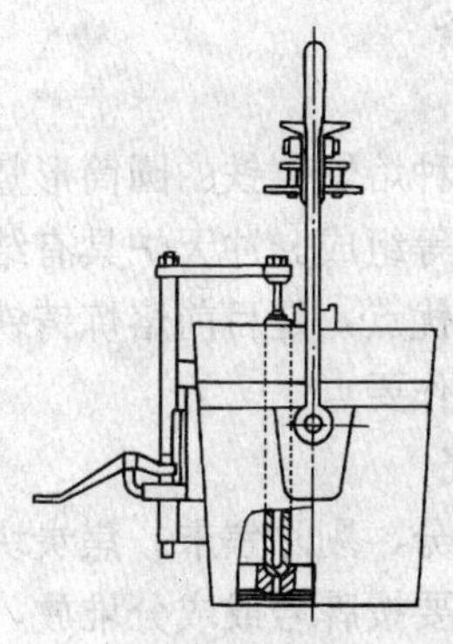

图 1—14　底注式浇包

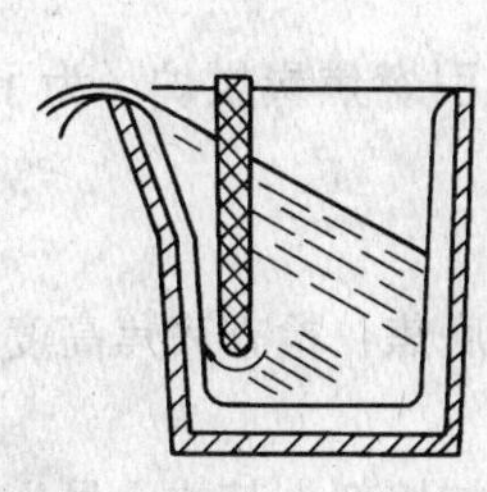

图 1—15　茶壶式浇包示意图

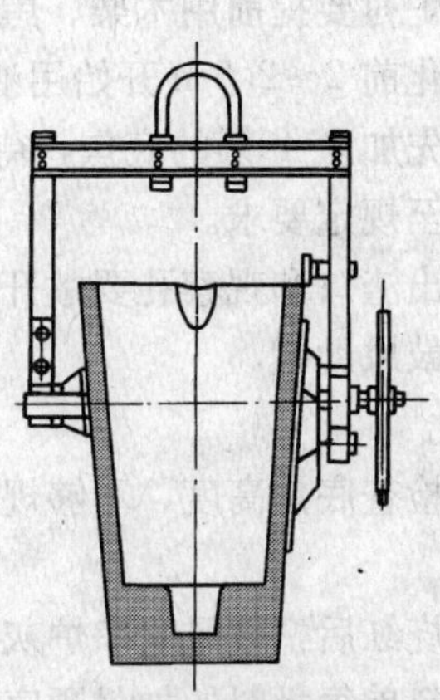

图 1—16　球化处理包

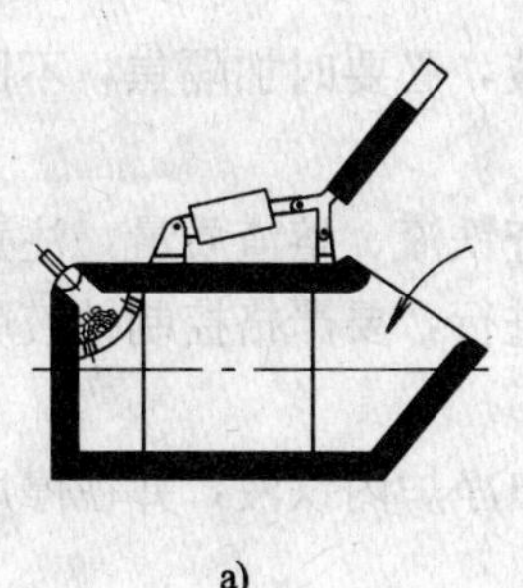

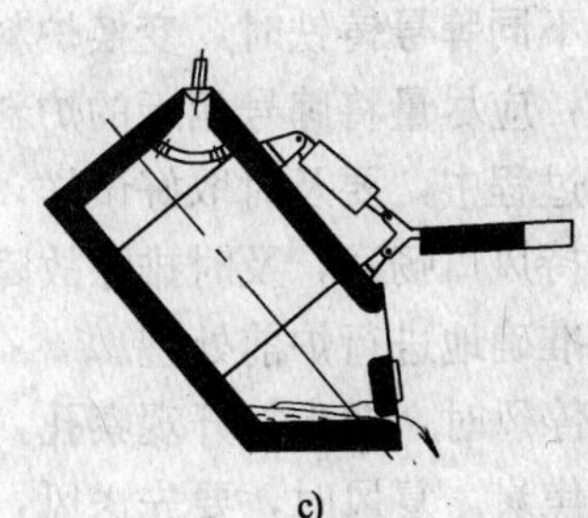

a)　b)　c)

图 1—17　球化电动浇包

a）出铁　b）待运　c）浇注

三、常用铸造设备

铸造设备按铸件生产的工序来分，主要有冶炼（熔炼）设备、砂处理设备、造型及制芯设备、落砂及清理设备、检测仪器设备、热处理设备、起重运输设备等。下面就主要的常用铸造设备做一简单介绍。

1. 熔炼设备

(1) 冲天炉

冲天炉是一种熔炼铸铁的圆筒形竖炉。主要由炉顶、烟囱、炉身、供风系统、炉缸、炉底、支撑和前炉等组成。冲天炉具有结构简单、操作方便、熔化迅速、适应性强、可连续生产和成本低廉等优点，是目前熔炼铸铁的主要设备之一。

冲天炉的操作要点：

1) 炉料准备

①焦炭要筛分、剔除焦末，焦炭块度不均匀时应分级使用，不得混用。

②金属炉料要按牌号或成分堆放，按规定块度、块重破碎。

③炉料要洁净，严重锈蚀的要除锈。

2) 点火与烘炉

①除新砌的炉衬要提前用木柴、焦炭等长时间烘烤外，一般不单独烘炉。

②通常在熔化前 2～2.5 h 开始用油布、刨花、木柴等引火材料点火。

③点火后，先加入 40%的底焦，待全部烧着后再加入 40%底焦，其余 20%在装料前用以调整底焦高度至规定要求。

④出铁口、出渣口和观察孔要敞开，利用自然通风引燃焦炭烘炉。为了缩短烘炉时间，亦可断续或少量鼓风助燃。

3) 装料熔化

①装料前要检查底焦高度，不够规定高度时应补加底焦，检查底焦高度前应通过风口捣实底焦。

②底焦全部烧红后，鼓风吹净炉灰，开始装料，先加熔剂，其加入量为正常批量的两倍左右，而后按配料单每批料的加料顺序是：废钢→生铁→铁合金→回炉铁→焦炭→熔剂。

③熔剂应加在炉料中心，其余炉料应均匀分布。

④装满炉料后，自然通风 15～30 min，预热炉料，然后鼓风熔化，鼓风后 30 min 左右，可关闭观察孔，出铁口待有铁花喷出时堵死。

⑤熔炼不同牌号铸铁时，变换炉料要注意处理交界铁液，必要时加隔焦，不同牌号铸铁的熔化顺序，应尽量将牌号相近的炉料安排靠近。

⑥熔炼过程中，要及时取好试样，测量铁液温度，检查铁液、熔渣质量，注意风量、风压变化，保持风口畅通，及时排除故障，以保证熔化正常进行，要严格控制铁液牌号，及时出铁出渣，准确地进行炉前处理。

⑦中途停风时，要先打开观察孔，后停风。停风时要出净炉内铁液，并视停风时间长短而适当补加焦炭。复风时，要先送风，后关闭观察孔。

4) 停炉

①熔化结束前，在最后一批炉料上加压炉铁，随后相应减少风量。

②停炉前要先打开观察孔，然后停风，出净炉内铁液和熔渣，炉周围要清理干净，尤其不得有积水。

③落炉后要迅速熄灭红热焦炭和铁块。

（2）碱性电弧炉

铸钢车间使用最多的是三相电弧炉，且以碱性三相电弧炉为主。三相电弧炉主要由炉体、炉盖、电极升降与夹持机构、倾炉机构、炉体开出或炉盖旋转机构、电气装置和水冷装置等构成。电弧炉炼钢可分为氧化法、不氧化法和吹氧返回法 3 种。

碱性电弧炉氧化法炼钢（有时也炼铁）的操作要点：

1）补炉　正常情况下，每炼完一炉钢或铁就应补炉，目的是修补炉底和炉壁被侵蚀和被碰坏的部位，以维持正常的炉体形状，从而保证冶炼的正常进行和安全生产。操作时，趁热用大铲贴补或铁锹投补，做到高温、快速、薄补。

2）装料　补炉完毕后，在装料前先在炉底铺一层石灰（占炉料质量的 1%～1.5%），以保护炉底和用于熔化初期造渣、脱磷。往炉内装料时，在炉底铺中等块度的炉料，在 3 根电极下和高温区装大块炉料，在顶部放小块炉料，使熔化速度加快。

3）熔化期　装料完毕后，检查各项设备，如正常即可开始通电熔化。熔化期的任务是将固体炉料迅速熔化成液体，可以通过推料助熔或吹氧加速熔化，并通过放旧渣造新渣进行脱磷。

4）氧化期　加入氧化剂，使金属液中的碳氧化而熔池产生沸腾的阶段叫做氧化期。氧化期的主要任务是脱磷、脱碳，去除金属液中的气体和夹杂物，并提高金属液的温度。

5）还原期　还原期的主要任务是造好还原渣，金属液进行脱氧、脱硫，调整化学成分，控制好出炉温度。

6）出炉　还原操作结束，金属液成分合格，温度合适，炉渣流动性良好，渣色变白或灰白，金属液脱氧良好，即可出炉。

（3）工频感应炉

按电源频率的不同，感应炉可分为 50 Hz（赫兹）的工频感应炉、中频感应炉（高于工频、低于 10 kHz 或 100 kHz）和高频感应炉（高于 100 kHz）3 种。近年来，工频和中频感应炉在国内的应用日益增多，具有金属液质量高、金属烧损少、劳动条件好等优点。工频感应炉就是用50 Hz电源，借电磁感应在金属炉料中产生涡流进行熔化或过热的工业用炉，可用单相、两相、三相电源供电。工频感应炉的结构分有芯和无芯两种。无芯感应炉主要由炉体、炉盖、炉架、倾炉机构、水冷系统和电气设备等组成，有芯感应炉由炉体、炉盖、炉架、倾炉机构、水冷系统、感应器和电气设备等组成。

无芯工频感应炉的熔炼操作方法：

1）加起熔体　如果是冷起熔即冷炉或炉内没留铁液时，应先加入炉子装料量 20%～30%的起熔体。通常起熔体是整块状的，亦可用几块较大的铁料代替，尺寸较小的起熔体需靠近炉壁放置，否则熔化速度会大大减慢。如果是热起熔即炉内留有铁液或加入铁液时，则加入铁液的质量应为炉子装料量的 15%～30%，以加快熔化速度。

2）加炉料　为加快熔化速度和减少损耗，熔点较低、元素烧损较小的炉料通常先加，熔点较高、元素烧损较大的炉料后加，最后加入铁合金。为避免铁液飞溅，冷湿炉料和镀锌炉料要加在其他炉料上面，让其慢慢进入铁液中。

3）通电熔化　炉料加入后，先通低电压进行预热，然后再改用高电压送电，以使起熔体和炉料自下而上地慢慢加热和熔化。在熔化过程中，应经常观察坩埚的侵蚀情况和炉子功率表，若有漏炉危险时，应立即停止熔化。

4）炉前质量控制　炉料熔化后，应取样进行化学成分分析、三角试样断面分析、金属液温度测定、气体及炉渣情况观察等，以保证金属液质量符合要求。

5）出炉　金属液质量达到要求才可以出炉。出炉时，应根据下一炉的情况而决定炉内是否留铁液，如材质不变或类似，应留部分铁液；若熔炼结束，则炉内一般不宜留下铁液，以防炉子上下温差较大，导致坩埚产生裂纹。

2. 砂处理设备

砂处理工艺过程较为复杂，相应的设备种类繁多，按设备所完成的不同任务可分为工艺设备（如破碎设备、磁分设备、过筛设备、混砂设备、定量设备、松砂设备和新砂烘干设备等）、运输设备（机械运输和气动输送）和其他辅助设备（如各种用途的砂斗、阀门、黏土和煤粉拆包机等）。

下面仅介绍其中几种主要设备。

（1）混砂机

混合、挤压和揉搓砂中各组分，使其均匀混合，并使黏结剂有效地包覆在砂粒表面的混制设备，它是砂处理系统中的核心设备。常用的有辗轮式、转子式、辗轮—转子式、摆轮式和连续式混砂机等几种。

1）辗轮式混砂机　一种以刮板和辗轮实现搅拌、辗压和搓研作用的间歇式混砂机，机内的一对辗轮可绕主轴回转，而下面的底盘不动。混砂机的两个辗轮都做成光的，与底盘离开一定距离，以免混砂时辗碎砂粒。加入造型材料后，主轴带着辗轮与刮板沿逆时针方向旋转。由于辗轮与造型材料相接触而产生摩擦力，使辗轮还绕本身的轴线自转。刮板在回转过程中，不断把造型材料刮到辗轮下面，使造型材料更均匀。装有辗轮的曲柄机构与主轴连接，在砂层高低不平时，辗轮能自动升降，这样不仅保护了机器，而且对混合也有好处。混合后的型砂，可通过气动拉杆打开卸料门卸料。辗轮式混砂机的混合质量较好，特别适用于混制含黏土量较多的面砂。

2）转子式混砂机　与辗轮式混砂机相比，转子式混砂机完全不用碾轮，主要是利用高速转动的混砂转子上的叶片逆着砂的流动方向（刮板或底盘及周围的供砂方向）旋转，对型砂施以冲击力和剪切力。

3）辗轮—转子式混砂机　在辗轮式混砂机上，增设转子机构的一种混砂设备，其工作原理与辗轮式混砂机相似。单辗轮单转子式混砂机内的辗轮通过驱动机构绕主轴回转，转子既随主轴公转，又通过齿轮驱动机构以一定的速度自转，其转向与主轴相同。工作时，刮板将辗压过的砂层刮起，随即又被松砂转子击松搅拌。由于辗轮对砂层的辗压及转子的强烈混合作用，型砂的质量较好。

4）摆轮式混砂机　摆轮式混砂机又叫高速离心式混砂机，是利用刮板和水平摆轮来实现搅拌和辗压的一种混砂机。工作时，刮板把砂铲起并抛掷，进行强烈搅拌，并对砂流起导向作用；水平摆轮对砂流起辗压作用，但由于是滚动接触，所以对砂粒不起搓研作用。其混砂质量较差，多用于混制要求不高的单一砂和背砂。

5）连续式混砂机　它是一种工作连续进行，混拌无黏土型砂的设备。包括一个或两个混合螺旋机构和泵供给系统，用以供给和确定黏结剂比例。连续混砂机多用于混制自硬砂、树脂砂等，能连续进料和出料。

（2）运输设备

1）带输送机　带输送机是两端由滚筒带动的环形胶带式输送装置，主要由输送带、驱动装置、滚筒、托辊、张紧装置、清扫器及支架等组成。用于输送造型材料如型砂、新砂、旧砂、废砂等。带输送机的输送能力大，功率消耗少，结构简单，工作平稳可靠，无噪声，装、卸料方便，维修工作量少。缺点是爬升坡度不宜过大，占用空间较大，安装困难，输送干物料时粉尘较多。带输送机可做水平或倾斜提升输送。输送干物料时，带对水平方向的最大倾角为18°，输送型砂时倾角可达23°。若角度过大，部分物料将从胶带上反向滚落，降低输送效率。带输送机的托辊形式有槽式和平式两种，其中槽式输送机的运载量较大。

2）斗式提升机　被输送的物料由加料口流入槽底，物料被装入皮带上的料斗内并随之提升，当料斗通过主动轮时，便在离心力和重力作用下从出料口卸下。斗式提升机适用于输送干燥的、松散的物料，如干砂、旧砂及非黏结性的湿砂等。提升高度可达30～40 m，通常为12～20 m，一般情况下用于垂直提升。当垂直提升难于卸料时，才采用倾斜度较小的倾斜式。其优点是占用生产面积小，缺点是过载敏感。

3）气动输送装置　在封闭管道内利用流动空气输送砂子或松散物料的装置。它具有灰尘少、劳动条件好、装置简单、投资少、占地面积小等优点。按管内气流压力状态可分为吸送和压送两种。吸送式气动输送装置依靠风机在管内造成负压，把输送的物料吸入管道，空气在管道中高速流通，使物料悬浮并随气流前进。物料在卸料处通过分离器卸下，含尘空气经过除尘器、鼓风机排出。吸送式装置是一种连续输送设备，适用于输送干的、粉粒状的、较轻的物料，如煤粉、原砂、旧砂、黏土粉等。压送式气动输送装置在工作时将型砂装入送砂器中，通入压缩空气，将型砂沿输送管道输送到需要地点，适合输送型砂。

3. 造型制芯设备

造型制芯设备一般包括造型设备、制芯设备、造型辅助设备和铸型输送设备等。

（1）造型机

造型机是造型工部的核心设备，按成形机理可分为振击式、振压式、压实式、射压式、气力紧实式造型机。下面介绍一些典型的造型机。

1）压实造型机　此种机器成形机理是借助于压头或模样传递压力进行紧实，分为中低压（0.7 MPa以下）和高压（0.7 MPa以上）造型机。

2）Z145A振压造型机　此种机器的成形机理是利用微振附加压实来紧实型砂，顶箱起模机构进行起模。该机的结构主要为振压机构、起模机构、压头和转臂机构及各种控制阀。在实际操作中，对其中的部分机构须经常调整，以满足生产的需要。压头可以升降，用以调节压头与砂箱之间的距离。这个距离过大，则压实时既费时间，又消耗过多的压缩空气。起模顶杆位置的调整是为了适应不同规格的砂箱，起模行程的调整则是为了适应不同模具高度的需要。

3）高压多触头造型机　高压多触头造型是60年代开始发展的，其压实比压为0.7～2.5 MPa，与振压造型相比，其优点是：砂型紧实度和硬度高、废品率低，铸件质量好、质量减轻，设备噪声低、生产率高，适于大批量生产。由于高压造型的上述特点，高压多触头造型线于70年代在汽车工业中得到了广泛的应用。但高压多触头造型机结构复杂，振动件多，噪声大，维修工作量大。

我国高压多触头造型线的研制是在1970年前后从德国KW公司和BMD公司引进高压线后起步的，至今已拥有国产线40多条，国产高压线共有10多个规格，砂箱尺寸从 600 mm×400 mm 至 1 690 mm×900 mm，名义生产率多数为 60～120 型/h。

4）气力紧实造型机　此种机器又分为气冲造型机和静压造型机。

①气冲造型机成形机理是具有一定压力的气体突然膨胀，气流冲击波作用在型砂上，使其迅速向模样移动，在冲击力及触变作用下成形。按其所采用的介质不同，可分为燃气冲击（Gas Impact）和以压缩空气为动力的空气冲击（Air Impact）两种，一般的气冲造型机均指空气冲击。国产气冲造型机采用砂箱尺寸多数≤1 m^2，砂箱高度多数>200 mm。瑞士 GF 公司燃气冲击造型机最大砂箱尺寸为 3.29 m^2，空气冲击造型机的最大砂箱尺寸为 2.0 m^2；BMD公司的空气冲击造型机的最大砂箱尺寸为 3.2 m^2。

气冲造型的主要特点是：砂型紧实性好，强度分布合理；砂型硬度高，分布均匀；设备结构简单，运动部件少，工作噪声低，运行费用少；对型砂性能要求较高；适用性较广，铸钢、铸铁、非铁合金件均可采用。目前约 80%的气冲线应用于汽车、发动机、拖拉机、专业铸造厂、市政工程、泵、阀、管件等的生产。

②静压造型机成形机理是具有一定压力的气体在短时间（0.1～0.3 s）内进入砂箱流向模样及模板，并从排气塞排出，然后补压，结构比气冲复杂。静压造型技术是日本新东公司于 1979 年推出的，静压法在欧美称为气流压实造型法（Airflow Squeeze Moulding Process），我国叫吹气压实造型法。它与气冲造型的主要区别是：压力增长速度值（$\Delta p/\Delta t$）比气冲低一个数量级，其压力作用时间（Δt）为 0.3 s，而气冲法为 0.01 s；静压造型的模样、模底板设有排气塞，可先吹气预压后再用压头补压。

静压造型具有气冲造型的一些特点，但造型机的结构复杂，模板结构也较复杂，空气耗量较大，铸型质量高。

日本某公司的静压线有 APS 型（带压实）、APK（不带压实）有箱和 FB 型无箱 3 个系列 10 多个规格，砂箱最大尺寸已达 1 300 mm×1 000 mm。德国 HWS 公司现有 HSP1、HSP2、HSP3 共 3 个规格，其砂箱尺寸分别为 650 mm×500 mm、800 mm×650 mm、1 000 mm×800 mm。

5）射压造型机　其成形机理是借助于压缩空气赋予型砂动能，然后用压头补压。

6）垂直分型无箱造型机　垂直分型无箱造型的特点是：设备结构简单紧凑、占地小、生产率高、投资少、噪声低、维修量小。国外以迪沙（DISA）公司的设备为代表，共有 2110、2013、2130、2070 共 4 大系列近 10 个规格。铸型尺寸从 500 mm×400 mm 至 950 mm×800 mm；厚度从 100 mm/315 mm 至 250 mm/635 mm；名义生产率从 200 型/h 至 360 型/h。目前，DISA 线的发展动向为：真空射砂两面挤压成形；微机控制机械手下芯；模板自动更换装置；全线微机自动控制，故障自动检测和诊断，完善自我保护系统；大型化，最大铸型尺寸已达 1 520 mm×1 220 mm×450 mm。

国内制造垂直分型无箱造型线的铸型尺寸现有 500 mm×400 mm 和 600 mm×480 mm 两个规格。1993 年通过评审的 XZZ416 型垂直分型无箱射压线，铸型尺寸为 600 mm×480 mm×（120～330）mm，生产率>240 型/h（型厚200 mm），射砂压力、压实比压随机可调，双面模板压实，微机控制系统，有自锁保护和故障显示功能，可自动排除坏型，主要性能指标已达 2013MK4 型的水平。

7）水平分型脱箱造型机　水平分型双面模板脱箱自动压实造型技术最早由美国亨特（Hunter）公司推出，故又称亨特造型机。水平分型脱箱造型和垂直分型无箱造型相比，下芯更方便，原有工装稍加改进即可使用。

型号为 HMP 的自动造型机由机架、砂斗、压头座车、压实机构、翻箱机构、底板进给机构以及气动、液压、电气系统等组成。它有压实和翻箱两个工位。凡是与型砂接触的部件均选用不锈钢材料。底箱装有涡轮式振动器和模板加热器，以便起模和脱箱。带有 PLC 的红外线传感器可用于控制模板温度。操作接口使用简便，通过触摸屏来操作，底箱的补气起模可允许在更高速度下进行，压实更紧，起模的砂型轮廓更清晰。

亨特造型机已有 20 多个规格，铸型尺寸从 406 mm × 279 mm 至 1 270 mm × 1 067 mm。亨特水平分型脱箱造型机已发展到 H 系列，主要特点是：生产率提高到 120～220 型/h；提高了合型精度；浮动压实，设备可靠性更高；可配用自动下芯机、立式多层浇注冷却库。

水平分型脱箱造型机中，以亨特机为代表采用重力加砂方式，一般不属于高压造型，而采用射压方式加砂的水平分型无箱造型属于高压造型，其砂型精度和紧实度更高。

8）动压冲击造型机　动压冲击（Dynamic—Impulse）法是 80 年代末由德国 BMD 公司推出的一种造型方法。它的原理是：每个触头均由一个气缸组成，每个气缸可分别充入不同压力的压缩空气，触头全部伸出。整个触头组由一个液压缸驱动，将触头组高速压入砂型（5 m/s）。调节压入速度、压入力及各触头气缸中的压力，可形成对砂型各部位不同的紧实力及紧实力对砂型深部的扩展程度。它和一般多触头压实的区别在于：

①下压速度快，速度越快对砂层深部力的扩展角度越小。

②因触头组的自重得以利用，液压缸直径可以减小。

③触头缸的不同充压形成不同的压入速度，进而形成不同的扩展角度及比压。

④其优点是无任何冲击噪声、节能、型腔紧实度均匀可调。

预计该造型机在轮廓高度悬殊大的铸件的生产中会得到推广应用。

（2）制芯设备

按硬化工艺、紧实方式、分盒及出芯方式，制芯设备分以下几类，有翻台振实制芯机、芯盒内自硬化射芯机、芯盒内充气硬化冷芯盒射芯机、芯盒内加热硬化热芯盒射芯机、多用射芯机和壳芯机等。

4. 型砂试验仪器

常用型砂试验仪器包括测定水分、强度、透气性等性能的测试设备。

（1）锤击式制样机

工艺试验标准砂样是通过锤击式制样机（如图 1—18 所示）制作的，其操作方法是：

1）抗压、抗剪（圆柱形）试样

①将型砂芯砂（约 160～190 g）倒入试样筒（砂要均布）。

②将大凸轮顺时针转动，冲头提高固定。

③将试样筒和型砂芯砂一起置于试样机座上。

④放下大凸轮，使冲头轻压筒内，并将筒旋半圈。

⑤转动小凸轮，使试样受 3 次冲击，冲杆红线位置在缺口内。

⑥提高冲头，卸下已冲实的试样筒。

⑦将试样筒倒套于顶柱上，顶出试样。

⑧用天平称量试样，以后按此标准质量继续制备。

2）抗拉、抗弯（腰形或正方柱形）试样

①换上抗拉冲头。

②将型砂芯砂倒入试样盒内，置于机座上。

③放下大凸轮，使冲头轻压筒内，并将筒旋半圈。

④转动小凸轮，使试样受 3 次冲击，冲杆红线位置在缺口内。

⑤提高冲头，卸下已冲实的试样筒。

⑥拉出试样盒上切砂板，切去余砂，分开试样盒，取出余砂。

3）低湿压强度试样

①油砂试样换用开合式制样筒，其上放置一块 3 mm 圆垫板，倒入型砂。

②开启后，试样垂直放置于圆板上一起放在低压附件测试位置上。

（2）透气性测定仪

型砂芯砂的透气性常用 STZ 直读式透气性测定仪（如图 1—19 所示）测定，其使用方法是：

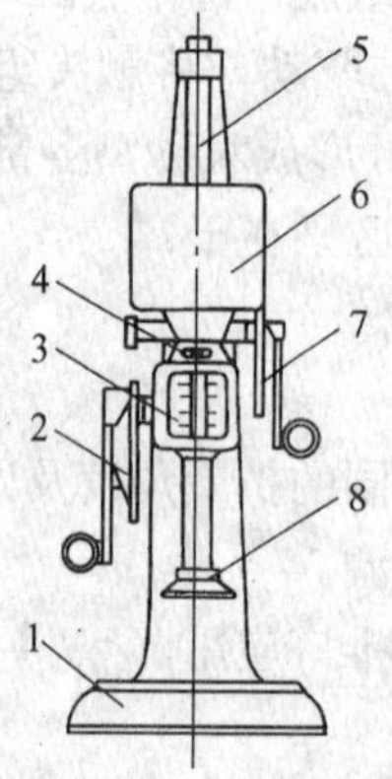

图 1—18　锤击式制样机

1—机座　2—大凸轮　3—刻度尺

4—铭牌　5—冲杆　6—重锤

7—小凸轮　8—圆柱形冲头

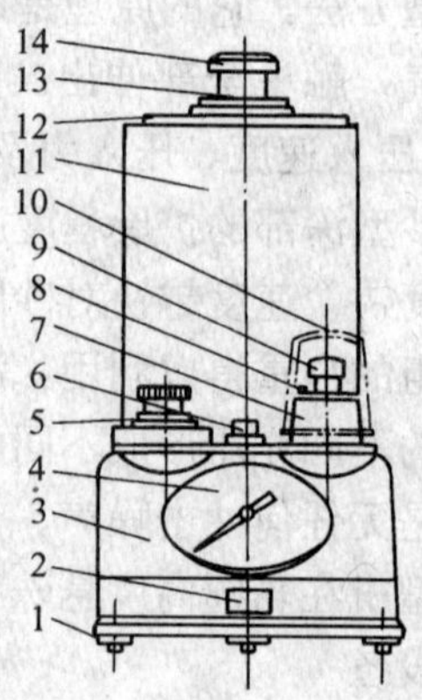

图 1—19　STZ 直读式透气性测定仪

1—调平脚　2—厂牌　3—机座　4—微压表

5—旋钮　6—水平座　7—试样座　8—回气管

9—阀帽　10—密封罩　11—水筒　12—气钟

13—握手　14—进气阀

1）仪器调节

①调节调平脚，使机体水平，将旋钮置于“绿点”。

②加水，使气钟“0”刻线与水筒上端平齐。

③旋钮置于“吸放气”挡，按进气阀慢提气钟至“0”刻线，再将旋钮置于“关闭”挡。

④K≥50 时使用大通气塞，K＜50 时使用小通气塞。

2）湿透气性试验

①试样连同试样筒置于试样座上。

②旋钮置于“工作”挡，按阀帽并转置红点对准操作者。

③从微压表直接读出透气性数据。

3）干透气性试验

用打气筒打气，使试样筒内密封橡胶圈充气、密封，其余同湿透气性试验。

4）黏结力小（黏土、原砂）的砂样

先将一金属片套置于样筒底部，放入砂样，再将另一金属片套放上，其余同湿透气性试验。

（3）强度试验机

SWY 液压式万能强度试验机（如图 1—20 所示）的使用方法：

1）机内液压缸加汽轮机油 L－TSA32（过滤）。

2）安装压、剪、拉、弯、低湿压试验夹具。

3）将在 SAC 锤击式制样机上制备的标准试样固定在夹具上。

4）将压力计红针拨至“0”位。

5）转动手轮，活塞推进，产生液压，至试样破坏。

6）读数。试样破坏时，压力计指示刻度值为所测数据。

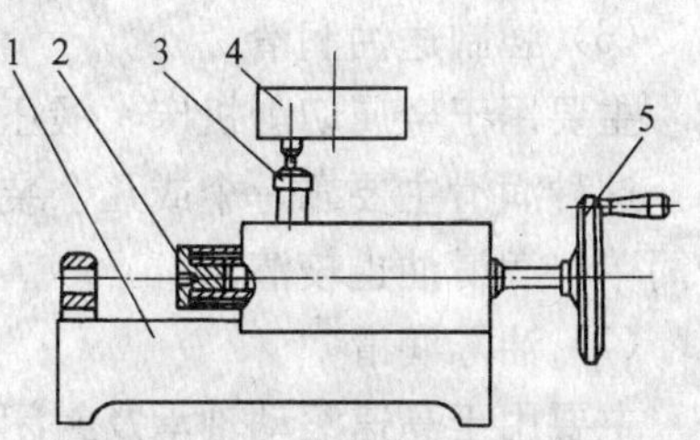

图 1—20　SWY 液压式万能强度试验机

1—机座　2—工作活塞　3—快换接头　4—压力计　5—手轮

四、铸造设备的维护保养要求

1. 润滑方法

把一种具有润滑性能的物质加到机件的摩擦面上，以达到降低摩擦和减少磨损的目的，叫做润滑。如在轴承与轴之间加入一点润滑油，可防止它们在工作中受磨损。

由于各类机床设备结构和工作性能都存在着一定的差异，所以不但要正确选择润滑剂，使其能保证正常的润滑，具有适当的黏度、一定的纯度和安定性，无腐蚀作用等，还应采用适当的润滑方法。

（1）手工加油润滑

主要用于开式齿轮、链条、钢丝绳及一些简易机械设备。此种润滑装置最简单，但维护工作量较大。

（2）滴油润滑

主要用于滑动及滚动轴承、齿轮、链条、导轨、泵及压缩机上。

滴油润滑是利用油的自重一滴一滴地流到摩擦机件上，滴落速度随油位而改变。此种润滑适用于数量不多而又容易靠近的摩擦机件上。此种润滑装置的结构较简单。因润滑装置设计不同，有自动起闭和不能自动起闭两种。

（3）溅油或油池润滑

这种润滑方式是靠高速转动的机械零件在油池中的连续旋转将油带到各个摩擦部位上进行润滑的。

由于飞溅法只能用于封闭的机械部位，如车床变速箱等，所以要注意保持规定的油位和油质清洁。

（4）油杯、油链及油轮润滑

多应用于机床、电动机、风扇等主轴轴承的润滑。

这种方法只能用于水平方向主轴、油杯套在主轴上做自由旋转，油轮则固定在主轴上的情况。这些润滑装置随主轴转动，将油从油池带入摩擦部件的间隙中形成自动润滑，在油池内始终保持一定的油位，这种润滑装置作用可靠，维护简单。

（5）油绳、油垫润滑

主要用于低速、轻负荷的轴套和一般机械部位。

这种方法是利用油绳或毡垫的毛细管产生虹吸作用向摩擦部件供油。油绳或毡垫浸在油内，摩擦表面可以和油绳或毡垫相接触，也可以有一定距离。这种润滑方法简单，维护方便。

（6）强制送油润滑

主要用于金属切削机床、锻压设备和一些内燃机、蒸汽机的主轴轴承上。

这种润滑主要靠一个或几个装在油池上可调节行程的柱塞泵来实现，装置较复杂，但维护简单，润滑油也较清洁。

（7）油雾润滑

主要用于高速滚动轴承及封闭的齿轮、链条、滑板、导轨等部件上。

油雾润滑装置利用压缩空气把润滑油从喷嘴喷出，将其雾化后再送入摩擦表面，让摩擦表面上黏附薄层油膜，起润滑作用。

（8）压力循环润滑

主要用在金属切削机床、蒸汽机、内燃机及一些减速器上。

这种润滑方法利用重力或油泵使循环系统的润滑油达到一定的工作压力，适用于重负荷的摩擦表面。

（9）集中润滑

主要用于金属切削机床、轧钢机等设备的大量润滑点或某些不易靠近的润滑点。

其润滑装置是由一个位于中心的油箱、油泵、过滤器及一些分送管道和分配阀组成，用管道输送定量的油（或脂）到各润滑点。

（10）内在润滑

一些设备由于结构限制，不宜采用附加润滑装置，则考虑应用内在润滑的方式（如含油轴承、密封的轴承座等）。

2. 常用铸造设备一、二级保养

铸造工应经过培训持证操作铸造设备，并按设备操作规程正确操作。操作者每天上班时，应先对生产设备根据点检卡要求，通过目视、耳听、手摸或必要的工具、仪器等手段，对设备进行逐项检查、加油和调整，确保铸造设备没有故障才能操作。下班之前必须按照有关维护保养要求或出厂使用说明书，对铸造设备及其随机工装进行维护和保养。

设备的保养除日常维护保养工作外，定期的维护保养通常分为一级保养和二级保养。

（1）一级保养

设备的一级保养是以操作工人为主、维修工人配合进行的保养，一般规定设备每运转500 h要进行一次一级保养。常用铸造设备的一级保养的内容是：

1）根据设备的使用情况，对部分零件进行拆卸、清洗、修复。

2）对设备的各部件配合间隙进行适当调整。

3）清洗油毡、油线、滤油器；清理油路、管路；加足润滑油。

4）清除设备的“黄袍”及油污。

5）清扫电气箱、电动机，做到电气装置固定整齐，安全防护装置牢靠，操纵机械、开关等灵敏可靠。

（2）二级保养

设备的二级保养是以维修工人为主、操作工人配合进行的保养，一般规定设备每运转一年（两班制）进行一次二级保养。常用铸造设备的二级保养的内容是：

1）除全面执行一级保养内容外，根据设备的使用情况，对部分或全部零部件进行拆卸、检查和保养工作。

2）对已磨损降低精度的零件，应按照设备的精度要求或根据生产工艺要求进行修复。

3）根据实际情况，更换或修复所有磨损零件，并为下次二级保养或大修做好备件的准备工作。

4）对油箱、水箱进行彻底清洗，换油或换水。

5）对于电气箱、配电线路以及操作控制部位，要全面检查、清洗和整理，达到整洁灵敏，安全好用。

第二章 工件铸造

第一节 造型制芯

用型砂紧实成形的铸造方法称为砂型铸造，是目前应用最广泛的一种铸造方法。用造型混合料及模样等工艺装备制造铸型的过程称为造型。用造芯混合料及芯盒等工艺装备制造型芯的过程称为制芯。按紧实型砂的方式可分为手工造型、制芯和机器造型、制芯。

一、造型制芯方法的选择

1. 造型方法的选择

造型方法多种多样（见表 2—1）。某一个铸件采用的造型方法，要根据铸件的质量要求、重量、形状结构复杂程度、尺寸、生产数量、生产条件及其技术要求等多方面因素来决定。

例如一个简单的圆筒铸件，当其粗而短且是单件小批量生产时，可用刮板造型；当其细而长时，则用导向刮板造型；生产数量较大时，用模样造型；大量生产时用模板造型。又如一个槽轮铸件，单件生产时用活砂造型；批量生产时用三箱造型；大量生产时用型芯造型等。如果一个铸件虽然质量和壁厚并不大，但很复杂，就要采取干型砂或湿砂型干芯砂造型才能浇出合格的铸件。尺寸精度要求高和表面粗糙度要求细的铸件，应选择砂型紧实度高的机器造型方法。铸件产量大、品种单一的，宜选用生产率高或专用的造型设备；小批量多品种的，宜选用工艺性灵活、生产组织方便的造型设备；高效率的造型机不单独使用，应配造型生产线。

因此，对于一定形状结构的铸件，要综合考虑各种因素才能确定其造型方法。

表 2—1　　造型方法的特点和应用范围

造型方法		主要特点	应用范围
手工造型	砂箱造型	在砂箱内造型，操作方便，劳动量较小	大量成批和单件大、中、小铸件生产均可
	脱箱造型	造型后取走砂箱，在无箱或加套箱后浇注	用于大量、成批或单件生产的小件
	刮板造型	用专制的刮板刮制，可节省制造模样的材料和工时，但操作麻烦，生产率低	用于单件、外形简单的铸件
	劈箱造型	将模样和砂箱分成相应的几块分别造型，然后组装。造型、烘干、搬运与合箱检验均较方便，但模样与砂箱制造的成本与工作量大	常用于成批生产的大型复杂铸件，如机床床身、大型柴油机机身
	组芯造型	铸型由多块型芯组成，可在砂箱、地坑中或用夹具组装	用于单件或成批生产结构复杂的铸件
	地坑造型	在地坑中造型，不用砂箱或只用一个盖箱，操作麻烦，生产周期长	用于单件生产的大、中型铸件

续表

造型方法			主要特点	应用范围
机器造型		振击造型	借机械振击赋于型砂动能和惯性紧实成形，砂型上松下紧，常需补压。噪声大、劳动量大、生产率低	用于精度要求不高的中、小型铸件的成批、大量生产，目前应用较少
	压实造型	单纯压实造型	按比压大小分为低压（0.15～0.4 MPa）、中压（0.4～0.7 MPa）、高压（>0.7 MPa）3种	中、低压用于铸件尺寸精度要求不高的中、小型铸件批量生产；高压用于铸件尺寸精度和表面粗糙度要求优质和较复杂的中、小型铸件的大量生产
		单向压实造型	砂型直接受压而紧实度较高，若比压不足则紧实度低	用于精度要求不高且扁平的中、小型铸件的批量生产
		双向压实造型	首先压头预压（上压），其次模样面补压（下压），然后压头终压，紧实度与均匀性优于单向压实	用于精度要求较高、较复杂的中、小型铸件的大量生产
	振压造型	普通振压造型	振击加压实，砂型紧实度波动范围小，可获得振实度较高的砂型	用于精度要求较高、较复杂小型铸件的成批、大量生产
		微振压实造型	振击振幅小，频率高，可同时微振与压实，或先微振后压实，比单纯压实的紧实度与均匀性好，且噪声小，生产率高	可用于尺寸精度要求较高和形状较复杂的中、小型铸件的成批、大量生产
		射压造型	以压缩空气射砂填砂和预紧实，然后用压头补压成形，可分有箱和无箱两大类，生产率高。无箱的比压较高，属高压造型范围，应用较多。无箱射压造型又分水平分型与垂直分型两种	用于大量生产精度高的中、小型铸件。垂直分型射压造型只适于可垂直分型的铸件，它下芯困难；水平分型无箱射压造型则克服了这类缺点
		抛砂造型	用抛头抛砂方法使砂型逐层紧实，抛砂速度越大，紧实度越高。若供砂速度、抛头移动速度与抛砂高度稳定，则紧实度较均匀	用于单件、成批生产中、大型铸件
	气流紧实	气流静压造型	先将型砂填入砂箱内（模板有通气塞），再对型砂施以压缩空气进行气流加压，经通气塞排气，越靠近模板的紧实度越大，然后用压实板补压。此法砂箱吃砂量较小，起模斜度较小	可用于精度要求高、形状较复杂的中、小型铸件的大量生产
		气流冲击造型	以具有一定压力的气体瞬时膨胀释放出的冲击波作用在型砂上使其紧实，型砂由于受到急速的冲击产生触变，克服了黏土膜引起的阻力，提高了型砂流动性。在冲击与触变作用下迅速成形，砂型紧实度均匀且分布合理（靠模样处的紧实度高于砂型背面），有利于提高铸件尺寸精度和减少铸件产生气孔的可能性。通常以压缩空气作动力，通过调节压强来调节砂型紧实度	可用于精度要求高的砂箱平面积 $\leq 1.5\ m^2$ 大量生产的各类铸件，比静压造型具有更大的适应性

2. 制芯方法的选择

型芯的制造方法应根据型芯的尺寸、形状、生产的批量、铸件尺寸精度及其生产条件来选择。各种制芯方法的特点和应用范围见表2—2。

形状简单的型芯需安放芯骨，有活块或需开设通气孔等工序及单件小批量生产的型芯，则采用手工制芯。只有在批量生产时才考虑用机器制芯。机器制芯生产率高，紧实度均匀，型芯质量好，便于机械化、自动化，尤其是热芯盒、壳芯盒、冷芯盒等用树脂作黏结剂的制芯方法。必须指出，此类制芯方法所用设备复杂，投资费用较高，对工艺装备精度要求较高，且制造周期长。但随着科技的进步，如采用CAD/CAM技术，工艺装备的设计及制作周期将大大缩短。

表2—2　制芯方法的特点和应用范围

制芯方法		主要特点	应用范围
手工制芯	芯盒制芯	用黏土砂、水玻璃砂、植物或矿物油砂、树脂砂等以芯盒内表面制成各类型芯的形状，尺寸准确	各种形状、尺寸和批量的型芯均可采用，但主要用于单件小批量生产
	刮板制芯	用特制的刮板刮制，节省制造芯盒的材料和工时，操作麻烦，效率低	用于单件小批量生产形状简单的型芯，对某些形状较复杂的型芯可采用部分用刮板与部分用芯盒相结合的方法生产
机器制芯	微振压实式制芯	在微振的同时加压紧实型芯，生产率较高，但机器结构较复杂，有噪声	可用于黏土砂、植物或矿物油砂的中、小型型芯的成批生产
	振实式与翻台振实式制芯	用气动或手动振击紧实型芯。目前，这类机器应用得较普遍，但噪声大，生产率低，对厂房基础要求高	气动振击制芯适用于不填焦炭块的中、大型型芯的批量生产；小批量生产小型芯时，可采用手动振击制芯机；主要用于黏土型型芯的制造
	螺旋挤压式制芯	利用机械传动的螺旋把芯砂从成形套筒中挤出，制得的型芯由接芯板承接	用于成批大量生产断面尺寸不变、形状简单的小型芯
	壳芯机制芯	将覆膜砂吹入加热的芯盒中保持所要求的结壳时间，待形成要求厚度的薄壳后，将芯盒口朝下，摇摆芯盒倒出多余的芯砂，形成中空的壳芯。型芯强度、透气性、精度、表面质量和出砂性好，精度高。但树脂较贵，制芯时有刺激性有害气味，与热芯盒相比，制芯周期较长	用于成批、大量生产。目前使用的壳芯机有两大类：底吹式壳芯机适于制造形状较简单的小壳芯；顶吹式壳芯机适于制造形状复杂的中、大型壳芯
	热芯盒法制芯	将以原砂加入适用、适量的树脂及固化剂混好的芯砂射（吹）入加热的芯盒中，硬化后取出，得到尺寸精确、强度高和表面光滑的型芯。此法操作方便，生产率高，易落砂，但有刺鼻气味	最适合成批大量生产中、小型型芯。但型芯截面厚度不宜大于50 mm，若过厚，可将其设计成中空，使截面厚度约为25 mm，广泛用于汽车、拖拉机铸件制造

续表

制芯方法		主要特点	应用范围
机器制芯	冷芯盒法制芯	将原砂与冷芯盒树脂混合后射（吹）入常温芯盒内，再吹入气体固化剂，型芯则快速固化，然后吹入干燥空气净化残余的固化剂，即可出芯。生产率高，比壳芯法约高一倍；可用木质或塑料芯盒，利于中、小批量多品种生产；铸件尺寸精度高，表面粗糙度细，落砂性好	可制造各类批量和复杂程度不同、大小不等的型芯，国外广泛用于汽车和拖拉机铸件的生产
	温芯盒法制芯	将以原砂加入适量、适合的树脂及固化剂混制的芯砂射（吹）入加热约 170℃的芯盒内，硬化后取出，得到尺寸精度和强度高、表面光滑的型芯。与冷芯盒相比，生产周期短，树脂加入量少，但需增加加热装置；与热芯盒法相比，型芯不会过烧，能耗低，工装变形小，寿命与尺寸精度有所提高，有害气味少，但树脂较贵	不适宜单件小批量生产，适合大批量生产质量>9 kg，厚度>50 mm 的型芯

二、手工造型制芯

1. 手工造型的操作方法

造型是获得铸件外部轮廓的工艺过程。全部用手工或手动工具来完成的造型工序称为手工造型。由于铸件形状千差万别，因而所选择的造型方法也有所不同，但操作方法类似。下面举例说明手工造型的操作方法。

（1）安放模样和砂箱

按铸造工艺方案将模样安放在造型平板的适当位置，再安放砂箱，使模样与砂箱内壁之间留有合适的吃砂量，若模样容易黏附型砂，可撒（或涂）上一层防粘模材料（如硅石粉等）。

（2）填砂和舂砂

在模样的表面筛上或铲上一层面砂，将模样盖住，再在面砂上铲入一层背砂，用砂舂扁头将分批填入的型砂逐层舂实，填入最后一层背砂，用砂舂平头舂实。

（3）修整和翻型

用刮板刮去多余的背砂，使砂型表面和砂箱边缘平齐，在砂型上用通气针扎出通气孔，翻转下砂型。

（4）修整分型面

用镘刀将模样四周砂型表面光平，撒上一层分型砂后，再用手风箱吹去模样上的分型砂。

（5）制作上砂型

将上砂箱套放在下砂型上，再均匀地撒上防粘模材料，安放浇冒口模后，进行填砂、舂砂、修整和扎出通气孔。

（6）开型

如砂箱无定位装置，则需在砂箱上做出定位装置（如做上泥粉号），轻轻松动并小心取出浇冒口模，在直浇道上端开挖漏斗形浇口盆。敞开上砂型，翻转放好。

（7）开挖浇道

扫除分型砂，用水笔润湿靠近模样处和需开挖浇道处的型砂，开挖浇道，修整分型面。

（8）起模

将模样向四周松动，然后用起模钉将模样从砂型中小心起出。将损坏的砂型修整好。

（9）合型

将修整好的上型按照定位装置对准放在下型上，放置压铁，抹好箱缝，准备浇注。

2. 手工制芯的操作方法

手工制芯按其成形方法的不同，分为用芯盒制芯和刮板制芯两类。下面以黏土型芯盒制芯为例说明手工制芯的操作方法。

（1）整体式芯盒制芯

整体式芯盒适用于形状简单、自身斜度较大的型芯。芯盒上面有较大的敞口，且敞口多为平面，如图 2—1 所示。

1）芯盒检查　首先检查芯盒有无变形或损坏，并将芯盒内的杂物清扫干净，按照工艺图检查芯盒形状尺寸。

2）芯骨处理　黏土砂型芯小型芯骨可在泥浆水中浸一下，较大的芯骨可用刷子刷上泥浆水，以增强芯骨和芯砂的黏结力。

3）芯骨安放　填入适量的芯砂并舂实，然后按框架在上，插齿和吊环在下，将芯骨安放在芯盒内，观察四周吃砂量是否合适，然后用手锤轻轻敲击芯骨至上部吃砂量合适为止。

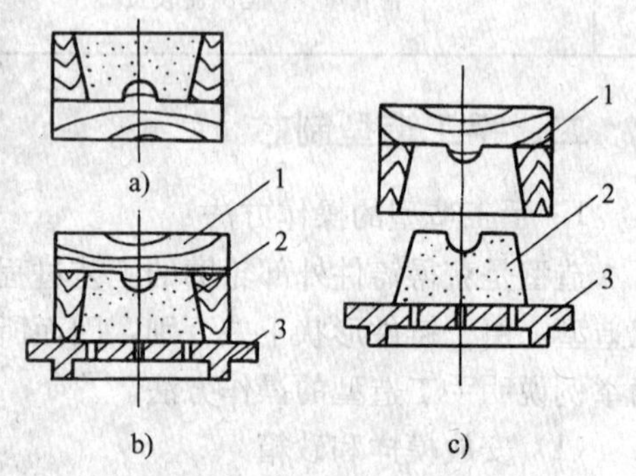

图 2—1　整体式芯盒制芯

a）填砂舂实　b）翻转芯盒　c）起芯

1—芯盒　2—型芯　3—烘芯平板

4）填砂舂实　放入通气材料，如炉渣、焦炭、干砂、草绳等，再填砂舂实。舂砂时，注意每层填砂厚度应适量，以保证紧实度均匀。刮去高出敞口平面的芯砂（如图 2—1a 所示）。

5）修整平面　修整型芯敞口平面，如果需要，在此平面刷上涂料。

6）翻转芯盒　将芯盒翻转 180°（图 2—1b），放到平板或烘芯平板上（可预先垫一层纸）。

7）起芯　敲动芯盒，松动后取出芯盒（如图 2—1c 所示），型芯便留在平板或烘芯平板上。

8）修补　挖出吊环，修整型芯，如果需要可刷上涂料。

当型芯尺寸较大时，需借助吊车来翻转芯盒。对于上、下两个端面都是平面的简单型芯，特别是高度又较低的小型型芯，其芯盒可以简化为只做有四周侧面的框架式样。

（2）对分式芯盒制芯

圆柱体、长方体等类型的型芯，虽然芯头的两个端面都是平面，但由于型芯的长度比直径大，如果将芯盒做成整体式，则舂砂和取出型芯都比较困难，因此，常将芯盒做成对分式。型芯长度较短的，可将两半芯盒合成一个整体，然后用夹具夹紧再舂砂；对于长度较长的型芯，可在两半芯盒中分别舂制，然后再合成一个整体型芯（在分芯面刷白泥水或其他涂膏做黏结剂）。

1）制造粗短型芯

①检查芯盒定位销的配合情况是否良好，芯盒有无损坏或变形，尺寸是否准确，并清理芯盒的工作表面。

②将芯盒合上，用夹钳夹紧放在舂砂平板上，进行填砂和舂砂。

③舂砂至一定高度时，敲入芯骨（芯骨两端要没入芯砂 5～10 mm），再继续舂砂至满。

④刮平上端面，沿型芯的中心部位，用通气针扎出通气孔。

⑤取出芯盒上的夹钳，把芯盒放平并轻轻敲动，然后取下上半芯盒。

⑥取出型芯，放在烘芯平板上，刷上涂料。

2）制造细长型芯

①检查芯盒质量及定位装置，把芯盒清扫干净。

②在一半芯盒内填砂舂实，在舂砂过程中放入芯骨，刮去多余芯砂，使芯砂稍高出芯盒的分模面。

③再在另一半芯盒内填砂、舂实、刮平，并在刮平面的中心位置挖出一条排气道。填砂时要防止芯砂落入定位销孔中。

④在刮平的型芯表面刷上泥浆水，将两半芯盒吻合，并将芯盒放平。

⑤轻轻敲击芯盒，促使两半型芯黏合在一起，修平两端面，并保证出气孔上下贯通。

⑥松动芯盒，取去一半芯盒，用手扶住翻转 180°倒出型芯，修整后刷上涂料。

如果两半型芯的形状完全相同，可以只做半个芯盒，然后制作两半型芯，再拼合起来。小型型芯用泥浆水黏合，较大的型芯可用铁丝或螺栓拉住两半型芯的芯骨进行拼合。

对于湿态大型型芯，在翻转时会因强度不够而损坏，可在烘干后再将两半型芯拼合起来。

（3）脱落式芯盒制芯

对于形状较复杂的型芯，其外表面凹凸不平，型芯不易从芯盒中取出，这时就要采用脱落式芯盒来制芯。脱落式芯盒制芯的原理是：根据型芯的形状，选择一个便于舂砂的较大的平面做敞口，将芯盒四周妨碍起模的部分做成活块，翻转后，芯盒脱落，而活块则留在型芯中，然后从侧面适当的方向取出活块，型芯就制作完毕。

脱落式芯盒制芯操作方法与整体式芯盒操作基本上相同，但还应注意以下几点：

1）舂砂前，检查一下各活块摆放的位置是否正确，定位是否可靠，对芯盒框要进行校正，防止歪扭，芯盒要紧固好，以免舂砂时尺寸胀大。

2）舂砂时，要先将活块周围的芯砂紧实，防止活块移动，对那些在舂砂过程中需要拔出定位销的，要确认活块不会再移动后才能取走销子。

3）型芯制作完毕后，活块应及时放回芯盒中并装配好，以免丢失。

3．砂型型芯的烘干

砂型及型芯经过烘干，可以增加其强度和透气性，减少浇注过程中的发气量，保证铸件质量。由于造型制芯所用材料不同以及尺寸大小各异，其烘干工艺也有所不同。

砂型的烘干温度和烘干时间与许多因素有关。在烘干温度和操作条件一定时，砂型体积和截面积越大，加入的黏结剂和水分越多，型砂的粒度越细，烘干时间就越长。一般来说，大型芯应低温缓慢烘干；芯砂中含水分高的，达到最高温度的时间比含水分低的要长；砂粒粗的所需的烘干时间比砂粒细的要短；烘炉中空气的相对湿度高则型芯强度将会降低。

砂型型芯的干强度与烘干温度有关。当烘干温度较低时，砂型型芯的干强度随着温度升高而增加；当烘干温度超过一定范围时，干强度反而下降，甚至变得松散（烧酥）。因此，应根据型砂种类、性能特点和砂型及型芯大小来确定合适的烘干温度和烘干时间。干型（芯）砂的适宜烘干温度为300～400℃，含木屑的干型（芯）砂为300～350℃。

一般干燥深度要求为：砂型大于40～60 mm，型芯大于60～90 mm，小型芯应全部干透，干燥层中残留水分不大于0.2%～0.25%。烘干后的砂型（芯）放置在潮湿的空气中，易于返潮，因此应尽可能在短时间内合型、浇注，放置时间一般不应超过24 h。

4. 合型

将铸型的各个组元，如上型、下型、型芯、浇口盆等组成一个完整铸型的操作过程称为合型。合型是造型过程中的最后一道工序，也是最重要的工序之一。一些铸件缺陷，如气孔、砂眼、错型、偏芯、漂芯、飞翅、抬型跑火等，都是由这道工序操作不当而引起的。

（1）合型前的检查事项

1）检查型腔、芯座、型芯芯头的几何形状和尺寸是否符合工艺图要求，损坏的地方要进行修补，修补后还需进行检查并烘干。

2）检查型腔内和型芯表面的浮砂和脏物是否清除干净。

3）检查各出气孔是否畅通。

4）检查浇注系统各部分是否畅通、干净。

（2）合型及合型检查

1）对于干砂型，为防止跑火，可沿分型面一周压上泥条或石棉绳，但不得堵死出气孔。

2）用吊车合型时，上型要吊平，并垂直下落，按原有的定位方式准确合型。

3）检查直浇道与下型的横浇道是否对准。

4）检查分型面的密封情况，防止跑火。

5）放好浇口盆并盖好，以防杂物落入。所有通气孔要做出标记，以便浇注时点火引气。

三、机器造型制芯

造型和制芯是铸造生产过程中的一道重要工序，其机械化的程度决定着铸造生产率的高低、铸件质量的优劣以及工人劳动条件的好坏，同时还对运输机械、浇注设备、落砂机械的选用起着重要的作用，在一定程度上决定着整个车间的面貌。机器造型制芯是实现铸造生产机械化和自动化的前提条件，是铸造生产发展的需要。

1. 机器造型制芯的特点

造型机和制芯机实质上是一样的，有的造型机同样可以制芯。它们的主要作用是填砂、紧实和起模。填砂就是将制备好的型砂、芯砂填充砂箱、芯盒的过程；紧实是指使砂箱、芯盒内型砂芯砂紧实度提高的操作过程；起模是指使模样或模板与铸型分离或型芯自芯盒内分离的操作过程。

对于黏土砂的机器造型来说，其主要工作过程就是紧实。紧实方式不同，造型机的构造也就不同，型号多种多样。

机器造型制芯和手工造型制芯相比，有以下几方面的特点：

(1) 提高了铸件质量。机器造型所得的砂型强度和硬度都高，紧实度均匀，减小了浇注时的型壁移动，故提高了铸件的尺寸精度，并降低了铸件的表面粗糙度。由于加工余量小，因而既节约了金属材料，又减轻了机械加工工作量。

(2) 提高了生产率。机器造型由于紧实型砂和起模操作都由机器在较短的时间内完成，且砂型不用修整和开挖浇口，因此极大地提高了生产率。

(3) 减轻了劳动强度，改善了劳动条件。手工造型的劳动强度大，粉尘多，温度高，劳动条件恶劣。而机器造型时，操作者只需站在机器旁，用按钮控制生产，因此劳动强度大大减轻，劳动条件也大为改善。

(4) 技术等级较低的生产工人能较快地掌握生产技能。

(5) 机器造型除需造型机、动力设备等外，还需配备专用砂箱和工具，且模板制造周期长，费用也较大，因此，机器造型只适用于大批量生产的铸件。

2. 砂型的紧实度

型砂紧实后的压缩程度称为紧实度，可用密度（g/cm^3）或砂型硬度表示。下面是几种常见型砂的紧实度：十分松散的型砂为 0.6～1.0 g/cm^3；从砂斗填到砂箱的松散砂为 1.2～1.3 g/cm^3；一般紧实的型砂为 1.55～1.7 g/cm^3；高压紧实后的型砂为 1.6～1.8 g/cm^3。

确定一个砂型的平均紧实度是比较容易的，只要知道砂型总的质量和体积就可以算出。但实际生产中，砂型各处的紧实度是不同的，因此，需要测量砂型内部各点的紧实度。其方法是用一种钢套管或特制的钻头把被测部分的型砂取出来，称重并计算其体积。这种方法相当麻烦，又不准确，往往还要破坏砂型。

生产中，通常采用砂型硬度计测量砂型的表面硬度，从而确定砂型的紧实度。一般紧实后的砂型表面硬度为 60～80 单位，高压造型可达 90 单位以上。使用硬度计测量砂型的紧实度非常方便，又不会破坏型腔表面，但不能测量砂型内部的紧实度。

通常，砂型的密度越高，其表面硬度也越高，但是二者并不成简单的比例关系。对于不同的砂型，如型砂的黏土含量、水分或其他附加物含量不同时，二者的关系也就不一样。

砂型经过紧实后具有一定的强度。对紧实后的砂型最低的要求是能经受住搬运或翻转过程中的振动而不塌落；浇注时能抵抗住金属液的压力，减小型壁移动，保证铸件的尺寸精度，以及获得低的表面粗糙度。但是，紧实度过高的砂型的透气性差，容易引起气孔、夹砂等缺陷。因此，砂型的紧实度应控制在一定的范围内。

3. 机器紧实型砂的方法

(1) 压实法

通过油压、机械或气压作用到压板、柔性膜或组合压头上，压缩砂箱内型砂，将型砂紧实的过程称为压实法。

造型时，将压板压入辅助框中，随着砂柱高度的降低，型砂逐渐紧实（如图 2—2 所示)。辅助框是用来补偿压实过程中砂柱受压缩的高度，辅助框的高度由型砂紧实度和砂箱高度确定。

1) 平板压实　平板压实方法主要用于砂箱高度不超过 150 mm，而且深凹比较小、模样顶上的砂柱较高的情况。若是砂箱比较高，或者模样很复杂，就必须采用其他紧实方法，或者加以一定的辅助措施，使紧实度不足的地方得到必要的紧实。因此，平板压实法造型的使用范围十分有限。但是，压实造型方法的动作简捷，生产率高，造型机的结构简单，无噪音，所以仍被广泛采用。

2）高压造型　当平板压实造型不能满足砂型紧实度的要求时，采用高压造型可提高压实比压，使砂型的紧实度提高，还可以使砂型内紧实度分布更均匀，砂型深凹部和侧壁的紧实度也得到提高。但比压过大会使型砂的透气性降低，铸件容易产生气孔、粘砂等缺陷；同时，起模时易损坏砂型。因此，高压造型的比压通常为 0.7～1.5 MPa。

3）使紧实度均匀化的方法　高压造型虽然在一定程度上能使紧实度均匀化，然而对于较复杂的模样还是不能获得紧实度均匀的砂型。因此，常采用以下方法使砂型紧实度均匀化。

①微振　在压实的同时进行微振。

②减小压缩比的差别　应用成形压板、多触头压头、压膜、模样退缩装置等。

③模板加压与对压法　把压板加压与模板加压结合起来，得到两面紧实度都较高的砂型称为对压法。

④提高压前的型砂紧实度　采用压前预压型砂、控制型砂水分、提高填砂紧实度的方法，可提高压前的型砂紧实度。

⑤多次加压和顺序加压　对于特别高的模样，可以采用多次加压、多次填砂的方法，使深凹部位的型砂得到补充紧实，使紧实度均匀化。

（2）振实法

在低频率和高振幅运动中，下落冲程撞击使型砂因惯性获得紧实的过程称为振实，如图 2—3 所示。

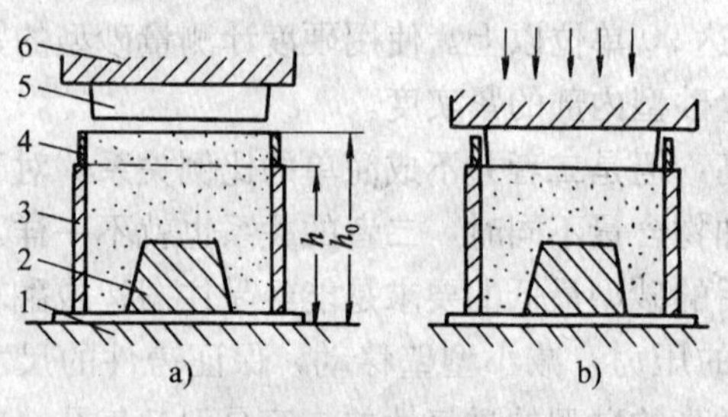

图 2—2　压实造型

a）加压前　b）加压后

1—工作台　2—模样　3—砂箱

4—辅助框　5—压板　6—压板架

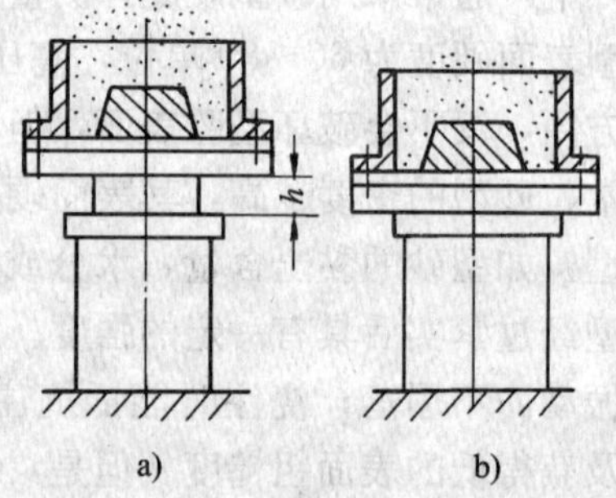

图 2—3　振实法

a）工作台举起　b）下落振击

振实后，砂箱顶部的型砂没有得到紧实，因此需进行补充紧实。

振实法与压实法相反，其紧实度分布以靠近模板一面最高，所以适于制作模样较高的砂型。

振实造型需要多次撞击，生产率低，噪声大，特别是振击力直接作用在机器的基础上，振动很大，甚至引起厂房与其他设备的振动，所以使用范围很小，并逐渐处于被淘汰的地步。

（3）射砂紧实法

利用压缩空气将型砂以很高的速度射入砂箱、芯盒而得到紧实的方法称为射砂紧实法。

射砂所得的紧实度一般较均匀，而且射砂过程很快，所需时间不到 1 s。射砂既是填砂又是紧实过程，是一种高效率的生产方法，普遍应用于制芯。

射砂紧实法的主要缺点是紧实度不够高。对于尚需固化的型芯的紧实度能满足要求，但是对湿型芯和造型则还不足。因此，常与压实法结合起来，得到具有一定紧实度的砂型。许多造型机常采用射压方法，如垂直分型无箱射压造型机及水平分型脱箱射压造型机等。

(4) 抛砂紧实法

利用离心力抛出型砂，使型砂在惯性力下完成填砂和紧实的造型方法称为抛砂紧实法。适于制造较大的砂型。

(5) 其他紧实型砂的方法

常见的还有挤压法、滚压法、气鼓法和辊压法等。

4. 机器造型起模方法

起模是造型机上的一个主要工序，其方式主要可以分成两种：顶箱起模和翻转起模。起模时要求动作平稳，没有冲击，特别是在模样与砂型相脱离的一瞬间，要求速度缓慢，所以造型机上的起模机构绝大多数采用液压或气压传动，起模过程中，速度可以调节。

(1) 顶箱起模

顶箱起模的特点是在不翻转砂箱的情况下，将模样自砂型中起出。顶箱起模可分为顶杆法和托箱法。

1) 顶杆法　顶杆法是指造型完毕后，造型机的 4 根顶杆向上运动，顶着砂箱的 4 个角垂直上升，与模板分离的起模方法，如图 2—4 所示。

为了保证砂箱平稳顶起，必须使 4 根顶杆上下运动完全同步，所以顶杆都装在一个顶杆架上，随着顶杆气缸一起上下运动。

2) 托箱法　起模时砂箱被托住不动，而模样下降，这种起模方式称为托箱法，如图 2—5 所示。

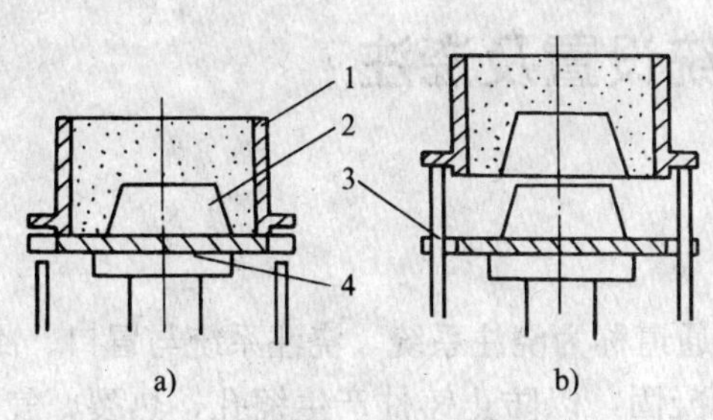

图 2—4　顶杆法起模

a) 造型　b) 起模

1—砂箱　2—模板　3—顶杆　4—造型机工作台

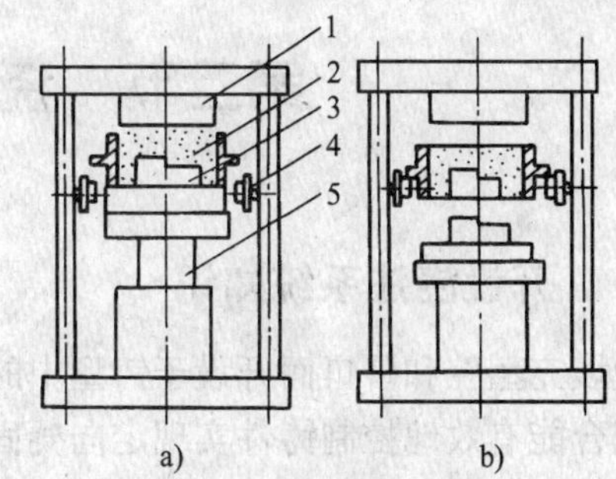

图 2—5　托箱法起模

a) 造型　b) 起模

1—压板　2—砂型　3—模样　4—边辊道　5—压实机构

顶箱起模时，砂型下面没有物体托住，型腔容易损坏，所以顶箱起模多用于形状简单、高度较低的模样造型。为了避免这一缺点，对于较复杂或高度较大的模样，可以采用一种漏板，在起模时，沿着模样四周把砂型支撑住，这种起模方法，叫做漏模法，如图 2—6 所示。

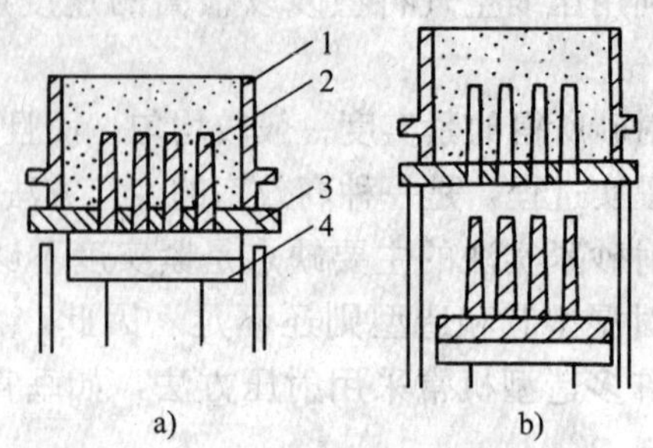

图 2—6　漏模法起模

a）造型　b）起模

1—砂箱　2—模样　3—漏板　4—工作台

（2）翻转起模

起模前，把砂箱连同模板一起翻转 180°，用接箱台把砂箱接住，然后，接箱台连同砂箱一起下降实现起模，这种方法称为翻转起模。按其结构分为转台法和翻台法两种，如图 2—7 和图 2—8 所示。翻台起模法起模时，由于型面向上，对于复杂的模样，特别是有较大的悬吊砂胎的砂型，可以避免断裂及掉砂。但其生产率较低，而且要求机器的结构也较复杂，所以只有在工艺上必要时才采用。

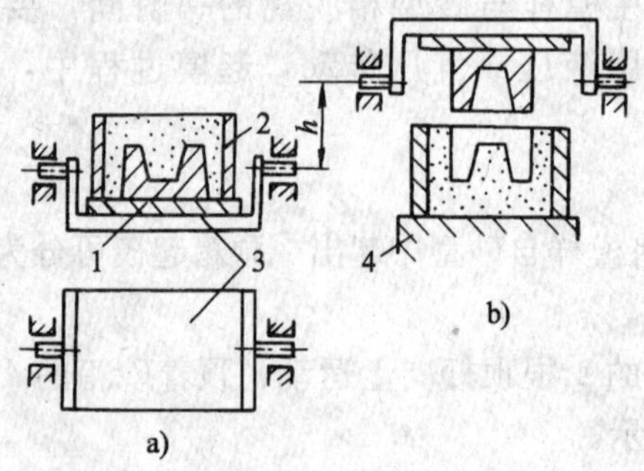

图 2—7　转台起模

a）造型　b）起模

1—模板　2—砂箱　3—转台　4—接箱台

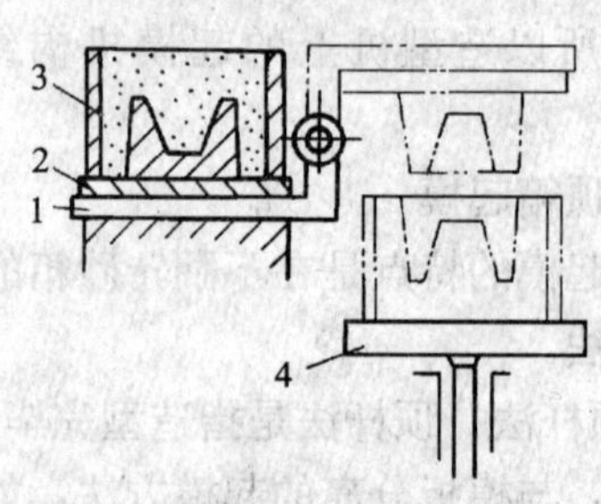

图 2—8　翻台起模

1—翻台　2—模板　3—砂箱　4—接箱台

第二节　浇注系统设置及浇注

一、开设浇注系统知识

为填充型腔和冒口而开设于铸型中的一系列通道称为浇注系统。浇注系统与冒口、冷铁等相配合能有效地控制铸件实现定向凝固或同时凝固，以防止铸件产生缩孔、热裂、气孔、砂眼等铸件缺陷。

浇注系统一般由外浇口（浇口杯、浇口盆）、直浇道、横浇道和内浇道 4 个部分组成，如图 2—9 所示。复杂铸件浇注系统在 4 个部分的基础上还另增设特别通道，有些简单铸件的浇注系统少于 4 个部分。

1. 浇口杯

浇口杯通常单独制成或直接在铸型内形成，成为直浇道顶部的扩大部分。其作用是：接纳来自浇包的金属液，避免金属液飞溅；当浇口杯储存有足够的金属液时，可减少或消除在直浇道顶面产生的水平旋涡，防止熔渣和气体卷入型腔；能缓和金属液对铸型的冲击；增加静压头高度，提高金属液的充型能力。

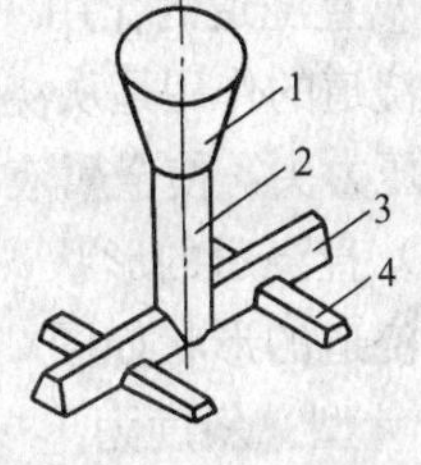

图 2—9　浇注系统

1—外浇口　2—直浇道

3—横浇道　4—内浇道

浇口杯主要分为漏斗形和池形两大类。

(1) 漏斗形浇口杯

形状如图 2—10 所示。其结构简单，制作方便，容积小，消耗的金属液量少，能降低浇注时的流速，但挡渣能力差，主要用于浇注小型铸件及铸钢件，在机器造型中被广泛采用。

具有挡渣作用的带滤网的浇口杯和雨淋式浇口杯如图 2—11 和图 2—12 所示。

(2) 池形浇口杯

又称浇口盆，形状如图 2—13 所示。其容积大，能储存一定量的金属液，可防止气体和熔渣卷入型腔，但消耗金属液较多，适宜于浇注中型和大型铸件。另外，由于其侧壁倾斜，底部突起，因此可以减小液流下落时的冲击及有利于熔渣、杂质上浮，故有一定的挡渣作用。

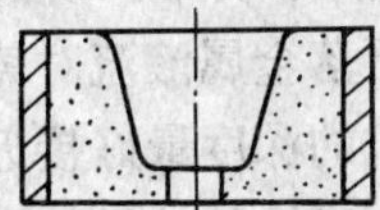
图 2—10　漏斗形浇口杯

图 2—11　带滤网的浇口杯

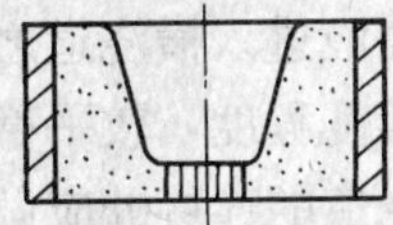
图 2—12　雨淋式浇口杯

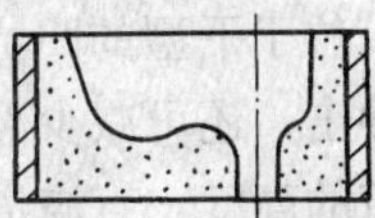
图 2—13　池形浇口杯

图 2—14 为闸门式浇口盆，图 2—15 为拔塞式浇口盆，图 2—16 为熔化铁隔片式浇口盆，图 2—17 为滤渣网式浇口盆。

2. 直浇道

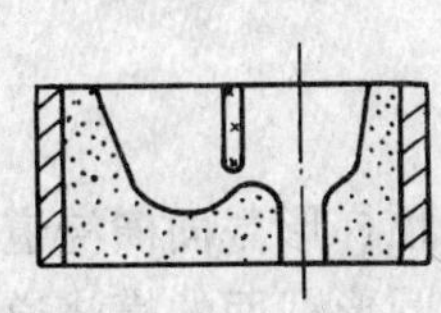
图 2—14　闸门式浇口盆

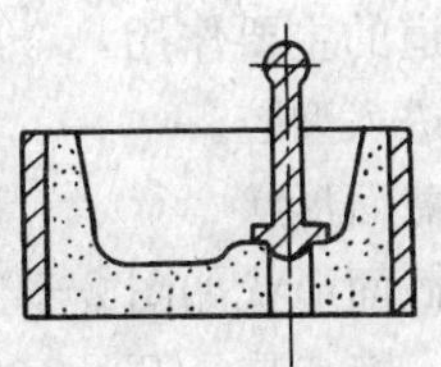
图 2—15　拔塞式浇口盆

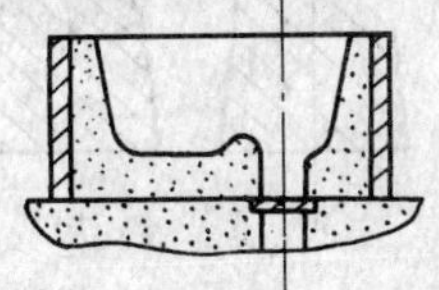
图 2—16　熔化铁隔片式浇口盆

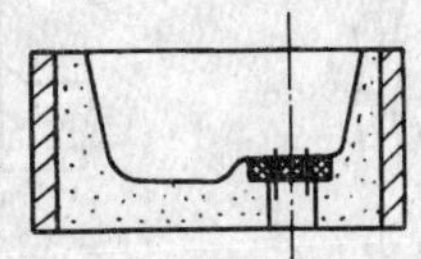
图 2—17　滤渣网式浇口盆

直浇道是浇注系统中的垂直通道，通常带有一定的锥度。

（1）直浇道的作用

直浇道的作用是从浇口杯向下引导金属液进入浇注系统其他组元或直接导入型腔，并提供足够的压力头，使金属液在重力作用下能克服流动过程中的各种阻力，充满型腔的各个部位。

（2）直浇道的形状

直浇道的形状如图 2—18 所示。

1）a 型　斜度为 1∶50，上大下小的圆锥形直浇道。其特点是：造型时起模方便，浇注时充型速度快，金属液在直浇道中呈正压状态流动，可防止气体和杂质卷入型腔，这种形状的直浇道应用得最广泛。

2）b 型　在高效率半自动造型生产线上，直浇道模样大多固定在模板上，因此直浇道必须制成上小下大的倒锥形，才能从铸型中拔出。

3）c 型　对于浇注铸钢，特别是浇注中、大型铸钢件，多用耐火材料管形成浇注系统，直浇道则为没有斜度的圆管。

4）d 型　蛇形直浇道，用于非铁合金铸件，其阻力大，可降低金属液流速，平稳充型，减少卷入气体，避免氧化和吸气。

（3）直浇道窝

金属液由直浇道流入横浇道时，流动方向急剧改变，出现极度的紊流和搅动，容易引起冲砂和卷入气体。为了减轻这一冲击作用，在直浇道底部设如图 2—19 所示的带凹坑的窝座。位于下型的凹坑在金属液进入横浇道之前已被充满，它不但能缓冲下落金属液流对铸型的冲击，还可减少液流的紊乱程度，较平稳地把金属液导入横浇道。凹坑的深度最好接近横浇道的高度，直浇道与横浇道的连接处应做成圆角，以减少冲砂的危险。当铸件较重、浇注时间较长时，为防止直浇道底部过热或被冲坏，直浇道窝底部可铺设一层耐火砖块。

3. 横浇道

横浇道是指浇注系统中的水平通道部分。

（1）横浇道的作用

横浇道用以连接直浇道和内浇道，将金属液平稳而均匀地分配给各个内浇道，并起挡渣作用。挡渣是横浇道的主要作用，金属液在横浇道中呈水平方向流动时，熔渣易上浮而留在横浇道中，阻止其进入型腔。

（2）横浇道的截面形状

常用横浇道的截面形状如图 2—20 所示。梯形和圆顶梯形截面横浇道主要用于浇注灰铸铁和有色金属铸件。特点是：开设容易，挡渣效果好。圆形截面的横浇道，通常用耐火砖管形成，多用于浇注铸钢件。其特点是：散热量少，但挡渣效果较差。

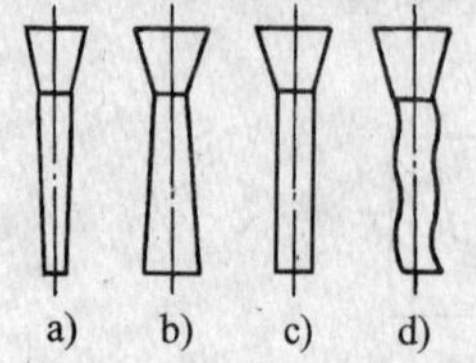

图 2—18　直浇道的形状

a）圆锥形　b）倒锥形

c）圆柱形　d）蛇形

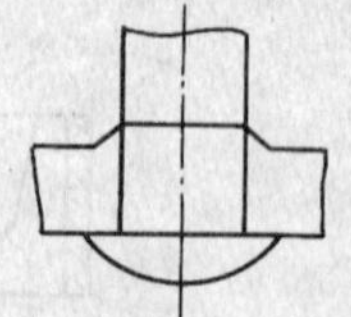

图 2—19　直浇道窝

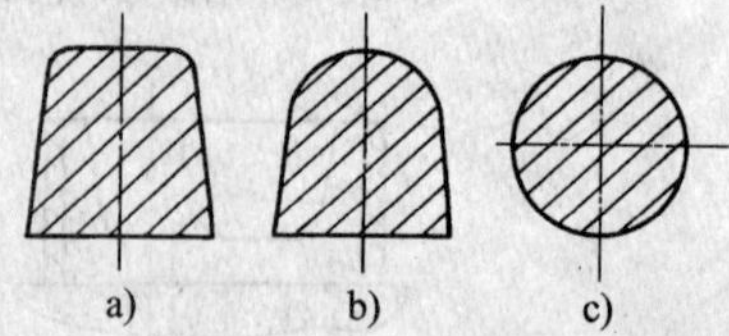

图 2—20　横浇道的截面形状

a）梯形　b）圆顶梯形　c）圆形

（3）横浇道中的液流分配

横浇道充满之后，进入不同位置内浇道金属液的量取决于内浇道附近横浇道中金属液压力的大小及内浇道的位置等因素。为了均衡各个内浇道的流量，不同位置的内浇道应有不同的截面积，或每经过一个内浇道以后，横浇道相应地减小一定比值的截面积。这既利于铸件质量，又可提高工艺出品率。生产中，许多小型铸件常采用一型多铸，这时应将内浇道对称设置，以利于均衡各个型腔的金属液流。

（4）加强横浇道的挡渣作用

为了防止由夹渣引起的铸件缺陷，必须加强横浇道的挡渣作用。常见的方法有以下几种：

1）稳流式横浇道　又称缓流式，如图 2—21 所示。在分型面上下曲折设置多级横浇道，以改变液流方向，增大局部阻力，降低流动速度，从而产生紊流，利于杂质上浮。这种浇道结构简单，有一定的除渣效果，适用于成批或大量生产比较重要而复杂的中、小型铸件。

2）集渣包式横浇道　横浇道中局部加高的结构称为集渣包。集渣包有两种形式，即锯齿形集渣包（如图 2—22 所示）和离心式集渣包（如图 2—23 所示）。

当金属液流经锯齿形集渣包时，因截面突然扩大，流速降低而在此处产生旋涡，使杂质易于上浮并留存在该处，具有较好的挡渣效果。

金属液从切线方向进入截面大得多的集渣包后，产生旋流，在离心力作用下，杂质向中心集中并浮于液面。离心式集渣包一般设在横浇道末端，直接同内浇道相连，出口截面比入口截面小，出口方向必须与液流旋转方向相反。离心集渣包的集渣效果较好，当集渣包足够大时，可同时起暗冒口的作用。

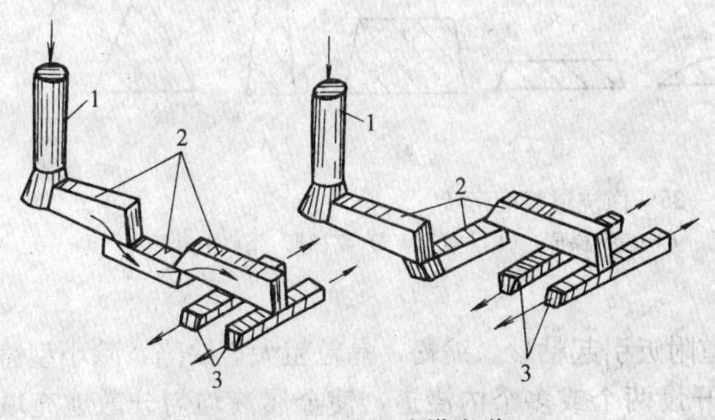

图 2—21　稳流式横浇道

1—直浇道　2—横浇道　3—内浇道

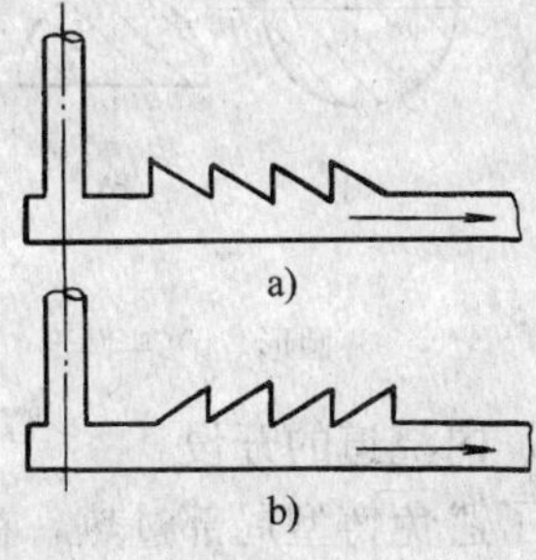

图 2—22　锯齿形集渣包

a）逆齿　b）顺齿

3）阻流式横浇道　又称节流式，如图 2—24 所示，靠近直浇道的横浇道段上，有一段截面狭薄的部分称为阻流片。浇注时，金属液流经阻流片进入横浇道，由于截面突然扩大和流动方向的改变，使流速急剧下降，利于杂质上浮。这种横浇道挡渣能力强，但浇道较长，制造复杂，主要用于大量生产且挡渣要求较高的铸件上。

4）带滤渣网的横浇道　金属液通过滤网时由于孔眼的阻力及截面的扩大，液流速度骤减，并在网孔出口处出现涡流运动区，有利于杂质上浮并黏附在滤网下面。滤网一般承受不了金属液流长时间的冲刷及高液柱的压力，故主要用于小型铸件。

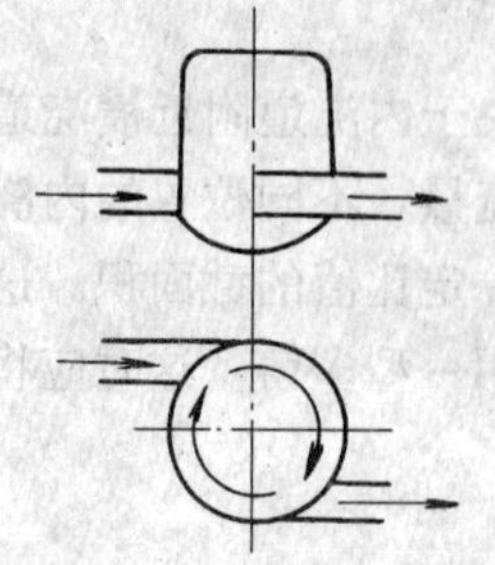

图 2—23　离心式集渣包

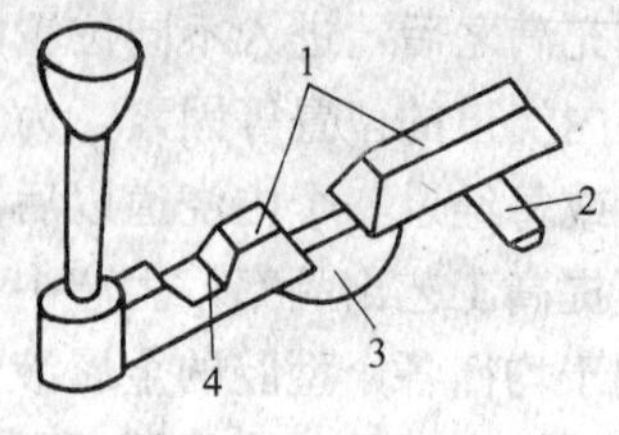

图 2—24　阻流式横浇道

1—横浇道　2—内浇道　3—垂直阻流片　4—水平阻流片

4．内浇道

在浇注系统中，引导液态金属进入型腔的部分称为内浇道。

（1）内浇道的作用

内浇道的作用是控制金属液的充型速度和方向，使之平稳地充填型腔，并调节铸型和铸件各部分的温差和凝固顺序。

（2）内浇道的载面形状

常用内浇道的截面形状如图 2—25 所示。圆形内浇道散热慢，一般用带有回孔的成形耐火砖管砌成，主要用于铸钢件；半圆形和方梯形内浇道散热慢，且具有一定的补缩作用，常用于厚壁铸件；新月形和三角形内浇道虽然易于从铸件上去除，但冷却快，一般用于小型铸铁件；扁平梯形与高梯形内浇道相似，主要用于一些薄壁较高的铸铁件。扁平梯形内浇道造成吸动区域小，有助于横浇道发挥挡渣作用，并且模样制造方便，易于从铸件上去除，应用最广。

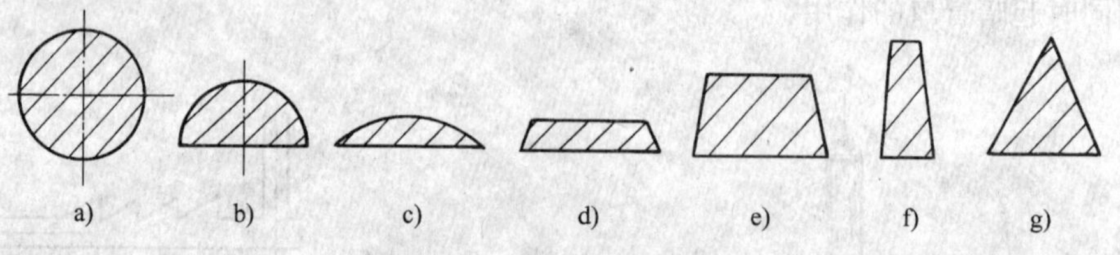

图 2—25　内浇道截面形状

a）圆形　b）半圆形　c）新月形　d）扁平梯形　e）方梯形　f）高梯形　g）三角形

（3）内浇道的开设

为了避免铸型局部过热，在内浇道附近引起粘砂、缩松、晶粒粗大等缺陷，除小型铸件只开设一个内浇道外，大多数铸件常开设两个或多个内浇道，使金属液均匀分散地充填型腔。铸钢件为了不让液态合金过分冷却和氧化，浇注系统分枝应较少，而铝合金铸件要求平衡均匀地充型，内浇道数目一般较多。内浇道开设的位置和方向，应使液流顺型壁流入，不冲击型壁和型芯。具体应注意下面几点：

1）内浇道不能开在直浇道的正下方，应使直浇道中心到第一个内浇道的距离 $l \geqslant 5\ h_{横}$。内浇道也不能开在横浇道的顶面或末端，应使最后一个内浇道与横浇道末端的距离大于 75 mm，如图 2—26 所示。因为横浇道金属液压力较高，聚集了浇注初期进入的杂质，故必须加长一段形成集渣死角。若在加长段中设冒渣口，效果更好。

2）内浇道的开设方向不能顺着横浇道中液流方向开设，应和液流方向成直角，最好逆金属液流方向开设，如图 2—27 所示，以防最初进入横浇道的杂质进入型腔。

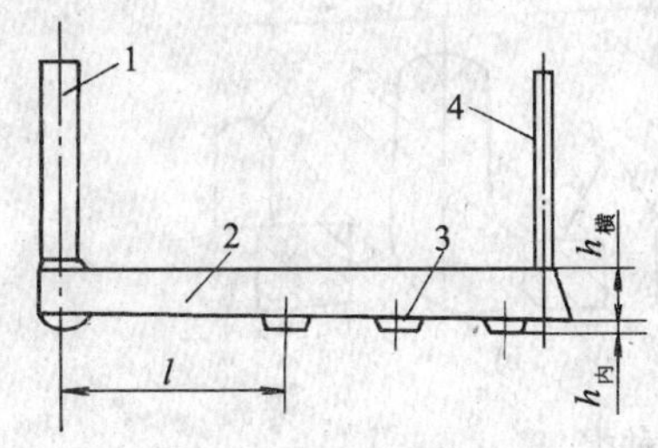

图 2—26 浇注系统位置

1—直浇道 2—横浇道 3—内浇道 4—冒渣口

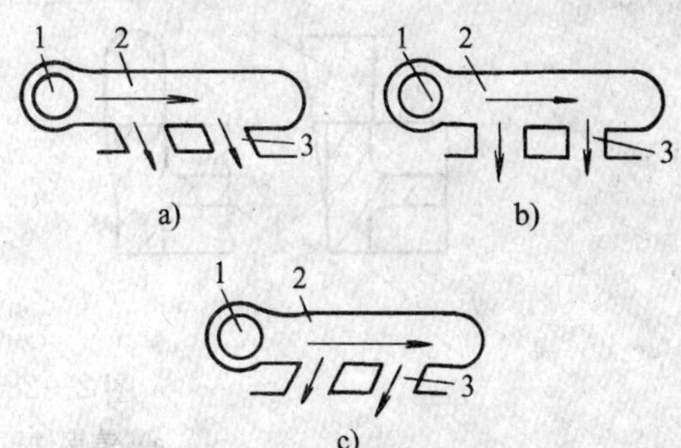

图 2—27 内浇道的开设方向

a）不好 b）较好 c）最好

1—直浇道 2—横浇道 3—内浇道

二、开设冒口知识

1. 冒口的定义

所谓冒口是指在铸型内贮存供补缩铸件用的熔融金属的空腔，也指该空腔中充填的金属。浇注铸型的液态金属，由于液态和凝固时的体积收缩，往往会在铸件的厚实部位中心产生集中性的缩孔，或在铸件不易散热的其他部位产生分散性的缩松，严重降低了铸件的力学性能。因此，在铸件上需设置一定数量的冒口以消除缩孔和缩松。冒口的设置应符合定向凝固原则，具体应满足以下几点：

（1）冒口的凝固时间应大于或等于铸件的凝固时间。

（2）在凝固期间，冒口应有足够的金属液补充铸件的收缩。

（3）冒口中的液态金属必须有足够的补缩压力和通道，以使金属液能顺利地流到需补缩的部位。

（4）在保证铸件质量的前提下，使冒口所消耗的金属液量最少。

2. 冒口的作用

冒口的主要作用是补缩铸件，防止缩孔和缩松。此外，还有如下一些作用：

（1）可起排气作用。在浇注过程中，型腔内的气体可以通过冒口逸出。

（2）有聚集浮渣的作用，从而避免造成铸件夹渣、砂眼等缺陷。

（3）明冒口可作为浇满铸型的标记。

（4）合型时，可以通过冒口检查其定位情况。

3. 冒口的种类

冒口的种类很多。一些常用冒口如图 2—28 所示。冒口的结构差异，分法不一，一般分法如图 2—29 所示。

顶冒口一般设置在铸件最高和最厚部位的上方，利用重力作用能有效地补缩铸件。明顶冒口造型方便，便于检查合型和观察浇注情况，有利于浇注时型腔内气体的排出，便于补浇金属液和加保温剂，但消耗的金属量多，且杂物易落入型内。暗顶冒口正好与明顶冒口相反，通常在上砂型很高时，为减少冒口的金属消耗而采用暗顶冒口，由于暗顶冒口不能补浇金属液，故不适用于大型冒口。暗顶冒口的应用非常普遍。

侧冒口（又称边冒口），是指设置在铸型被补缩部分侧面的冒口。可分为明侧冒口和暗

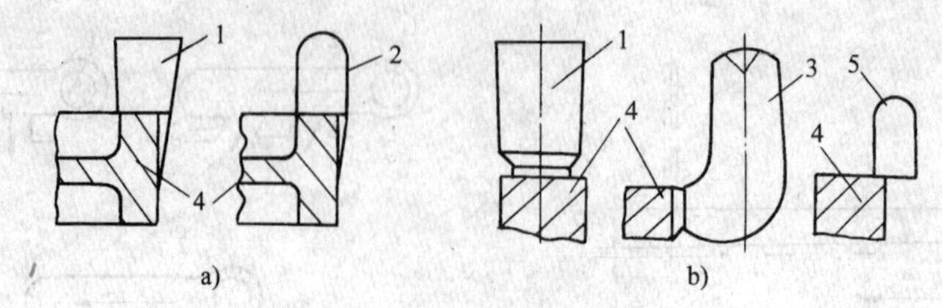

图 2—28　常用冒口种类

a）铸钢件冒口　b）铸铁件冒口

1—明顶冒口　2—暗顶冒口　3—侧冒口　4—铸件　5—压边冒口

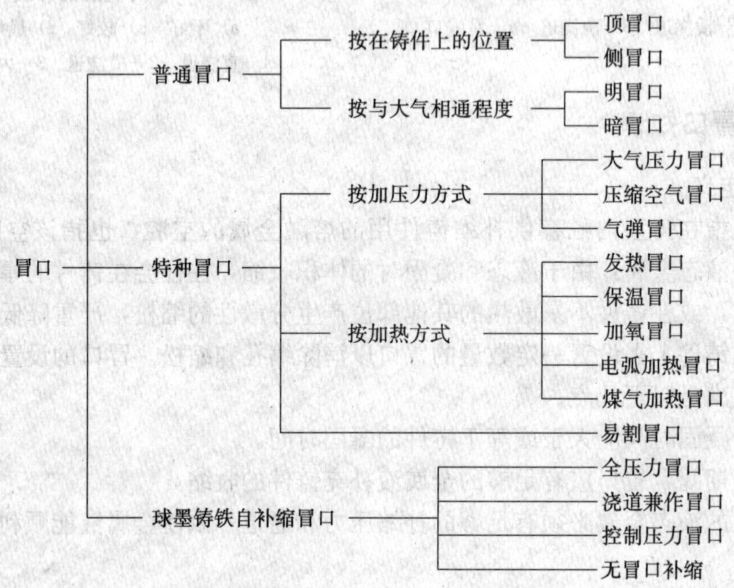

图 2—29　冒口分类

侧冒口，以暗侧冒口应用最多。为了更有效地发挥暗侧冒口的补缩作用，常做成大气压力冒口，即在冒口顶部安放气压型芯或造型时做出凹砂顶。

压边冒口属于顶冒口，可做成明或暗两种形式，常用于热节不大的小型铸铁件。

三、设置冷铁的知识

为增加铸件局部的冷却速度，在砂型、型芯表面或型腔中安放的金属物称为冷铁。各种铸造合金均可使用冷铁，尤以铸钢件应用最多。

1. 冷铁的作用

冷铁的主要作用如下：

(1) 与冒口配合使用，加强铸件的定向凝固，提高冒口的补缩效率，防止铸件产生缩孔或缩松。

(2) 加快铸件局部的冷却速度，使铸件倾向于同时凝固，防止铸件产生变形和裂纹。

(3) 加快铸件某些特殊部位的冷却，以达到细化基体组织，提高铸件表面硬度和耐磨性的目的。

(4) 在铸件难以设置冒口的部位，尤其是在铸件局部肥厚的突出部位放置冷铁，可以防止缩孔或缩松。

2. 冷铁的种类

冷铁分为外冷铁和内冷铁。

(1) 外冷铁

外冷铁是指造型时放置在模样表面上的冷铁。外冷铁只与铸件的表面接触，不和铸件熔接，因此可以重复使用，应用非常广泛。外冷铁有与铸件表面直接接触产生直接作用的外冷铁，也有与铸件壁之间隔有一层较薄的造型材料产生间接作用的外冷铁（又称暗冷铁）。

外冷铁可布置在铸件的搭子和法兰平面上、铸件丁字形接头处平面上，也可布置在铸件十字及丁字形转角处，以及其他不规则形状表面上。

外冷铁的形状一般由铸件需激冷部分的形状决定。常用的有圆柱形、长方形和板形，如图 2—30a、b、c 所示。外冷铁多用圆钢、扁钢等型材割制而成，也有用铸钢或铸铁根据铸件外形铸造成形的冷铁，如图 2—30d、e 所示。为了使外冷铁在铸型中安放牢固，冷铁背面可带钉子或钩子等，如图 2—30a、b、c 所示。

此外，也可以用导热性较高的造型混合料来代替外冷铁，如石墨、镁砂或混有铁屑、铁砂的造型材料等。

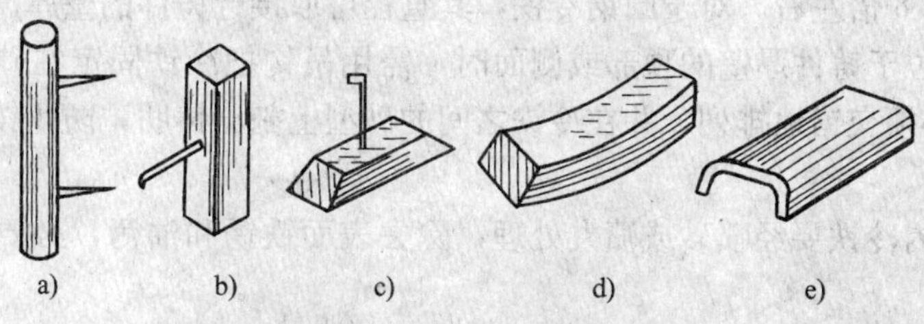

图 2—30　外冷铁的形状

a) 圆柱形　b) 长方形　c) 板形　d) 条形　e) 槽形

(2) 内冷铁

内冷铁是指放置在型腔内，能与铸件融合为一体的冷铁。内冷铁在浇注后融合于铸件中，因此，内冷铁材质应和铸件材质基本相同或相近。

内冷铁的激冷作用比外冷铁强，因此通常在外冷铁激冷作用不够时才采用。使用内冷铁时，其尺寸需严格控制。如果内冷铁的质量小于实际所需的质量，其作用就差，不能有效地消除缩孔、缩松；如果质量过大，则不能很好地融合，影响铸件的力学性能，严重时可引起铸件裂纹。

内冷铁一般用圆钢制成，对于要求不高但又厚实的铸件，如砧子、打桩锤等，可用浇注后的直浇道棒做内冷铁，以降低成本。为使中、小型铸钢件的内冷铁容易同铸件熔接在一起，可以用螺旋形钢屑或用铁丝弯成螺旋形冷铁，如图 2—31a 所示。

在铸件的底部或侧面有凸出的厚壁截面，当不能或不宜用冒口来补缩时，可以在这些地方插些铁钉或放置圆钢冷铁，见图 2—31b、c；在丁字形或十字形接头处，如果冷铁较长且截面向上时，要用钉子交叉托住，见图 2—31d，截面向下时，要用吊钩来固定。

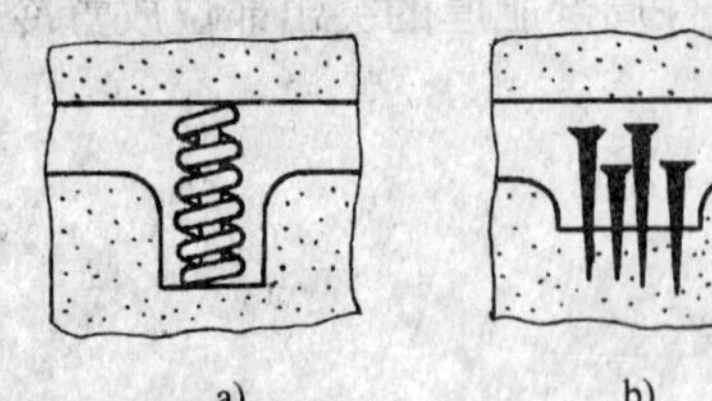
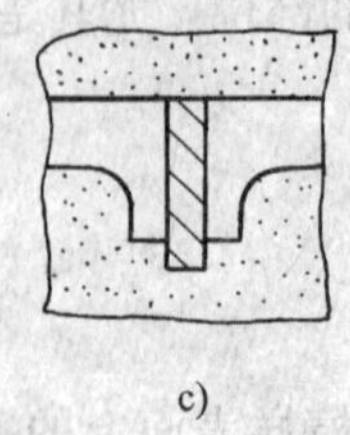
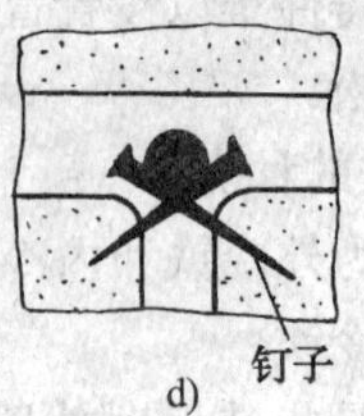

a)　　b)　　c)　　d)

图 2—31　常用内冷铁形状和安放方法

a）螺旋形冷铁　b）用铁钉作冷铁　c）用圆钢作冷铁　d）用铁钉交叉托住冷铁

3. 使用冷铁时的注意事项

(1) 外冷铁

1）外冷铁紧贴铸件表面的地方应光滑，需去除锈污等脏物。

2）设在铸钢件外侧的冷铁应有一定的斜度，以免型砂和冷铁分界处冷却速度差别过大而导致铸件裂纹的产生。

3）外冷铁边缘与砂型接触处不应有尖角砂，因为尖角砂在浇注时易冲毁和剥离，造成砂眼等缺陷。

4）合理选择外冷铁的厚度。太薄的冷铁只在凝固初期发生微弱的激冷作用，甚至与铸件融合在一起；但冷铁过厚易使铸件产生裂纹。外冷铁厚度一般为铸件壁厚的 0.5～0.7 倍或为搭子厚度的 0.8 倍左右。对于圆钢冷铁，其直径可取接近铸件的壁厚。

5）当外冷铁位于铸件厚壁的顶部或侧面时，需用吊钩把冷铁固定在砂型中；当放置数量较多时，冷铁必须交错地排列，并在冷铁之间的砂型上割出铸肋，防止铸件产生裂纹。

(2) 内冷铁

1）使用前，内冷铁要经喷砂或喷丸处理，除去表面铁锈和油污，必要时可通过镀锡或镀锌来防止氧化。

2）放好内冷铁合型后，应在 3～4 h内浇注，防止冷铁上聚集水分而使铸件产生气孔。对于放有大量内冷铁的铸型，浇注前，应用煤气加热铸型去除冷铁表面水分。内冷铁在铸型中要固定牢固。

3）对壁较薄的铸件一般不放内冷铁；承受高温、高压和质量要求很高的铸件也不宜放内冷铁。

4）在放内冷铁铸件的正上方，应开设出气孔，若上方是暗冒口，冒口上的出气孔应增大一些。

5）采用栅状内冷铁时，单根冷铁直径不宜超过 30 mm。

6）需要加工的铸件，内冷铁在加工后不得暴露，以免影响铸件的力学性能。

四、浇注

将熔融金属从浇注装置中注入铸型中的操作过程称为浇注。浇注是铸造生产中的一个重要环节，浇注工艺选择是否合理，浇注工作组织得好坏，都将直接影响铸件质量及工人安全。因此，充分的准备工作和浇注安全防护工作都是非常重要的。

1. 浇注前的准备工作

铸型合型后要尽快进行浇注，停放时间越短越好。停放时间过长，砂型、型芯和冷铁都会发生返潮现象而影响铸件质量。浇注前需做下列准备工作：

(1) 熟悉铸造工艺文件

掌握浇注各铸型的金属液种类、牌号、浇注温度、浇注时间等数据。

(2) 检查浇包

浇包在使用前必须认真做下列检查：

1) 检查包体容积和包孔尺寸　包体容积要满足本次浇注最大铸件的要求，否则，应考虑更换大浇包或准备两个浇包。包孔尺寸由所浇铸件的浇注速度及流量来确定。对于小型铸件，在用大浇包不便浇注时，可考虑准备其他小浇包，或准备手浇包或两人抬浇包等。

2) 检查包衬质量　包衬质量包括包衬厚度和光整程度、包嘴结构形状和包衬各处结构形状。包衬太薄或凹凸不光整，使用时间过长就容易引起包壳过热，导致外壳变形，使内衬产生脱落和侵蚀现象。包嘴或包孔形状应保证浇注时金属液流呈圆柱形，流动平稳无飞溅。包嘴形状不好会产生金属液分岔或飞瀑现象。

3) 检查浇包烘干程度和保持的温度　浇包包衬要烘至呈红色或暗红色，轻轻敲击包衬发出清脆的声音，说明已烘干。内壁温度应达到 600℃以上，将手伸到离包口约300 mm位置即能感觉到热浪，说明包衬温度较高。如果包衬未烘干或烘干后温度太低，还要对浇包进行再烘烤。

4) 检查浇包构件　要求浇包的吊环、包卡、转动机构等转动灵活，试用浇包时无机械故障。

(3) 检查金属液运输设备

运输设备包括起重机、地面轨道车、提升装置、抬包杆等。

1) 检查起重机运行情况　前、后、左、右行走和上下起重是否灵活，刹车装置是否保险，紧急保险装置是否可靠，起重机提运浇包能否到达大型铸件边角位置的浇注口，否则需改变铸型放置位置或采取其他措施。

2) 检查地面轨道车　行车道上及两侧有无杂物，试推轨道车检查行走情况。

3) 检查手拉提升装置　上下运动是否正常，要求提升重物能在上下任何位置停住，且不下滑。

4) 检查抬包杆　抬包杆要平直，两端光滑，抬包杆中间最好有浇包定位块，以免浇包打滑伤人。

(4) 检查常用工具的准备情况

铸型浇注时的常用工具有扒渣耙、渣勺、挡渣棒、挡渣钩、样勺、火钳、铁铲等，凡是要与金属液接触的工具都要预热，以免接触金属液时产生强烈的飞溅现象。上述工具应放置在专用铁架上。

(5) 检查辅助材料和试样铸型准备情况

辅助材料有添加合金、孕育剂、冒口发热剂、覆盖剂、引火用纸或刨花等，检查试样铸型是否烘干及保持的温度高低。

(6) 检查铸型紧固情况、抹缝和浇冒口圈高度

1) 检查箱卡或螺栓紧固装置是否夹紧铸型，使用压铁则要判断压铁质量是否足够，所压配重是否均衡，压铁是否影响浇注等。

2) 检查浇口和冒口高度是否符合工艺文件要求。

3）检查铸型以及浇冒口圈的抹缝质量及完成情况。

（7）浇注顺序的安排

浇注顺序要根据铸件材质牌号、金属液温度特性、铸件大小、厚薄、复杂程度和技术要求等合理安排。冲天炉前期熔化的铁液化学性能不稳定，温度偏低，适合浇质量要求不高的厚壁铸件；中期熔化的铁液温度和化学性能稳定，适合浇复杂、薄壁、大型、质量要求高的铸件；后期熔化的铁液供应量不够稳定，适合浇小型铸件。炼钢炉熔炼的金属液是一次性完成的，化学成分均匀，前期浇注温度较高，适合浇注复杂、薄壁铸件；后期温度较低，适合浇注简单、厚壁铸件。

铸型排列布置应按金属液前、后期浇注的温度和化学性能特点，将需要早期浇注和高大铸型安排在离熔炉较远的区域，中、小型铸型或中、后期浇注铸型安排在离熔炉近一些的区域，按高低顺序和开浇时间顺序整齐排列，尽量使浇口盆排成直线，便于缩短浇注时间。高大铸型排列在两侧或一侧，大型铸型应放于地坑中浇注，避免早期浇注铸型产生的烟气以及高大铸型挡住浇注人员和指挥者视线。如果大型铸型多，小型铸型少，场地不好安排，应该用白粉笔或涂料笔在砂箱显眼位置标明浇注顺序，并标明浇口位置，使浇注工作井井有条。

（8）浇注质量的确定

铸件浇注质量的理论值是工艺人员按图样计算得来的，但造型生产时，特别是砂型铸造，铸件的尺寸及壁厚都存在一定的误差，另外，木模变形也会影响铸件的质量，因此实际浇注质量与理论值可能有出入。所以，浇注铸件时，特别是大件，包中所装金属液应有所富余，以免浇不足，但同时也要考虑大件浇完后，剩余金属液能有地方倒，不致造成浪费，可安排一些配炉用的铸件，或者备有倒剩余铁液的模具、槽等。

2. 浇注工艺

浇注工艺的主要内容包括浇注温度、浇注速度和浇注时间。

（1）浇注温度

金属液浇入铸型时所测量到的温度为浇注温度。浇注温度的上限是防止铸件产生热裂、缩孔；浇注温度的下限是保证液态金属充满型腔的薄壁部分，并防止黏附浇包包衬。

浇注温度可根据合金种类、成分，铸件的质量、壁厚、结构复杂程度及铸型条件综合考虑。其原则是：厚实铸件及易产生热裂的铸件应采用低温浇注；铸件的表面积与体积之比较大，结构复杂的薄壁铸件应选择较高的温度浇注，以防浇不足。常用铸造合金的浇注温度见表2—3，供参考。

表2—3　常用铸造合金的浇注温度

合金名称	浇注温度（℃）			合金名称	浇注温度（℃）		
	壁厚＜20 mm	壁厚20～30 mm	壁厚＞30 mm		壁厚＜20 mm	壁厚20～30 mm	壁厚＞30 mm
灰铸铁	1 340～1 360	1 320～1 340	1 280～1 320	锡青铜	1 180～1 200	1 150～1 180	1 100～1 150
球墨铸铁	1 320～1 340	1 300～1 320	1 280～1 300	硅黄铜	1 140～1 180	1 100～1 140	1 060～1 100
可锻铸铁	1 360～1 380	1 340～1 360	1 300～1 340	铝硅合金	720～780	700～740	650～700
铸钢	1 580～1 620	1 550～1 580	1 540～1 560	铝铜合金	720～750	700～720	680～700
镁合金	780～820	740～780	700～720				

灰铸铁具有良好的流动性，宜采用“高温出炉，低温浇注”。这既有利于夹杂的去除，组织细化、力学性能的提高，又能防止高温浇注的某些缺陷。

（2）浇注速度

单位时间内浇入铸型中的金属液质量称为浇注速度，用kg/s表示。

浇注时，要求金属液平稳地充满铸型，既要尽量避免紊流和铸型被冲坏，又不致产生冷隔或浇不足的现象。生产中应根据铸件结构及技术要求选择浇注速度。对于薄壁铸件、形状复杂和具有大平面的铸件，应快速浇注，保证金属液在短时间内充满型腔；形状简单的厚实铸件宜慢速浇注。

（3）浇注时间

在实际生产中，常采用控制浇注时间的办法来控制浇注速度。铸件浇注的具体时间是根据铸件的质量、壁厚以及其结构特点来选定的。

3. 浇注操作技术及安全

浇注操作是一项紧张而严肃的工作，浇注过程中只许一人指挥。指挥人员对铸造工艺、本炉金属液质量和重量、铸件数量及重量、浇注温度、浇注速度、浇口位置、浇注顺序应全面了解，对浇注前的准备工作全面检查。

（1）浇注安全措施

浇注过程中很容易发生事故，所有操作人员必须注意操作安全。

1）参加浇注的人员必须配戴好劳动保护用品，非浇注人员离开浇注区域。

2）浇注位置要确保浇注工人操作方便和安全，对于浇注困难的大型铸型要搭好安全操作台，方便浇注人员操作。

3）浇注通道和浇注区域不得有积水和易燃易爆物，浇包穿越电瓶车道时，要关闭车道电源，盖好车道。

（2）浇注操作技术

1）扒渣　从熔池或包内清除熔渣的操作称为扒渣。浇注前，必须把金属液面上的熔渣全部扒除干净，以免熔渣进入铸型造成夹渣。

扒渣操作要迅速，防止因扒渣时间过长，导致金属液温度下降。扒渣时，要从浇包的后边或侧边扒出，切勿经过浇包嘴，以免弄坏包嘴，影响浇注。扒渣后，金属液面上一般要覆盖保温聚渣材料。

2）浇注　浇注时，浇包嘴要靠近浇口杯（盆），挡渣棒放在浇包嘴附近的金属液面上，防止熔渣进入浇口杯。一包金属液浇注多个铸型时，一般先浇薄壁复杂件和大件，后浇中、小件和厚壁简单件。

浇注开始应缓慢进行，防止飞溅、氧化，随后全速浇注，保持浇口杯充满，不得中断，以免浇口杯中的熔渣进入铸型。快浇满时，应适当降低浇注速度，以细流注入，可减小抬型力，防止抬箱，并便于气体排出，避免金属液从冒口中大量溢出。

有明冒口的铸件，在铸型浇注后稍停片刻，再点浇冒口。浇注结束时，向冒口顶面加覆盖保温剂，以提高冒口的补缩能力。

3）引火　浇注开始后，应立即点燃铸型上出气孔和冒口附近的刨花、纸屑等引火物，以利于型腔中的气体及砂型和型芯因受热而产生的气体迅速排出。

4）去载荷　除去压铁或卸下螺栓及其他夹紧装置，使铸件自由收缩。去载荷时间太晚，会增加铸件在凝固冷却中的内应力，产生裂纹，这对结构复杂的薄壁铸件和收缩量较大的铸件尤为重要；但除去载荷的时间太早，又易引起抬箱跑火。因此，必须选择合适的时间去载荷。

4. 金属液浇注前的质量检查

由于金属液质量不合格而造成的铸件缺陷是难以补救的，只能成为废品。因此在浇注前，除炉前质量检验外，还必须对浇注温度和金属液的表面质量做进一步检查。

（1）浇注温度检查

与炉前测温正好相反，浇注温度检查一般不采用仪器检测（需要时才用），浇注现场更多采用的是目测法，其原理是根据经验，观察铁液表面氧化膜的宽度来判断铁液温度。当铁液的表面完全被氧化膜覆盖时，表明铁液温度在 1 340℃左右；当铁液表面的氧化膜宽度大于 10 mm时，表明铁液温度在 1 340～1 360℃之间；当铁液表面无氧化膜时，则说明铁液温度高于 1 380℃；当铁液表面无氧化膜并有火头、白烟出现时，则说明铁液温度已超过 1 400℃。

（2）金属液表面质量的检查

浇注前金属液表面质量的检查，一是检查金属液面的熔渣是否扒除干净，以免熔渣浇入铸型造成夹渣；一是再次通过目测确认金属液是否符合即将浇注的铸件要求。

1）目测铁液表面花纹　当铁液花纹清净，表面氧化膜似芝麻漂浮状时（如图 2—32a 所示），则铁液成分相当于牌号 HT150；当铁液花纹清净，氧化物少，花纹呈龟甲状时（如图 2—32b 所示），则铁液成分相当于牌号 HT200；当铁液花纹呈粗竹叶状时（如图 2—32c 所示），则铁液成分相当于牌号 HT250；当铁液花纹呈麦粒状且四周翻滚如平缓齿轮状时（如图 2—32d 所示），则铁液成分相当于牌号 HT300。

2）目测铁液火花　铁液碳当量低，火花呈火星状，其特点是：体积小，分杈不明显，白而亮且数量多；飞出速度快而急，在空气中停留时间短，溅出的距离近，如图 2—33a 所示。铁液碳当量高，火花呈星球状，其特点是：体积大，分杈多，数量少，亮度弱，颜色呈暗红色或橙红色；飞出速度慢，距离远，有时喷溅到 2～3 m 远的地方，如图 2—33b 所示。

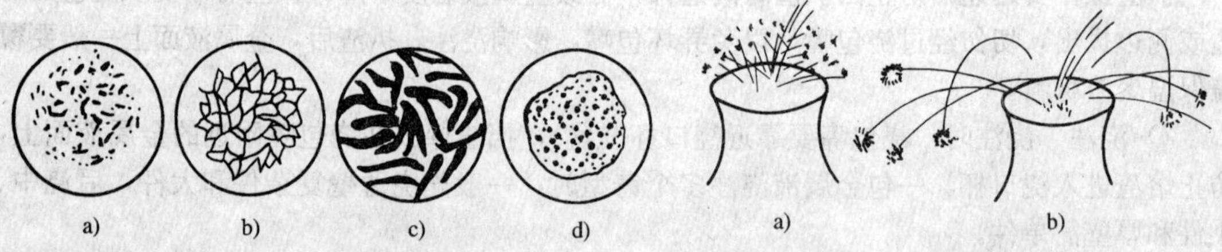

图 2—32　铁液花纹
a）芝麻漂浮状　b）龟甲状　c）粗竹叶状　d）麦粒状

图 2—33　铁水的火花特征
a）火星状　b）星球状

第三章 缺陷分析与检验

第一节 缺 陷 分 析

铸造生产过程是多工序的组合，哪个环节处理不当都会影响到最终的铸件质量。因此，认识和辨别铸件的缺陷，了解缺陷产生的主要原因，并且采取有效措施防止缺陷的产生，对于保证铸件质量起着积极的作用。

一、铸件缺陷的分类

所谓铸件缺陷就是指导致铸件性能低下、使用寿命短、报废和失效的重要原因。消除或减少铸件缺陷是铸件质量控制的重要组成部分。铸件缺陷种类繁多，形貌各异，各国对铸件缺陷的分类、名称和定义的规定也不尽相同。根据缺陷的形貌特征，我国国家标准 GB/T 5611—1998《铸造术语》将铸件缺陷分为 8 大类：

1. 多肉类缺陷

主要包括飞翅（披缝）、毛刺、抬型（抬箱）、胀砂、掉砂、外渗物（外渗豆）等。

2. 孔洞类缺陷

主要包括气孔、针孔、缩孔、缩松与疏松等缺陷。

3. 裂纹、冷隔类缺陷

包括冷裂、热裂、热处理裂纹、白点、冷隔、浇注断流等缺陷。

4. 表面缺陷

包括鼠尾、沟槽、夹砂结疤、机械粘砂、化学粘砂、表面粗糙、皱皮、缩陷等缺陷。

5. 残缺类缺陷

包括浇不到、未浇满、跑火、型漏、损坏等缺陷。

6. 形状及质量差错类缺陷

包括拉长、超重、变形、错型、错芯、偏芯等缺陷。

7. 夹杂类缺陷

包括夹杂物、冷豆、内渗物、渣气孔、砂眼等缺陷。

8. 性能、成分、组织不合格类缺陷

包括亮皮、菜花头、石墨飘浮、石墨集结、组织粗大、偏析、硬点、反白口、球化不良、球化衰退、脱碳等缺陷。

二、常见铸件缺陷的特征及其产生原因

影响铸件质量的因素很多，从原材料的准备，到造型制芯、熔炼、浇注、热处理等工

序，都有可能导致铸件缺陷的产生，而且经常在同一铸件上同时存在几种缺陷。要防止铸件缺陷的产生，就应当了解各种缺陷的特征及产生的主要原因，做到防患于未然。

1. 毛刺和飞翅

(1) 飞翅

又称披缝，如图 3—1a 所示。是产生在分型面、分芯面、芯头、活块及砂型与型芯结合面等处，通常是垂直于铸件表面的厚度不均匀的薄片状金属突起物。飞翅形成的原因主要有：

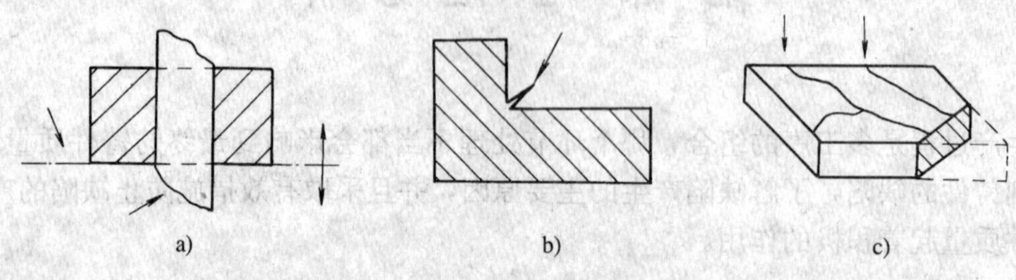

图 3—1　飞翅、毛刺示意图

a) 飞翅　b) 毛刺　c) 脉纹

1) 分型面、分芯面、芯头间隙过大。

2) 模样、芯盒、砂箱或金属型变形，使分型面、分芯面、芯头与芯座贴合不严。

3) 由于砂型、型芯放置和烘干不当等原因，使砂型、型芯变形，导致分型面、分芯面、芯头与芯座贴合不严。

4) 修砂型、型芯时，误将棱边修圆。

5) 铸型装配时芯头磨小，芯头间隙和分芯面缝隙未填补修平，合型封泥垫得过厚。

6) 合型压铁质量不够、分布不均，紧箱螺栓或箱卡分布不均、数量不够，紧箱操作不当，金属液压头过大，造成抬型。

(2) 毛刺

毛刺是铸件表面的刺状金属突起物，通常出现在砂型和型芯的裂缝处，形状极不规则。呈网状或脉状分布的毛刺则称为脉纹，如图 3—1b、图 3—1c 所示。毛刺形成的原因主要有：

1) 型砂、芯砂成分或混制工艺不当，使型砂、芯砂性能低下不均。

2) 砂型、型芯紧实不均匀，局部紧实度过大或过小，在起模、烘干、存放、搬运和浇注过程中开裂。

3) 砂型、型芯烘干规范不正确，烘干不足或过烧，导致砂型、型芯开裂。

4) 干砂型、干芯或自硬砂型、型芯在放置过程中吸湿返潮，强度下降，浇注时开裂。

5) 砂型、型芯在搬运、下芯、合型时受撞击和挤压致裂。

6) 浇注温度过高，金属液压头过高等。

2. 胀砂、冲砂和掉砂

(1) 胀砂

胀砂就是铸件内、外表面局部胀大，形成不规则瘤状金属突起物，使铸件质量增加的一种铸件缺陷，如图 3—2 所示。

它是由于砂型强度和刚度低，在注入铸型的金属液压力或铸铁件凝固过程中的石墨化膨胀力作用下，型腔表面发生退移，其影响因素主要有：

1）砂型、型芯紧实度低或不均匀，强度低，砂箱和芯骨刚度低。

2）混砂不匀，型砂、芯砂水分过高，流动性差，湿强度过高，使砂型、型芯强度不均匀。

图 3—2 胀砂示意图

3）砂型、型芯未烘透或返潮，强度降低。

4）浇注温度过高，浇注速度过快，浇注系统金属液压头过大。

5）石灰石砂型壁在浇注和铸件凝固过程中，因石灰石分解使型腔在金属液静压力及石墨化膨胀压力下退移。

（2）冲砂

冲砂是砂型或型芯表面局部被充型金属液流冲刷掉，在铸件相应部位形成的粗糙、不规则金属瘤状物（如图 3—3 所示），常位于浇口附近，而被冲刷掉的砂子则常在铸件内形成砂眼。

造成冲砂的原因主要有：

1）砂型和型芯紧实度和强度低，涂料质量差，涂刷工艺不当。

2）干砂型烘干温度过高，树脂砂、水玻璃砂成分或硬化工艺不当，硬化不足或过硬化。

3）砂型、型芯在存放过程中返潮。

4）浇注系统设计不当，内浇道数量少，开设方向使注入型腔的金属液流直冲型芯或型壁，金属液流速过大，砂型、型芯局部表面受金属液冲刷时间过长。

5）浇注高度和金属液浇注温度过高。

（3）掉砂

掉砂是砂型或型芯的局部砂块在外力作用下掉落，使铸件表面对应部位形成的块状金属突起物（如图 3—4 所示），其外形与掉落砂块相似。在铸件其他部位或冒口中往往伴有砂眼或残缺。造成掉砂的原因主要有：

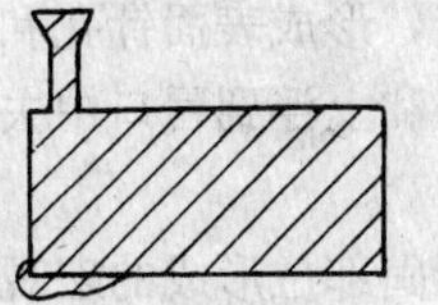

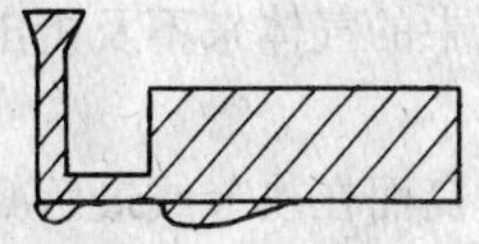

图 3—3 冲砂示意图

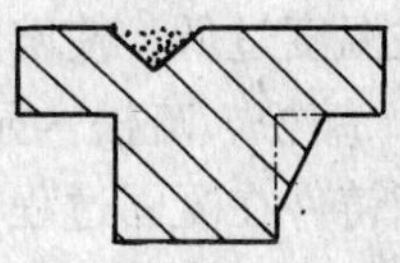

图 3—4 掉砂示意图

1）铸件结构复杂，带有深腔、凹槽，起模斜度小，起模时损坏或振裂砂型。

2）分型面不平整或分型负数不合适，芯头不平整或间隙过小，下芯和合型时将砂型、型芯压坏。

3）下芯和合型操作不小心，挤、压、撞坏砂型或型芯。

4）型砂、芯砂水分过多或砂型、型芯不干，透气性低，浇注时发生沸腾现象。

5）砂型、型芯紧实度不均匀，局部强度低。

6）砂型、型芯烘干温度过高，或水玻璃砂和树脂砂过硬化，使砂型、型芯脆化，失去强度。

7）合型后加压铁过重或紧箱过度，或在紧箱、加压铁和运输过程中受到振动或冲击，使砂型、型芯局部砂块掉落。

3. 气孔与针孔

气孔是出现在铸件内部或表层，截面形状呈圆形、椭圆形、腰圆形、梨形或针头状，孤立存在或成群分布的孔洞，如图 3—5 所示。状如针头的气孔称为针孔，一般分散分布在铸件内部或成群分布在铸件表层。分布在铸件表层的针孔称为表面针孔，机械加工或热处理后暴露的表面针孔通常称为皮下气孔。气孔表面一般比较光滑，且常与夹杂物或缩松同时存在。气孔按形成原因分为卷入气孔、侵入气孔、反应气孔和析出气孔。

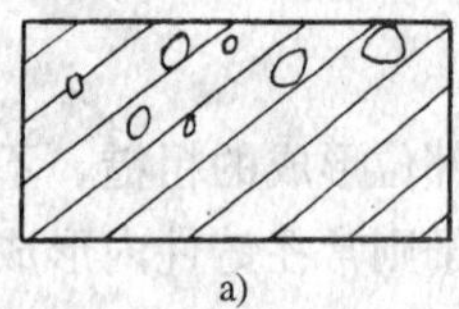
a)

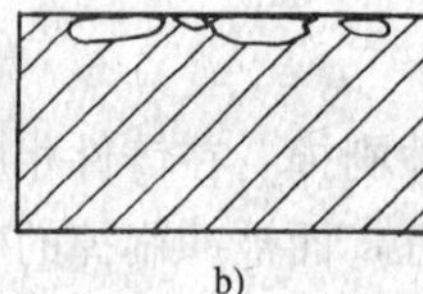
b)

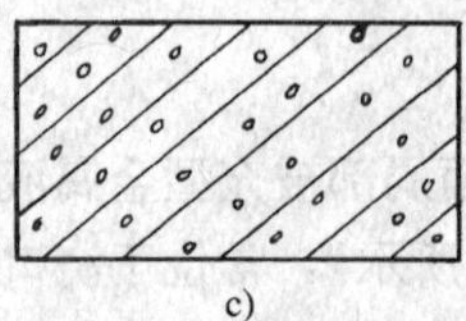
c)

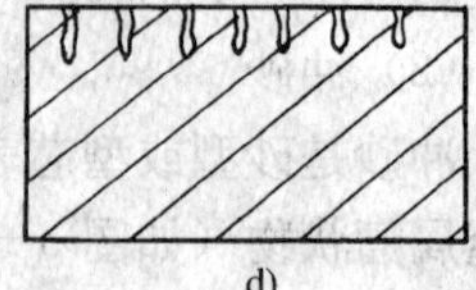
d)

图 3—5 气孔、针孔示意图

a）气孔 b）表面气孔 c）针孔 d）表面针孔

造成气孔和针孔的主要原因有：

(1) 炉料潮湿、锈蚀、油污，气候潮湿，坩埚、熔炼工具和浇包不干，金属液成分不当，合金液未精炼或精炼不够使金属液中含有大量气体或产气物质，在铸件中形成析出气孔和反应气孔。

(2) 砂型、型芯不干，透气性差，通气不良，含水分和发气物质过多，涂料未烘干或发气成分过多，在铸件中形成侵入气孔。

(3) 浇注系统不合理，浇注和充型速度过快，使金属液在浇注过程中产生紊流、涡流或断流，卷入气体，在铸件中形成卷入气孔。

(4) 合金易氧化吸气，在熔炼和浇注过程中未采取有效的精炼和保护措施，使金属液中含有大量气体和产气成分，在铸件中形成析出气孔和反应气孔。

(5) 型砂、芯砂和涂料成分不当，与金属液发生界面反应，形成表面针孔和皮下气孔。

(6) 浇注温度过低，使溶解在金属液中的气体来不及析出和上浮到冒口中去。

4. 缩孔、缩松、疏松（显微缩松）

缩孔是指铸件在凝固过程中因补缩不良而在热节或最后凝固部位形成的宏观孔洞，如图 3—6a 所示。缩孔形状不规则，孔壁粗糙，常伴有粗大树枝晶、夹杂物、气孔、裂纹、偏析等缺陷。缩孔上方或附近的铸件表面有时会出现缩陷。按分布特征，缩孔可分为集中缩孔和分散缩孔两类。

缩松是细小的分散缩孔，如图 3—6b 所示。缩松的宏观断口形貌呈海绵状，有时要借助放大镜才能发现。缩松铸件密封性能较差，进行液压或气压试验时易渗漏。缩松严重的铸件在凝固冷却或热处理过程中容易产生裂纹。

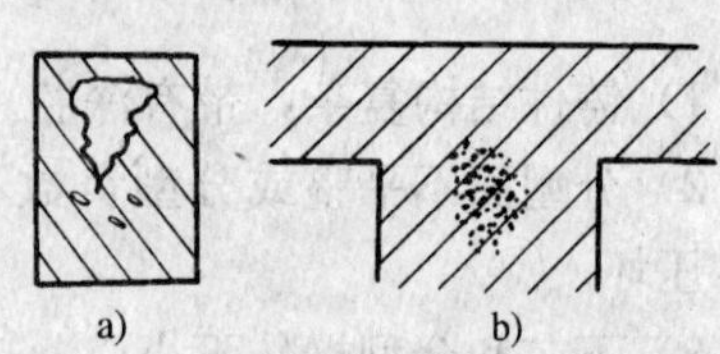
a) b)

图 3—6 缩孔、缩松与疏松示意图

a）缩孔 b）缩松、疏松

疏松又称为显微缩松，是铸件凝固缓慢的区域因微观补缩通道堵塞而在枝晶间及枝晶的晶臂间形成的细小孔洞。疏松的宏观断口形貌与缩松相似，微观形貌表现为分布在晶界和晶臂间、伴有粗大树枝晶的显微孔穴。

缩孔、缩松、疏松的形成与合金的凝固特性关系密切。凝固温度间隔窄的合金在顺序凝固条件下易形成集中性的缩孔，补缩容易；凝固温度间隔宽的合金具有糊状凝固特性，补缩困难，容易形成分散性的缩松和疏松。

产生缩孔、缩松、疏松的原因通常是：

(1) 合金的液态收缩和凝固收缩大于固态收缩，凝固时间过长。

(2) 浇注温度不当，过高易产生缩孔，过低易产生缩松和疏松。

(3) 合金凝固温度间隔过宽，糊状凝固倾向强，低熔点成分最后凝固时得不到补缩，易形成缩松和疏松。

(4) 合金中溶解的气体过多，在凝固阶段析出，阻碍补缩，加重缩松和疏松。

(5) 合金中没有或缺少晶粒细化元素，凝固组织晶粒粗大，易形成缩松和疏松。

(6) 浇冒口系统、冷铁、补贴等设置不当，不能保证铸件在凝固过程中获得有效补给。

(7) 铸件结构设计不合理，例如壁厚变化太突然，孤立的厚断面得不到补缩。

(8) 冒口数量不足、尺寸太小、形状不合理或冒口与铸件连接不当，补缩效果差。内浇道过厚或位置不当，造成热节。

(9) 合金成分不当，杂质含量过多，使凝固温度间隔增大。例如铸铁中硫、磷含量过多时，形成低熔点共晶，凝固后期得不到补缩，在铸件内造成疏松。

(10) 砂箱、芯骨刚度差，砂型、型芯紧实度低而不均，强度低，使铸件在产生胀型缺陷的同时，在内部形成缩孔或缩松。对于球墨铸铁件，由于凝固过程中石墨化膨胀产生的压力作用于铸型，使铸件的胀型、缩沉、缩孔和缩松缺陷更加严重。

5. 错型（错箱）和错芯

错型就是铸件的一部分与另一部分在分型面处相互错开。而错芯是由于型芯在分芯面处错位，使铸件内腔沿分芯面错开，一侧多肉，另一侧缺肉，如图 3—7 所示。

造成错型和错芯的原因通常是：

(1) 模样装配错位或定位销松动；或错将模样定位销孔当作松模敲击孔使用，引起模样配合松动；固定在模底板上的模样错位或松动。

(2) 砂箱合型时错位；定位销、套磨损或松动，不起作用；上、下型无合型标记，或合型时定位标记没有对准。

(3) 合型后砂型受碰撞，造成上、下型错位。

(4) 用两半芯盒制造型芯时，芯盒定位销和定位销孔间隙大，使两半芯盒未能对准。

(5) 由两半芯黏合而成的型芯，黏合时没有对准，造成错位。

6. 砂眼

砂眼是指铸件内部或表面包裹砂粒或砂块的孔洞，如图 3—8 所示。常伴有冲砂、蜂砂、鼠尾、夹砂结疮、涂料结疤等缺陷。

造成砂眼的原因一般主要有：

(1) 型腔内的浮砂在合型前未吹扫干净。

(2) 合型后由浇注系统或冒口掉入砂粒或砂块。

(3) 由于造型、下芯、合型操作不当，发生塌型、挤箱、掉砂、压坏砂型或型芯。

(4) 由于砂型或型芯膨胀、浇注系统设计不合理及浇注操作不当，造成砂型或型芯开裂、型砂或芯砂脱落，产生冲砂、掉砂、鼠尾和夹砂结疤，脱落的型砂、芯砂在铸件内形成砂眼。

(5) 铸型搁置时间太长，降低了砂型的强度，增加了铸件产生砂眼的可能性。

(6) 涂料不良，或砂型、涂料不干，浇注时涂层脱落，在造成涂料结疤的同时，形成涂料夹杂。

7. 冷隔

冷隔是铸件上穿透或不穿透的缝隙，边缘呈圆角状，如图 3—9 所示，由充型金属流汇合时融合不良造成。一般出现在远离浇口的宽大上表面、薄壁处、金属流汇合处或激冷部位等。

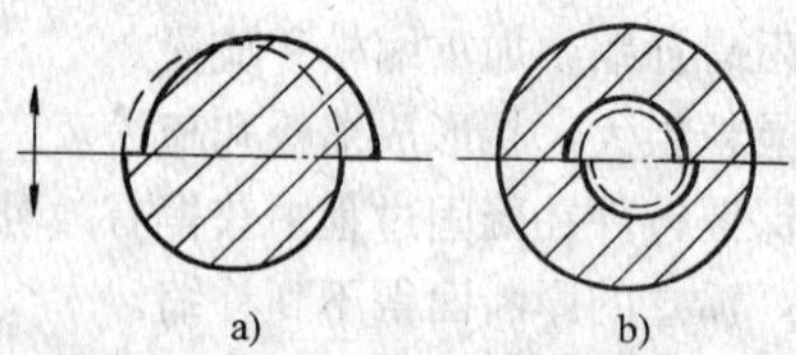

图 3—7　错型（错箱）、错芯示意图

a) 错型（错箱）　b) 错芯

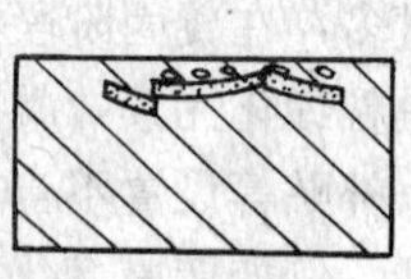

图 3—8　砂眼示意图

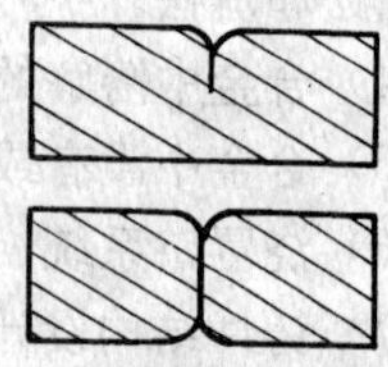

图 3—9　冷隔示意图

造成冷隔的原因通常有：

(1) 浇注温度和浇注速度过低，浇注中形成断流或跑火。

(2) 浇注系统设计不合理，浇道截面积过小，内浇道数量少或位置不当，直浇道高度不够，液态金属静压头小。

(3) 铸造工艺设计不合理，铸件薄壁大平面处于顶部或离内浇道太远。

(4) 铸件结构不合理，壁厚太薄，铸造工艺性差。

(5) 铸造合金流动性差。

(6) 铸型透气性差，排气不良，出气冒口尺寸小、数量少、位置不当。

(7) 芯撑、内冷铁、镶嵌件尺寸和位置不当，或有锈斑、油污，造成融合不良。

第二节　质量检验

一、铸件质量常规检验项目

铸件质量检验是铸件生产过程不可缺少的环节，其目的是保证铸件质量符合交货验收技术条件。铸件质量检验的依据是铸件图、铸造工艺文件、有关标准及铸件交货验收技术条件。

铸件质量包括铸件外观质量和铸件内在质量。铸件外观质量包括铸件尺寸公差、铸件表面粗糙度、铸件质量公差、浇冒口残留量、铸件焊补质量和铸件表面缺陷等；铸件内在质量包括铸件力学性能、化学成分、金相组织、内部缺陷，以及其他特殊的物理一化学性能等。

铸件质量检验方式，根据铸件的生产规模和方式、铸件的重要性、铸造工艺的成熟和稳定程度，以及检验项目的不同，可采取全检和抽检两种不同的检验方式。

1．铸件形状和几何尺寸检验

铸件在铸造过程及随后的冷却、落砂、清理、热处理和放置过程中会发生变形，使其实际尺寸与铸件图样规定的基本尺寸不符。铸件形状和尺寸检验，就是检查铸件实际尺寸是否在铸件图规定的铸件尺寸公差带。

2．铸件表面粗糙度

铸件表面粗糙度是衡量未经机械加工的毛坯铸件表面质量的重要指标。铸件表面粗糙度用其表面轮廓算术平均偏差 R_a或微观不平度十点高度 R_z（R_a和 R_z的单位为 μm）进行分级，并用按国家标准 GB/T 6060.1—1997《表面粗糙度比较样块　铸造表面》的规定，由全国铸造标准化技术委员会监制的铸造表面粗糙度比较样块进行评定。

3．铸件质量公差

检查铸件的质量是否在双方约定的公差或 GB/T 11351—1989 规定的公差范围内。被检铸件在称量前应清理干净，浇道和冒口残留量应达到技术条件规定的要求，有缺陷的铸件需在修补合格以后方可称量。

4．浇冒口残留量

铸件浇冒口的残留量根据铸件的材料性质应符合相关的国家标准。对检验不合格的铸件应进行打磨或修补。修补的方法有焊补、粘补、腻子填补等，根据铸件的质量要求，通常由供需双方商定。

5．铸件表面缺陷

铸件表面缺陷的检验项目主要有飞翅、毛刺、抬型、胀砂、冲砂、掉砂、外渗物、冷隔、浇注断流、表面裂纹（包括热裂、冷裂和热处理裂纹）、鼠尾、沟槽、夹砂结疤、粘砂、表面粗糙、皱皮、缩陷、浇不到、未浇满、跑火、型漏、机械损伤、错型、错芯、偏芯、铸件变形翘曲、冷豆，以及暴露在铸件表面的夹杂物、气孔、缩孔、渣气孔、砂眼等。检查前，铸件生产厂应事先制定或与用户商定检查项目的合格品标准。

6．铸件力学性能

铸件的常规力学性能检验在室温进行，检验项目通常包括抗拉强度、屈服点、伸长率、断面收缩率、挠度、冲击吸收功（或冲击韧度）和硬度。

7．化学成分

非铁合金铸件以及要求特殊性能的高合金铸件和特种铸铁件，常把化学成分作为铸件验收条件之一。即使当化学成分不作为验收条件时，在生产过程中，为了保证产品质量，也同样需要进行相关成分的检测。一般情况下，化学成分检测可分为产品检验和炉前检验两种。

8．金相组织

铸件标准或订货合同对铸件的金相组织有要求时，铸件在交付前应检查显微组织。在生产过程中，为控制铸件的成分和组织，可采用打断单铸试棒检查断口的方法来判断铸造合金的熔炼和处理（孕育、球化、变质处理等）质量及铸件的铸态组织；也可采用热分析或超声波检验法在炉前快速判断铸造合金的熔炼、处理质量和铸件的铸态组织。金相检验方法和显微组织的评级方法应符合有关标准的规定，检验结果应达到相应铸件标准规定的等级或由供需双方商定的验收标准。

9. 内部缺陷

铸件的内部缺陷主要有缩孔、缩松、疏松、夹杂物、气孔、裂纹等缺陷，其存在于铸件的内部，一般条件下难以进行检测，而由于此类缺陷存在于内部，直接影响了铸件的力学性能和使用性能，通常由供需双方共同制定检测方法和交付条件。

二、外观质量检验标准

铸件的外观检验通常不需要对铸件进行破坏，借助于必要的量具、样块和测量仪器，用肉眼或低倍放大镜就可确定铸件的外观质量状况。

1. 铸件表面缺陷的检验

为保证铸件的表面质量，一般规定需100%地检验每个铸件的表面缺陷。

（1）表面缺陷的检验要求

1）铸件非加工表面上的浇冒口应清理得与铸件表面同样平整，其残留量应符合图样要求。

2）在铸件上不允许有裂纹、通孔、穿透性的冷隔和穿透性的缩松、夹渣缺陷。

3）铸件非加工表面上的毛刺、飞翅应清理至与铸件表面同样平整。

4）铸件待加工表面，允许有不超过加工余量范围内的任何缺陷存在，但裂纹缺陷应予以清除。

5）作为加工基准面和测量基准的铸件表面必须平整。

6）变形的铸件允许校正，然后逐个检验是否有裂纹。

7）在铸件非加工表面和加工后的表面上是否允许有缺陷规定。

（2）铸件表面缺陷的检验标准

在有关标准中由于铸件使用性能和各类铸造方法的不同，铸件表面缺陷检验的标准也各不相同。技术标准是质量检验的依据，通常分为内控标准、通用标准和用户要求3类。其中内控标准即作为本企业工艺过程质量检验的依据，它主要是指工艺规程、操作守则和其他技术文件中的有关指标和规定，是各工厂生产中掌握的标准。

2. 铸件表面粗糙度的检验

铸件的表面粗糙度是指铸造表面上具有较小间距和峰谷所组成的微观表面特性。一般取决于铸件所用合金材质、铸造方法或表面清理方法等因素。其评定方法采用“表面粗糙度比较样块”法（GB/T 15056—1994），它的评定依据是GB/T 6060.1—1997。

3. 铸件质量公差的检验

铸件的质量公差是指按统计方法计算或根据标样样品订出的公称质量与实际质量之差。质量偏差等级是确定铸件质量偏差大小程度的等级。铸件质量偏差共分16个等级即MT1～MT16。

检验铸件质量公差时，需注意下列几个问题：

（1）设计的公称质量和铸件实际质量往往差别较大，应对合格铸件的质量进行实测，然后确定其公称质量。

（2）对成批大量生产的铸件，其公称质量应定期进行抽检核实；对于工艺或模样有改动的铸件，应对公称质量进行复查，并及时修正。

（3）树脂砂铸件的质量公差等级比黏土砂铸件的质量公差等级，可提高1～2级选用。

(4) 一般情况下，质量公差的下偏差和上偏差相同，但下偏差可以比上偏差提高 2 级选用。

4. 铸件尺寸的检验

实际尺寸制造的准确度叫精度。国家标准 GB/T 6414—1999《铸件尺寸公差》将毛坯铸件的尺寸公差分为 16 个等级，表示为 CT1～CT16，并给出了各公差等级对应铸件基本尺寸的公差数值。

铸件的尺寸分主要尺寸和一般尺寸。铸件的基准线、基准面、中心级、轮廓尺寸以及配合尺寸等都是铸件的重要尺寸。

检查铸件尺寸时，应以铸件图的尺寸为依据。

第二部分　铸造工中级技能

第四章　生产技术准备

第一节　工 艺 分 析

一、铸造工艺规程

铸造工艺规程的编写程度，取决于生产厂家的生产批量、规模和生产的机械化、自动化程度。我们在初级中已经学习了铸造工艺图、铸型装配图和铸件图，下面再介绍几种。

1. 铸造工艺规范

铸造工艺规范也称为铸造操作规程，它是指铸件生产过程中必须遵循的通用技术文件，对各种工序的操作做了具体的规定，其种类和内容可根据铸造车间的生产情况制定。常见的工艺规范有配砂工艺、造型工艺、制芯工艺、烘干工艺、合型工艺、熔炼工艺、浇注工艺、落砂工艺、清砂工艺、铸件清理工艺、铸件补焊工艺、铸件热处理工艺等。

2. 铸造工艺卡

铸造工艺卡是将铸造工艺图的设计思想和实际操作要求做进一步说明的工艺文件，也是铸造工在实际操作中最重要的依据之一。它采用表格形式，将铸件造型、合型、浇注等方面的工艺参数、使用的工装和设备以及对有关工序的注意事项进行说明填入，有时附以简图加以说明，其内容应包括各工序的详细而重要的工艺参数、操作要点、所使用的主要设备等。同时，它又是生产管理的重要依据。由于各生产厂商的生产方式、品种、批量、规模及采用的设备等具体方式的不同，工艺卡的形式和内容也就不同。一般说来，成批大量生产的定型产品的工艺卡，内容详尽，单件小批量生产的铸造工艺卡可以简化，常将其简明内容刻成印章，盖于铸造工艺图的背面，同时指导生产。

3. 铸件粗加工图

铸件粗加工图是铸件粗加工以后的尺寸、形位公差、表面粗糙度及铸件表面缺陷的要求，有时还标明无损探伤、水压试验等要求，要求留出精加工的余量。适用于需要粗加工以后交货的铸件，供粗加工、检验用。

4. 工装图

工装图根据铸造工艺图设计，一般包括模样、芯盒、模底板、砂箱、测量工具的结构、形状、尺寸和材料等的设计图，模样和浇冒口系统在模底板上的安装位置、方法及定位结构，芯盒、砂箱的紧固和定位方式等。重要的铸件还应设计下芯夹具和各种卡板，供制造工装时使用，是模样、模底板、芯盒、砂箱等制造和装配的依据，不应用于铸造生产现场。

二、铸造工艺方案的确定

砂型铸造工艺方案的确定是整个铸造工艺设计中最基本而又最重要的一个环节。正确的铸造工艺方案可以提高铸件质量，简化铸造工艺，提高劳动生产率。

1. 铸件分型面

铸件分型面选择得是否恰当，在很大程度上影响了铸件的质量（主要是尺寸精度），而且对简化造型方法、提高生产率、降低成本有很大影响。有时在确定分型面以后，会对浇注位置做进一步调整。因此，应仔细分析对比，慎重考虑选择是十分必要的。

分型面的选择首先应尽量与浇注位置一致，以避免合型后再翻转砂型浇注，引起砂型、型芯错位，影响铸件精度。其次，确定分型面时还应注意以下原则：

（1）方便起模

分型面应尽量选取在模样最大截面上，如图 4—1a 所示。对于较高的铸件，尽量避免使铸件在一箱内过高。过高的拔模高度，对手工砂型造型难度较高，对机器造型也会要求更高性能的型砂。尽量不用或少用活块，手工造型可用活块（如图 4—1b 所示），大批量生产的机器造型不允许有活块，可以采用型芯造型方法（如图 4—1c 所示）。

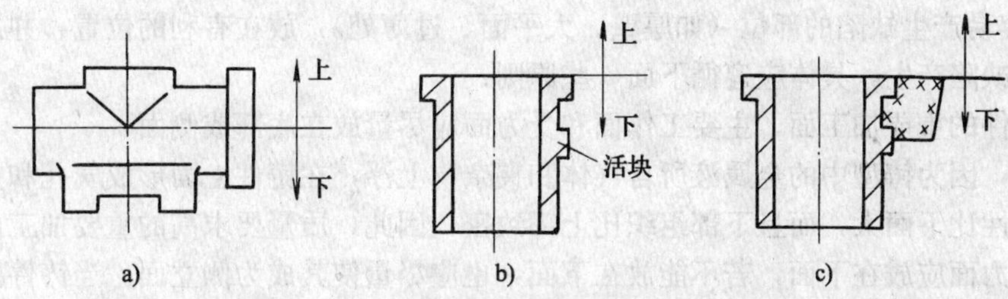

图 4—1　分型面的选择

a）分型面在最大截面上　b）用活块手工造型　c）用型芯机器造型

（2）尽量把铸件的大部分或全部放在同一砂型内

为了保证铸件的尺寸精度，避免产生错型，应尽量把铸件的大部分或全部放在同一砂型内，以减少因错箱而造成的尺寸偏差。

（3）应尽量避免在铸件非加工表面产生飞翅缺陷

避免铸件非加工外圆表面产生飞翅的分型方案如图 4—2 所示。

（4）尽量减少分型面数量

一个铸件常常可以选择一个或几个分型面，减少分型面，可以简化造型工作。而且多一个分型面就多一个造成尺寸误差的因素，尤其是机器造型时，通常只允许有一个分型面。如图 4—3 所示的铸件，在大批量生产时采用环状型芯，可将原来 3 个分型面简化为一个分型面。

（5）应尽量使砂型总高度为最低

砂型高度低能减轻劳动强度，这对机器造型来说，也较方便。

（6）应尽量减少型芯的数量

型芯的数量多，不仅增加了型芯制造费用，而且使下芯与合型工序复杂化，并会降低铸件精度。选择分型面应使主要的型芯位于下型，避免吊芯，便于下芯、合型和检验。

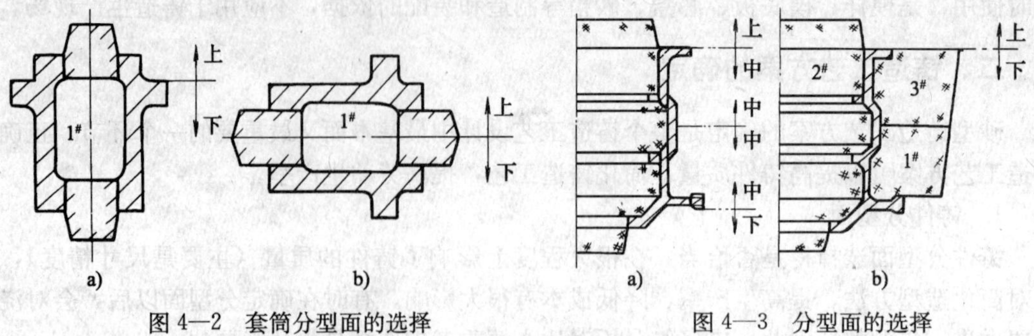

图 4—2　套筒分型面的选择

a）无飞翅　b）有飞翅

图 4—3　分型面的选择

a）不合理　b）合理

（7）铸件加工定位面和主要加工面应放在同一箱内

应尽量把铸件加工定位面和主要加工面放在同一箱内，减少加工定位尺寸偏差。

上述原则，对具体铸件来说很难兼顾，某些原则之间又存在相互矛盾和制约关系。生产中应通过多种方案的分析和对比，从中选出对铸件质量和生产率影响较大的最佳方案。

2. 浇注位置

铸件的浇注位置是指浇注时铸件所处的位置。在确定浇注位置时，应根据铸件合金种类、铸件结构和技术要求，把铸件质量要求较高的部位（如重要的加工面、受力较大的部位等），以及容易产生缺陷的部位（如厚壁、大平面、过薄处），放在有利的位置，并采取有效措施，防止缺陷产生。具体应遵循下面一些原则：

（1）铸件的重要加工面、主要工作面和受力面应尽量放在底部或侧面

浇注时，因为铸型中的金属液所含气体和夹杂物上浮，在铸件上面形成气孔和夹杂物等缺陷的可能性比下面大，而且下部组织比上部致密。因此，质量要求高的重要加工面、主要工作面和受力面应放在下面，若不能放在下面，也应尽量使其成为侧立面。当铸件的几个面都需要加工时，将重要加工面或大的加工面放在下面，而处在上面的加工面，可以适当增加加工余量或采取其他措施来保证质量。

平台浇注位置方案如图 4—4 所示，平台表面是重要的大平面；龙门刨床床身的浇注位置方案如图 4—5 所示，导轨面是重要表面。

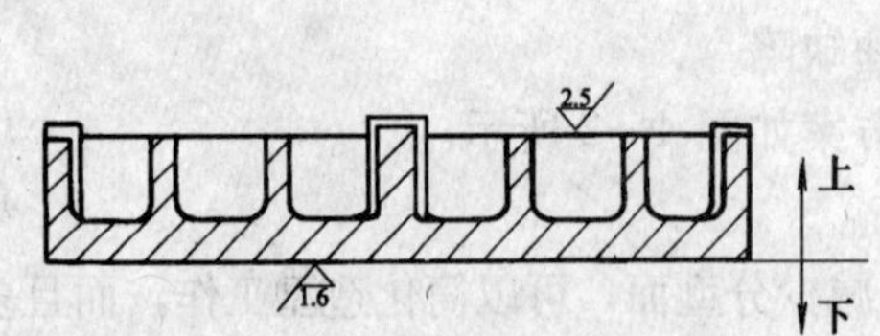

图 4—4　平台的浇注位置

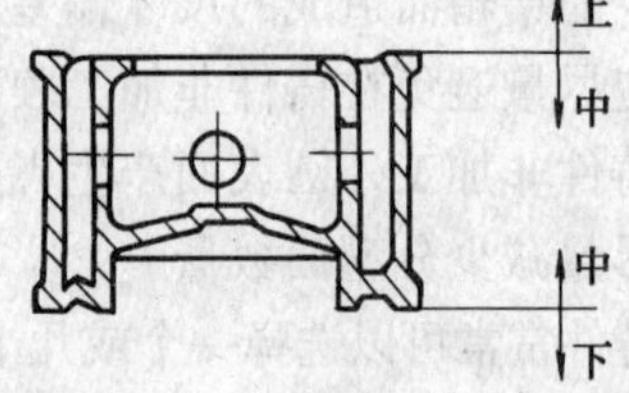

图 4—5　床身的浇注位置

（2）内浇道不要开设在铸件的重要部位

因为在浇注过程中，高温金属液流经内浇道，使其附近的砂型局部过热，易引起铸件组织局部晶粒粗大或产生缩松、热裂等缺陷。管类铸件的内浇道应开在法兰处，而不能开在管壁上，如图 4—6 所示。

（3）浇注位置应有利于所确定的凝固顺序

对于体收缩较大的铸造合金，如铸钢、球墨铸铁等铸件，容易产生缩孔、缩松等缺陷，故应尽量将厚大部分放在上面或处于侧面，以便于放置冒口，造成自下而上的定向凝固。这对于一般性的铸件来说也适用。

铸钢链轮的浇注位置如图 4—7 所示，将厚大部分放在上面，便于放置顶冒口，中间厚壁处加冷铁，造成自下而上的定向凝固而得到补缩。

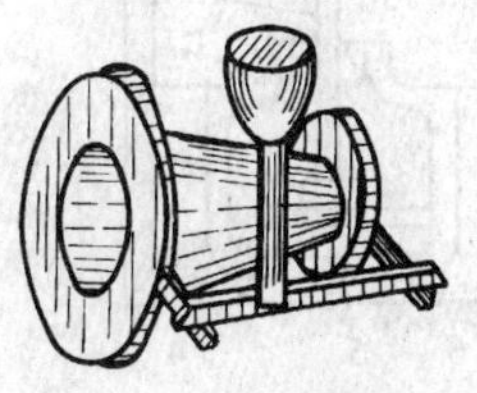

图 4—6 法兰处注入

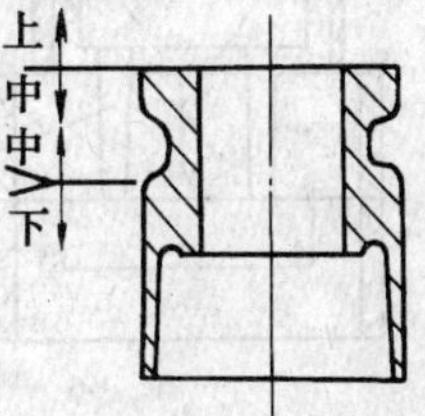

图 4—7 链轮的浇注位置

（4）要求同时凝固的铸件的内浇道应开在铸件壁薄的地方

轮廓尺寸较大的薄壁铸件，要设置较多的内浇道，使金属液很快而且均匀地充满铸型。

（5）金属液应沿着型壁注入型腔

应使金属液沿着型壁注入型腔，而不要从正面冲击砂型或型芯，尤其是不能冲击型腔中薄弱的突出部分，防止冲坏而产生砂眼等缺陷。

（6）内浇道不应开在靠近冷铁和芯撑的地方

这样可避免削弱冷铁的激冷作用，防止芯撑熔化而失去支撑作用，造成形芯漂浮。

（7）旋转体铸件内浇道的开设

对旋转体铸件，内浇道的开设应使金属液沿铸件切线方向注入，并力求方向一致，便于杂质的上浮和气体的排出，如图 4—8 所示。

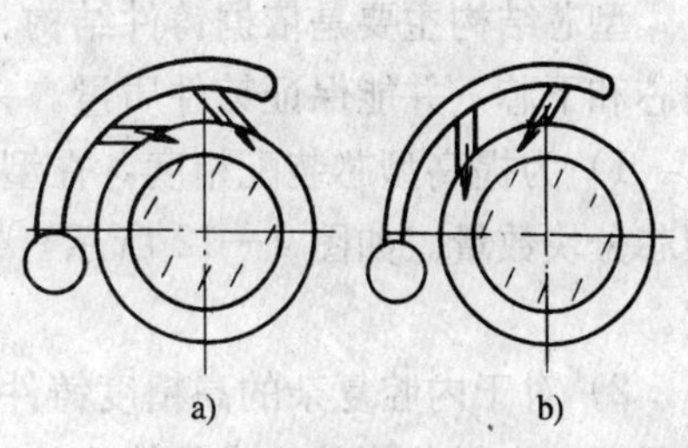

图 4—8 切线方向注入

a）不合理 b）合理

（8）铸件的浇注位置应有利于型芯的定位、稳固

铸件的浇注位置应有利于型芯的定位、稳固支撑，使排气畅通。由于铁水的浮力较大，对型芯的强度等要求较高，故应尽量避免吊芯、悬臂型芯。对于体积较大的型芯，最好使芯头朝下（如图 4—9 所示）。

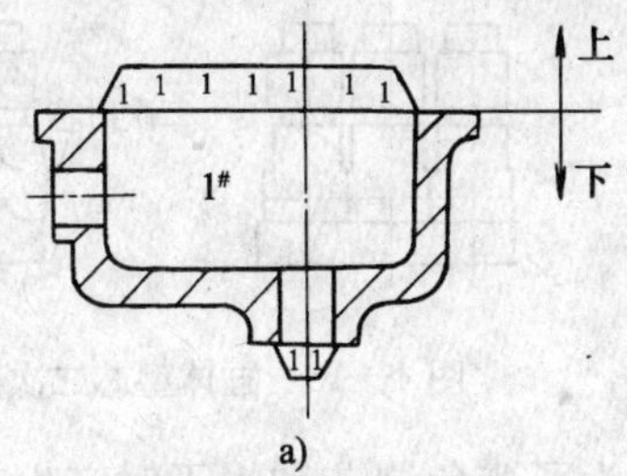

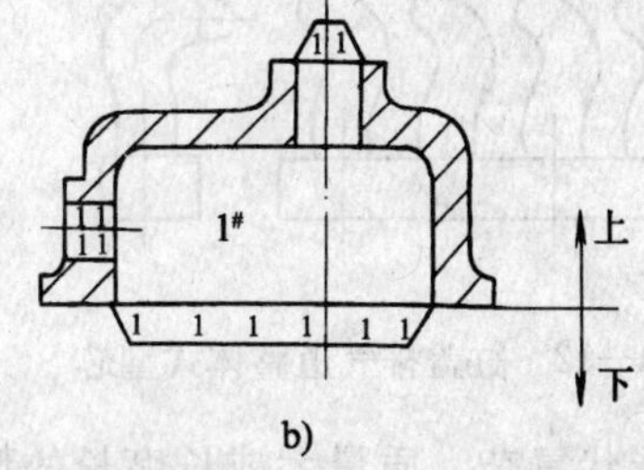

图 4—9 齿轮箱的浇注位置

a）不合理 b）合理

（9）浇道开设不应妨碍铸件收缩

（10）浇道开设应使落砂和清理方便

如图 4—10 所示，在箱带间开设两个直浇道和一横跨的浇口杯，使落砂困难。如图 4—11 所示，将浇道开在型芯内，使去除浇道和铸件的精整都很困难。

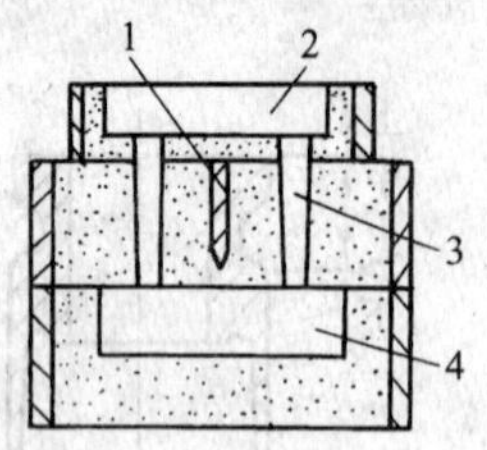

图 4—10 浇道间有箱带

1—箱带 2—浇口杯

3—直浇道 4—铸件

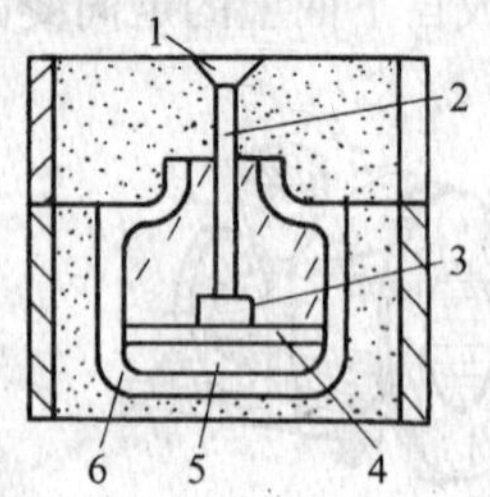

图 4—11 型芯内开浇道

1—浇口杯 2—直浇道 3—横浇道

4—内浇道 5—型芯 6—铸件

实际生产中，各种因素互相制约，因此应在保证铸件质量的前提下，力求工艺简单，操作方便，省工省料。

3. 型芯结构

型芯是铸型的重要组成部分，故型芯设计是铸造工艺设计的主要内容之一。其设计内容主要包括确定型芯的形状和分块、芯头结构、制芯材料、型芯排气及加固方式等。

（1）设计原则

型芯结构主要是依据铸件结构、质量要求和生产条件来决定。通常要求简化芯盒、便于制芯和下芯，并能保证铸件质量。一般应遵循以下原则：

1）为提高型芯装配精度，在型芯制造工艺不很复杂的前提下，应尽量整体制造，减少型芯分块数量。如图 4—12 所示，4 个排气道型芯连成一体，大大提高了排气道的位置精度。

2）对于内腔复杂的高精度铸件，可将多个型芯分块制芯，并在高精度的胎具中预装后再通过二次射芯将其连成整体，从而保证了型芯尺寸的高度精确和稳定，如图 4—13 所示。这种“先零后整”的型芯分块法可使铸件达到很高的精度。

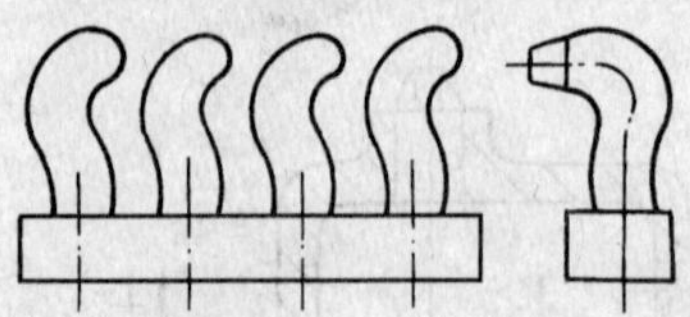

图 4—12 缸盖排气道整体式型芯

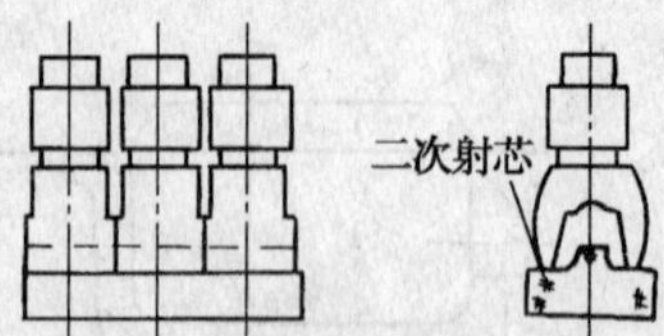

图 4—13 缸体型芯二次射芯

3）对于形状复杂、质量大或长度长的型芯，为了避免制芯和烘干时产生变形，可将型芯分成数块。封槽长型芯分块如图 4—14 所示。有时，为了保证铸件尺寸精度，便于下芯和检验，也可将型芯分块制作，如图 4—15 所示。将型芯分块制作后，1# 芯的位置就不再受 2# 芯位置错动的影响，且便于下芯操作。

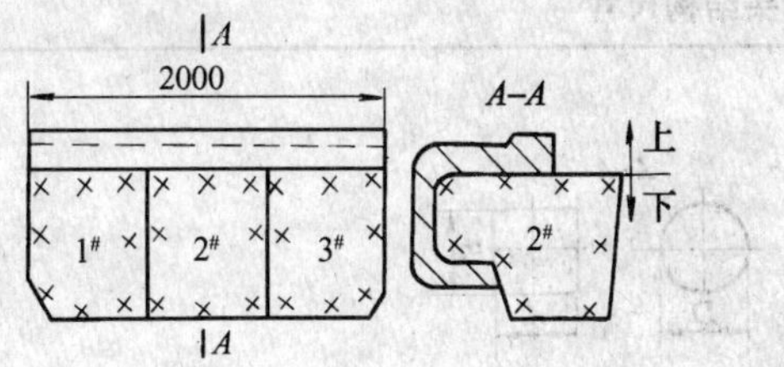

图 4—14　封槽长型芯分块

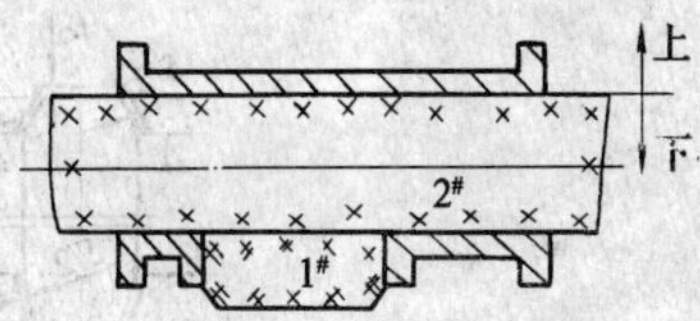

图 4—15　为保证铸件精度而分块

4）沿高度方向的分层型芯。选择型芯的划分面时，应力求使同层型芯组合后的上平面成为平面，以利于测量组装后的型芯尺寸。

5）型芯的分盒面应尽量与砂型的分型面一致，这样可使起芯与起模斜度的大小与方向一致，以保证由型芯和砂型之间所形成的壁厚均匀，同时也有利于型芯中的气体顺着型芯分盒面上的通气道从芯头排出，避免造成气孔缺陷。

6）型芯应有大而简单的填砂面，烘干支承面宜平直，以便于制芯操作及烘干处理。大型型芯应尽量使烘干位置与下芯位置保持一致，以避免型芯在翻动时造成损坏。

（2）芯头结构

芯头是指支承和固定型芯而不形成铸件轮廓的型芯外伸部分。芯头的结构包括芯头的长度（高度）、斜度、间隙、压环、防压环、集砂槽和特殊定位结构等，如图 4—16 所示。一般手工造型芯头无压环和集砂槽结构。芯头的结构形式、形状和尺寸、配合精度等对型芯在铸型中的位置精度、支承强度和排气性能有重大影响。根据芯头在铸型中的安放位置，可分为垂直芯头和水平芯头两大类。

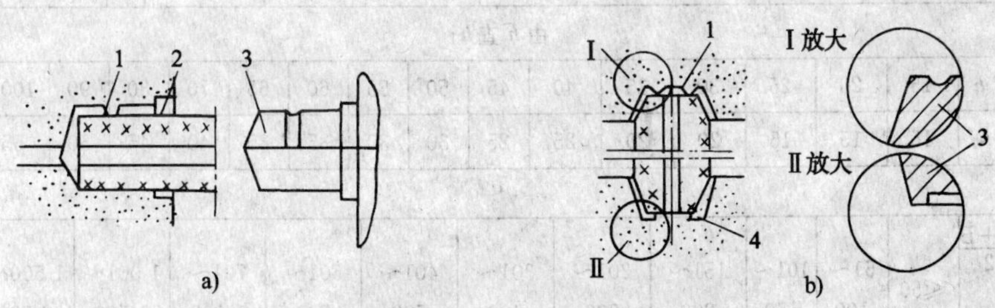

图 4—16　芯头的结构组成

a）水平芯头　b）垂直芯头

1—压环　2—防压环　3—模样　4—集砂槽

1）垂直芯头　垂直芯头是指垂直放在砂型中的芯头。垂直芯头结构尺寸见表 4—1。上、下芯头高度可以相等，有时为了便于合型，上芯头的高度可以比下芯头短一些，比较粗的型芯也可以不做上芯头。为避免下芯和合型时压坏型芯和砂型，上、下芯头都要有一定的斜度，并且上芯头斜度大于下芯头斜度。垂直芯头斜度一般取5°～10°。

芯头间隙是指芯头与芯座之间留出的配合尺寸间隙，以便于下芯、合型。间隙越大，下芯越方便，但使铸件精度降低。湿砂型小件的下芯头可以不留间隙。

表 4—1　　垂直芯头结构尺寸　　mm

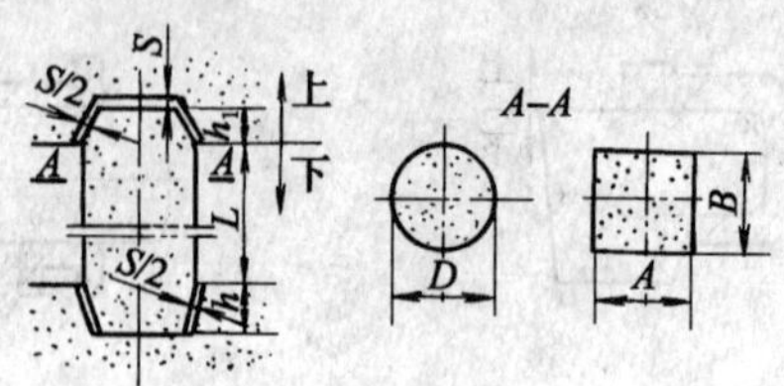

h

D或$\frac{A+B}{2}$ / L	≤30	31～60	61～100	101～150	151～300	301～500	501～700	701～1 000	1 001～2 000	>2 000
≤30	15	15～20								
31～50	20～25	20～25	20～25							
51～100	25～30	25～30	25～30	20～25	20～25	30～40	40～60			
101～150	30～35	30～35	30～35	25～30	25～30	40～60	40～60	50～70	50～70	
151～300	35～45	35～45	35～45	30～40	30～40	40～60	50～70	50～70	60～80	80～100
301～500		45～65	45～65	35～55	35～55	40～60	50～70	50～70	80～100	80～100
501～700		60～80	60～80	45～65	45～65	50～70	60～80	60～80	80～100	80～100
701～1 000				70～90	70～90	60～80	60～80	80～100	80～100	
1 001～2 000					100～120	100～120	80～100	80～100	80～100	100～150
>2 000								80～120	80～120	100～150

由 h 查 h_1

下芯头高度 h	15	20	25	30	35	40	45	50	55	60	65	70	80	90	100	150	200
上芯头高度 h_1	15	15	15	20	20	25	25	30	30	35	35	40	45	50	55	65	80

S

D或$\frac{A+B}{2}$ / 砂型种类	≤50	51～100	101～150	151～200	201～300	301～400	401～500	501～700	701～1 000	1 001～1 500	1 500～2 000	>2 000
湿砂型	0.5	0.5	1.0	1.0	1.5	1.5	2.5	2.0	2.5	2.5	3.0	3.0
干砂型	0.5	1.0	1.5	1.5	2.0	2.5	3.0	3.5	4.0	5.0	6.0	7.0

2）水平芯头　水平芯头是指水平放置在砂型中的芯头，结构尺寸见表 4—2。水平型芯的体积越大，浇注时所受浮力也越大，为保证芯头与芯座间的支承强度，需适当加长芯头，以增加其承压面积。为便于下芯和合型，水平型芯的芯座端面上应做出斜度，一般为 5°～10°，上砂箱芯座斜度可稍大些（$\beta>\alpha$）。对于定位精度要求较低的手工造型制芯，只要制芯时型芯能顺利起模，其芯头端面可以不留斜度；对于定位精度要求高的机器造型制芯，其芯头端面也应做出与芯座相应的斜度，如图 4—17 所示。

表 4—2　　　　　水平芯头的结构尺寸　　　　　mm

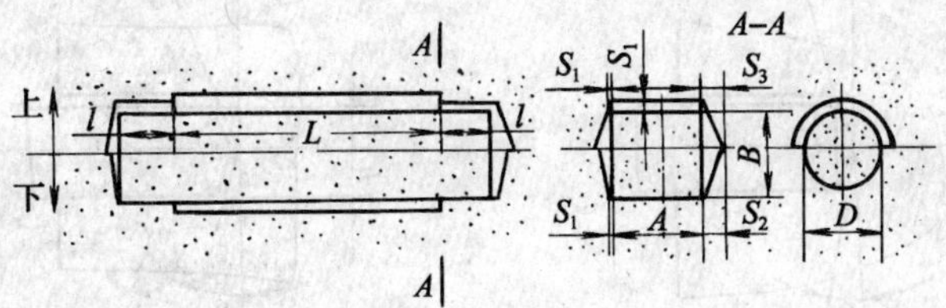

l

L \ D或$\frac{A+B}{2}$	≤25	26～50	51～100	101～150	151～200	201～300	301～400	401～500	501～700	701～1 000	1 001～1 500	1 501～2 000	>2 000
≤100	20	25～35	30～40	35～45	40～50	50～70	60～80						
101～200	25～35	30～40	35～45	45～55	50～70	60～80	70～90	80～100					
201～400		35～45	40～60	50～70	60～80	70～90	80～100	80～100					
401～600		40～60	50～70	60～80	70～90	80～100	90～110	100～120	120～140	130～150			
601～800		60～80	70～90	80～100	90～110	100～120	110～130	120～140	130～150	150～170			
801～1 000				80～100	100～120	100～120	110～130	120～140	130～150	150～170	160～180	180～200	
1 001～1 500				90～110	100～120	110～130	120～140	130～150	140～160	160～180	180～200	200～220	220～260
1 501～2 000					110～130	120～140	140～160	150～170	160～180	180～200	200～220	220～240	240～300
2 001～2 500					130～150	150～170	160～180	180～200	200～220	220～240	240～260	260～300	340～360
>2 500						180～200	200～220	220～240	240～260	260～280	280～320	320～360	360～420

S_1、S_2、S_3

砂型种类 \ D或$\frac{A+B}{2}$		≤50	51～100	101～150	151～200	201～300	301～400	401～500	501～700	701～1 000	1 001～1 500	1 500～2 000	>2 000
湿砂型	S_1	0.5	1.0	1.0	1.0	1.5	1.5	2.0	2.0	2.5	2.5	3.0	3.0
	S_2	1.0	1.5	1.5	1.5	2.0	2.0	3.0	3.0	4.0	4.0	4.5	4.5
	S_3	1.5	2.0	2.0	2.0	3.0	3.0	4.0	4.0	5.0	5.0	6.0	6.0
干砂型	S_1	1.0	1.5	1.5	1.5	2.0	2.0	2.0	2.5	3.0	3.0	4.0	5.0
	S_2	1.5	2.0	2.0	3.0	3.0	4.0	4.0	4.5	5.0	6.0	8.0	10.0
	S_3	2.0	3.0	3.0	4.0	4.0	6.0	6.0	8.0	8.0	9.0	10.0	12.0

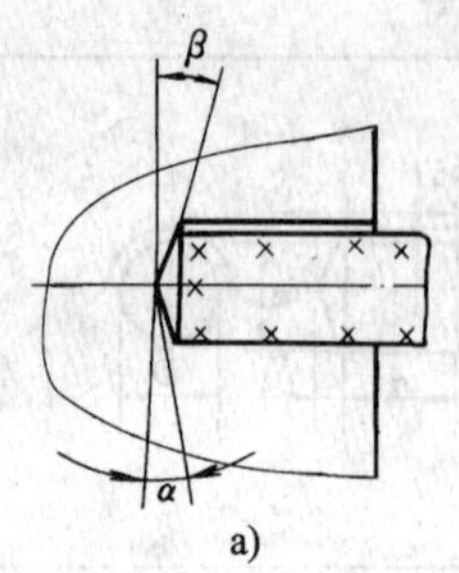

a)

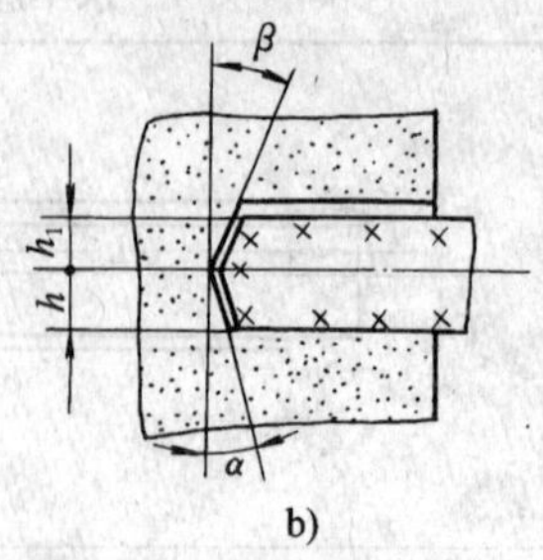

b)

图 4—17　水平芯头的斜度

a）芯头不留斜度　b）芯头留斜度

三、铸件质量计算

1. 金属材料的密度

金属材料的密度用 ρ 表示，单位为 kg/dm^3 或 g/mm^3。

若已知材料质量 m 和体积 V，则其密度为：

$$\rho = \frac{m}{V} \qquad (4—1)$$

金属材料的密度除与构成的材料比例有关外，还与材料的组织及致密性有关。一般来说，对于铸件，有石墨形式存在或存在着孔洞类缺陷的，其材料的密度会较低。常用的铸件材料的密度见表 4—3。

表 4—3　　**铸件材料的密度**　　kg/dm^3

铸造合金	碳钢	合金钢	灰铸铁	球墨铸铁	可锻铸铁	白口铸铁	锌合金	镁合金	铝硅合金
密度	7.8～7.85	7.5～8.1	7.0～7.3	7.1～7.3	7.1～7.4	7.3～7.6	6.7～6.8	1.8～1.9	2.5～2.6
铸造合金	铝铜合金	铝锌合金	铝镁合金	黄铜	铅青铜	锡青铜	铝青铜	锰青铜	硅青铜
密度	2.8～2.9	2.8～2.9	2.6～2.7	8.5～8.8	8.9～9.7	8.6～8.9	7.3～7.6	7.7～8.0	8.2～8.4

2. 常见几何体的计算

常见几何体的计算公式见表 4—4。

表 4—4　　**常见几何体体积计算**

分类	图例	公式	分类	图例	公式
长方体	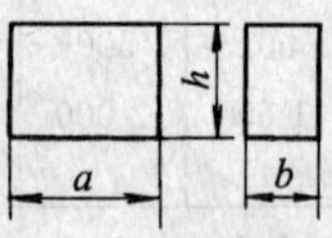 a, b, h	$V=abh$	梯形棱柱体	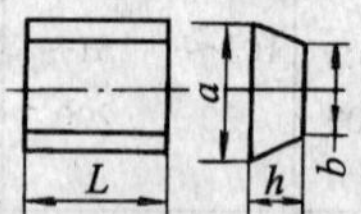 L, a, b, h	$V=\frac{1}{2}(a+b)Lh$
平面正圆锥体	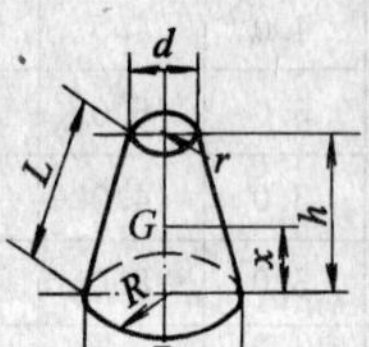 d, r, L, G, x, h, R, D	$V=\frac{\pi}{3}h(R^2+r^2+Rr)$	球体	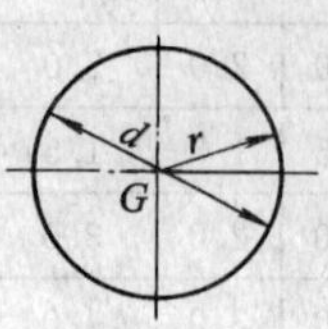 d, r, G	$V=4.189r^3=0.524d^3$

续表

分类	图例	公式	分类	图例	公式
斜截直圆柱体		$V=\pi R^2\dfrac{h_1+h_2}{2}$	空心圆柱体		$V=\dfrac{\pi}{4}h\ (D^2-d^2)$ $=\pi h\ (R^2-r^2)$
平截四角锥体		$V=\dfrac{h}{6}\ (2ab+ab_1+a_1b+2a_1b_1)$	球缺		$V=\dfrac{\pi}{6}h\ (3a^2+h^2)$ $=\dfrac{\pi}{3}h^2\ (3R-h)$
圆鼓		$V=\dfrac{\pi h}{15}\ (2D^2+Dd+\dfrac{3}{4}d^2)$	圆环体		$V=2\pi^2Rr^2$ $=\dfrac{1}{4}\pi^2Dd^2$ $=2.3674Dd^2$

3. 根据铸造工艺图计算铸件质量

铸件质量是零件净重、加工余量、加厚、补贴等各部分质量的总和。具体步骤：

（1）形体分析

一般的铸件都是由基本几何体叠加、切割形成的。可按铸造工艺图，将较复杂的铸件分解成若干个简单的基本几何体。相对于铸件很小的部分，如圆角、小凸台、小孔等可忽略不计。有的部分可以通过变形，简化成容易计算的形体。

（2）确定计算长度单位和铸件密度值

图样上提供的长度单位是 mm，对于小型铸件可以采用 cm 作计算单位，对于大、中型铸件宜采用 dm 作计算单位。常用的铸造合金密度见表 4—3。

（3）计算铸件各基本几何体体积

各基本几何体体积按表 4—4 提供的常见几何体体积公式或有关简单几何体体积公式进行计算。

（4）计算铸件总体积

总体积精确到两位小数。

（5）计算铸件质量

铸件质量用公式 4—1 计算。

浇注时，铸型所需金属液质量由铸件质量和浇冒口质量两部分组成，浇包准备的金属液质量还要考虑浇注过程中胀型、跑火等金属液的损失，故浇包内准备的金属液比铸型所需金属液质量要大 5%～15%或更多。

例 1 支架铸造工艺图如图 1—1 所示，根据铸件计算方法及步骤解题如下：

解 1）形体分析

将图 1—1 支架分解成如图 4—18 所示的 3 块基本几何体：空心圆柱体、支承板和底板，支承板可看成梯形棱柱体上缺了半个圆柱体，底板可看成长方体上缺了一个小长方体。

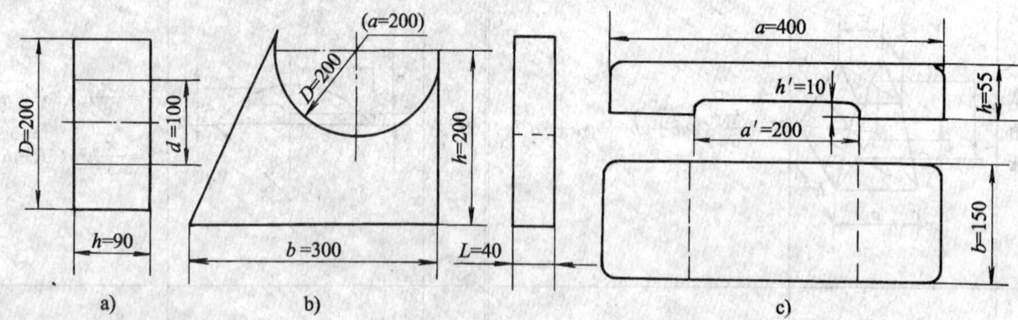

图 4—18 支架的基本几何体投影图及尺寸

a）空心圆柱体 b）支承板 c）底板

2）确定计算长度和密度值

取长度单位 dm，密度单位 kg/dm^3。

3）计算各基本几何体体积

①空心圆柱体体积 由表 4—4 查得公式可得：

$$V_1 = \frac{\pi}{4}h(D^2 - d^2) = \frac{3.14}{4} \times 0.9(2^2 - 1^2) = 2.12(\text{dm}^3)$$

②支承板体积 由表 4—4 查得梯形棱柱体和圆柱体公式可得：

$$V_2 = \frac{1}{2}(a+b)Lh - \frac{1}{2}(\frac{\pi}{4}D^2h) = \frac{1}{2} \times (2+3) \times 0.4 \times 2 - \frac{1}{2} \times \frac{3.14}{4} \times 2^2 \times 0.4 = 1.37(\text{dm}^3)$$

③底板体积 由表 4—4 查得长方体公式可得：

$$V_3 = abh - a'b'h' = 4 \times 1.5 \times 0.55 - 2 \times 1.5 \times 0.1 = 3(\text{dm}^3)$$

4）铸件体积

$$V = V_1 + V_2 + V_3 = 2.12 + 1.37 + 3 = 6.49(\text{dm}^3)$$

5）铸件质量

根据表 4—3，取密度值 $\rho = 7.2$ kg/dm^3，由公式 4—1 得：

支架质量为：$m = V\rho = 6.49 \times 7.2 = 46.7$（kg）

如果要考虑浇包准备的金属液质量，还要用计算铸件质量的方法计算出冒口质量 m_1，再计算出浇包需准备的金属液质量：

$$m' = m + m_1 + (m + m_1)(5\% \sim 15\%)$$

4. 根据实体模样质量计算铸件质量

对于采用实体模样且无型芯造型的铸件，可以根据模样的质量计算出铸件的质量。在模样和铸件的材料密度确定后，铸件和模样的质量比值也就能确定，应用密度比值或铸件与模样的质量比值都能很方便地求出铸件的质量。铸件质量计算举例如下：

例 2 已知铝合金实体模样的密度为2.8 kg/dm^3，铸铁件密度为7.2 kg/dm^3，称得铝合金实体模样质量为3.6 kg，求浇注出来的铸铁件质量是多少？

解 密度比值：$K=\frac{7.2}{2.8}=2.6$

铸件质量：$m=2.6\times3.6=9.4$（kg）

例 3 有甲铸钢件采用红松木材质的实体模无型芯造型，该红松实体模质量为6 kg。已知乙红松实体模质量3 kg，浇出的铸钢件质量53.1 kg，求浇出的甲铸钢件的质量应该是多少？

解 乙铸钢件质量与模样质量的比值：$K=\frac{53.1}{3}=17.7$

甲铸钢件质量：$m=17.7\times6$ kg$=106.2$（kg）

例 3 也可以用铸钢件和红松的密度比值求甲铸件质量。常用的几种制造模样的木材密度见表 4—5。

表 4—5 模样常用木材的密度 kg/dm^3

木材名称	红松	杉木	柏木	水曲柳
密度	0.44	0.38	0.59	0.69

第二节 材料准备

一、型砂芯砂的选择

型砂芯砂与铸件特点和生产条件有很大关系，要根据工艺规定正确选用。

湿砂型铸造同时要求较高的透气性与湿强度，所以型砂配方中黏土及水分的含量较干砂型少，砂粒均匀度高。通常应选择黏结力强、胶质价高的活化膨润土，以便减少黏土的加入量。铸件较大或结构复杂时，膨润土应适当多加一些。手工造型时，因为可以人工把型砂的紧实度控制在适宜的范围，使砂型具有较好的容让性和透气性，所以其型砂中的水分及黏土含量相对较高，但厚实体铸件水分应低些。一般机器造型的紧实度较大，且紧实度受模样高度的影响而不够均匀，所以对型砂中的水分及黏土含量的要求较严格，含量较低。尤其是高压造型，紧实度非常高，其型砂中的水分含量及膨润土含量相对更低。尽管如此，这种型砂仍较易导致铸钢件粘砂，所以铸钢件多采用水玻璃砂或干砂型上涂料的方法来避免粘砂。

铸件的型芯采用什么样的芯砂也与制芯方法、型芯断面的大小、铸造合金种类及铸件结构复杂程度有关。机器制芯一般皆采用干强度很大的热芯盒树脂砂或覆膜树脂砂，型芯强度较高。手工制芯时可以谨慎地手工搬运型芯及下芯，无需那样大的干强度，因此可采用价格较便宜的芯砂。当型芯的断面积很大时，一般皆采用黏土砂。对于断面薄弱或结构复杂的中、小型芯宜采用桐油（或亚麻仁油）砂、合脂油砂、渣油砂或树脂自硬砂。铸钢件则采用水玻璃型芯上涂料后烘干的方法。

二、黏土砂的特点及配制

1. 黏土砂的特点

(1) 对造型方式的适应性强。从最原始的手工造型起，到现在的高压高速造型，黏土砂虽有不少改进，但没有本质的变化。

(2) 可适应各种原砂。目前用于铸造生产的各种原砂，如硅砂、锆英砂、铬铁矿砂、橄榄石砂、硅酸铝砂及碳质颗粒等均与黏土适应。

(3) 有特有的强度性能。黏土砂混好后，一经舂实，铸型即具有相当高的强度。脱模时，能保持模样或芯盒所赋予的形状，在搬运及合型过程中不变形，并能耐受金属液的冲刷和静压头的作用。

(4) 成本低。黏土是天然的产物，其贮量丰富，分布广，价格低廉，货源充足。而且黏土砂的复用性极好，除贴近铸件的少部分型砂中的黏土烧成死黏土外，绝大部分型砂都可循环使用。

(5) 黏土砂的流动性不好，不易制成高紧实度的铸型。因此，造型设备不得不庞大而笨重，能耗也高。

(6) 制得的铸件尺寸精度较低，铸件的表面品质（质量）较差。

(7) 混制黏土砂所需的能量大，混砂时间也长。

2. 铸铁件用型砂芯砂的配料

铸铁件浇注温度在1 320～1 400℃，铁液流动性和收缩性较好，对型砂芯砂性能要求不很高。在铸铁件生产中，不重要的中、小型铸件逐渐用湿砂型湿型芯生产，一般大、中型铸件用表干砂型、表干型芯或干型芯生产，大型、复杂、高要求铸铁件用干砂型干型芯生产。铸铁件用型砂芯砂以 5%～50%的新硅砂为原砂，配以 50%～95%的旧砂。湿砂型面砂用细粒度原砂，湿型砂芯砂和干砂型面砂与芯砂用中粗粒度原砂，表干砂型面砂与芯砂用粗粒度原砂。背砂以旧砂为主，无论是面砂还是背砂所加入的旧砂都要进行处理后才能使用。旧砂可通过湿法再生处理或干法再生处理，去除旧砂中的砂块、金属块、铁钉、黏土粉尘及其他夹杂物。

铸铁件用型砂芯砂采用膨润土或普通黏土作黏结剂，另外加入煤粉或一定比例的辅料添加剂，如淀粉、重油等以防止粘砂或夹砂等铸造缺陷的产生。手工造型用型砂芯砂含水量比机器造型用型砂芯砂高 1%左右。铸铁件用黏土砂配比见表 4—6。

3. 铸钢件用型砂芯砂的配料

铸造碳钢件浇注温度在1 400～1 500℃之间，部分合金钢浇注温度高于1 500℃。因此，要求型砂芯砂强度和热化学稳定性较高，透气性和韧性较好，发气量小。铸钢件普遍采用干砂型或表干砂型生产，只有质量要求不很高的小件才采用湿砂型或湿砂型干型芯生产。

铸钢件湿砂型型砂芯砂一般用黏性好的膨润土作黏结剂，以碳酸钠作膨润土的活化剂。干型砂常采用高岭土作黏结剂以防止砂型产生裂纹。干砂型面砂或干砂型芯砂常混合使用，加入膨润土可以提高砂型强度。型砂中加入的附加物主要有糊精、纸浆残液、木屑等，湿型砂还可以加入少量煤粉防止铸件粘砂。干型砂芯砂比湿型砂芯砂含水量高 1%左右。铸钢件用黏土砂配比见表 4—7。

表 4—6　　铸铁件用黏土砂配比（质量分数）

名称	新砂		旧砂加入量（%）	黏结剂（%）		碳酸钠（%）	煤粉（%）	水分（%）	湿压强度（MPa）
	粒度组别	加入量（%）		高岭土	膨润土				
湿砂型面砂	21 或 15	30～40	60～70	5～7	3～5	0.2	5	5～6	≥0.08
湿芯砂	30 或 21	35～45	55～65	7～10	3～4	0.15	4～5	6	≥0.08
湿砂型单一砂	30 或 21	15～20	80～85	7～9	2～3	—	3～4	5	≥0.08
表干型面砂	60 或 42	20～30	70～80	—	4～5	0.2	—	7～8	≥0.09
干砂型面砂、芯砂	42 或 21	50	50	5～8	—	—	焦炭粉 4	8～9	≥0.08
		100	—	13～15	5	—	石墨粉 4	7～8	干剪 0.2～0.3

表 4—7　　铸钢件用黏土砂配比（质量分数）

名称	新砂		旧砂加入量（%）	黏结剂（%）		碳酸钠（%）	附加物（%）	水分（%）	湿压强度（MPa）
	粒度组别	加入量（%）		高岭土	膨润土				
湿型砂	15 或 21	50	50	—	3	0.4	—	4～5	≥0.05
湿砂型面砂	10 或 15	100	—	—	9～10	0.3	煤粉 1	6～7	>0.05
干砂型面砂	30 或 60	100	—	4	8～9	—	糊精 0.4	7～8	>0.06
干砂型芯砂	30 或 60	100	—	6	6	—	—	7～8	≥0.06
			—	9	4	0.2	糊精 2	7～8	≥0.06
干型砂	42 或 60	100	—	9	—	—	木屑 2	6～8	>0.05

中、小型碳钢铸件广泛使用质量较高的硅砂作原砂，用新原砂作面砂，一般干型砂芯砂都不加入旧砂，湿型砂可以加入部分旧砂。浇注温度较高的合金钢和大型或厚型碳钢铸件的面砂，应选用耐火度高的锆英砂、镁砂、铬铁砂作原砂。小型铸件型砂或湿砂型面砂选用较细粒度原砂；干砂型或表干砂型面砂选用中粗粒度原砂；厚大型铸件选用粗粒度原砂。

4. 有色合金铸件用型砂芯砂的配料

有色合金浇注温度一般低于 1 100℃，对型砂和型芯耐火度要求较低，通常采用质量分数 50%以上的旧砂加入质量分数 50%以下的中低质量较细的新硅砂，再加入少量的黏结剂，芯砂常配以合脂、糠油、桐油等，以增加型芯的干强度和获得良好的溃散性。有色合金铸件型砂芯砂配比见表 4—8。

5. 黏土砂的混砂操作

(1) 称量原材料

将新砂、旧砂、附加物、黏结剂、水等按一次混砂量配比，用秤称或容器量好，有序地摆放好。

(2) 干混

表 4—8　有色合金铸件型砂芯砂配比（质量分数）

名称	新砂		红砂（%）	旧砂（%）	黏结剂（%）		附加物（%）	水分（%）	湿压强度（MPa）
	粒度组别	加入量（%）			高岭土	膨润土			
湿型砂	15	20	10	70～80	—	3	—	5	>0.04
湿砂型面砂	15	30	20	50	—	1	—	5	>0.04
表干砂型面砂	10	30	30	40	—	1	—	5～6	>0.04
干砂型面砂	15	30	—	70	2	—	—	7	>0.04
干砂型芯砂	15	100	—	硼酸 0.8	糊精 1	糠油 2	硫磺 0.7	2	>0.01

混砂机空机启动，迅速加入新砂，再加入旧砂，加入固体黏结剂和附加物，干混1～2 min。

（3）湿混

混砂机在工作状态下缓慢加入液体材料，连续混制 5～8 min。

（4）抽检

从取样门取出湿混后的型砂做试样，抽检湿强度和透气性等，并观察或测定含水量，检查混匀程度。

（5）卸料

抽检合格后，打开出料门卸料。卸完料后即可关上卸料门进行下一轮混砂工作。当整个混砂工作结束或更换新的配料时，应将混砂机内的剩料和黏结剂清扫干净。

（6）调匀处理

卸料后将混好的型砂芯砂倒入调匀斗或堆放起来，使型砂芯砂中不均匀的水分相互浸润，经堆放浸润 2 h 后即可调匀水分。

（7）疏松处理

将调匀处理后的型砂芯砂送入松砂机中进行疏松处理。疏松的目的是击碎块状型砂芯砂。

（8）储存待用

疏松处理后的型砂芯砂堆积或装入存放设备中，在型砂芯砂上面盖以麻袋等物品，以保持水分待用。

三、水玻璃砂的特点及配制

水玻璃砂是用水玻璃（泡花碱）作黏结剂混制而成的型砂芯砂。这种型砂芯砂具有生产周期短，操作简便，易于机械化、自动化生产等优点；缺点是溃散性差、硬化强度不高。水玻璃砂有多种硬化方法，因此型砂芯砂的配比和性能亦不同，生产中应根据不同的生产条件选用。

1．水玻璃二氧化碳硬化砂的配制

水玻璃二氧化碳硬化砂在铸钢件生产中作为主体型砂芯砂，硬化方法是在大型砂型和型芯上扎出若干 $\phi6$～$\phi10$ mm 的吹气孔，插入吹气管并通入二氧化碳气体，砂型或型芯硬化后起模。中、小型砂型和型芯可以用不透气的塑料膜或其他气罩把整个砂型和型芯封住，向气罩内吹二氧化碳气体，二氧化碳气体通过扎的吹气孔进入砂型和型芯硬化；对于中、小型砂型和型芯，也可以在模样或芯盒上设置吹气孔通入二氧化碳气体硬化。

二氧化碳是一种干燥剂，吹二氧化碳起脱水作用，使型砂芯砂中的硅酸凝胶或水玻璃脱水而硬化。硬化时间根据砂型和型芯的大小，一般只要几秒钟到几分钟，模数高、密度大的水玻璃硬化时间相应较短。水玻璃二氧化碳硬化砂的强度主要取决于水玻璃凝胶膜的强度。凝胶颗粒细小且含水量低，凝胶形成缓慢，收缩应力小则强度就高。夏天应用低模数水玻璃，冬天用模数高一些的水玻璃。

(1) 配料

铸钢件用水玻璃二氧化碳硬化砂配比是在原砂中加入 4%～6%的水玻璃作黏结剂，加入 1%～3%的溃散剂，必要时加入 0.5%～1%的水。溃散剂多采用氧化铁粉、氧化镁粉或石灰石粉。铸铁件用水玻璃二氧化碳硬化砂配比是用 50%～60%的原砂，再加入 40%～50%的再生旧砂，4%～5%的水玻璃，2%～3%的溃散剂，必要时加入 0.5%～1.5%的水。溃散剂选用糠醛渣、重油、煤粉、黏土、膨润土或木屑等。水玻璃二氧化碳硬化砂配比见表 4—9。

表 4—9　　水玻璃二氧化碳硬化砂配比（质量分数）

<table>
<tr><th colspan="2" rowspan="2">名称</th><th colspan="2">原砂</th><th rowspan="2">旧砂
(%)</th><th rowspan="2">水玻璃
(%)</th><th rowspan="2">氢氧化钠溶液
(15%～20%)
(%)</th><th rowspan="2">高岭土
或膨润
土 (%)</th><th rowspan="2">其他
(%)</th><th rowspan="2">水分
(%)</th><th rowspan="2">湿压强度
(MPa)</th><th rowspan="2">硬化后抗
压强度
(MPa)</th></tr>
<tr><th>粒度
组别</th><th>加入
量(%)</th></tr>
<tr><td rowspan="3">铸
钢</td><td>砂型型
芯面砂</td><td>15</td><td>100</td><td>—</td><td>8～9</td><td>0.7</td><td>4～5</td><td>—</td><td>4～5</td><td>>0.25</td><td>>1.5</td></tr>
<tr><td rowspan="2">型砂芯砂</td><td>21</td><td>100</td><td>—</td><td>7</td><td>0.7～1</td><td>3</td><td>重油 1</td><td>4.5～5.5</td><td>>0.17</td><td>>1.0</td></tr>
<tr><td>30</td><td>100</td><td>—</td><td>7～8</td><td>—</td><td>—</td><td>—</td><td>4.5～5.5</td><td>>0.05</td><td>>1.0</td></tr>
<tr><td colspan="2" rowspan="3">铸铁型
砂芯砂</td><td>21</td><td>50</td><td>50</td><td>4～6</td><td>—</td><td>1～2</td><td>—</td><td>4～6</td><td>>0.25</td><td>—</td></tr>
<tr><td>21</td><td>50</td><td>50</td><td>5～6</td><td>—</td><td>1～2</td><td>煤粉 1～2</td><td>4～6</td><td>>0.25</td><td>—</td></tr>
<tr><td>30</td><td>60</td><td>40</td><td>5～7</td><td>—</td><td>2～3</td><td>木屑 1～1.5</td><td>4～6</td><td>>0.25</td><td>—</td></tr>
</table>

(2) 混制

这种型砂芯砂可以在任何混砂机中混制。首先启动混砂机空转，加入原砂和旧砂，再加入粉状材料干混 1～2 min，使干料混合均匀，不停机加入水和水玻璃液体料湿混 2～3 min 使之均匀。如果要加重油，应在水玻璃加入后混 1 min，再加重油混制 1～2 min。水玻璃二氧化碳硬化砂混制时间要尽量短，整个混制时间控制在 3～5 min 内。混制时间延长将使硬化强度降低，甚至变干而无法使用。硬化砂混合均匀后应立即卸入有盖容器中，或用湿麻袋盖上，防止水分挥发。水玻璃二氧化碳硬化砂只能短期储存。

2. 烘干硬化水玻璃砂的配制

烘干硬化水玻璃砂型或型芯加热到 180～200℃脱水后得到玻璃状的硅酸钠，形成高强度砂型或型芯。这种烘干硬化方法较多，有的采用造型后吹短时间的二氧化碳使砂型达到一定强度后起模，再送入普通烘窑烘干硬化；也可以吹热风硬化、热芯盒烘干硬化或微波硬化等。烘干硬化水玻璃砂的水玻璃用量较小，砂型烘干后易吸湿降低强度，可采用高模数水玻璃，在混制时加入占砂质量0.25%的碳酸锌抗湿，或采用抗湿性水玻璃。

（1）配料

烘干硬化水玻璃砂用砂粒度与吹二氧化碳硬化型砂芯砂相同，配比见表4—10。

表4—10　　烘干硬化水玻璃砂配比（质量分数）

名称	原砂用量	水玻璃			氢氧化钠溶液（15%～20%）（%）	溃散剂（%）	湿抗压强度（MPa）	干抗压强度（MPa）	干燥方法
		用量（%）	模数 M	密度 ρ（g/cm³）					
铸钢用型砂芯砂	100	6～8	2.35	—	0.5～1	重油0.5～1 膨润土2～3	0.012～0.03	＞0.6	起模后进窑烘干
		3～4		1.4	—	—	—	＞1.0	190℃烘干1 h
		4.5～5		1.52	—	1.3	—	＞2.2	热芯盒220～230℃ 硬化1～2 min
铸铁用芯砂	100	6～7		1.55	—	糠醛渣1.5	—	—	进窑120℃烘干

（2）混制

混制方法与水玻璃二氧化碳硬化砂相同，仍然是先干后湿，混砂时间很短。

3. 水玻璃自硬砂的配制

水玻璃自硬砂是在型砂芯砂混制时加入硬化剂而自硬，砂型型芯硬化后起模，省去了吹二氧化碳和烘干等过程，能节省操作工序和材料消耗。硬化剂分为粉状和液体两类。

（1）粉状硬化剂水玻璃自硬砂

粉状硬化剂主要有硅铁粉、硅酸二钙、氟硅酸钠。硅酸盐水泥、赤泥、炉渣中的主要成分为硅酸二钙，水玻璃因硅酸二钙的吸水、水分蒸发和与空气中的二氧化碳作用而自行硬化。

1）配料　夏天温度较高，硅酸二钙自硬砂的可使用时间很短，要求混制的型砂芯砂含水量稍高一些，使用低模数水玻璃，适当减少硬化剂加入量。冬天要减少含水量，加大硬化剂用量，采用较高模数的水玻璃，以缩短硬化时间。硅酸钙水玻璃自硬砂的配比见表4—11。

表4—11　　水玻璃自硬砂的配比（质量分数）

名称	原砂	水玻璃（%）	硬化剂（%）		氢氧化钠溶液（10%）	其他（%）	抗压强度（MPa）24 h	备注
粉状硬化剂水玻璃自硬砂	100	6～7	电炉渣5～7		—	加水1～2	＞0.4	—
		6～7	赤泥2～4		0.5～1.5	—	＞1	—
		5～6	硅铁粉1～2		0.5～1	—	—	硬化后起模
		5～6	硅铁粉1～2		0.5～1	膨润土1～2	—	起模后硬化
液体硬化剂水玻璃自硬砂	100	3.5	有机脂	0.21	—	—	＞2.5	—
		3	CSC—4脂	0.18	—	—	＞2.5	—

2）混制　将原砂放入混砂机，再将粉状硬化剂和附加物加入，将干混合料混合 2～3 min，使干料均匀，然后加入水和水玻璃等液体料湿混 1～2 min，混匀即卸料，并马上用于造型制芯。

（2）液体硬化剂水玻璃自硬砂

液体硬化剂主要是含有多元醇和弱酸的有机脂，在型砂芯砂中使用的大多都是混合脂。其他液体硬化剂如乙二醛、氟硅酸、氯化钙水溶液，都能使水玻璃砂自硬，但自硬砂的性能不如有机脂好，故较少运用。

1）配料　这种自硬砂的强度与水玻璃的加入量、硬化剂的种类及加入量、室温等有关。有机脂液体硬化剂水玻璃自硬砂的配比见表 4—11。

2）混制　混砂操作时先启动混砂机，加入原砂，再加入液体硬化剂，稍混一下（1 min）后再加入水玻璃黏结剂湿混 1～2 min，混砂时间要尽量缩短，混匀即可。由于这种砂的可使用时间很短，因此应选用连续式或振动式高速混砂机。

四、树脂砂的特点及配制

现代铸造生产中广泛使用树脂砂作型砂芯砂，以树脂为黏结剂的树脂砂硬化后强度高，特别适合于机器造型制芯，能制出复杂、薄壁铸件。为节约树脂用量，一般采用经水洗或擦洗处理过的纯净圆形砂粒的原砂。树脂砂常选用粒度组别为 15、21 的原砂。

1. 热法覆膜树脂砂的配制

热法覆膜树脂砂是利用酚醛树脂受热后具有流动性的特征，使它在混砂过程中均匀地包覆在砂粒表面。这种砂主要用于壳芯机制造壳芯。

（1）配料

采用高纯度的圆粒形原砂，用酚醛树脂作黏结剂，乌洛托品为固化剂。加入硬脂酸钙增加型砂流动性，防止树脂砂结块，同时改善砂型、型芯的脱模性，并能使砂型、型芯表面致密。热法覆膜树脂砂的配比见表 4—12。

表 4—12　　热法覆膜树脂砂的配比（质量分数）

新砂	酚醛树脂（%）	乌洛托品（占树脂重）（%）	水∶乌洛托品	硬脂酸钙（占树脂重）（%）	常温抗拉强度（MPa）	用途
100	6	16.5	1∶1	0.35	>4.2	中、小筒芯
100	6	16.5	1∶1	—	>4.2	中、小筒芯
100	5	16.7	1∶1	3.75	>4.2	中、小壳芯
100	3	16.7	1∶1	3.75	>2.6	中、小壳芯
100	6.5	15	1∶1	—	>2.5	大型芯

（2）混制

在定量器内注入原砂，点火升温使加热器工作，定量器向加热器加入定量原砂，使原砂在加热炉内加温沸腾 2～3 min 至140～160℃。启动叶片式混砂机，将热原砂送入叶片式混砂机后加入树脂混合 40～50 s，砂温降至 50～70℃，再加入硬脂酸钙混合 50～60 s，卸砂并将砂送入破碎槽破碎并推进，抽风冷却 10～20 s，进入振动筛筛分，继续破碎和冷却，此时砂温已经下降到 35℃左右。混制好的覆膜砂降温到室温后在密封容器内存放，在室温

20℃左右干燥条件下能长期保存，不具备保存条件的情况下保存期不超过15天。

2. 热芯盒树脂砂的配制

热芯盒树脂砂是在原砂中加入适量的呋喃树脂黏结剂和固化剂，将混好的树脂砂射入（或吹入）到180～250℃的金属芯盒中，经过几秒至1 min左右的反应而硬化制出型芯。

（1）配料

热芯盒树脂砂所用的原砂一般采用粒度组别21，粒形以圆形为佳。原砂要进行清洗去除杂质和减少含泥量，进行干燥处理使原砂充分干燥。黏结剂大多使用呋喃树脂。尿醛与糠醇的缩合物称呋喃Ⅰ型，酚醛与糠醇的缩合物称呋喃Ⅱ型，尿醛、糠醇、酚醛三者的缩合物称为中氮树脂。对于呋喃Ⅰ型树脂一般用氯化铵或氯化铵与尿素的水溶液作固化剂；呋喃Ⅱ型树脂一般用苯磺酸或对甲苯磺酸的水溶液作固化剂；中氮树脂使用氯化铵：尿素：水＝1：3：3的比例配制的固化剂。由于尿素的加入，芯砂在固化时较多的散发出异味，同时在浇注时，芯砂的发气量也有所增加，所以可用氯化铵：水＝1：1来配制固化剂。热芯盒树脂砂配比见表4—13。

表4—13　　热芯盒树脂砂的配比（质量分数）

原砂	树脂		固化剂		氧化铁粉（%）	水（%）	抗拉强度（MPa）
	型号	用量（%）	类别	占树脂量（%）			
100	呋喃Ⅰ型	2.2～2.4	氯化铵	5	0.24～0.26	0.15～0.3	＞2.5
100	呋喃Ⅱ型	2.8～3	苯磺酸水溶液	6～8	—	—	＞2.5
100	ZNR—1型中氮树脂	2.4～2.9	氯化铵尿素水溶液，氯化铵：尿素：水＝1：3：3	18～20	0.14～0.18	—	＞2.1
100	F03型低氮树脂	2.6～3	对甲苯磺酸水溶液	14～16	硅烷KH—550占树脂重0.5	—	＞2
100	DR—2型低成本树脂	2.4～2.6	氯化铵尿素水溶液，氯化铵：尿素：水＝1：3：3	18～20	0.14～0.18	—	＞2.5

（2）混制

将干燥原砂装入叶片式混砂机中，加入氧化铁粉干混35～45 s，使干料均匀。加入液体固化剂湿混40～50 s，再加入树脂湿混80～90 s，混砂全过程约2.5～3 min，混匀后立即卸砂。芯砂存放时间一般不超过4 h。

3. 冷芯盒树脂砂的配制

冷芯盒树脂砂制芯时是将混制好的树脂砂吹（射）入芯盒中，然后用吹气设备吹入气体固化剂，型芯在常温下迅速固化，冲净残余固化剂后即可出芯。出芯后可以立即下芯、合型、浇注，以减少型芯储存时间。目前普遍采用的气硬冷芯盒工艺有三乙胺法和二氧化硫法，这两种方法的工艺类似，仅黏结剂和固化剂不同。

（1）三乙胺法冷芯盒树脂砂的配制

将树脂黏结剂加入原砂中混匀后吹（射）入芯盒，然后通过以空气、二氧化碳、氮气为载体的三乙胺，使砂在数秒钟内硬化，用干燥空气冲净剩余三乙胺后即可取出型芯待用。三乙胺法芯砂的缺点是黏结剂与催化剂易燃，废气有毒。

1）配料　冷芯盒树脂砂所用的原砂是根据铸件合金种类来确定的，主要用硅砂，其次是锆砂、铬铁矿砂等。要求原砂纯净干燥，以圆形砂粒为佳。黏结剂由液态酚醛树脂和聚异氰酸脂两种组分组成。铸钢件用芯砂的黏结剂两种组分按 6∶4 配制，能降低氮含量，树脂总加入量为原砂质量的 1.4%～1.6%，铸钢件用芯砂树脂加入量为原砂质量的 1.2%～1.3%，铝合金铸件用芯砂树脂加入量为（质量分数）1%～1.1%。常用的固化剂有三乙胺和二甲基乙胺，后者硬化速度较快。

2）混制　可在各种混砂机中混制，但不可挤揉过度而影响芯砂的可使用时间及流动性。混砂机启动后加入原砂和酚醛树脂混 10～15 s，再加入聚异氯酸脂混 70～80 s 即可卸料，也可把两种黏结剂同时加入原砂中混制 70～80 s。卸料后要测定每一次混制的芯砂初始强度，树脂加入量较大时，其初始强度稍高一些，当树脂加入量（质量分数）为 1.5%时，初始强度在 0.7 MPa 左右。混好后的芯砂要求迅速使用，夏天只能存放 1～2 h，冬天能存放 2～3 h。

（2）二氧化硫法冷芯盒树脂砂的配制

二氧化硫法是在原砂中加入酚醛或呋喃树脂和有机过氧化物混制芯砂，芯砂吹（射）入芯盒后，向型芯通以二氧化硫气体促使型芯快速硬化。

1）配料　这种芯砂所用原砂与三乙胺法相同。黏结剂可用酚醛或呋喃型冷硬树脂，树脂占砂质量的 1%～1.5%。所用活化剂主要有过氧化氢、过氧化丁酮，50%的过氧化物活化剂占树脂质量的 25%～50%，硅烷加入量占树脂质量的 0.25%～0.3%。固化型芯的二氧化硫气体是一种无色、有刺激性气味、不易燃烧的气体，这种气体靠氮气或干燥空气从容器中带出。

2）混制　将原砂定量加入混砂机中（可以使用各种混砂机），再加入树脂混制 90～110 s，使之均匀即可卸料。这种砂可以存放 7～8 h。

4. 呋喃树脂自硬砂的混制

呋喃树脂自硬砂在常温下与固化剂发生化学反应而固化，不用烘干，砂子容易紧实，而且溃散性很好，但树脂成本高，有刺激性气味。

（1）配料

呋喃树脂自硬砂所用原砂的二氧化硅含量要高，常用粒度组别为 21 和 30，要求原砂纯净干燥。黏结剂有尿醛呋喃树脂和酚醛呋喃树脂等，要求树脂糠醛含量较高，树脂无氮或低氮，树脂加入量（质量分数）为 1%～2%。固化剂广泛采用对甲苯磺酸（酸∶水＝7∶3）、二甲苯磺酸、苯酚磺酸等，固化剂占树脂质量的 30%～40%。改善自硬砂某些性能的添加剂有硅烷（起偶联作用，提高强度，降低树脂加入量）、氧化铁粉（防止冲砂和气孔）、甘油和苯二甲酸二丁脂（提高型砂、芯砂韧性）等。硅烷占树脂加入量的 0.1%～0.3%，氧化铁粉占树脂加入量的 1.5%～4%，甘油占树脂加入量的 0.2%～0.4%。

（2）混制

将原砂、树脂、固化剂加入连续式混砂机中一次性快混 90～120 s，混匀后即卸料，随混随用。如果用间隙式混砂机混制，先加入原砂，再细心加入固化剂，混 60～90 s 后加入树脂，再混 60～90 s，混匀后立即出料使用。原砂的加入温度在 20～25℃范围为宜，既不可太低，也不可太高。混制好的型砂芯砂硬化温度在20～30℃为宜，温度过高则硬化时间太短，温度过低则使硬化起模时间延长。

五、型砂芯砂应具备的性能及影响因素

1. 耐火度

耐火度是指型砂抵抗高温热作用的性能。原砂的化学成分、颗粒大小、形状以及黏土的含量、耐火度是影响型砂耐火度的主要因素。原砂的二氧化硅含量高，颗粒粗大，形状呈圆形，其耐火度高；型砂黏土含量高以及可燃烧的辅助材料多，其耐火度低。

2. 退让性

金属在凝固和冷却的过程中产生收缩，此时铸型中的有关部分应当相应地变形、退让，以不阻碍铸件的收缩，型砂的这种性能称为退让性。型砂的退让性主要取决于其所在温度下的热强度。热强度高，抵抗金属液机械作用的能力强，但却使其退让性下降。在黏土砂中加入木屑或焦炭粒等附加物有助于提高退让性，其中尤以木屑的作用最为显著。

3. 溃散性

型砂和芯砂在浇注后容易溃散的性能成为溃散性。溃散性主要由型砂的残留强度决定，残留强度越高，溃散性越差，黏土砂可加入木屑等附加物改善溃散性能。

4. 粘模性

紧实型砂时，型砂与模板或芯盒的表面黏着的特性称为粘模性。影响粘模性的因素主要是水分和温度。水玻璃砂的粘模性较严重，而且随着水分的增加而加剧，因此对模具和芯盒的表面粗糙度要求较高，除在型砂中加入适量柴油改善粘模性外，还可在模具芯盒上喷洒煤油、轻柴油或滑石粉以减小粘模性。

5. 保存性

保存性是指配制成的型砂经一定时间后不失其原有性能的能力。黏土类型砂的保存性主要取决于其保持水分的能力，因而主要取决于其中黏土的性质。水玻璃砂的保存性较差，混好的型砂将随着存放时间的延长而硬化失效。采用低模数的水玻璃或在混砂时加入氢氧化钠水溶液可以改善保存性。

6. 抗吸湿性

烘干或固化后的砂型型芯在存放过程中，抵抗吸收空气中的水分的能力称为抗吸湿性。砂型吸湿后干强度下降，浇注时发气量增加，对铸件质量产生不良影响。抗吸湿性与黏结剂性质和空气湿度有关。

7. 复用性

型砂反复使用后能保留原有性能的特性称为复用性，亦称耐用性或回用性。复用性关系到铸件的成本和质量，复用性好的型砂可降低原材料消耗，同时也减少了型砂性能的下降。黏土砂的复用性主要取决于所用原砂和黏土的性质，黏土砂在反复使用时，其中砂粒因体积膨胀收缩而细碎，而黏土则因丧失结构水或丧失重新获得层间水的能力而成了死黏土，这两者都使型砂性能恶化，影响到型砂的复用性。

六、型砂芯砂主要性能的检测

1. 型砂水分与紧实率的测定

（1）水分的测定（快速法）

测定湿型砂芯砂中的含水量及表干型砂或干型砂中的残余含水量。在工艺规定的取样点采取型砂试样，并放入密闭的容器或塑料袋中，防止水分蒸发。称试样50 g±0.5 g，放入盛砂盘中均匀铺平，并将盛砂盘置于远红外烘干器内烘干 10～15 min，冷却后重新称量。前后质量差与原试样质量的百分比，即为型砂的含水量。

（2）紧实率测定

紧实率是指湿型砂在一定的紧实力作用下其体积变化的百分率，用以判断型砂最适宜的干湿程度。先使型砂试样通过带有 6 目筛子的型砂投砂器，落入有效高度为120 mm的圆柱形标准试样筒内（筛底至标准试样筒的上端距离应为 140 mm），用刮刀将试样筒上多余的型砂刮去，然后将装有型砂的试样筒连同底座一起放在锤击式制样机（见图 1—18）上冲击 3 次。型砂体积被压缩的程度，即试样紧实前后的高度差与试样紧实前的高度（120 mm）之百分比为紧实率。其数值也可从制样机上方的刻度盘上直接读出。

在混砂机旁的常规型砂检验中也可简化试验过程，直接将松散的型砂撒入标准试样筒中，以便及时对型砂芯砂的水分进行控制，对新旧砂的合理配比及时进行调整。

2. 型砂透气性的测定

根据型砂芯砂用途，确定测定型砂芯砂干态透气性或湿态透气性，型砂芯砂透气性测定仪如图 1—19 所示。测定方法如下：

（1）制作标准试样

标准试样在图 1—18 所示的制样机上进行制作。称取 155～165 g型砂放入标准试样筒中，将样筒和底座放在冲头下的定位坑内，摇起凸轮手柄，重锤升高50 mm自由落下，连续冲击 3 次做成一个约 ϕ50 mm×50 mm 的圆柱形标准试样，将冲制好的试样从筒中顶出。连续做 3 个试样。

（2）检查透气性测定仪

实验前对仪器的准确度进行检查，将空样筒密封，保持 10 min，钟罩不下降，水柱高度不小于 98 mm，表示系统不漏气。

（3）快速法测定透气性

测定湿透气性时，提起测定仪钟罩，打开三通阀，将装好试样的试样筒放在测定仪的试样座上，关闭三通阀，放下钟罩，罩内空气在钟罩重力下形成压力。打开三通阀，一部分气体由试样逸出，一时未能全部逸出则在水柱上出现水柱差。试样座上有 ϕ0.5 mm 或 ϕ1.5 mm 的阻流孔，透气率较小时，用 ϕ0.5 mm 小阻流孔，当透气率较大时，用 ϕ1.5 mm的大阻流孔。

（4）确定测试结果

对每一组实验做 3 个试样，每个试样做一次透气性测试，取 3 次平均值作为测试结果。如果 3 个试样实验结果与平均值的差值大于 10%，应重做实验。

测定干透气性时，将标准试样放入电烘箱中，在规定条件下将试样烘干，然后取出冷至室温。将干试样装入透气性测定仪的试样筒中，用充气橡皮圈密封好，其余同湿透气性测定法。

3. 型砂强度的测定

湿态时主要测定试样抗压和抗剪强度，干态时主要测定其抗压、抗剪、抗拉和抗弯 4 种强度，都在图 1—20 所示的液压强度试验机上进行测定。测试步骤如下：

(1) 制作试样

试样形状大小和制作方法与透气性试样相同，也可用透气性试样作强度试验试样。湿强度试验不烘干试样。干强度试验要把圆柱形标准试样放置于预先加热到 180℃±5℃的电烘箱中，保温 1 h，然后将试样取出，放入干燥器中冷却至室温后待用。

(2) 测定试样的抗压强度

把试样安放在抗压试验夹头上，摇动手柄，给试样缓慢加压，直到试样破裂，压力表上的读数即为强度值。烘干后的干态试样测定方法与湿态试样相同。

(3) 测定试样抗剪、抗拉、抗弯强度

这几种试验是从试验机上拆下抗压夹头，换上抗剪等夹头，装上新试样。其余操作方法与抗压试验相同。

(4) 确定测试结果

各项强度试验都是取 3 个试样的平均值，若其中任何一个试样强度值与平均值相差 10%以上，则要求重新进行试验。

4. 型砂流动性的测定（硬度差法）

即测定试样两端硬度值的差别。将 170 g 型砂置于试样筒中，在舂样器上舂一下，取下试样后用硬度计测试样两端的硬度。试样下端与上端的硬度之百分比即为型砂的流动性。两端硬度相差越小，表示型砂的流动性越好。

5. 型砂韧性的测定（抗压变形法）

韧性是指试样抵抗脆性破坏的性能。抗压变形法测定是在强度试验机上加一千分表附件进行的。在进行湿压强度试验时，将试样至压碎时的压缩变形量读出，然后与标准试样湿抗压强度相乘即为韧性。同一试验进行 3 次，取其算术平均值。如其中一个与平均数相差 10%以上，则试验须重新进行。

6. 型砂发气性的测定

发气性是试料在加热的情况下析出气体的能力。试料的发气性（发气能力）测定，是在发气性测定仪上测定的，间隔一定时间读一发气值，直至发气值不再增加，即可得知试料的发气速度和析出气体的时间。测定试料的发气性时，须测 3 个试样，取其算术平均值。如其中一个超出平均数 10%，试验须重新进行。

七、涂料的配制

1. 涂料的构成物

涂料的组成基本有耐火材料、黏结剂、悬浮剂、稀释剂和载体。

(1) 耐火材料

耐火材料是涂料的主体，按不同的合金材料和浇注温度，耐火材料也不一样。常用的耐火材料为：有色合金材料用滑石粉；铸铁件用鳞片状石墨粉、泥状石墨粉或石英粉；铸钢件用硅石粉、铬铁矿粉或滑石粉；耐热钢、不锈钢等高合金铸钢件及特别厚大的铸件采用铝矾土粉、刚玉粉和橄榄石粉等高耐火度的材料。

(2) 黏结剂

其作用是将耐火材料颗粒黏结在一起并使涂料能附着在铸型或型芯的表面，同时具有一定的湿度。常用的有膨润土、水玻璃、糊精、糖浆、树脂和硅溶胶等。

(3) 悬浮剂

悬浮剂是用来防止耐火材料沉淀的。常用的有膨润土、有机膨润土、羧甲基纤维素钠(CMC)、海藻酸钠、糖浆、聚丙烯酰胺、聚乙烯醇缩丁醛(PVB)等。

(4) 载体

其作用是使耐火材料悬浮起来，使浮料成为浆体，便于涂敷在铸型和型芯的表面。常用的载体是水、甲醇、乙醇、异丙醇和氯代烃类。

(5) 其他添加物

加入其他添加物是为了改善涂料的某些性能。大致有表面活性剂、增强剂、消泡剂和防腐剂等。

2. 涂料的分类

根据 ZBJ 31008—90《砂型铸造用涂料》，按载体材料不同分为水基涂料（用代号 S 表示）和有机溶剂类涂料（Y）；按物理状态分膏料（G）和粉料（F）；按耐火骨料不同将涂料分为石墨粉（SM）、滑石粉（H）、精制硅石粉（JS）、高铝矾土粉（GL）、棕刚玉粉（Z）、锆英粉（GY）、镁砂粉（M）、镁橄榄石粉（MG）和其他（Q）9 类涂料。

3. 涂料的主要性能要求

涂料必须具备以下各种性能，才能保证铸件的表面质量。

(1) 悬浮性要求

配制好的涂料在较长时间内不沉淀、不分层，用刷、浸、喷、淋的涂挂方法能保证涂层厚度均匀。

(2) 耐火度要求

涂料能满足所浇注金属液的温度要求，在高温下涂料层不烧结。

(3) 化学稳定性要求

高温下不易被金属氧化，不与其他造型材料发生不良化学反应，不产生大量气体。

(4) 涂挂性要求

涂料在涂刷过程中要滑爽，不粘带砂型表面砂粒，易于附着在砂型表面，具有一定的渗透深度，将砂型表面层砂粒间的孔隙堵住。涂刷于砂型垂直表面后不向下流淌，不出现滴痕，不在底部堆积。涂后能自动消除刷痕，得到光滑均匀的涂层表面。涂层失水后不开裂、不脱落，能经受住金属液冲刷等。

(5) 储存性要求

在储存期（商品涂料为 3～6 个月）内经受运输、温度变化后，应保持涂料的各项性能，不腐败变质，不产生使涂料容器鼓胀的气体。

4. 涂料的配方

常用涂料的配方见表 4—14。

5. 涂料的混制

涂料的混制方法是获得高性能和良好使用效果的保证。

(1) 直接搅拌法

先在所有水溶性材料中加入适量的水，在搅拌机中搅拌使其完全溶解。加入耐火材料以及其他粉状材料，进行充分地搅拌，最后边加水边进行搅拌，并调整涂料的密度和黏度。

表 4—14　　常用涂料的配方

种类	用途	涂料成分（相对质量）	备注
铸铁	大型铸件	鳞片石墨 70，粉状石墨 30，黏土 10	碾成膏状，用时加水稀释
	中、小型铸件	鳞片石墨 42（120#），粉状石墨 42，白泥粉 8～16	—
	小型铸件	粉状石墨 85，白泥粉 8～16	—
铸钢	碳钢件	石英粉 100，膨润土 2～3，水适量	混 48 h 无沉淀，烧结后无裂纹
	合金钢件	锆砂粉 100，膨润土 2～3，糖浆 3～4，水适量	糖浆冬季混时加，夏季用前加
	碳钢件	石英粉 100，膨润土 2，纸浆废液 2	—
	碳钢件	石英粉 65，糖稀 5，黏土 2，水 28	球磨 8 h
	不锈钢件	锆砂粉 100，膨润土 2，纸浆废液 2	辗压时间 20 h
铸铜铸铝	铜铝件	滑石粉 86，黏土 9，纸浆废液 5	—

（2）预先制膏法

先将所有的干性原材料在混砂机中混碾，使其充分地均匀后，再加液态材料和适量的水，混碾成膏状。在膏状状态下，压碾数小时后，将膏状物放入搅拌机中，加水搅拌均匀，以达到所要的密度和黏度。

第三节　铸造合金熔炼

一、金属学基础知识

1. 金属的结构

（1）纯金属的结构

金属在固体状态下都是晶体，由于原子排列的方式不同，晶格有不同的类型，常见金属晶格主要有以下 3 种类型：

1）体心立方晶格　这种晶格的晶胞是一个立方体，在立方体的八个顶角和立方体的中心各有一个原子，如图 4—19a 所示。属于这种晶格类型的金属有铬、钼、钒、钨及 α-铁等。

2）面心立方晶格　这种晶格的晶胞也是一个立方体，在立方体的八个顶角和六个面的中心各有一个原子排列着，如图 4—19b 所示。属于这种晶格类型的金属有铝、铜、铅、金、银、镍及 γ-铁等。

3）密排六方晶格　这种晶格的晶胞是一个六方柱体，在柱体的每个角上和上、下底面的中心都有一个原子，在晶胞中间还有 3 个原子，如图 4—19c 所示。属于这种晶格类型的金属有镁、铍、镉、锌等。

（2）合金的结构

合金是指两种或两种以上的金属元素或金属元素与非金属元素，通过熔炼、烧结或其他方法而获得的一种具有金属特性的物质。组成合金的最基本的、独立物质称为组元，

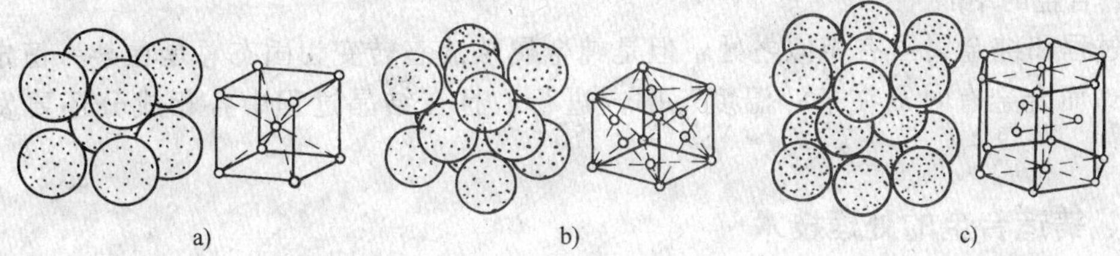

图 4—19 常见金属晶格的类型
a）体心立方晶格 b）面心立方晶格 c）密排六方晶格

例如碳素钢和铸铁是主要由铁和碳组成的二元合金。合金中具有同一化学成分、同一结构和原子聚集状态，并以界面互相分开且均匀的组成部分称为相。如果合金的组元在固态下能彼此相互溶解，则在液态合金凝固时，组元的原子将共同地结晶成一种晶格，晶格内包含有各种组元的原子，晶格的形式与一种组元相同。这样，这些组元就形成了固溶体。

固态合金中的基本相结构为固溶体和金属化合物。在具体合金中，由于其化学成分及其组元间的相互作用各不相同，除单相固溶体、单相金属化合物外，还可能出现由固溶体相、金属化合物相等不同相组成的混合物组织。

2. 金属的结晶

（1）纯金属的结晶

在液态金属中，原子的活动能力很强，不停地做不规则的运动，随着金属液温度的下降，原子的活动能力减弱，原子间的吸引力逐渐增强。当达到结晶温度时，首先在液态金属中产生极微小的晶体，然后再以它们为结晶核心（晶核）吸附周围液体中的原子，使晶核逐渐长大。与此同时，还不断产生新的晶核，晶核的生长和长大一直继续到全部金属液转变为固态。

晶核沿着各个方向的长大速度是不完全一致的，主要是沿着冷却速度最大的方向生长。首先生成树枝晶的一次晶轴，在一次晶轴长大的同时生长出与一次晶轴相互垂直的二次晶轴，随后出现三次晶轴等，直到形成树枝状晶体，如图 4—20 所示。最后凝固的金属液将填满晶轴间的空隙，使每个树枝晶成为一个充实的晶粒，纯金属结晶时的成核、长大过程（从左至右）如图 4—21 所示。细化晶粒的方法：一是增大过冷度，加强液体金属的结晶能力；二是变质处理，浇注前在液体金属中加入一些能促使产生晶核或降低晶核长大速度的物质。

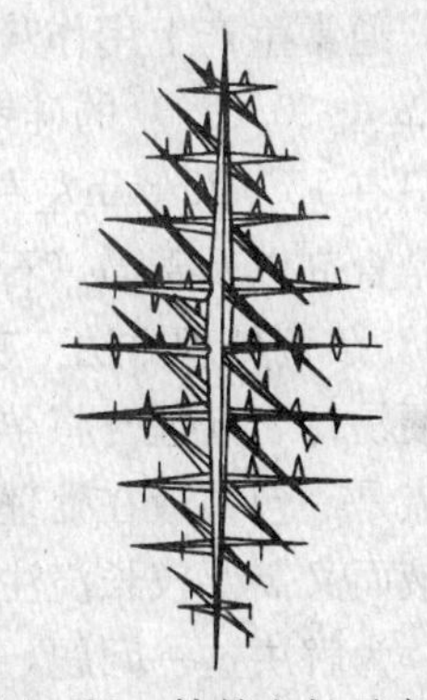
图 4—20 枝晶生长示意图

图 4—21 纯金属结晶示意图

（2）合金的结晶

其过程和纯金属虽有相似之处，但是纯金属从液态转变为固态总是在某一恒定温度下进行，而合金有时则在某一温度范围内进行，且在结晶过程中各相成分还要发生变化。

二、铸造合金的处理技术

1．铸铁的处理技术

（1）灰铸铁的孕育处理

灰铸铁的孕育是用冲天炉（或电弧炉、感应电炉）熔炼出低碳硅含量的铁液，并将其过热至一定的温度，加入适量的孕育剂进行孕育处理。处理好的铁液在一定的时间内进行浇注。

1）孕育处理的目的　通过加入孕育剂，在铁液中形成大量的非均质石墨晶核，从而消除低共晶度铸铁在共晶转变过程中的白口倾向，使之成为具有良好石墨形态的灰铸铁；改变石墨形态，使过冷型石墨转变为均匀分布无方向型石墨，并获得细片珠光体基体，从而提高铸铁的强度；减小铸件上薄壁与厚壁之间由于冷却速率不同而产生的组织上和性能上的差别，消除壁厚敏感性，提高铸铁组织均一性。

2）孕育剂的加入量和粒度　灰铸铁用孕育剂主要是硅铁（一般用 FeSi75）。孕育剂的加入量应根据铸件壁厚而定。对厚壁铸件，加入量为铁液质量的 0.2%～0.4%；对薄壁铸件，加入量为铁液质量的 0.3%～0.5%。孕育剂应有适宜的粒度（一般为 1～3 mm），以使其能被铁液迅速溶解和吸收。粉状硅铁在孕育处理过程中易氧化烧损，故应避免使用。防止因孕育衰退而产生缺陷和废品，应选用良好的孕育剂和改进孕育处理方法。

3）孕育剂的选择　孕育剂的孕育效果，应以是否能对铸铁产生孕育作用以及作用大小来衡量，而且应以能够保持孕育作用时间（即衰退期）的长短来衡量。纯的硅铁的孕育作用很小，通常生产上用作灰铸铁孕育剂的是含有 $w_{Si}=70\%\sim80\%$ 和少量其他元素（$w_{Ca}=1\%\sim2\%$，$w_{Al}<0.5\%$）的硅铁。用硅铁作孕育剂具有一定的孕育效果，其保持良好孕育的时间一般只有 15～20 min左右。近年来发展了含有 Sr、Ce、Ba、Ca、Al、Ti、Zr 等元素成分的硅铁孕育剂以及碳质（石墨）孕育剂。

4）孕育处理方法　灰铸铁的孕育处理方法很多，生产上广为采用的是冲浇法，这种方法简便易行，处理时将孕育剂放置在铁液包的底部，靠铁液液流将孕育剂冲熔。冲浇法的最大缺点是一包铁液在处理之后，必须在发生孕育衰退之前及时浇注完毕。这对于一次处理大量铁液而又需要较长浇注时间（如大量生产流水线上浇注小铸件）的生产情况是不适用的。因此，为解决这一问题，铸造生产上又开发了很多迟后孕育的方法，如浮硅孕育法、硅铁棒孕育法、浇口杯孕育法、随流孕育法、型内孕育法等。

（2）球墨铸铁的球化和孕育处理

1）球化剂　常用的球化剂有纯镁、稀土硅铁镁合金和镁中间合金（如 Cu-Mg 和 Ni-Mg）等特殊球化剂。

2）非钝镁球化处理方法　包底冲入法简称冲入法，是我国球墨铸铁生产中广泛应用的球化处理方法。在包的底部修成“堤坝”或凹坑，为了适当延缓反应的速度，在球化剂上面覆盖铁屑或铁片等，使球化处理过程充分进行，并避免球化剂被铁液流卷住，上浮而入熔渣内。稀土硅铁镁合金的适宜加入量与合金成分及铁液含硫量有关。当含硫量在 w_S = 0.03%～0.05%时，合金（w_{Re} = 2%～5%，w_{Mg} = 6%～8%）的加入量约为铁液重的1.2%～1.8%，含硫高时取上限。

用冲入法进行球化处理，在一般正常操作条件下，铁液温度约降低 80～100℃左右，其值与处理铁液的容量有关。为此要求在球化处理前，原铁液的温度需达到 1 450℃以上，才能保证处理后的铁液温度高于1 350℃。否则，由于浇注温度过低，容易导致铸件产生缺陷。

3）钝镁球化处理方法　由于纯镁加入铁液时反应剧烈，吸收率低，因此采用延缓和控制反应过程的球化处理方法，如压力加镁法、钟罩法和转包法等。

4）球墨铸铁的孕育　球墨铸铁的孕育处理目的是消除结晶过冷倾向，促进石墨球化，减小晶间偏析。生产中广泛使用 w_{Si} =75%左右的硅铁作孕育剂和复合孕育剂，针对不同的基体，孕育剂加入量不同。对于珠光体球墨铸铁，硅铁加入量一般为铁液质量的 0.5%～1.0%，对于铁素体球墨铸铁，硅铁加入量一般为铁液质量的 0.8%～1.6%。选择孕育剂粒度是以铁液对孕育剂的熔化能力为依据的，在孕育剂能够被完全熔化和吸收的前提下，以选用较大粒度为宜，在实际生产中使用的硅铁粒度为 0.5～3 mm 至 10～30 mm 左右。

目前，我国在球墨铸铁生产中多采用液流法进行孕育处理，即在铁液进行球化处理后，从处理包向浇包转注铁液时，将硅铁加到液流中进行冲熔。

（3）蠕墨铸铁的蠕化和孕育处理

1）蠕墨铸铁的蠕化处理　当前，国内外较通用的是含钙和稀土成分的镁钛复合蠕化剂。蠕化处理一般采用冲入法，即将蠕化剂埋入浇包底部凹坑内，用铁液冲熔和吸收。为了获得良好的蠕化效果，应保证铁液的温度达到 1 400℃左右，以使蠕化剂能够充分熔化。此外，还应使往包中冲入铁液的质量与事先准备好的蠕化剂量比较准确地相配合，以免发生蠕化不足或蠕化过度的情况。必要时可在蠕化处理时，将浇包置于衡器上，以便及时控制出铁量。由于蠕墨铸铁也存在有蠕化衰退现象，故近年来国内外研制了抗衰退能力较强的含钇的蠕化剂及型内蠕化处理方法。

2）蠕墨铸铁的孕育处理　由于稀土元素和镁的作用，使蠕墨铸铁有结晶过冷和在组织中出现游离碳化物的倾向。孕育处理目的在于消除游离渗碳体，细化蠕墨，此外还有延长蠕化衰退时间的作用。

蠕墨铸铁的孕育剂一般采用 FeSi75，也有用 SrSi 的。孕育处理采用液流法，应尽量做到延后孕育，必要时可采取两次孕育处理。第一次在蠕化处理时，将较大粒度（如 5～10 mm）硅铁加在出铁槽内，第二次在浇注铸件时，将细粒（如 0.5～2 mm）硅铁撒布于铁液流中。

孕育剂硅铁的加入量通常按照铁液质量的 0.4%～0.6%计算，并应考虑铸件壁厚的条件。用于浇注薄壁铸件的铁液，应适当加强孕育。在孕育处理前，需对原铁液的含硅量进行控制，通常要求原铁液中 w_{Si} =1.8%～2.2%左右，并根据对基体的要求而有所不同。

（4）可锻铸铁孕育处理

常用于可锻铸铁作为孕育剂的元素有硼、铋、铝、钛和稀土元素。往铸铁中加入硼、铋、铝、钛能够在铁液中生成这些元素的氮化物和碳化物，这些细小而弥散的化合物在退火过程中能起到石墨核心的作用。由于存在大量的石墨核心，使碳原子的扩散距离缩短，从而促进退火过程中的石墨化。

当将两种或多种孕育剂复合使用时，所起的作用更为显著。例如 Al-Ti 或 Al-B 复合使用都有良好的孕育效果。但对孕育剂的含量应加以控制，如加入量过多，则将会使铸态组织出现麻口，导致退火石墨形状恶化。作为孕育作用的铸铁含铝量应不超过 0.015%，含硼量应不超过 0.001 5%，复合使用时，每种元素的含量应适当降低。

2. 铸造合金钢的处理技术（合金元素的加入技术）

(1) 加入时间

用氧化法电弧炉熔炼合金钢的工艺过程与熔炼碳钢的工艺过程大体上是相同的。其区别在于熔炼合金钢时需要往钢中加入合金元素（以铁合金或纯金属的方式加入）。为了炼出优质的合金钢，在加合金元素方面应选择适宜的加入时间。

1) 不易氧化的合金元素如镍等，可在装料时随同大批炉料一起装入炉中。

2) 氧化程度比较轻的元素如铜，可在熔化期末或氧化期初加入，这类元素应在氧化脱碳以前加入，目的是在氧化期当中靠钢液沸腾来清除由这些合金带来的气体和非金属夹杂物。

3) 容易氧化的合金元素则应在还原期加入。越是容易氧化的合金元素，越是要求在脱氧良好的条件下加入。在还原期加入合金元素的好处是能减少合金元素的烧损，提高其收得率，便于控制钢的化学成分（合金元素含量）。

(2) 铁合金的处理

铁合金在使用前应破碎成适宜的块度。铁合金的块度一般以 30～80 mm为宜。电解镍板和电解铜板应剪成较小的块。块度过大时不易熔化，块度过小时氧化烧损多。铁合金加入炉中以前应该经过充分的烘烤，并及时使用，以便尽可能避免将水分带入炉中而产生气体。在这方面，对那些在还原期中加入的铁合金，更需要严格处理。

(3) 加合金操作要点

在加合金操作时，应该根据合金的特点采取相应的措施，例如：对于密度大而难熔化的合金如钨铁，在加入炉中后应该注意搅拌，防止它沉在炉子底部长时间不熔化（炉底的温度比上部的温度低些）。又如：在往炉中加入密度小的合金如钛铁和铝时，应该先扒开炉渣后再加入，加入后用耙子将钛铁或铝压入钢液中，否则容易发生合金被炉渣包裹住而不能沉入钢液的现象。

3. 非铁合金的处理技术

(1) 铸造铝合金

1) 铝硅合金晶粒的细化处理　将细化剂加到铝液中可使晶粒细化。细化剂主要有含 Ti、B、Zr 的盐和含有这些元素的中间合金，如 K_2TiF_6、KBF_4、K_2ZrF_6、$ZrCl_4$、BCl_4 以及 Al-Ti、Al-B、Al-Zr、Al-Ti-B 合金。

使用的中间合金有 AlTi5、AlB1、AlTi5B1、AlZr5。用中间合金时，可与炉料一起加入坩埚内。采用盐类细化晶粒时，应于精炼后压入铝液中，并适当搅拌，以加速反应。

2) 铝硅合金中初晶硅的细化处理　磷变质的实质是细化初晶硅。磷变质的处理方法很多，国内以加赤磷处理为多，加入量一般为 w_P＝0.05%～0.1%，只要铝液中 w_P＝0.005%～0.015%就可以获得良好的效果。加磷变质的处理温度为 800～850℃，由于处理温度较高，使精炼效果受到不良影响，故可以进行二次精炼。若铝中含有钠，可适当提高磷的加入量。磷的变质作用是长效的，重熔后仍有细化作用。但含磷过高时，初生硅有粗化的趋势。

3）铝硅合金中共晶硅的变质处理　目前，在生产中应用广泛的钠变质剂是含氟化物的钠盐和钾盐，起变质作用的主要是 NaF。常用变质剂有二元变质剂、三元变质剂、1# 通用变质剂、2# 通用变质剂、3# 通用变质剂、双色变质块。变质处理工艺见表 4—15。

表 4—15　变质处理工艺

变质剂	变质剂准备	变质处理工艺
粉状变质剂	各组分混匀后，在 300～400℃ 下烘干，保温 3～5 h，并经 ϕ0.5～ϕ1 mm 筛子过筛，保存在干燥处，使用前应预热至 300～400℃，干燥不彻底的变质剂撒在液面有爆裂声	将变质剂撒在液面上，保持 10～12 min，变质剂熔化后不断打碎硬壳，将硬壳压入合金液下 100～150 mm 深处保持 3～5 min，使变质反应充分。取出压瓢后撇渣，若渣过稀，可加 NaF 调整
双色变质块	剥开双色变质块后在炉边或烘炉中预热至 150～180℃并保温 2 h	有色一面和铝液接触 10 min 以上，浇注时将剩余变质块推向坩埚另一侧，防止将变质块、熔渣浇入铸型中

注：砂型铸造在 30 min 内浇完；变质失效，允许二次变质；双色变质块变质有效时间可达 2～3 h。

（2）铸造镁合金的细化处理技术

Mg-Al 系有两种方式：过热细化，有的学者认为，铁与铝和镁生成不溶于镁合金液的 $Mg_xAl_yFe_z$ 质点，起异质晶核作用；碳细化晶粒，细化质点是 Al_4C_3。

Mg-Zn 系细化质点是锆，加入 K_2ZrF_6、$ZrCl_4$ 或 Mg-Zr 合金后得到。对 Mg-Zn-Zr 合金，要严防铁、铝、硅和锰的干扰，它们将促使锆析出沉淀在坩埚底部，从而破坏锆的细化作用。

铸造镁铝系合金熔炼的变质处理见表 4—16。

表 4—16　铸造镁铝系合金熔炼的变质处理

变质剂加入量（占炉料质量分数，%）		处理温度（℃）	处理时间（min）	操作工艺	备　注
碳酸镁	0.3～0.4	710～740	8～12	除去表面熔渣，用钟罩分批压入铝箔紧包的碳酸镁等变质剂（六氯乙烷压成块状），用钟罩分批压入镁液。钟罩浸入熔池约一半深处，并缓慢水平移动。反应完毕后，再加下一批变质剂	变质前、后的精炼，使用前应破碎成 10 mm 的块度，最小用量不小于 0.5 kg，并需在 150～200℃下烘烤 3 h
碳酸钙	0.5～0.6	760～780	2～5		使用前在 150～300℃下烘烤 3 h，精炼后变质处理
六氯乙烷	0.3～0.4	740～760	8～12		兼有除气作用，变质后精炼或变质前、后两次精炼

注：变质后再次精炼，其时间较短，约 2～3 min，仅起去除在变质时可能产生的新的氧化夹杂的辅助作用。

三、非铁合金的熔炼技术

1. 非铁合金的熔炼工艺

（1）镁合金熔炼工艺要点见表 4—17。

表 4—17　　典型铸造镁合金熔炼工艺

工序	ZM1　ZM2　ZM3	ZM5
准备	将炉料预热至150℃以上，坩埚预热至暗红色，并在坩埚底部撒上 RJ—5 或 RJ—6（炉料质量 1%～2%）作覆盖剂（ZM1 用 RJ—4）	将炉料预热至 150℃以上，坩埚预热至暗红色，并在坩埚底部撒上 RJ—1 或 RJ—2 熔剂作覆盖剂
熔化	加入镁锭及回炉料，升温熔化，温度至 720～740℃时加锌（必要时，同时加入铍氟酸钠），继续升温，780～810℃时分批加入镁锆中间合金，（ZM2、ZM3 还同时加稀土），全部熔化后，捞底搅拌 2～5 min 使成分均匀	加入回炉料、镁锭、铝锭，升温熔化，当合金液温度为 700～720℃时，加入预热的 Al-Mn（或 Al-Mg-Mn）中间合金及 Al-Be（或 Al-Mg-Be）中间合金，待中间合金熔化后，加入锌，熔化后搅拌均匀
分析	合金液不低于 760℃时，浇注断口试样	浇注光谱试样，成分不合格者加料调整
变质		按表 4—16 进行
精炼	精炼温度：750～760℃（ZM2 为 760～780℃） 精炼时间：4～10 min 精炼剂：ZM1 为 RJ—4，ZM2、ZM3 为 RJ5，ZM3 为 RJ—6，用量为 1.5%～2.5%（占炉料质量分数）	精炼温度：710～740℃ 精炼时间：5～8 min 精炼剂：RJ—2，用量为 1.5%～2%（占炉料质量分数）
镇静	1. 清除浇嘴、坩埚内壁及液面上的熔渣，撒以各自精炼剂覆盖 2. 升温至 780～820℃，静置 15 min 3. 必要时检查断口（晶粒度、氧化夹杂） 4. 进行浇注，对 ZM2、ZM3 总静置时间为30～35 min，即可出炉	1. 清除浇嘴、坩埚内壁及液面上的熔渣，并撒以 RJ—2 2. 升温至760～780℃，静置10～20 min 3. 检查断口（晶粒度、氧化夹杂） 4. 调整温度准备浇注

注：①ZM5 断口不合格，允许重复二次变质及精炼处理，仍不合格，则浇锭。

②ZM1 炉前断口不合格，酌情加 $w_{(Mg-Zr)}=1\%\sim2\%$ 中间合金，再次检查断口，允许重复两次；对 ZM2、ZM3 允许重复一次。出炉前断口不合格，允许从工序炉前分析一项开始重复熔炼。

③熔炼成的合金液静置结束后，应在 1 h 内浇完，否则重新检查断口。

④熔炼、浇注时间总计不超过 8 h。

（2）常用铸铜合金的熔炼工艺见表 4—18。

表 4—18　　常用铸铜合金熔炼工艺

合金名称	熔炼工艺要点
纯铜	1. 木炭、米糠或麸皮与纯铜一起装炉，纯铜块度要小 2. 熔炼时，经常补加覆盖剂，防止铜液与炉气直接接触 3. 铜液温度控制在1 180～1 200℃，用磷铜脱氧出炉前加 $w_{Li}=0.03\%$终脱氧
3—8—6—1 锡青铜	1. 将占炉料质量 3%的氧化熔剂（氧化铜：硼砂：硅砂＝1：1：1）放入坩埚，预热坩埚至暗红色 2. 装入铜、镍，快速熔化升温至 1 150～1 200℃，除渣后，加入 1/2 的磷铜脱氧 3. 除渣后，加入预热锌块，在 1 200℃左右加锡和铅 4. 升温至 1 200～1 250℃，加入余下磷铜，搅拌，浇注

续表

合金名称		熔炼工艺要点
5—5—5 锡青铜		1. 预热坩埚至暗红色，加入木炭和电解铜，升温熔化 2. 纯铜熔化后升温至 1 200℃左右，用磷铜脱氧，搅拌均匀 3. 加回炉料，化清后搅拌均匀，随后加锌，待锌熔化后，再加锡和铅 4. 为提高流动性，加入 $w_{Cu\text{-}P}=0.15\%\sim0.2\%$
8—13—3—2 铝青铜		1. 预热坩埚中先装一层铜，然后加镍、铁，铁上加锰，最后铺一层铜。装料应紧实，并留下 $w_{Cu}=10\%$供调整温度用 2. 炉料即将完全化清时，加入预热铝块，仔细搅拌，使难熔的铁、锰化清 3. 加入预热的回炉料，升温，加入剩下的质量分数为 10%的铜锭 4. 温度达 1 200℃，用精炼剂除气精炼，静置 5～10 min 后出炉浇注
10—1 锡青铜		1. 纯铜加入预热坩埚中熔化，达 1 100℃左右加入全部磷铜的 1/5，仔细搅拌，撇渣后加入全部旧料，再达1 100～1 150℃时，仔细搅拌，除渣后加入锡 2. 采用氧化性熔剂处理铜液，浇注温度不宜高，用石墨棒搅拌
10—3 铝青铜	工艺一	1. 在预热坩埚内装入铜，加速熔化，升温至 1 150℃，加入 $w_P=0.05\%\sim0.07\%$的磷铜脱氧，仔细搅拌 2. 加入 Al-Fe 中间合金，加料充分搅拌，Al-Fe 中间合金不要暴露在液面上 3. 加入旧料并搅拌，升温至1 160～1 250℃出炉，出炉前进行含气量检验，不合格时应进行精炼，直至检验合格
	工艺二	1. 将 $w_{Cu}=90\%\sim95\%$与铁片同时装入预热坩埚中，加速熔化 2. 铁化完 2/3 左右时，加入铝块，利用铝热将剩余铁化清，升温至1 200℃以上 3. 将剩下的 5%～10%（质量分数）铜加入，调整温度用精炼剂精炼，扒渣
	工艺三	1. 将铝装入预热坩埚内，快速熔化升温 2. 升温至 750～780℃时，加入预热至 300℃左右的铁钉，分批加入，化清后，充分搅拌，升温至 1 100℃，加入预热电解铜 3. 铜化清后，升温至 1 200℃，充分搅拌，静置 5 min 左右出炉 4. 熔炼时间应控制在 1 h 之内
16—4 硅黄铜		1. 把块度为 10～15 mm 的全部硅放入坩埚底部，上面装铜，快速熔化 2. 硅块熔化后，仔细搅拌，加入预热的旧料，升温 3. 加锌，温度不宜太高，加锌后再充分搅拌一次

（3）铸造锌合金的熔炼操作要点见表 4—19。

表 4—19　　铸造锌合金熔炼操作要点

熔炼方法	操作步骤及要点
直接熔炼法	1. 将坩埚预热至暗红色，并加入木炭作覆盖剂 2. 加入电解铜并升温至熔化，熔化后用占铜质量分数 1.5%～2%的 CuP10 中间合金脱氧 3. 加入全部铝料 4. 熔清后，加入质量分数为 90%的锌及回炉料 5. 待熔液温度达 650℃以上，用钟罩压入所需镁量 6. 若回炉料较多，可用 C_2Cl_6（用量为炉料质量分数的 0.2%～0.3%）或 $ZnCl_2$（用量为炉料质量分数的 0.1%～0.15%）进行精炼，待反应结束后扒渣并静置 5～10 min 7. 取出坩埚，加入余量锌料降温，搅拌、扒渣，测温至所需温度进行浇注
两次熔炼法	第一步： 熔炼 Al－Cu 中间合金，并以此配料熔炼锌合金 第二步： 1. 将坩埚预热至暗红色，加入质量分数为 90%的锌料及回炉料，再加入 Al－Cu 中间合金 2. 加热熔化待熔液温度达 650℃以上时，加入所需镁量 3. 必要时用 $w_{(C_2Cl_6)}=0.2\%～0.3\%$ 或 $w_{(ZnCl_2)}=0.1\%～0.15\%$（占炉料质量分数）进行精炼 4. 加入其余锌料和回炉料，搅拌均匀并扒渣 5. 取样检验，测温。合金成分合格后至所需浇注温度出炉浇注

注：ZZnAl27Cu2Mg 必须用 C_2Cl_6 精炼。

2. 非铁合金熔剂的配制

（1）铸造铝合金常用熔剂的配制见表 4—20。

表 4—20　　铝合金常用熔剂的组分

序号	组分（质量分数，%）							用途
	NaCl	KCl	Na_3AlF_6	CaF_2	NaF	$MgCl_2$	其他加入物	
1	50	50	—	—	—	—	—	一般铝合金用覆盖剂
2	47	47	6	—	—	—	—	一般铝合金用覆盖剂
3	20	50	—	—	—	—	$CaCl_2$：30	一般铝合金用覆盖剂
4	75	—	—	—	—	—	$CaCl_2$：25	一般铝合金用覆盖剂
5	45	45	—	10	—	—	—	精炼熔剂
6	—	—	75	—	—	—	$ZnCl_2$：25	精炼熔剂
7	45	—	15	—	40	—	—	铝硅合金精炼、变质兼用的通用熔剂
8	36～38	—	—	15～20	—	44～47	—	Al-Mg 合金用覆盖剂及精炼熔剂
9	39	50	6.6	4.4	—	—	—	重熔切屑
10	50	35	15	—	—	—	—	重熔废料
11	40	50	—	—	10	—	—	重熔废料
12	60	—	—	20	20	—	—	用于搅拌法熔化切屑
13	60～70	—	6～10	—	5～10	—	$BaCl_2$：14～25	重熔小而氧化严重的切屑

注：所有盐类应在 200～300℃下烘烤 3～5 h，配制后存放在干燥器中，使用前在 150℃下保温 2 h 以上。

（2）铸造铜合金的熔剂见表 4—21。

表 4—21 **铜合金熔剂**

类别	组分（质量分数,%）	说　明
覆盖剂	木炭 100	具有脱氧、吸附、保温作用。用前应煅烧完全，对含镍铜合金禁用，常用于纯铜、铝青铜、铅青铜；炉气为还原性时，不能使用木炭覆盖；覆盖厚度不小于 25 mm，块度为 10～30 mm
	玻璃 50，苏打 50	温度高于 1 100℃时为流动性好的复合硅酸盐，厚度为 4～5 mm。适用于黄铜、铝青铜、含镍锡青铜等熔点高的铜合金。为提高精炼能力，可加入该熔剂的质量分数 5%～10%的 CaF_2
	玻璃 37，硼砂 63	兼有覆盖、精炼作用，适用于硅黄铜，厚度为 4～5 mm
	玻璃 90～95，石灰石 5～10	用作铜镍合金覆盖剂，厚度为 4～5 mm
	石灰石 100	用作 4—2 锡青铜覆盖剂，能去除 SnO_2，有精炼作用
	木炭粉 75，冰晶石粉 25	用作 59—1 铅黄铜覆盖剂，降低渣量，减少金属损耗
精炼剂	硼砂 100	去除青铜中氧化铁和氧化铝夹杂。有良好造渣作用，精炼能力强
	苏打 50，硼酸 50	去除 SnO_2 夹杂，但在熔剂中不能含有 SiO_2
	苏打 50，冰晶石（或氟石）50；食盐 60，冰晶石 40	去除氧化铝夹杂。其中冰晶石能吸附、溶解部分氧化铝，可作铝青铜的精炼剂
氧化熔剂	氧化铜 34，硅砂 33，无水硼砂 33；玻璃 50，二氧化锰 50	对吸气性较强的纯铜、锡青铜、青铜、铅青铜等较为适用，能降低合金含氢量，需用磷铜脱氧

注：①吸气性强的合金，不采用氧化熔剂时应保证炉气为氧化性气氛。

②在电弧炉中熔炼，需用覆盖剂。

③组分中含结晶水物质，应在使用前脱水。

（3）铸造镁合金熔剂见表 4—22。

表 4—22 **铸造镁合金熔剂**

牌号	组分（%）	配制方法	用　途
光卤石	天然光卤石 100	将光卤石装入坩埚，升温至 750～800℃时备用	洗涤、熔炼、浇注工具或配制熔剂
RJ—1	光卤石 93，$BaCl_2$ 7	将配料装入坩埚，升温至 750～800℃保持，沸腾停止后搅拌均匀，浇注成块	同光卤石，镁屑重熔用
RJ—2	1. 光卤石 88，$BaCl_2$ 7，CaF_2 5 2. RJ—1 95，CaF_2 5	将 RJ—1 熔剂和 CaF_2 装入球磨机磨成粉状，用 10#～20# 筛过筛	ZM5、ZM10 合金的覆盖剂、精炼剂
RJ—3	光卤石 75，CaF_2 17.5，MgO 7.5	将配料装入球磨机，混磨成粉，用 20#～40# 筛过筛	用挡板坩埚熔炼 ZM5、ZM10 作覆盖剂
RJ—4	1. 光卤石 76，$BaCl_2$ 15，CaF_2 9 2. RJ—1 82，$BaCl_2$ 9，CaF_2 9	除 CaF_2 外，将配料其余组分均装入坩埚，升温至 750～800℃，保持至沸腾停止，搅匀，浇注成块，破碎后与 CaF_2 一起装入球磨机，混磨成粉状，用 20#～40# 筛过筛	ZM1 合金精炼剂、覆盖剂
RJ—5	1. 光卤石 56，$BaCl_2$ 30，CaF_2 14 2. RJ—1 60，$BaCl_2$ 26，CaF_2 14		ZM1、ZM2、ZM3、ZM4 和 ZM6 合金覆盖剂、精炼剂
RJ—6	$BaCl_2$ 15，KCl 55，CaF_2 2，$CaCl_2$ 28		ZM3、ZM4、ZM6 合金精炼剂

3. 中间合金的配制

(1) 铸造铝合金中间合金的配制见表 4—23。

表 4—23　　铝合金中间合金的配制

牌号	成分（质量分数,%）	原材料	料块尺寸（mm）	加入温度（℃）	浇注温度（℃）
AlSi12（A）	Si 10.5～13.5	结晶硅	10～15	750～850	680～760
AlCu50（A）	Cu 45～55	阴极铜	≤100×100	850～950	700～750
AlMn10（A）	Mn 9～11	电解金属锰	10～15	900～1 000	850～900
AlTi5（A）	Ti 4～6	二氧化钛或海绵钛	二氧化钛粉，海绵钛 5～10	1 000～1 200	900～950
AlTi4B（A）	B 1～1.5	氟硼酸钾或硼砂	粉状	1 100～1 200	900～1 000

注：合金牌号带有“A”为高纯度中间合金锭。

(2) 铸造铜合金中间合金的配制见表 4—24。

表 4—24　　铜合金中间合金的配制

名称	成分（质量分数,%）	原材料	名称	成分（质量分数,%）	原材料
CuSi	Si 17～18 或 27～28	结晶硅	CuMn	Mn 30 或 23～24	金属锰
CuP	P 8～14	赤磷	AlFe	Fe 20 或 30	铁丝或薄铁片

(3) 铸造镁合金中间合金的配制见表 4—25。

表 4—25　　镁合金中间合金配制

名称	成分（质量分数,%）	原材料	料块尺寸（mm）	加入温度（℃）	浇注温度（℃）
Al-Mn 中间合金	Mn 9～11	Mn	10～15	900～1 000	850～900
Al-Be 中间合金	Be 2～3	Be	5～10	1 000～1 200	900～950

第四节　工 装 设 备

一、工艺装备的选择方法

所谓工艺装备，即铸件生产过程中所用的各种模具和工、夹、量具的总称，简称工装。主要指模样、芯盒、浇冒口模、砂箱、芯骨、金属型、专用压头、烘芯板、定位销套以及造型和下芯用的夹具、样板、磨具、量具等。应根据铸件的结构特点和技术要求、生产批量的大小、工装制造的费用以及车间的具体条件等综合考虑，以产品零件图、铸造工艺图和有关技术文件为依据正确地选用工装。以下几点常规方法可供综合考虑时参考。

1. 生产批量大于 20 件且模样较复杂的铸件，其木模易损坏部分可镶嵌金属，芯盒的填砂、刮砂面上可镶防磨片；形状复杂、壁又很薄的铸件可用金属模。

2. 结构一般的铸件，生产批量较大（超过 200 件以上）时应用金属模。金属模不仅耐用，而且精度高、变形小、光滑，当铸件在这方面要求高时宜尽量采用金属模。

3. 铸件的批量超过 300 件时，可考虑采用模板，这时选用的砂箱需有箱耳及定位装置，以提高生产率且便于实现机械化。

4. 是否用检验样板及下芯夹具等通常由铸件的技术要求决定。在已决定采用后，检验样板等取决于铸件的结构。

二、工艺装备的检查方法

工艺装备的检查方法就是核对工艺装备的结构、形状、数量、尺寸等是否符合产品零件图、铸造工艺图和有关技术文件的要求，是否满足操作中的使用要求，使用是否方便。

1. 模样的检查

(1) 分模面的检查

检查模样的分模面是否与工艺图的分型面一致。

(2) 主要尺寸的检查

确定模样的轮廓尺寸、主要结构尺寸、重要的相互位置尺寸是否与工艺图相符，如不相符则须返工重做。允许模样尺寸有 0～0.2 mm的误差（只允许大）。

(3) 活块和芯头的检查

检查活块的尺寸和位置、芯头的尺寸及其他细节部分（例如搭子、凸台等）的尺寸和位置是否符合要求。

(4) 工艺参数的检查

检查加工余量、工艺补正量等是否已加上，要注意因拔模斜度而造成的尺寸变化（工艺图上的尺寸皆是未考虑拔模斜度时的尺寸，如要精确核对需看上、下模样图)。通常，模样因拔模斜度而使尺寸减小但仍在加工量的范围内，且至少有 1/3 的余量，则可认为合格。

2. 模板的检查

(1) 外观检查

检查模样的安装是否正确、牢固，与其他浇冒口模的衔接是否圆滑，检查模板外观是否有磕碰伤、毛刺、松动、缺损。

(2) 主要尺寸的检查

核对模板结构、形状、布置，核对定位销中心距、与造型机和砂箱间的配合尺寸以及其他主要尺寸是否符合图样。

(3) 安装检查

由于铸造设备、砂箱等的精度变化因素较多，符合图样的模板仍需要进行安装调试。检查模板与造型机固定的配合是否合适，检查模板与砂箱之间的定位销、销套的配合是否太松或咬死，安装和拆卸模板时，造型机上是否有足够的安全空间。

(4) 造型检查

模板安装后进行造型检查，观察起模是否困难，是否有钩砂现象。确定造型机稳定、型砂质量合格、安装可靠的前提下才可进行修模。

3. 芯盒的检查

检查芯盒时，先看芯盒的分开面或芯盒的敞开填砂面是否与工艺图相符，芯头尺寸是否与模样相对应，芯盒内腔的主要结构尺寸、重要相互位置尺寸、活块尺寸及位置是否正确，然后检查其他部分。检查芯盒的型腔尺寸时允差为 0.2 mm（只允许小）。

4. 砂箱的检查

检查砂箱时，先看砂箱的规格、结构是否符合工艺要求，然后再看砂箱数量是否满足生产的需要，剔除损坏、变形和定位销套精度差的砂箱。

三、常用熔炼设备的常见故障

1. 冲天炉熔炼常见故障

冲天炉熔炼常见故障的特征、产生原因以及排除或防止方法见表 4—26。

表 4—26　　　　冲天炉熔炼常见故障

名称	特　征	产　生　原　因	排除或防止方法
炉壳烧红	局部炉壳发红	炉衬材料差，修炉质量不高；熔剂过量或加偏；风口布置不合理，进风不均匀；熔化时间过长	浇水或用湿麻袋贴敷红热处，以维持短时间生产；改进风口布置，提高炉衬材料和修炉质量；正确使用熔剂，确保放在炉料中心；合理组织生产，避免熔化时间过长
漏炉	炉底漏铁液	舂炉底用型砂过干；炉底舂的太松或与炉衬相接触的圆角修得不好；炉底太薄，装点火木柴时撞坏炉底	轻微渗漏铁液时，可喷水，用耐火黏土等材料堵塞；严重时应立即停风、出铁后，打炉；严格执行修炉规范，确保修炉质量；装点火木柴时注意保护炉底
发渣	风口炉渣外溢；加料口冒黑烟、喷渣；炉渣体积猛增，颜色变黑（铁液氧化严重），发泡；炉前三角试片白口增大	风焦匹配不当，风量过大；底焦过低，炉温低；炉料锈蚀严重或泥砂、脏物太多；熔剂加入量不足，炉渣碱度太低；开渣口操作不当	减小风量（不可即停，以防炉渣灌入风口、风箱），快速放渣，补焦炭，待炉况正常后再正常鼓风；改善炉料质量，适当增加熔剂量，控制好炉渣碱度；调整风焦比，确保底焦高度；开渣口只宜开炉初期或中途停风后复风时采用，且应严格控制放风量
爆炸	在风箱、风管甚至鼓风机里产生爆鸣乃至炸坏装置；炉内料层发生爆炸	开风或停风操作不当，炉内CO气体倒流至风箱、风管甚至鼓风机里；炉料中混入爆炸物或封闭的管件、容器	开风时，应先鼓风，后关闭窥视孔；停风时，先打开窥视孔；加强炉料的检查与控制，严防混入爆炸物或封闭容器
过桥堵塞	前炉窥视孔或出渣口处火焰软弱无力	过桥太长，降温严重；过桥高度太低，被焦炭堵塞；炉温低，熔渣黏度太大；过桥未烘烤或烘烤不良；点火不良，前期铁液温度低	通过前炉窥视孔用铁钎细心捅开过桥；尽量缩短过桥，加高过桥尺寸；提高过桥烘烤质量及点火操作；增加熔剂用量，特别是开炉初期
搭棚	炉料表面停止下降或不正常下降；加料口火焰变旺，吹出物增多、增大；风压大幅度波动	炉料块度过大，形状不规则；炉衬不平整或斜度不正确；焦炭、熔剂质量差或杂质多	停风出净铁液和熔渣，用铁棒撞击料层，排除搭棚之后，补加焦炭，以小风量缓慢熔化，待炉况基本正常后，再正常鼓风熔化；当搭棚严重，炉内烧空时，应立即停风打炉；严格控制炉料块度和修炉质量

续表

名称	特　征	产 生 原 因	排除或防止方法
风口见铁、落生	风口发黑，见固态铁料	炉料块度过大；底焦过低，炉温较低；风量过大，炉料下降太快，预热不良	减小风量，降低熔化速度，并补加接力焦，待炉况正常后再正常鼓风熔化；严格备料和配料操作；严格控制风量和底焦高度
出铁口冻结	出铁口被冷铁堵塞，无法正常出铁	出铁口形状不正确，圆柱孔段长，内侧喇叭口太小；前、后炉未烘烤或烘烤不良，铁液温度低；因故停风时未及时出净铁液	用铁钎仔细凿开出铁口，严重时用氧气烧穿；提高出铁口修筑质量；加强烘炉，设法提高炉温；因故停风时及时放净铁液；增大设备用出铁口；开风后先不堵出铁口，放出部分冷铁液

2. 电弧炉熔炼常见故障

电弧炉熔炼常见故障的特征、产生原因以及排除或防止方法见表 4—27。

表 4—27　电弧炉熔炼常见故障

名称	特　征	产生原因	排除或防止方法
炉底烧穿	氧化期金属液长时间沸腾，镁砂不断翻起，正常装入量金属液面下降过多，表明炉底形成深坑，有漏液危险	炉底生坑后，垫补不及时，坑洼逐渐加深扩大；补镁砂时坑洼内残液残渣未清理干净，中间形成假层，不能很好烧结，熔炼温度一高，垫补的镁砂翻起，从而逐渐向下侵蚀；炉料含不溶于金属液的铅，集存在炉底后，逐渐沿炉底缝隙渗透，造成炉底烧穿；吹氧管插入过深，火焰集中于一处，炉底局部过热；熔炼低碳钢和高合金钢时，温度控制不当，引起炉底翻起	向炉中激烈沸腾处加入锰铁，或插铝块，以减弱或抑制沸腾，减少镁砂的翻起，如沸腾被制止，估计能继续熔炼时，应迅速改变品种，加速熔炼，尽快出炉；如不能继续熔炼，估计马上有漏液危险时，应迅速出炉，将金属液移入其他电弧炉或浇成锭块；若炉底急剧变化或发现底部炉壳发红，情况紧急，操作工应当机立断，捅开出液口，将金属液翻入出液坑内，以保全设备，并在出液坑内加入一些钢条吊环，以便吊起废金属；若熔炼中途发生炉底跑液事故，难以挽救，应迅速停电，集中力量维护好倾动设备，并用砂渣保护起来，以防烧坏
渣线或炉坡烧穿	渣线或炉坡损坏严重，相应部位的炉壳要发红或炉壳钢板温度高，变色起鳞皮	上炉渣稠，出炉口小，倾炉速度慢，炉渣不能顺利流出，凝在炉坡上，垫补时残渣未扒净，熔炼温度一旦偏高，镁砂浮起；熔化期吹氧切割炉料火焰靠近炉坡或渣线炉壁，使其局部过热烧坏；金属液温度高，炉渣碱度低，侵蚀而引起烧穿；操作不当，或其他客观原因，造成熔炼时间长，侵蚀严重	不严重时，可用压缩空气强制吹风冷却相应部位的炉壳，采取措施，迅速调整化学成分和温度，尽快出炉；严重时，倒出部分金属液，用镁砂将损坏处修补一层，继续熔炼；如已发生漏液事故，漏液处又在炉身两侧，应立即采取措施，保护两侧倾动机构，防止烧穿

续表

名称	特　征	产生原因	排除或防止方法
炉盖塌落	炉盖耐火砖塌落	砌筑砖缝过大，使用后期厚度减薄，强度不够；电极与水冷圈间缝隙不够，电极不正或氧化物未及时清除卡住，操纵电极升降不当抬垮；氧化期加矿过猛，沸腾激烈，起炉盖不及时而被冲塌；装料前检查不仔细，熔炼过程中塌落	熔炼前，应修复或重换炉盖；在熔炼过程中，如损坏轻微，应尽量热补；发现炉盖中央（三电极孔中心部分）塌下时，氧化期应停电重换炉盖；还原期应立即停电，固定好电极水冷圈，并关闭水冷圈冷进水管，扒出炉中砖块，继续熔炼，迅速出炉
炉门坎跑液	靠假门坎处发生沸腾，并有镁砂翻起；假门坎下侵蚀很深，假门坎变得很薄，并呈松动现象	补炉前，假门坎下残渣包在镁砂下未清理干净，镁砂层被侵蚀后穿透；假门坎修补过薄，熔炼过程中经常搅拌，受炉渣冲击洗刷；炉底炉坡高起，金属液面升高；搅拌操作不当，耙子带坏炉门坎；加入的矿石、萤石、酸性材料积留在炉门坎附近，侵蚀穿透；熔炼时间长，温度高，特别是还原后期采用大电压升温，被高温稀渣侵蚀	炉底和炉坡上涨时应及时洗炉或适当减少装入量；加入铁合金或进行搅拌时，应防止损坏假门坎；经常检查观察，发现假门坎不牢靠时，应及时清理修补，以防突然冲垮跑液；如遇假门坎跑液，应及时将炉身朝出炉口方向倾斜，清理炉渣后，适当整平，用木耙挡住补好，继续熔炼
冷却系统故障	冷却水循环冒气、漏水	水压小或水管局部阻塞；假门坎堵得过高，使金属液面淹及炉门冷却水箱；水管渗漏	熔炼前应仔细检查冷却系统，保证冷却水正常循环，否则应在送电熔炼前处理；电弧炉应依熔池体积而定合理超装，决不可将假门坎堵得过高，引起金属液淹及炉门冷却水箱而烧坏，发生恶性事故；熔炼过程中应经常观察冷却水循环情况，保证水压和水管畅通；漏水时应暂停通电，将水关闭，处理好后，再继续熔炼（此时应对金属液不同熔炼时期进行不同处理）；如发生冷却设备炸裂、吹氧喷枪破裂或吹氧喷枪因钢丝绳折断而掉入金属液中，大量冷却水漏入熔池时，应立即停电，关闭水源，严禁触动金属液，以防爆炸，待金属液凝固、水分蒸发后，再行处理
出炉口跑液	出炉口堵塞物向外鼓出并出现裂缝；填塞物和炉壁间缝隙露出火焰或冒烟	堵塞不牢；炉底和炉坡上涨，或装入量过多，金属液面超出正常渣线，倾斜炉子熔炼；氧化期加矿过猛，激烈沸腾，倾炉角度过大，金属液冲击；出炉口经常受金属液冲刷，残渣侵蚀，因而出炉口炉壁逐渐变薄，如熔炼时间长，金属液温度高，渣稀，更易跑液	炉底和炉坡上涨时应及时洗炉或适当减少装入量；维护好出炉口正常形状；熔炼过程中经常检查出炉口的堵塞情况，发现松动应及时补加填料重堵；氧化期注意倾炉速度，不可过猛，以防金属液冲开出炉口；出炉口被冲开跑液时，如金属液太多，操作不安全，可适当放出部分金属液，然后将炉身向工作门倾斜，趁热清理出炉槽内残渣，重新堵塞出炉口，继续熔炼

四、常用典型造型制芯设备

1. Z145A 造型机

振压式造型机主要用于生产中、小型铸件，Z145A 顶箱振压式造型机是最常见的振压式造型机，其结构如图 4—22 所示。Z145A 造型机是利用振击附加压实来紧实型砂的，通过顶箱去程起模机构进行起模，砂箱内腔尺寸最大为500 mm×400 mm，最小为355 mm×280 mm。

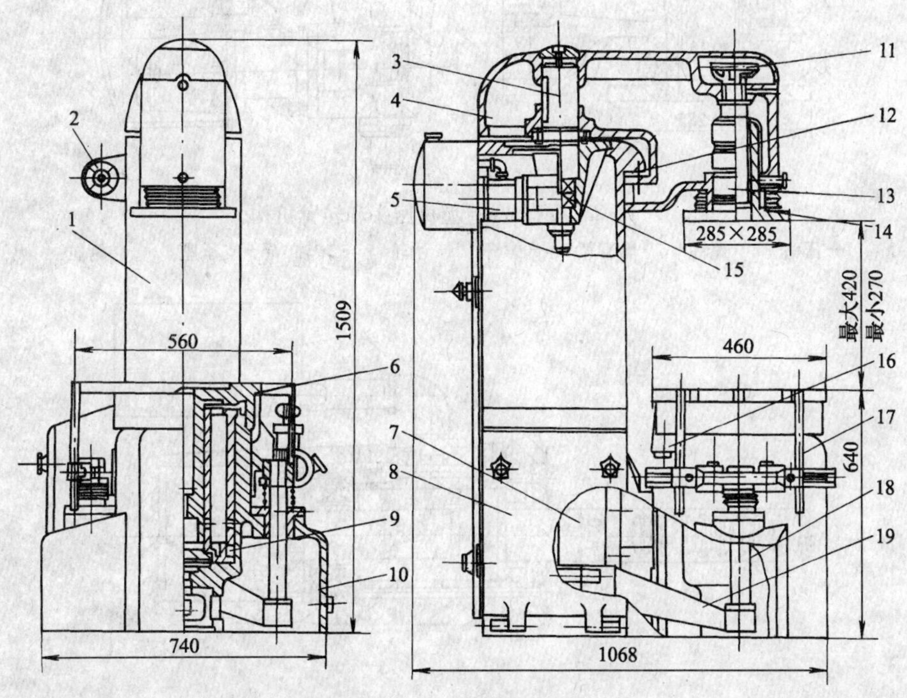

图 4—22　Z145A 造型机结构图

1—机身　2—按压阀　3—中心轴　4—转臂梁　5—转臂缸　6—工作台　7—起模油缸　8—侧门　9—振击缸　10—底座　11—手轮　12—斜铁　13—螺杆　14—压头　15—齿条　16—振动器　17—起模顶杆　18—导向杆　19—起模架

(1) Z145A 造型机的结构及原理

主要机构有压头和转臂机构、起模机构、振压机构及各种控制阀。

1) 压头和转臂　Z145A 造型机的压头为转臂式。转臂和机身都是箱形结构（如图 4—23 所示），转臂可以绕中心轴旋转。为了适应不同高度的砂箱或模板，压头在转臂上的高度可以调整，其具体调整方法是：松开锁紧螺钉，转动手轮，即可把压头调整到所需的高度。

转臂由转臂缸驱动，其结构如图 4—24 所示。气缸带动齿条推动转轴上的齿轮，使转臂转动。为了在转动终了时让转臂平稳停止，避免冲击，在气缸前面串联了一个阻尼油缸，当转臂转到接近最后 20°时，阻尼油缸上一部分油孔被堵死，油对运动产生阻力，使转臂缓慢停止，达到缓冲目的。

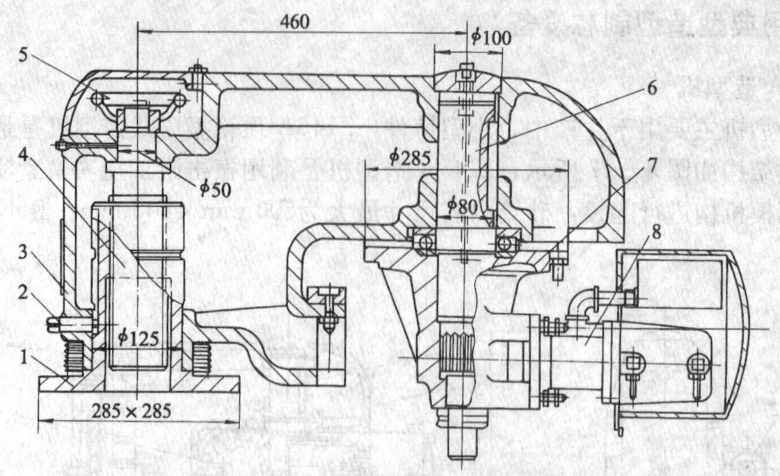

图 4—23　Z145A 造型机压头和转臂机构

1—压头　2—螺钉　3—转臂梁　4—螺杆　5—手轮　6—转轴　7—支承座　8—转臂缸

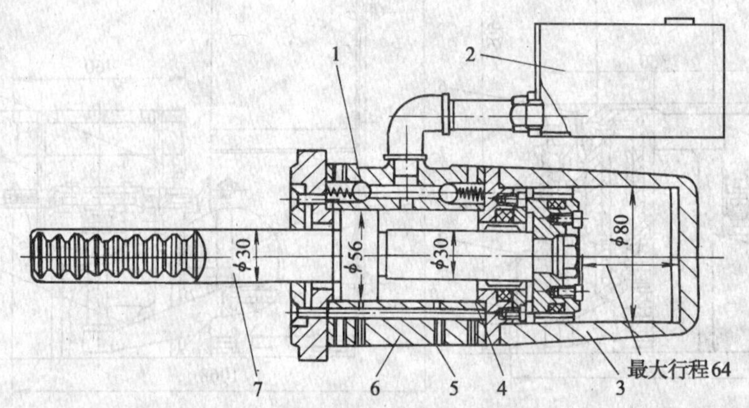

图 4—24　Z145A 造型机转臂缸

1—钢球　2—高位油箱　3—气缸　4—阻尼油孔　5—圆销　6—阻尼油缸　7—活塞杆及齿条

2）起模机构　Z145A 造型机采用顶杆法起模。在工作台（见图 4—22）的 4 个角上，分别有 4 根起模顶杆，起模顶杆的位置可以根据砂箱的大小进行调节，其调节装置如图 4—25 所示。具体调节方法是：松开螺钉，使顶杆支架借助外支架绕轴转动，从而调整 4 根顶杆间的距离。

为了保证起模平稳，采用气压油驱动，其结构如图 4—26 所示。空气由进气孔进入起模缸，作用在缸内的油液上，油流通过节流阀的小孔进入下面的油缸，推动起模缸向上运动，因此起模速度十分平稳，起模的速度可通过节流阀调节。

3）振压机构　振压机构由振击活塞、振击气缸等组成，如图 4—27 所示。振击时，压缩空气由振击活塞中心的 ϕ6 mm振击进气通道进入气缸，使活塞上升。活塞上升一段距离后，将气缸壁上的排气孔打开，由于排气孔比进气孔大得多，压缩空气迅速排出，缸内气压降低，活塞靠惯性再上升一段距离，然后下落直到发生撞击，如此不断循环。压实时，压缩空气从压实进、排气孔进入压实气缸，使压实活塞上升，压头进行压实，排气时压实活塞复位。

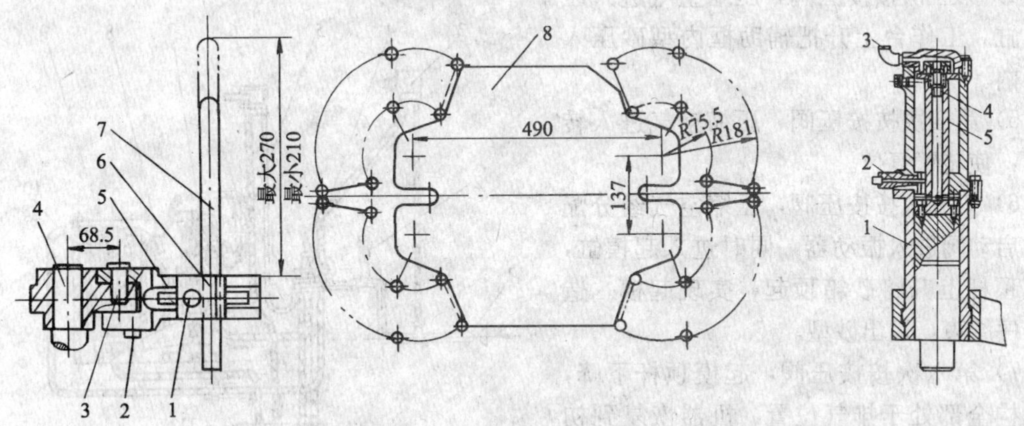

图 4—25 Z145A 造型机顶杆调节装置

1—螺钉 2—固定螺钉 3—轴

4—起模导杆 5—外支架 6—顶杆支架

7—起模顶杆 8—工作台

图 4—26 Z145A 造型机起模缸

1—起模缸 2—节流阀

3—进气孔 4—单向阀

5—心杆

4）管路控制系统 Z145A 造型机的控制管路如图 4—28 所示。压缩空气由总截止阀进入，经油雾器进入分配阀，再由分配阀依次接向各动力缸及气缸。分配阀的动作由按压阀控制。每按一次按压阀，依次完成以下动作：振击；转臂前转，压头转至工作位置；压实；转臂旁转，压头移开；起模；起模架下落，机器恢复至原始位置。

Z145A 振压造型机的气控系统，应用专用的分配阀集中顺序控制，比用几个通用阀控制结构紧凑，在按顺序操作时，比较方便。

(2) Z145A 造型机的使用方法

接通总风管，压缩空气进入分配阀和按压阀，使机器处于待机状态。具体操作过程如下：

1）将模板安装在工作台上，放好砂箱，填满型砂，准备振击。

2）先按按压阀，压缩空气由分配阀进入振击气缸，使其振动，振击结束后，将砂箱上部的型砂摊平。

3）第二次按按压阀，振实结束，分配阀与转臂缸接通，转臂转至工作位置。

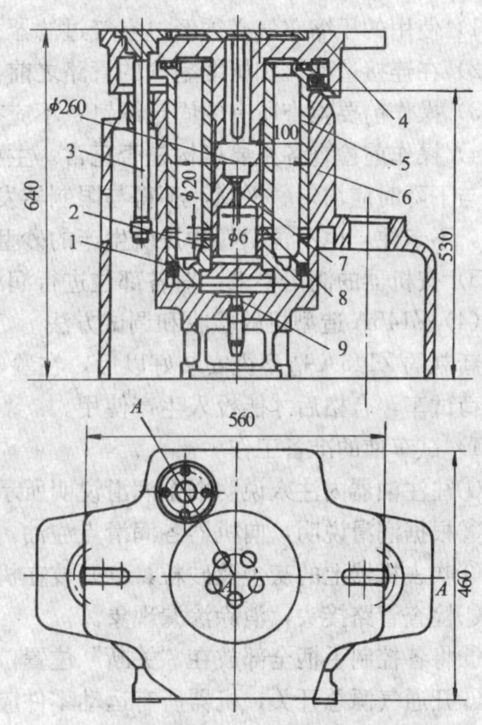

图 4—27 Z145A 造型机振压机构

1—V 形密封圈 2—活塞环 3—导向杆

4—振击活塞（工作台） 5—振击气缸（压实活塞）

6—压实气缸 7—振击进气通道

8—排气孔 9—压实进、排气孔

4）第三次按按压阀，压缩空气进入压实气缸，工作台上升把辅助框内型砂压入砂箱内。

5）第四次按按压阀，压缩空气进入转臂缸，使转臂复位。

6）第五次按按压阀，压缩空气经分配阀、启动阀进入振动器，同时进入起模缸，起模顶杆上升将砂箱顶起，实现起模。造型工序结束，运出砂型。

7）第六次按按压阀，起模顶杆下降，各机构全部处于排气位置，机器恢复到初始工作位置。

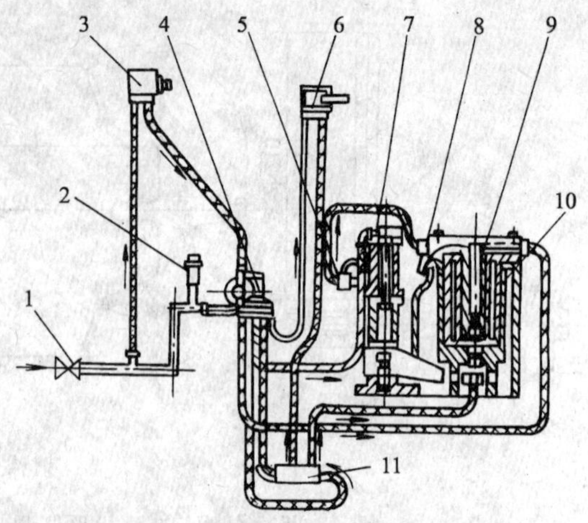

图4—28　Z145A造型机管路控制系统

1—截止阀　2—油雾器　3—按压阀　4—分配阀　5—启动阀　6—转臂缸　7—起模缸　8—振动器　9—工作台　10—压实活塞　11—换向阀

(3) Z145A造型机的维护保养

由于Z145A造型机工作时，振动噪声大，粉尘多，机件容易磨损发生故障，因此必须进行经常性的维护和保养，其具体方法如下：

1）使用的压缩空气必须经过空气过滤器去除水分。

2）在连接造型机和压缩空气的管路之前，要彻底清除管路内的锈蚀、砂粒及灰尘等。

3）操作前要检查所有的固定螺钉，不应有松动现象。

4）操作前检查各主要机构是否正常。主要检查振击机构；压实机构，要求压实活塞在上升与下降时应均匀、平稳，不得与限制器发生撞击；起模机构，要求起模架上升和下降应平稳，不卡住，也不歪斜，并按所生产的砂型大小调节起模顶杆的位置。

5）按机器的润滑要求，对各部位进行润滑。

(4) Z145A造型机的验收和调试方法

新制的Z145A造型机安装好以后，在验收时，需按下述验收技术条件进行空运转试车和负荷试车，合格后才能投入生产使用。

1）试车前的准备工作

①往注油器内注入说明书中润滑说明所示牌号的润滑油。

②根据润滑说明，向机器各润滑点注油。

③吹去机器上的灰尘及砂粒，拿开放在机器上的工具、物件。

④检查管路接头，消除渗漏现象。

⑤将各控制手柄全部放在“关断”位置。

⑥开通气源总开关，机器所有运动零件应处于初始状态。

2）空运转试车

①振击台未振击前应检查各紧固连接部分，不应有松动。

②振击活塞在振击过程中，声音应清脆、平稳、有力。每次振击后，检查紧固连接部分，不应有松动现象。

③在振击台四角及中心处撒一些砂粒，在振击过程中不允许砂粒向同一方向移动。

④在振击台四角及中心处放一五分硬币，在振击过程中，硬币必须贴在台面上，不允许有跳动和显著的移动。

⑤压实活塞应平稳地上升和下降，动作应灵活可靠，最大行程应为 150 mm。

⑥压头回转应平稳、灵活，压头在合入和离开时应有良好的缓冲，不应有撞击现象。

⑦控制压头往返运动的开关阀应灵活可靠。

⑧顶杆要同步、平稳地上升和下降，不卡阻，不歪斜。

⑨起模缸应平稳地上下，导向杆不应出现卡死现象，起模初始和终了时动作应缓慢。

⑩起模缸的最大行程应为 150 mm。

3）负荷试车　当压力稳定后，机器在 1 600 N负荷和 0.6 MPa气压下工作时，应检验：

①振击台在振击过程中，应平稳、灵活，声音应清脆有力，并无撞击现象。

②在负荷 1 600 N时的振击高度应为 35～40 mm，振击频率应大于 200 次/min。

③压实活塞和起模缸应平稳上升和下降，起模初始和终了时动作应缓慢。

④机器所造砂型满足工艺要求后，连续造 3～5 个型，质量应稳定一致。

⑤标准型砂造型后（连续制 3 个砂型），其分型面的平均硬度不应低于 HBS70。

（5）液压系统故障的判断与排除

1）液压系统故障预兆　液压系统产生故障前往往有振动、噪声、冲击、爬行、污染、气穴、泄漏等预兆。

①振动　液压系统出现的振动形式，主要呈强迫振动与自激振动两种。强迫振动是由油泵等的流量脉动引起的；自激振动比较少，它是由液压传动系统中的压力、流量、作用力和质量等参数互相作用而产生的。

②噪声　引起噪声的原因往往是液压泵或电动机的质量不好，空气进入液压系统，流体对阀体壁有冲击，阀的动作造成压力差很大的两个油路连接时产生液压冲击，机械系统振动引起噪声。

③液压冲击　由于液压元件灵敏度不高，快速转向或突然关闭各种阀时，在示波器上显示瞬间压力值增至最大。

④爬行　低速运动时出现的时断时续的速度不均现象，产生的原因往往是润滑条件不好、空气侵入液压系统、机械刚性太低、液压系统脉动较大或压力过低。

⑤污染　流体中混入砂粒、粉尘或过滤材料损坏、油液变质等引起油的污染。

⑥气穴　油中混有过量空气，造成油液不连续。

⑦气蚀　气穴发生后要产生局部液压冲击，将质点的动能转变为位能或热能，加剧金属壁的氧化腐蚀现象。

⑧泄漏　密封不好造成泄漏。

2）排除方法　发现上述现象以后，要针对产生原因采取措施并进行改进，除了进行检修或改进设计以外，操作上主要注意以下各点：

①保持环境卫生，工作场地要每天打扫，以免型砂、粉尘等进入液压系统，不密封的地方要及时密封好。

②开动换向阀时，速度不能过快，以免产生液压冲击。

③要经常检查油箱的油位，以免产生气穴或爬行。

④经常检查润滑及密封，尽量减少摩擦力，导轨要常加油。

2. Z8612B 热芯盒射芯机

Z8612B 热芯盒射芯机，适用于制造 12 kg 以下、简单和中等复杂的型芯，生产率高，质量容易保证，应用非常广泛。

(1) Z8612B 热芯盒射芯机的结构

其结构如图 4—29 所示。最上部是一个电动振动供砂斗。供砂斗的底呈 7°倾斜，由振动电动机带动，安放在 4 个橡胶减振垫上。砂斗前面是一有机玻璃罩，用以观察砂斗内的存砂量及供砂是否通畅。

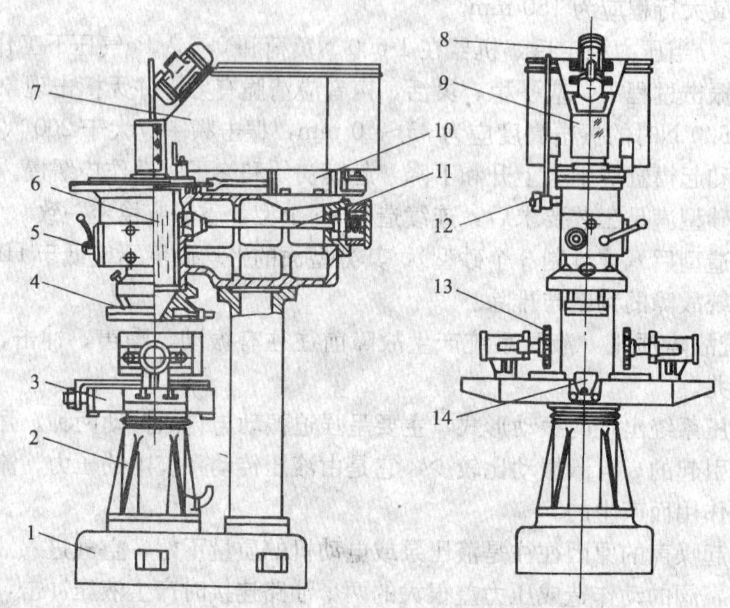

图 4—29 Z8612B 型热芯盒射芯机的结构

1—底座 2—升降缸 3—工作台 4—水冷射头 5—操纵阀 6—射砂筒 7—供砂斗
8—振动电动机 9—有机玻璃罩 10—闸板动力气缸 11—射砂阀控制气缸
12—排气阀 13—加热扳 14—气动拖板

供砂装置下面是射砂机构，如图 4—30 所示。射砂机构由闸板、射砂腔、射砂筒、射砂阀、快速排气阀、射头及贮气缸等部分组成。

射砂前，闸板气缸前伸，打开加砂口。芯砂贮在机器上面的砂斗中，用振动给料器或带式输送机通过闸板上的加砂口送入射砂筒。装至预定量后，关闭闸板。把准备好的芯盒紧压在射砂头的射孔下面，同时在闸板密封圈下通入压缩空气，使闸板密封后，方可进行射砂。射砂时，打开进气阀，压缩空气由贮气包经过进气阀进入射砂腔，通过射砂筒顶部以及射砂筒壁上的缝隙迅速进入射砂筒，进行射砂。射砂在很短时间内完成，并立即关闭进气阀，紧接着打开快速排气阀，将射砂腔内残留的压缩空气排出，然后使芯盒下降并将闸板打开。工作时必须注意这一操作顺序，否则，射砂腔内残留的高压空气喷出，会造成巨大的噪声和喷砂现象。

工作台上有两个芯盒夹紧缸，分别装有两块加热板，两半芯盒装在加热板上。夹紧缸在工作台上的位置可以调节，以适应不同大小的芯盒。工作台中间有一气动拖板，可把制好的型芯拖到机器的前方，便于取走。对于中空型芯，可将型棒装在拖板上，如图 4—31 所示。

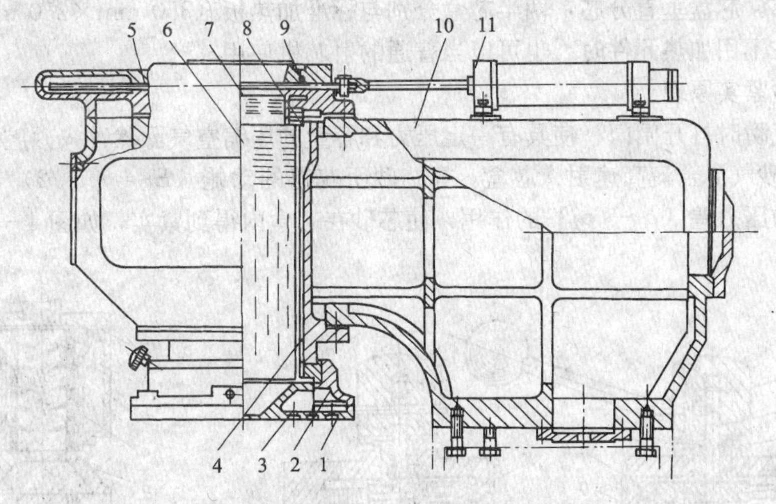

图 4—30　射砂机构

1—射砂头底板　2—射砂头壳体　3—排气孔　4—射砂腔　5—闸板　6—射砂筒

7—助射筒　8—环形薄膜进气阀　9—闸板密封圈　10—横梁　11—闸板气缸

升降缸的结构如图 4—32 所示，其作用是将芯盒及工作台升起并压紧在射砂头下。这是一个单向的柱塞气缸，用设在缸内的滑块导向限位，结构比较紧凑。

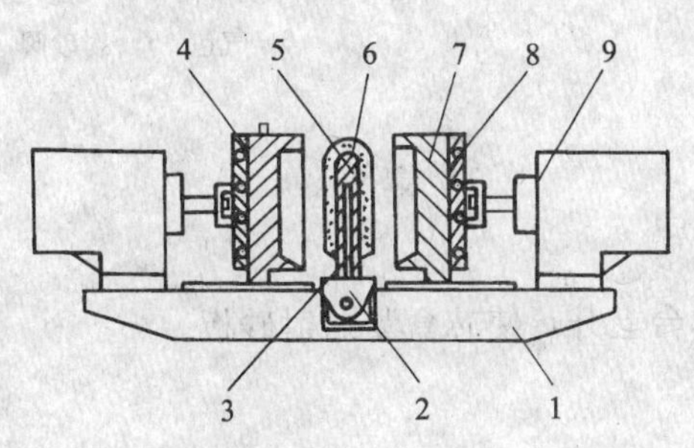

图 4—31　热芯盒在工作台上的安放情况

1—工作台　2—气动拖板　3—电热棒　4、8—加热板

5—芯棒　6—型芯　7—芯盒　9—夹紧缸

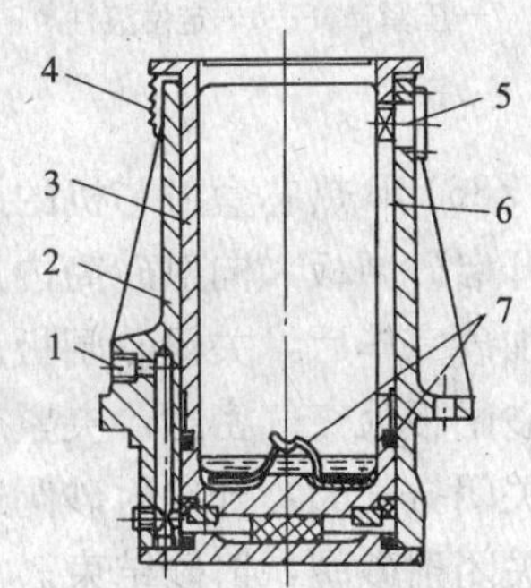

图 4—32　Z8612B 射芯机的升降缸

1—进、排气孔　2—气缸　3—活塞

4—折叠防尘罩　5—导向限位滑块

6—导槽　7—润滑棉绳

Z8612B 射芯机采用六位的手动操纵阀集中控制各个动作。操纵阀的结构如图 4—33 所示。在前、后阀盖的中间有一个开有长圆形沟槽的滑块，用手柄转动滑块，经过 6 个工作位置。后阀盖上有 9 个孔，其中一个孔与大气相通，其余的孔分别通往各气缸及气阀。转动滑块可使 9 个孔中的某些孔与气源相通，而某些气孔与大气相通，分别控制射芯机的各个气缸或气阀。6 个工位分别是：静止位置；闸板开启并加砂；拖板移入；芯盒夹紧；工作台上升，闸板密封；射砂，同时排气阀封住。

Z8612B 热芯盒射芯机主要用于制造质量≤12 kg，芯盒截面积≤400 mm×400 mm的实心或中空型芯。芯盒垂直分芯，两半芯盒分别与标准加热板（350 mm×230 mm）固定。热芯盒射芯机在不用加热元件时，也可以当普通的射芯机使用。

（2）射砂紧实原理

压缩空气瞬时打开闸门，使具有一定压力和容量的压缩空气骤然冲入砂腔（储砂筒或储砂头），形成砂气混合流高速射入芯盒。靠芯砂所获得的动能（$E_K = mv^2/2$）和芯盒内砂层之间所形成的压力差（$p_1 - p_2$）的作用，使芯砂在芯盒内得到紧实，如图 4—34 所示。

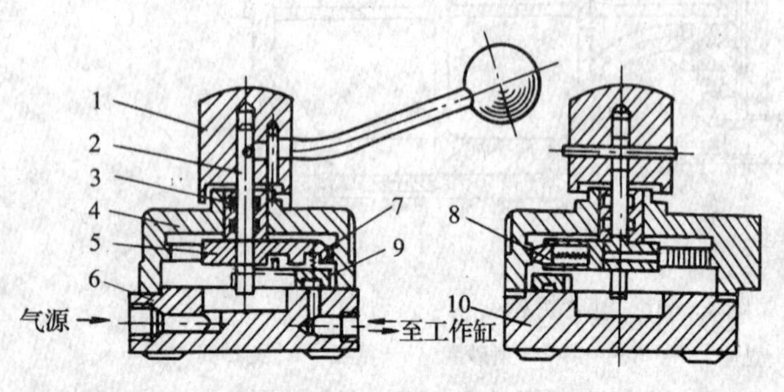

图 4—33　Z8612B 射芯机的操纵阀

1—轴帽　2—心轴　3—轴套　4—前阀盖　5—阀瓣　6—垫片　7—压紧弹簧　8—定位滚柱　9—滑块　10—后阀盖

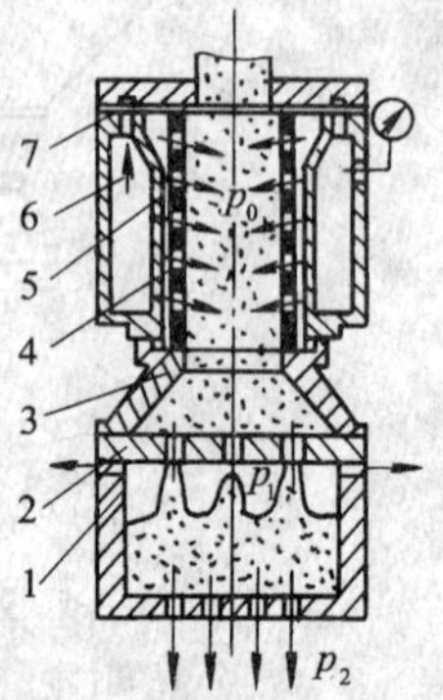

图 4—34　射砂紧实原理图

1—芯盒　2—射砂板　3—射砂头　4—射砂筒　5—射砂腔　6—气包　7—射砂阀

（3）Z8612B 热芯盒射芯机的操作方法

1）开启砂闸板，向射砂筒内加砂。

2）加砂完毕后，关闭砂闸板。

3）砂闸板处充气密封，夹紧芯盒，工作台上升，使芯盒紧贴射砂板。

4）关闭排气阀，开启射砂阀进行射砂。

5）关闭射砂阀，射砂结束。

6）开启排气阀，工作台下降。

7）加热芯盒后，松开芯盒夹紧装置，取出型芯。

（4）Z8612B 热芯盒射芯机的维护保养

针对 Z8612B 射芯机的工作特点，需要对其进行如下的维护和保养：

1）安放和清理芯盒时，总操纵阀手柄应处于“O”位。

2）机器的全部摩擦部分和油槽应定期清洗，更换新的润滑油。

3）经常检查各阀门的密封性是否良好，及时消除管接头处的漏气现象，并供应干燥的、洁净的压缩空气。

4）经常检查机器所有的固定螺钉是否松动，易损件要定期更换。射砂板的循环冷却水要保证畅通。

5）工作完毕后，要仔细清除射芯机内、外各部分残留的芯砂。

第五章 工件铸造

第一节 造型制芯

造型制芯方法多种多样，当工艺制定后，我们就要按照工艺所规定的造型制芯方法进行认真操作，并要熟练掌握有关造型制芯方法的操作技巧。

一、造型制芯工艺知识

1. 优先采用湿砂型

当湿砂型不能满足要求时再考虑使用表干砂型、干砂型或其他砂型。在考虑应用湿砂型时应注意以下几种情况：

（1）铸件过高，金属静压力超过湿砂型的抗压强度时，应考虑使用干砂型或自硬砂型等。

要具体分析：如果铸件壁薄，虽然铸件很高大，但出现胀砂、粘砂、跑火的倾向小，可以把此限制适当放宽。因为在浇注结束前，金属静压力尚未达到最高值时，铸件下部表面上已凝结一层金属壳。此外，采用优质钠膨润土型砂或活化膨润土型砂，其砂型湿压强度较高，为铸造较高大的铸件创造了条件。

（2）铸件在浇注位置上有较大水平壁时，用湿砂型容易引起夹砂缺陷，应考虑使用其他砂型。

（3）造型过程长或需长时间等待浇注的砂型不宜用湿砂型。例如在铸件复杂、型芯多、下芯时间长且铸件尺寸大等条件下，湿砂型放置过久会风干，使表面强度降低，易出现冲砂缺陷。因此，湿砂型一般应在当天浇注。如需次日浇注，应将造好的上、下半型空合箱，防止水分散失，于次日浇注前开箱、下芯，再合箱浇注。更长的过程应考虑用其他砂型。

（4）型内放置冷铁较多时，应避免使用湿砂型。如果湿砂型内有冷铁，冷铁应事先预热，放入型内要及时合箱浇注，以免冷铁生锈或变冷而凝结“水珠”，浇注后引起气孔缺陷。

认为湿砂型不可靠时，可考虑使用表干砂型，砂型只进行表面烘干，根据铸件大小及壁厚，烘干深度在15～80 mm。它具有湿砂型的许多优点，而在性能上却比湿砂型好，减少了气孔、冲砂、胀砂、夹砂的倾向。多用于手工或机器造型的中、大型铸件。

对于大型铸件，可以应用树脂自硬砂型、水玻璃砂型以及黏土干砂型。用树脂自硬砂型可以获得尺寸精确、表面光滑的铸件，但成本较高。

2. 造型制芯方法应和生产批量相适应

大批量生产的工厂应创造条件采用技术先进的造型制芯方法。老式的振击式或振压式造型机生产线生产率不高，工人劳动强度大，噪声大，不适应大批量生产的要求，应逐步加以改造。对于小型铸件，可以采用水平分型或垂直分型的无箱高压造型机生产线、实型造型线，生产效率高，占地面积也少，对于中型铸件可选用各种有箱高压造型机生产线、气冲造型线。为适应快速、高精度造型生产线的要求，制芯方法可选用冷芯盒、热芯盒及壳芯等制芯方法。中等批量的大型铸件可以考虑应用树脂自硬砂造型和制芯、抛砂造型等。单件小批量生产的重型铸件，手工造型仍是重要的方法，它能适应各种复杂的要求，比较灵活，不要求很多工艺装备，可以应用水玻璃砂型、VRH 法水玻璃砂型、有机脂水玻璃自硬砂型、黏土干砂型、树脂自硬砂型及水泥砂型等。对于单件生产的重型铸件，采用地坑造型法成本低，投产快。批量生产或长期生产的定型产品采用多箱造型、劈箱造型法比较适宜，虽然模具、砂箱等开始投资高，但可从节约造型工时、提高产品质量方面得到补偿。

3. 造型方法应适合工厂条件

如有的工厂生产大型机床床身等铸件，多采用组芯造型法，着重考虑设计、制造芯盒的通用化问题，不制作模样和砂箱，在地坑中组芯。而另外的工厂则采用砂箱造型法，制作模样。不同工厂的生产条件、生产习惯、所积累的经验各不一样，造型方法也有所不同。如果车间内吊车的吨位小、烘干炉也小，而需要制作大型铸件时，用组芯造型法是行之有效的。

每个铸工车间只有很少的几种造型制芯方法，所选择的方法应切合现场实际条件。

4. 要兼顾铸件的精度要求和成本

各种造型制芯方法所获得的铸件精度不同，初投资和生产率也不一致，最终的经济效益也有差异。因此，要做到多、快、好、省，就应当兼顾到各个方面。应对所选用的造型方法进行初步的成本估算，以确定经济效益高又能保证铸件要求的造型制芯方法。

二、制芯方法

1. 型芯的基本知识

型芯的制作主要考虑的问题是：如果采用热芯盒、壳芯或冷芯盒法制芯，主要考虑选用什么型号的射芯机及如何顺利地射紧、硬化等；如果用手工制芯，着重考虑填砂、舂实、烘干、吊运、通气等问题。目的是使制芯、下芯方便，铸件内腔尺寸准确，能避免铸件产生气孔等缺陷，芯盒结构简单，舂砂起模方便，型芯放置平稳，不易变形，浇注后便于清砂等。

（1）芯头的作用

固定型芯，使型芯在铸型中有准确的位置，能够承受型芯本身的重力及浇注时金属液对型芯的浮力，能够使型芯中产生的气体通过芯头顺利地排到铸型以外。

1）芯头斜度　垂直芯头的上、下芯头都有一定的斜度。水平芯头一般不留斜度，但芯座却一定要留有端面斜度，且上半芯座的端面斜度大于下半芯座的端面斜度。留斜度的作用是便于型芯装配及合型。

2）芯头间隙　上芯头与芯座之间留有侧面间隙和顶面间隙，下芯头与芯座之间只留有侧面间隙。水平芯头的上侧和端面均留有间隙。

3）芯头上的其他结构　对于定位要求严格或下芯时容易搞错方位的型芯，芯头上做有定位结构，能有效地防止型芯转动和水平型芯的移动。有的型芯上设计有压环、防压环、集砂槽结构。压环的作用是防止浇注时金属液钻入气孔，它多用于机械化湿砂型生产中；防压环是为了防止下芯与合型时芯头压坏芯座；集砂槽的作用是为防止芯座中积砂影响下芯精度。

（2）芯骨的作用

1）增加型芯强度和刚度　型芯翻转、烘干、下芯时需要多次吊运，会引起型芯变形或断裂。浇注时在高温金属液的温度和浮力作用下，型芯可能会垮塌。因此，为了型芯能抵抗上述外力的作用，应在型芯中放置芯骨，增强型芯的强度和刚度。

2）便于型芯吊运　小型型芯搬运起来轻巧方便，不需要在芯骨上设置吊环装置。对于质量大的大、中型型芯，就要在芯骨上预设吊环装置，以便于起吊和搬运。

3）便于固定型芯　有的铸件为了保证质量，采用吊芯造型，利用螺杆一头钩住芯骨，另一头固定于箱带上。有的型芯在金属液浮力和冲击力的作用下会移动，也要用铁丝或螺杆将其固定在箱带上。悬臂芯采用加长芯骨的方法与箱壁相连而固定。

4）型芯排气通畅　采用铁管制成的芯骨在管壁上钻有大量小孔，型芯产生的气体通过管壁小孔进入管道而排出铸型。

（3）对型芯的基本要求

型芯是铸型的重要组成部分，型芯大部分表面被高温金属液所包围，因此型芯必须具备下列基本要求：

1）型芯应比砂型具有更高的强度　型芯在制造过程中要起模、修补、翻转、吊运，它必须有一定的湿强度和干强度。型芯置于铸型中，要承受自身重力、金属液的浮力和冲击力的作用，因此它不仅要具有好的低温强度，而且要具有好的高温强度。

2）型芯应比砂型具有更低的吸湿性和发气性　型芯在高温金属液的热作用下，会使水分蒸发产生大量的气体，而型芯的排气方向和排气总面积受到限制，一般只能从芯头排气，因此极有可能使铸件产生气孔，导致铸件报废。所以，要求型芯具有低的吸湿性和低的发气性，才能保证铸件质量。

3）型芯应比砂型具有更好的透气性　由于型芯的排气方向和排气面积受到限制，因此要求型芯具有良好的透气性，加快型芯的排气速度。在小型弯曲的型芯通气道内放置蜡线，在大型型芯的中心部位放焦炭块或砖块等，在芯砂中加入木屑，都能提高型芯的透气性。

4）型芯应比砂型具有更好的退让性和溃散性　铸型浇注后，随着金属温度的下降，铸件要收缩，这时就要求型芯在铸件收缩过程中能够自行退让而不至阻碍收缩，因此要求型芯具有好的退让性。另外，铸件冷却后，型芯被铸件包覆，清砂困难，如果型芯的溃散性好，可以大大减轻清砂劳动强度，提高清砂质量和清砂效率。

2．手工制芯的操作要点

（1）保持芯盒内腔干净，这是型芯达到良好表面质量的关键。因此，必须经常用柴油等清洗剂喷刷芯盒型腔，喷刷后还要吹干净。

（2）活块座与活块间的配合要好，保持其清洁，制芯时不得有残余砂，并注意防止磨损。

（3）在填砂紧实时，各处紧实度要均匀，特别注意局部薄弱部位和深凹处的紧实度。

（4）正确使用紧实工具。如用木锤、捣固机紧实时，不得舂在芯盒体上，以防损坏芯盒。

（5）在设置通气道时，所设置的通气道与芯头出气孔相通，通气道不得开设在型腔上。

（6）安放芯骨时，一要注意芯骨周围用砂塞紧，二要注意吃砂量不得过小。

3. 刮板制芯的操作方法

手工制芯分为芯盒制芯和刮板制芯两种。这里介绍一种叫旋转刮板制芯的方法。

刮板制芯分为旋转刮板制芯和导向刮板制芯两种。旋转刮板制芯可以刮制等截面和不等截面回转体整体型芯，导向刮板除了能刮制等截面回转体或半边不等截面回转体型芯外，还可以刮制等截面的异形截面型芯。

卧式旋转刮板制芯的典型例子如图 5—1 所示。型芯直径为300 mm，型芯长度为1 600 mm，钢管直径为150 mm，旋转刮板工作边至钢管表面距离为75 mm。刮制该型芯的操作方法如下：

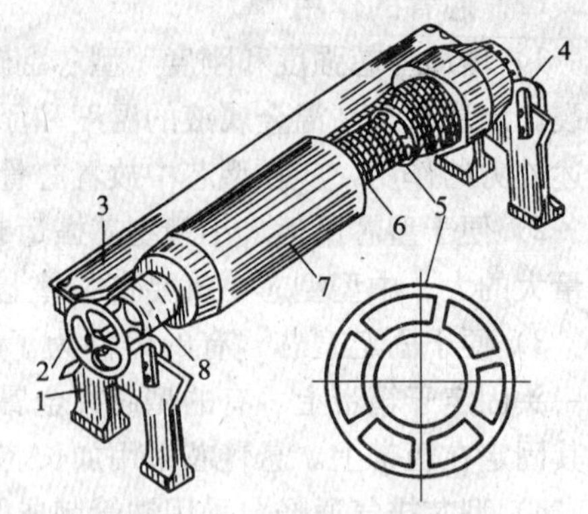

图 5—1　卧式旋转刮板造芯

1—机架　2—手轮　3—旋转刮板　4—滚轮　5—铁锄圈　6—草绳　7—型芯　8—铁管

(1) 安装芯骨

按照型芯长度、质量、吃砂量选好钢管直径和长度，钢管长度一般要大于型芯长度200～400 mm。在钢管上钻许多小孔，并在钢管上绕草绳的起始位置和终止位置，以及中间几个适当位置套上几圈铁箍或铁锄圈，以增加型芯的强度和刚性，用斜铁塞紧。铁箍或铁锄圈内径大于钢管直径 20 mm，外径小于型芯 20 mm为宜。将制备好的钢管安装在旋转刮板架上，钢管质量由辊轮支承，转动手轮轴装入钢管内并紧固好。调整旋转刮板，旋转刮板口距离小于型芯半径 5 mm。如果旋转刮板太长，可以在旋转刮板中间加设几处木板支撑与地面撑牢。

(2) 绕制草绳

根据型芯直径取草绳外的型芯吃砂量为 15～80 mm。这里根据型芯直径为 300 mm，取吃砂量为 40 mm，草绳缠绕厚度为 35 mm。把草绳缚于铁锄圈上，转动钢管开始绕绳，边绕边用手锤敲击，使草绳紧密靠拢。如果钢管上套有几处铁锄圈，则要分段绕制草绳。当草绳绕到指定直径后，将绳头钉牢于绳层上，割去余绳，烧掉绳毛头，然后在草绳表面插上许多铁钉，钉头距旋转刮板口 5 mm 为宜，如果型芯太小，可以不插铁钉。

(3) 刮制型芯

在草绳和铁钉表面敷上一层约 10 mm 厚的烂砂泥（稀的芯砂），然后敷上芯砂并舂实，边敷、边舂、边刮，直到刮整齐为止。将旋转刮板口收拾干净，调整旋转刮板口距型芯半径的位置，使旋转刮板口与型芯之间有 5 mm 左右的间隙。在旋转刮板面上加放拦砂板，在粗刮好的型芯表面上边喷水、边抹烂泥、边刮、边收拾旋转刮板上的烂泥。喷水要少而匀，刮烂泥时间要越短越好，以免型芯层吸水过量。烂泥刮上后，型芯表面光滑整齐，尺寸准确，一般不需要修整。

(4) 上涂料、烘干

拆去旋转刮板，待型芯表面水分略干一些后，刷上涂料，堵好钢管两端，在旋转刮板架下生火烘烤或喷焰烘烤，边烘边转动型芯，使烘烤受热均匀，达到型芯面层脱水即可。

三、造型方法

1. 假箱造型操作方法

假箱造型的特点是造型前先做一个特制的假箱，代替造型的模底板，使铸模上的“凸点”处于分型面处。假箱只是代替模底板用于造型，而不用来浇注铸件。这种利用预先制备好的半个铸型简化造型操作的方法叫做假箱造型。以如图 5—2 所示的手轮铸件为例，说明假箱造型方法。因为手轮的轮缘是断面为圆形的环状铸件，为了起模方便，将分型面选在圆环的凸点位置，即圆环的水平最大、最小直径处。

假箱造型的方法及过程是：先在平板上舂好一个平箱，刮平顶面，翻转砂箱，将砂型中心区表面的型砂划松一层，填上型砂并舂制一个砂胎，如图 5—2a 所示。放上模样并轻轻敲下，用型砂将模样下方塞紧，使模样的凸点位于砂胎的顶面。然后沿着模样的内外凸点（即分型面）修出一个圆台形砂胎，这样假箱便制好了，如图 5—2b 所示。在分型面上均匀地撒上一薄层无黏结剂的细硅砂作为分型砂，安放下砂箱于假箱上，填砂舂制好下型，刮平顶面，如图 5—2c 所示。将下型连同假箱一起翻转过来，移去假箱，模样便留在下型上，撒少量的细硅砂作为分型砂，将上砂箱安放在下型上面，安放好直浇道模样以及冒口模样（冒口模样要根据需要确定是否安放），如图 5—2d 所示，填型砂并舂实上型，刮平顶面，扎好出气孔，打好合型号，拔去浇口棒（直浇道模样），翻开上型，取出模样，修型后上涂料（干砂型）或撒石墨粉（铸铁湿砂型）。

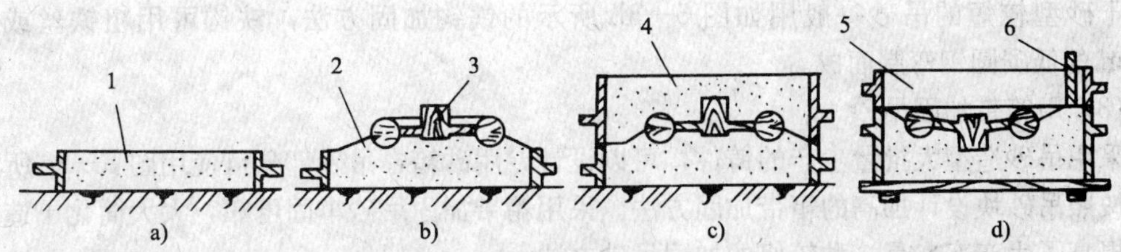

图 5—2　假箱造型过程

a）舂平箱　b）造假箱　c）造下型　d）翻转下型后造上型

1—平箱　2—分型面　3—模样　4—下型　5—上型　6—浇口棒

假箱作为模板或胎具对模样的薄弱环节具有保护作用，并且减少了分型面不平整的实模造型的挖砂、修型操作。假箱可用强度较高的型砂制作，可供多次反复使用。因此假箱造型效率很高，而且造型质量较好。

2. 吊砂造型操作方法

铸型中凸起的砂块如在下型上，叫自带型芯；凸起的砂块在上型则叫吊砂。吊砂处于悬吊状态，在吊砂自重或外力作用下都很容易损坏。因此，吊砂的下吊长度稍大些就要考虑加固，吊砂加固方法有以下几种（如图 5—3 所示）。

(1) 用木片加固吊砂

湿砂型较小的吊砂块可以采用图 5—3a 的木片加固方法，木片的下半部在吊砂内，上半部在分型面以上的砂型中，借助木片与型砂之间的摩擦力把吊砂拉住。要求木片在上型中有较大的长度，木片应扁而薄，以增加木片与型砂的接触面积，增大摩擦力。当吊砂质量偏大时，可将木片紧贴箱带，并用另外的木片将吊砂木片挤紧在箱带上，使其不至下滑。木片与型腔表面之间的距离应保持在 15 mm 左右为宜。距表面太近，浇注时易燃烧而产生大量气体，使铸件产生气孔；距离过远则使加固吊砂的作用减弱。

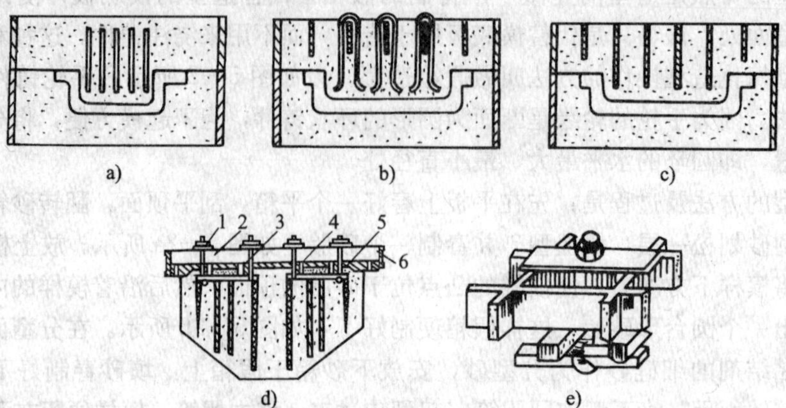

图 5—3 吊砂加固方法

a）用木片加固 b）用铁钩加固 c）用特制箱带加固 d）用吊砂骨架加固 e）紧固吊砂骨架加固

1—压板 2—箱带 3—带钩螺栓 4—垫铁 5—骨架 6—砂箱

干砂型吊砂不能用木片加固，因烘干砂型时木片会燃烧而失去对吊砂的加固作用。

（2）用铁钩加固吊砂

干砂型较短的吊砂一般用如图 5—3b 所示的铁钩加固方法，铁钩可用粗铁丝或ϕ5～ϕ8 mm 的低碳圆钢弯制而成。

（3）用箱带加固吊砂

采用吊砂造型大批量生产的铸件，可以设计专用砂箱，吊砂部分可使用图 5—3c 所示的专门按照吊砂块设计加高的箱带加固方法。采用箱带加固吊砂牢固可靠，大大简化了造型操作，提高了生产率，是一种较好的加固吊砂方法。

（4）用吊砂骨架加固吊砂

下吊长度大的吊砂块可用图 5—3d 所示的铸铁吊砂骨架加固，铸铁吊砂骨架与芯骨的形状和做法相同。吊砂骨架的固定很重要，一般都采用图 5—3e 的螺栓紧固方法，用垫铁将骨架垫平，通过螺母将骨架紧固。骨架的形状、结构、尺寸大小由吊砂形状和尺寸大小来确定，骨架的结构要便于舂砂并保证一定的吃砂量。为了使型砂与骨架能很好地黏结在一起，骨架在使用前要清理干净，骨架在箱带上固定好以后，在骨架表面刷一层泥浆水或型砂黏结剂。

3. 漏模造型操作方法

形状复杂的铸件，起模时容易损坏砂型。漏模造型是将模样固定在模底板上，舂砂后，模样经漏板漏出，由于贴着模样的型砂具有一定紧实度且有漏板挡住，不会被带出。这种从舂砂到起模一次完成的造型方法叫漏模造型，如图 5—4 所示的齿轮造型方法。

漏模造型的操作方法是：先将模样固定在模底板上，舂砂结束后，模样下降经漏板漏出。在漏模过程中，因轮齿之间的型砂由漏板挡住，不会被齿轮模样带出，所以砂型不会损坏。由此可见，采用漏模造型可以提高砂型质量，保证铸件的尺寸精度，提高劳动生产率，减轻劳动强度，对操作技术要求较低，并能

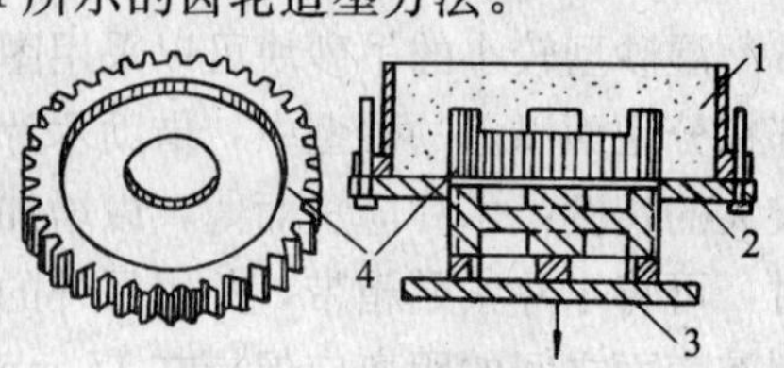

图 5—4 齿轮漏模造型

1—砂型 2—漏板 3—模底板 4—齿轮

延长模样的使用寿命，从而降低铸件的经济成本。

4. 多箱造型操作方法

多箱造型是指使用 3 个或 3 个以上砂箱的造型方法。有些铸件尺寸较大或结构形状较复杂，且两端的截面又大于中间部分的截面，为了便于起模，需开设两个或两个以上的分型面，因此需要采用多箱造型。多箱造型的操作过程如图 5—5 所示。

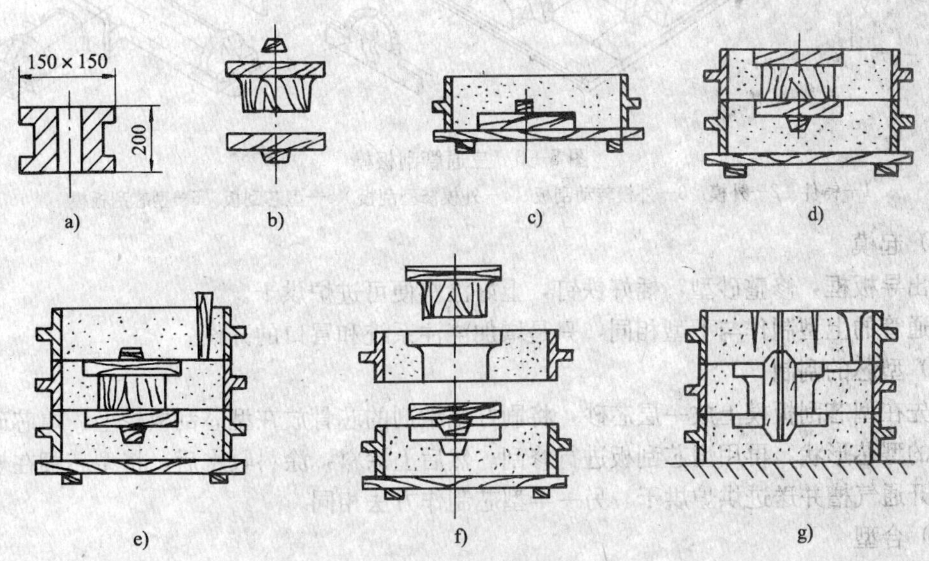

图 5—5 三箱造型的操作过程

a）铸件 b）模样 c）造下砂型 d）造中砂型 e）造上砂型 f）开型起模 g）合型

多箱造型由于分型面多，操作复杂，生产率低，铸件尺寸精度也难以保证，因此只适于单件小批量生产。

5. 刮板造型操作方法

刮板造型是一种应用很普遍的造型方法，与刮板制芯原理相近，也分为旋转刮板造型和导向刮板造型。下面以导向刮板造型为例说明刮板造型的操作方法。

有些铸件生产数量较少，截面形状和大小没有变化（如直管、弯管、等径三通管等），但它们的长度尺寸较大，如果采用实样模造型不仅浪费制模的材料和工时，而且模样变形量大，因此可以采用导向刮板造型。

三通管刮板模如图 5—6 所示，铸件两端法兰及芯头采用实样模造型，三通管主体部分采用刮板造型，利用三通管分型平面的直线轮廓边和法兰模样作为砂型制造的导板框（导轨，见外模）。型芯制造是以两端芯头挡板以及分型平面的直线轮廓边作导轨（见型芯刮板）。三通管刮板造型方法如下：

（1）舂砂

在外模的导板框上安放下砂箱，填砂舂实四周，中间型腔部位不舂实；刮平箱顶型砂，翻转砂型，从导板框内舂实下型型砂，待刮去的地方不舂实。

（2）刮制砂型

用修型刮板沿导板框刮去多余的型砂，并填补舂实好型腔，再用转动刮板修刮，检查管身轴线方向刮制状况。

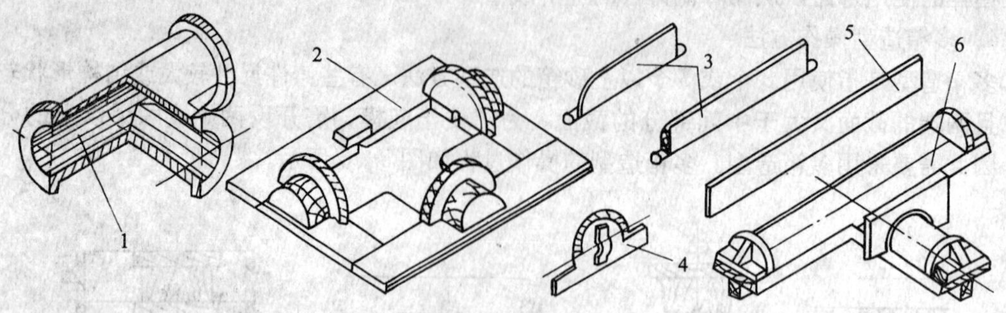

图 5—6　三通管刮板模

1—铸件　2—外模　3—外模转动刮板　4—外模修型刮板　5—型芯刮板　6—型芯刮板模

(3) 起模

起出导板框，修整砂型，插好铁钉，上好涂料便可进炉烘干。

三通管的上型制作与下型相同，只是增加浇注系统和冒口的开设。

(4) 型芯的刮制

首先在型芯刮板模上放一层芯砂，将刷好黏结剂的芯骨放在型芯刮板模上，填芯砂舂实出大致的型芯形状，再用型芯刮板进行修刮。然后上涂料，涂料收水后，将型芯翻在烘芯平板上，开通气槽并送进烘炉烘干。另一半型芯制作方法相同。

(5) 合型

把下半型芯放入下型内，再放上半型芯，修补好型芯合缝，检查型腔尺寸，烘干局部修理过的地方。合型定位可采用划线的方法来解决，例如从上、下型 3 个法兰处向铸型外引 3 条中心轴线即可定位；或者在上、下型分别划出三通管分型面上管身直线轮廓也可定位。操作者可根据铸型具体情况考虑定位方法。

四、手工造型操作要领

1. 手工造型前准备工作要领

(1) 熟悉零件图样和有关工艺文件，研究操作顺序和要点。

(2) 检查造型材料是否符合要求，检查造型工具是否完好齐备。

(3) 检查模样（含浇冒口）是否完整，尺寸是否合格，活动部分定位销松紧是否合适，起模装置是否齐备、合理，如不符合应退回修理。

(4) 检查造型模底板是否平直、坚固，尺寸是否符合要求。

(5) 检查砂箱尺寸及吃砂量是否符合工艺要求，吃砂量一般可参考表 5—1。

表 5—1　　**手工造型吃砂量**　　mm

砂型分类	黏土干砂型、水玻璃砂型					湿砂型		
砂箱内腔平均尺寸	≤500	>500~1 000	>1 000~2 000	>2 000~3 000	>3 000	≤300	>300~800	>800
模样至砂箱内壁尺寸	≥40	≥60	≥100	≥150	≥250	≥30	≥60	≥100
浇冒口至砂箱内壁尺寸	≥30	≥60	≥100	≥120	≥150	≥40	≥100	≥100
模样顶部至砂箱带部尺寸	15~20	>20~25	>25~30	>30~40	>40	≥30	≥50	≥70

(6) 砂箱使用前应清除松动的锈皮、干砂残留物；损坏、断裂、少吊攀的砂箱不能使用；箱带不得妨碍浇冒口的正确位置；不使用打箱后温度过高的砂箱；有定位销的砂箱，其定位销和定位销孔的允许磨损偏差可参考表 5—2。

表 5—2　定位销与定位销孔允许磨损偏差　mm

两销孔中心距	允许磨损偏差	
	定位销（设计尺寸的最小外径）	定位销孔（设计尺寸的最大内径）
≤500	−0.2	+0.2
500～1 000	−0.3	+0.3
>1 000	−0.5	+0.5

2. 填砂要领

型砂一般分为面砂、中间砂、背砂以及特殊用途砂（如提高退让性的锯末砂，提高热导率的镁砂等）。贴近模样表面填面砂，面砂后面是背砂，有时在面砂和背砂之间填中间砂或特殊用途砂。填砂前要检查大型模样的起模装置是否牢固；填砂时检查冷铁、浇道模样、活块等的埋放情况。填面砂时，对于价格昂贵的型砂，需先手工贴覆，然后放上中间砂或背砂才开始舂砂。填入的面砂和背砂应松散、不结块。面砂的厚度视铸件壁厚和型砂的种类而定，舂实后约 20～30 mm，大型铸件舂实后的面砂厚度可达 100 mm 以上。手工舂砂时每次填砂厚度约 100 mm，用风动捣固器舂砂时，每次填砂厚度约 200～250 mm。

3. 舂砂要领

舂砂是一项技术性较强的操作，在湿砂型时尤其重要，它对铸件质量和造型速度的影响很大。根据铸造合金及型砂种类、是否使用冷铁等的不同，舂砂有一定差异。

(1) 铸铁与有色合金件舂砂要领

舂砂前将模样、活块、浇冒口模样先用砂固定好位置，不要舂歪或移位。不易舂实的部位或模样凹陷处先用手塞紧或舂实，但不宜过硬，以防在起模时将此处型砂一起带出。活块的临时定位销要及时取出，避免起模时损坏砂型。为了防止塌型，有的部位要放入木条、铁钩、铁棍等加强。舂砂时注意舂头与模样之间的砂层要保持在 20 mm 以上，以免损坏模样或局部砂块舂得太硬，在起模时砂块被带出，造成铸件多肉，或因砂型透气性差，浇注后铸件产生结疤。舂砂的紧实度要均匀适当，舂砂太松易产生掉砂、塌型、胀砂现象；舂砂太紧会降低砂型透气性，使铸件产生气孔。箱带处砂型要舂紧些，以防塌型。下型要比上型舂得紧些，以防胀砂。干砂型要比湿砂型舂得紧些。总之，整个砂型紧实度要合理分布。

(2) 铸钢件舂砂要领

铸钢件用型（芯）砂有黏土砂、水玻璃砂、树脂砂等，由于砂的性能不同，其舂砂要领有较大区别。

1) 黏土砂的舂砂要领　铸钢件黏土砂造型舂砂要领与铸铁件基本相同，但舂砂的紧实度要高得多，面砂层的硬度要求更高，背砂层除了有退让性要求的部位之外，原则上也要舂得紧些，要硬到插钉比较困难的程度。

2) 水玻璃砂舂砂要领　水玻璃砂流动性好，只要用木棒或风舂大体舂一遍即可，有时甚至只需用脚踩一遍即可吹 CO 硬化，但对烘干的黏土水玻璃砂必须认真舂实。

3) 覆砂造型的舂砂要领　覆砂造型是指将锆砂、铬矿砂等价格昂贵的面砂（厚度在

15～40 mm)，用作大型铸钢件造型的方法。覆砂造型时，将面砂贴覆在模样需要的部位，即砂型（芯）构成铸件的型腔表面。然后放中间砂（水玻璃砂），舂制到规定的厚度便可扎气孔吹 CO 进行硬化，最后用一般背砂将砂箱填平。

树脂砂的舂砂要领与覆砂造型基本相同。目前有采用水玻璃锆砂作面砂，用较粗粒度的树脂砂作中间砂，用快干水泥砂作背砂的自硬砂造型工艺。这种造型方法同时具备水玻璃砂和树脂砂的优点，铸件成本低而质量高，其舂砂方法与覆砂造型相同。

（3）使用冷铁的舂砂要领

在工艺中规定有隔砂冷铁时，因为隔砂层厚度一般只有 10～20 mm，可预制木条放在模样与冷铁之间进行舂砂，舂好后抽出木条用砂填实空隙，再用钢板焊制的专门舂砂工具舂实空隙内的面砂。

（4）较高模样的舂砂要领

在舂砂过程中，若模样较高，一次用面砂全部贴覆有困难，可将面砂的贴覆与中间砂填、舂同时进行。如果模样很高，只舂面砂和中间砂也有困难时，可分层进行填舂和硬化。但在吹气硬化前，要将上、下砂层修平再硬化。若中间中断作业，也要将分界面修平后再停止作业，以改善新填面砂与已填面砂交界面的连接状况。

4. 起模要领

起模前先将模样四周砂型稍做修整，压光浮砂，干砂型要将模样四周的砂型稍微压低或削低一些，以防起模时被拉松带起，造成合型时此处砂型被压坏。

舂砂后的模样与型壁结合很严，为便于起模，需要松模使模样与型壁之间产生均匀而足够的间隙，松模量要适当，松动不能过分。松模后找出模样重心位置，小型铸件的起模针要放在重心位置上，大型铸件的起模吊具的合力要通过重心。起模方向应保持垂直向上，边向上起出边敲打模样，起模动作是先缓慢上起，当模样快全部起出砂型时，应快速上升，以防模样起出型腔口时摇摆撞坏砂型。

5. 修型要领

起模时带出的大块型砂取出后仍要覆盖于原处，在覆盖前将砂型损伤处刷一薄层淡淡的黏结剂或水，覆盖后插铁钉加固。凡砂型损坏的部位，应事先刷少量的水稍加润湿，但湿砂型刷水一定要少，过湿会使铸件产生气孔。刷水后用面砂加插铁钉修补。大面积或较浅的损坏面，先挖深划毛，再进行修补，并插铁钉加固，对局部松软的部位，用手按实或用手锤舂实。型腔内以及浇冒口系统内的尖角、两面相交的棱角必须倒成圆角。在型腔内的转角处、凸台、浇口附近、大平面上、损坏修补处、型腔薄弱部位都要在修型时插铁钉加固。干砂型型腔和芯头四周分型面上应修出 1～2 mm 的披缝，湿砂型只压平不留披缝。整个修型过程是从上往下修，避免下面修好后又被上面落下的型砂弄脏。

砂型修好后要开出浇口，内浇道不要开在横浇道的尽头或上部，以便发挥横浇道的集渣作用。浇道应使金属液平稳流入型腔，以免冲坏砂型和型芯。各浇道表面要修光滑、正确，以防金属液将砂粒冲入型腔中。最后扎出暗冒口和芯座上的出气孔，在型腔内和浇冒口内均匀地涂刷一定厚度的涂料。

五、机器造型操作要点

普通机器造型有振实、振压、射压、高压等多种，操作方法各不相同，但也有共同点。

1. 造型前的准备

（1）检查所需的模板等工艺装备，若有损坏、变形、松动等现象，修复后再用。

（2）检查模板或模板框上的定位销和砂箱上的定位销孔的尺寸精度，超过允许的磨损量时应更换。

（3）检查砂箱是否有不能使用的情况：定位销或定位销孔磨损超过极限偏差；箱把有裂纹；砂箱粘有大量干砂或铁液渣等。

（4）检查背砂、面砂是否符合工艺要求。

（5）检查所用的下芯定位夹具、样板等是否符合工艺要求。

（6）检查冷铁、芯撑、垫片质量，不得有油、水、锈存在。

（7）准备所需脱模剂和其他辅助材料及工具。

2. 造型

（1）填砂前，模板应清理干净。

（2）需涂脱模剂时要涂均匀，不允许有堆积现象。

（3）采用面砂时，面砂应均匀地覆盖在模样及浇注系统上，紧实后的厚度为15～45 mm。

（4）放背砂要适量，边振实边刮平，四角处应有足够的砂和均匀的紧实度。

（5）根据铸件的特点，规定出上、下砂型的硬度，注明硬度计型号。

（6）填写机器造型有关记录。

3. 修型

（1）检查砂型硬度是否达到要求，发现局部松软或破损处，应用同类砂修补。

（2）砂型总体达不到硬度需求，或扒砂严重失去修理基准面的应报废。

（3）修饰浇道，凡需露出的通气孔应露出。

（4）修型后，砂型应保持原来的几何形状，尺寸与模样相同。

（5）为提高砂型强度，在必要的部位允许插钉子加固。

（6）砂型需上涂料时，应做到均匀无堆积现象。

六、合型操作方法

合型是造型的最后一道工序，在合型过程中的任何粗心大意都可能给铸件造成气孔、砂眼、错型、偏芯、飞翅和抬型等缺陷，使铸件报废。复杂铸件的铸型在合型时不仅要看懂工艺图，而且要考虑到合型后的许多问题，因此，必须对铸型全面检查合格后再进行合型。合型操作过程如下：

1. 准备工作

（1）熟悉技术资料

合型前首先熟悉铸造工艺图、工艺卡和其他工艺文件。弄清芯撑、冷铁的放置位置和方法，各型芯的相互位置关系、下芯顺序、固定方法、通气方法。

（2）检查砂型和型芯的质量

通过观察或采用样板以及其他检验工具检验砂型、型芯的形状和尺寸是否合格，检查砂型、型芯紧实度和烘干状况，若有烘干不良或局部烧坏等现象，应对破损处进行仔细修补和再烘干。

（3）准备合型用物品和场地

准备好芯撑、冷铁、石棉绳、浇口圈、冒口圈、吊具等。考虑好砂型、型芯吊运、翻转方案。对底部吃砂量较小的砂型，将放置下砂型的场地进行平整，并垫上一层松软的型砂或干砂，或将地坑平整好，把砂型放在地坑内浇注。

2. 下芯操作

（1）安放型芯

按照工艺文件或考虑好的下芯方案按顺序下芯，在下芯的过程中要仔细检查型芯的相对位置，控制铸件的壁厚。生产量大或重要的铸件常采用样板控制型芯的位置。

（2）固定型芯

一般的型芯是靠芯头把型芯固定在砂型里；尺寸较大或结构特殊的型芯，有时需要用芯撑来增加型芯的支撑点；悬吊的型芯常用铁丝或专用的夹具固定；合理利用芯撑、垫片可防止型芯位移或错芯；芯头处要用干砂或型砂和石棉绳等塞紧。

（3）检查砂型、型芯通气状况

砂型的通气状况要良好，每个型芯的通气道要畅通。在型芯安装过程中认真检查型芯与型芯之间、型芯与芯座之间的通气孔是否相互连通。大型铸件或烘干的型芯要在通气孔周围或芯头处放一圈泥条或石棉绳等，防止浇注时金属液钻入芯头，堵塞通气道。

3. 合型操作

（1）精整砂型

主要是将安装好的型芯、型芯与砂型之间，以及其他空隙和裂缝用填补涂料或型砂加以填平修整。安装好的砂型应用除尘工具仔细清除型腔中的散砂、灰尘及其他杂物。当型腔较浅时，可用手风箱吹除；型腔较深时，可用一个Y形三通管（如图5—7所示）接上压缩空气，另一端套上软管伸入型腔，当高速气流通过直管时，支管上的软管内会形成负压，将散砂吸出。

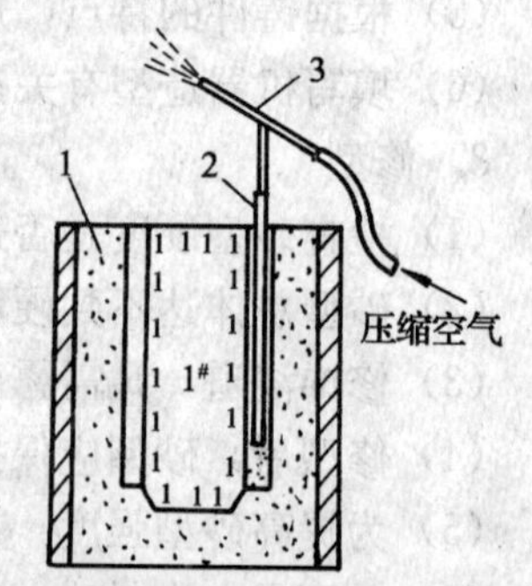

图5—7　负压吸砂示意图

1—铸型　2—软管　3—Y形三通管

如果生产场地不具备负压吸砂条件，为了清除型腔内散砂，可以在砂钩头部固定一团软泥，用泥团将型腔内散砂粘出。

（2）验型

砂型精整后，对于某些砂型，特别是干砂型，要进行验型。验型就是合型后再打开砂型，检查砂型分型面是否严实，通气孔是否对准，砂型是否被压坏，芯撑高度是否合适等的操作过程。验型是保证大型铸件质量、防止铸件产生缺陷所必须的重要工艺操作，但验型容易损坏砂型，所以合型后开型的次数以1～2次为宜。一般验型时要在分型面上以及芯头的顶面分别放置细小的软泥条，当上型压下后，再打开上型，根据泥条被压扁程度看出分型面间隙、芯头与芯座间的间隙、型芯与上型之间的距离以及铸件壁厚是否合适。再根据泥条压扁程度考虑合型时所围石棉绳或白泥条的厚度，以及是否调整型芯高度。

（3）合型

通过验型检查砂型合格后，对干砂型进行再次烘烤。在大型铸件分型面上用细干砂、石棉绳或白泥条沿砂型边缘围一圈，以防跑火。合型时上砂型要吊平，按合型标志（记号）对准合型，然后将烘干的浇冒口杯安放好，并使接缝严密。合型后抹好缝隙，压上压铁或用紧固装置紧固好砂型。把浇冒口及通气孔盖好，防止掉入砂子或杂物。湿砂型容易损坏的地方要做出标志，防止踩踏。将金属液牌号和浇注质量用粉笔写在砂箱壁上，以便于浇注。

第二节　浇注系统设置及浇注

一、冒口的基本知识

1. 冒口的形状

冒口的形状直接影响其补缩效果。

在设计冒口时，应从体积相同的形体中选用散热表面积最小的。这样，冒口散热慢，凝固时间就长，其补缩效果就更好。冒口体积和表面积对凝固时间的影响，可用模数来衡量。

球形冒口表面积最小，散热最慢，凝固时间最长。因此，球形冒口是最理想的冒口形状。但因球形冒口造型起模困难，应用受到限制。实际生产中应用最多的是圆柱形、球顶圆柱形、腰圆柱形等冒口，如图 5—8 所示。

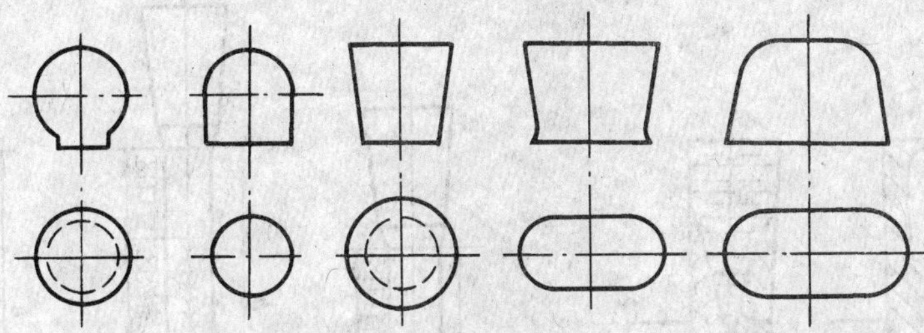

图 5—8　常用的冒口形状

圆柱形冒口制造方便，散热虽比球形快，但比方形、长方形慢，仍有较好的补缩效果，所以圆柱形冒口在实际生产中应用较多。但选择冒口形状时，要根据铸件热节的形状而定。例如轮类铸件，在轮缘处热节形状为长条形，通常采用压边的腰圆柱形冒口较好。

2. 冒口的数量

冒口的数量是根据冒口的有效补缩范围来确定的。因为任何种类的冒口都有一定的有效补缩范围，超过了冒口的有效补缩范围，铸件就会在补缩不到之处出现缩孔或缩松。冒口的数量应尽可能少，否则会消耗过多的金属液。应尽可能通过冷铁等措施，来调控铸件的补缩通道，以达到减少冒口数量的目的。

3. 冒口的补缩通道

铸件凝固过程中，要使冒口中的金属液能不断地补偿铸件的体收缩，必须有补缩金属液在压力作用下流动的通道。如图 5—9a 所示的铸钢齿轮铸件，冒口根部轮缘厚度 d 小于热节圆直径 d_0，轮缘比热节圆处先凝固，堵塞了冒口中金属液流向热节圆处的补缩通道，结果在热节圆处产生缩孔或缩松，如图 5—9b。图 5—9c 表示将轮缘加厚，造成轴向温度差，使凝固区域由下而上逐渐移动，又因凝固是从铸件壁的两侧向中心同时进行，这样在液相线等温面之间形成了向冒口方向扩张的夹角 β，称为补缩通道扩张角。在扩张角 β 范围内的金属都处于液态，且始终与铸件凝固区域保持畅通，形成补缩通道，使冒口中的金属液在重力作用下补充到铸件凝固区域中去，结果铸件体收缩形成的集中缩孔最后移至冒口内，从而获得致密的铸件。

4. 冒口的补缩距离

铸件凝固时，冒口金属液对铸件的体收缩予以补给，这个过程称为补缩。设计冒口时，应考虑冒口的有效补缩范围，以便合理地设计冒口的数量。把冒口的有效补缩作用区，即从冒口底部一侧起计算到铸件内无收缩缺陷区的长度，称为冒口的补缩距离。冒口补缩距离＝冒口区长度＋末端区长度。

影响冒口有效补缩距离大小的因素很多，如铸件的结构、合金的化学成分、冷却条件等。

5. 冒口的补贴

为增加冒口补缩效果，沿冒口补缩距离，向着冒口，铸件断面逐渐增厚的多余金属称为补贴，如图 5—10 所示。采用补贴工艺的目的是保证杆状件和壁厚均匀的薄壁铸件，以及长度或高度大于冒口补缩距离的铸件在凝固过程中始终保持着向着冒口的补缩通道扩张角 β，使冒口能有效地向铸件补缩提供金属液。

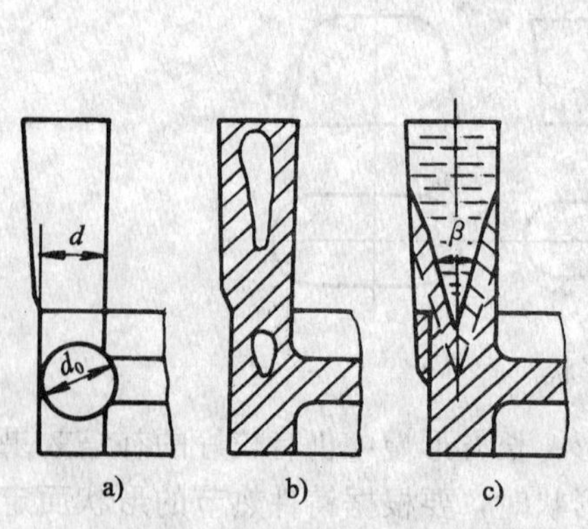

图 5—9 向热节圆处补缩示意图

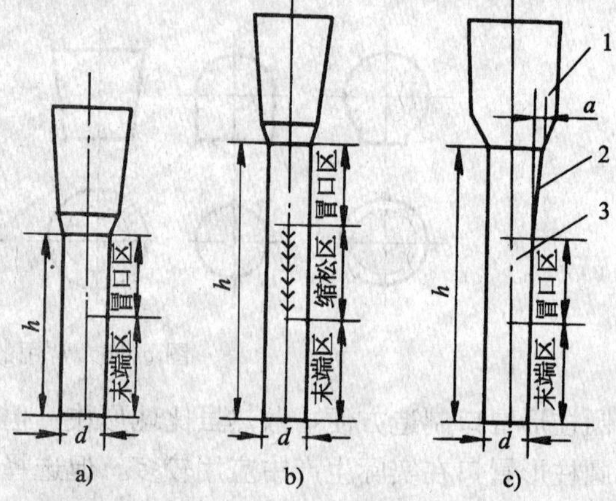

图 5—10 垂直壁的补贴

a）不需加补贴 b）出现缩松区 c）加补贴防止缩松

1—冒口 2—补贴 3—铸件

二、浇注系统类型及选择

1. 按截面比例关系分类

(1) 封闭式浇注系统

浇口杯最小出口截面积大于直浇道最小截面积，直浇道最小截面积大于横浇道最小截面积之和，横浇道最小截面积大于内浇道最小截面积总和的浇注系统称为封闭式浇注系统，即

$$A_{杯} > A_{直} > A_{横} > A_{内} \qquad (5—1)$$

封闭式浇注系统因充满快，故在浇注后不久就有较好的挡渣能力，可减少金属液的消耗，在铸型中也较易安排，清理方便。但金属液进入型腔的线速度高，易冲坏砂型和型芯，易产生喷溅并使金属液的氧化加剧。因此封闭式浇注系统主要用于湿砂型小型铸件和干砂型

中、大型铸铁件生产，不适合易氧化的金属。

（2）开放式浇注系统

浇口杯最小出口截面积小于直浇道最小截面积，直浇道最小截面积小于横浇道最小截面积之和，横浇道最小截面积小于内浇道最小截面积总和的浇注系统称为开放式浇注系统，即

$$A_{杯} < A_{直} < A_{横} < A_{内} \quad (5—2)$$

开放式浇注系统挡渣能力很差，消耗的金属液也较多，但充型平稳，主要用于易氧化的有色金属铸件、球墨铸铁件及使用漏包浇注的铸钢件。

（3）半封闭式浇注系统

直浇道最小截面积小于横浇道最小截面积之和，但大于内浇道最小截面积总和的浇注系统称为半封闭式浇注系统，即

$$A_{横} > A_{直} > A_{内} \quad (5—3)$$

这样的浇注系统对铸型的冲刷比封闭式浇注系统小得多，挡渣作用则比开放式好。因此在各类铸铁件上，尤其在球墨铸铁件及表干砂型中使用广泛。

（4）封闭—开放式浇注系统

在阻流截面之前封闭，其后开放。这样的浇注系统既有利于挡渣，又使充型平稳，兼有封闭式与开放式的优点。适用于各类铸铁件，在中、小型铸件上应用较多，特别是在一箱多件时应用广泛。目前，铸造过滤器的使用使这种浇注系统应用更为广泛。

2. 按内浇道相对位置分类

按内浇道在铸件上的相对位置不同，可将浇注系统分成如图 5—11 所示的顶注式、底注式、中注式和阶梯式等几种类型。

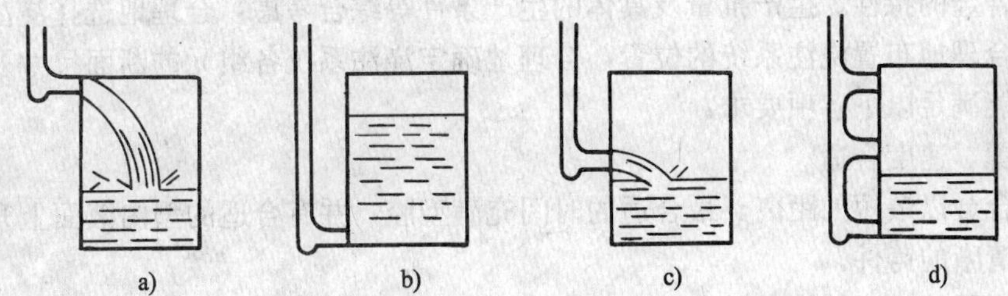

图 5—11　浇注系统的类型

a）顶注式　b）底注式　c）中注式　d）阶梯式

（1）顶注式浇注系统

熔融金属从铸型顶部引入型腔的浇注系统称为顶注式浇注系统。顶注式浇注系统有如下特点：

1）对铸型底部冲击力大，流股与空气接触面积大，金属液会产生激溅、氧化，易造成砂眼、铁豆、气孔、氧化夹渣等缺陷。

2）利于顶部冒口对铸件的补缩，减小轴向缩松的倾向及冒口的体积。

3）可减少薄壁铸件浇不到、冷隔等缺陷，浇注系统的结构简单而紧凑，便于造型，金属消耗量也少。

（2）底注式浇注系统

熔融金属从铸型底部引入型腔的浇注系统称为底注式浇注系统。底注式浇注系统的特点

是：充型平稳，不会产生激溅、铁豆，型腔内的气体易于排除，金属氧化少；但金属液在上升过程中长时间与空气接触，表面易生成氧化膜从而影响铸件的表面质量；对铸件补缩不利。底注式浇注系统主要用于高度不大、结构复杂的铸件。铸钢件及易氧化的铝镁合金、铝青铜及黄铜等也多采用底注式浇注系统。

(3) 中注式浇注系统

从铸件中间的某一高度上引注的浇注系统称中注式浇注系统。中注式浇注系统对于铸件在分型面以下的部分是顶浇，对上半部分则是底浇，故兼有顶注式和底注式的特点，广泛用于各种壁厚均匀、高度较低、水平尺寸较大的中、小型铸件上。

(4) 阶梯式浇注系统

在铸型的高度方向上开设若干内浇道，使熔融金属从底部开始，逐层地从若干不同高度引入型腔的浇注系统。阶梯式浇注系统的特点是：充型平稳，避免因压头过高或流股从高处落下冲击型底，造成严重的喷射和激溅；金属液自下而上地充满型腔，有利于排气，而且铸件上部的温度高于下部，有利于实现定向凝固，可使冒口充分补缩铸件；内浇道分散，减轻了局部过热现象。因而阶梯式浇注系统可减少铸件上的砂眼、气孔、冷隔、浇不到、缩孔、缩松、氧化等缺陷，而使其组织致密。但其结构复杂，故造型和清理工作也较复杂。阶梯式浇注系统广泛应用于高大、复杂、大型及重型铸件上。

三、设置浇冒口和冷铁的知识

1. 开设浇注系统的要求

浇注系统开设的好坏将直接影响铸件质量。实际生产中，应根据铸件的结构特点、技术条件、铸造合金的特性、生产批量及具体的生产条件等综合考虑，合理地选择浇注系统的类型和结构，合理地布置浇注系统的位置，合理地确定浇注系统各组元的断面尺寸及数目，确保浇注系统能满足以下各项要求：

(1) 位置、速度合适

让液态合金以最短的距离、最合适的时间充满型腔，并有合适的型内液面上升速度，得到轮廓完整清晰的铸件。

(2) 充型平稳

使液态合金平稳地充满铸型，不冲击型壁和型芯，不产生激溅和涡流，不卷入气体，并顺利地让型腔内的空气和其他气体排出型外，以防止金属过度氧化及产生砂眼、铁豆、气孔等缺陷。

(3) 充型方向正确

充型流股不要正对冷铁和芯撑，否则会降低外冷铁的激冷效果，冷铁表面容易熔化，芯撑过早软化和熔化，造成铸件壁厚变化。

(4) 凝固顺序得当

调节铸型及铸件上各部分温差，控制铸件的凝固顺序，不阻碍铸件的收缩，减少铸件变形和开裂等缺陷。

(5) 具有挡渣能力

阻挡夹杂物进入型腔，以免在铸件上形成渣孔。

(6) 部分补缩作用

起一定的补缩作用，一般是在内浇道凝固前补给部分液态收缩。

(7) 结构简单合理

在保证铸件质量的前提下，浇注系统要有利于减小冒口体积，结构要简单，在砂型中占据的面积和体积要小，节约金属液和型砂的消耗量，提高铸型有效面积的利用率。

2. 金属液引入位置的选择

在浇注过程中，金属液的引入位置（即内浇道开设位置）对铸件质量有很大的影响。因此，在浇注系统设计中，对于内浇道的引入位置要合理选择。

(1) 有利于金属液平稳地充满铸型

1) 内浇道的开设应有利于充型平稳、排气和除渣。从各个内浇道流入型腔中的液体流向应力求一致，避免因流向混乱而不利于渣、气的排除。

2) 内浇道应避免直冲型芯、型壁或型腔中其他薄弱部位（如凸台、吊砂等），防止造成冲砂。对旋转体铸件，内浇道应切向引入，并力求方向一致，以利于将型内杂质集中排到冒口或相应的工艺凸台中。

3) 内浇道应使金属液沿型壁注入，不要使金属液长时间降落在型壁表面上或使铸型局部过热。

(2) 有利于铸件凝固补缩

1) 要求定向凝固的铸件，内浇道应开设在铸件厚壁处。如设有冒口补缩，最好将冒口设在铸件与内浇道之间，使金属液经冒口引入型腔，以提高冒口的补缩效果。有时为避免铸件因温差过大产生较大的收缩应力，内浇道也可开设在铸件次厚壁处。

2) 当铸件壁厚相差悬殊而又必须从薄壁处引入金属液时，则应同时使用冷铁加快厚壁处的凝固及加大冒口，浇注时采取点冒口等工艺措施，保证厚壁处的补缩。

3) 要求同时凝固的铸件，内浇道应开设在铸件薄壁处，且要数量多，分散布置，使金属液快速均匀地充满型腔，避免内浇道附近的砂型局部过热。

4) 对于结构复杂的铸件，往往采用定向凝固与同时凝固相结合的所谓“较弱定向凝固”原则安排内浇道。即对每一个补缩区按定向凝固的要求设置内浇道，对整个铸件则按同时凝固的要求采用多个内浇道分散充型。这样设置既可使铸件各厚大部位得到充分补缩而不产生缩孔及缩松，又可将应力和变形减到最小程度。

(3) 有利于减少铸件收缩应力和防止裂纹

1) 内浇道应使金属液迅速而均匀地充满型腔，避免铸件各部分温差过大。

2) 对尺寸较大、壁厚均匀的铸件，应采用较多的内浇道分散均匀地充型。

3) 对收缩倾向大的合金，内浇道的设置应不阻碍铸件收缩，避免铸件产生较大应力或因收缩受阻而开裂。

(4) 有利于改善铸件铸态组织

1) 内浇道不得开设在铸件质量要求高的部位，以防止内浇道附近组织粗大。对有耐压要求的管类铸件，内浇道通常开设在法兰处，以防止管壁处产生缩松。

2) 内浇道不得开设在靠近冷铁或芯撑处，以免降低冷铁的作用或造成芯撑过早熔化。

(5) 有利于铸件清理

1) 内浇道设置位置应便于打箱和铸件清砂。

2) 内浇道设置应便于清理、打磨和去除浇注系统，不影响铸件的使用和外观。

(6) 有利于提高铸件外观质量

最好将内浇道开设在铸件要求不高的加工面部位上，而不开设在铸件非加工面上，以免影响铸件外观质量。

(7) 有利于减少型砂和金属液的消耗

在满足浇注要求的前提下，应尽量减少浇注系统的金属消耗，并使砂箱的尺寸尽可能小，以减少型砂和金属液的消耗。

上述金属液引入位置选择的方法在实际中常存在矛盾之处。因此，在具体设计浇注系统时，应根据具体情况做出决定。

3. 内浇道与铸件的接口要求

(1) 内浇道应尽量开设在分型面上，便于造型操作。

(2) 内浇道与铸件接口处的横截面厚度一般应小于铸件壁厚的 1/2，至多不超过 2/3。用封闭式浇注系统时，内浇道的纵截面最好离接口处呈“远厚近薄”状态。在接口处可做出断口槽，以防止清理时造成铸件缺肉。

内浇道与铸件接口结构如图 5—12 所示。

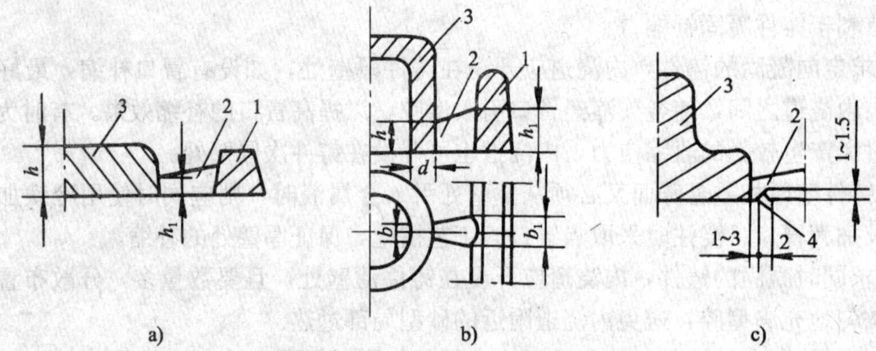

图 5—12 内浇道与铸件接口

a) $h_1<(1/2\sim2/3)\ h$ b) $h<h_1$，$b<b_1$ c) 可锻铸铁用断口槽

1—横浇道 2—内浇道 3—铸件 4—断口槽

4. 冒口的设置

一般需在铸件的厚实部位或不易散热的部位设置一定数量的冒口，以消除缩孔和缩松缺陷，冒口设置的好坏直接影响了铸件的补缩效果和工艺出品率。实际生产中要尽可能提高冒口的补缩效率，减少冒口的体积和数量，节省金属液的消耗量。

(1) 工艺出品率

工艺出品率又称为成品率或收得率，按下式计算：

$$\text{工艺出品率}=\frac{\text{铸件质量}}{\text{铸件质量}+\text{浇冒口质量}}\times100\% \qquad (5—4)$$

1) 工艺出品率是评价浇冒口工艺方案优劣的依据，过高的工艺出品率将意味着铸件有可能产生缩孔、缩松等缺陷；过低的工艺出品率，则说明浇冒口质量过大，经济效益不高。一般是将出品率的计算值与生产实践中统计出来的同类铸件的工艺出品率加以比较，再调整浇冒口的尺寸与冒口的数量，以达到最佳出品率。

2）工艺出品率的大小除了与铸件几何形状、浇注条件、加工要求有关外，还与技术操作和管理水平有很大关系。同一合格铸件在不同的工厂，其工艺出品率也不一样。

3）提高冒口的补缩效率。在保证铸件无缩孔、缩松，满足使用要求的情况下，应采用各种有效工艺措施，减小冒口的尺寸和数量，从而提高铸件的工艺出品率。

（2）冒口的补缩效率

冒口的补缩效率可从工艺出品率上反映出来。普通冒口的补缩效率不高，结构尺寸大，消耗金属多，工艺出品率低，尤其是体收缩较大的合金。如铸钢、球墨铸铁等，它们的冒口质量约为铸件质量的50％～100％，也就是说，铸件熔炼的金属液的 1/3～1/2 是用于冒口，尽管这些冒口可以回用，但其耗用了大量的人力、物力和能源，而且还增加了冒口的切割量和铸件的清整工作。因此，应努力提高普通冒口的补缩效率。

（3）提高冒口补缩效率的途径

1）提高冒口内金属液的补缩压力。如采用大气压力冒口、发气压力冒口、压缩空气冒口，以及用木棒进行上下捣明冒口的操作。

2）延长冒口的凝固时间。如在明冒口上撒保温剂、发热剂，点浇冒口，采用发热冒口、保温冒口、加氧冒口、电弧加热冒口等。

3）采用控制铸件凝固的各种工艺措施。如合理使用补贴、冷铁，使冒口的补缩距离增长，从而可使冒口的数量减少；使金属液通过冒口再进入型腔，使冒口造型材料被大量流过的金属液过热，同时冒口内金属液的温度较高，从而可降低冒口的凝固速度，使冒口的补缩效率得到提高。

5. 冷铁的知识

较复杂铸件经常使用到冷铁来改善铸件局部的冷却速度，提高铸件质量。合理使用冷铁，可以使冒口的补缩距离增长，从而减少冒口的体积和数量，提高金属液的利用率。机械化流水线生产很少使用冷铁，原因是使用冷铁增加了工作量，影响了生产节奏，反而增加铸件的劳动成本。

（1）外冷铁的放置方法

1）丁字形接头处激冷面的冷铁的放置方法如图 5—13 所示。图 5—13a 是冷铁放在铸件厚壁的底部，可以直接放在砂型中；图 5—13b 是冷铁放在铸件厚壁的顶部，必须有吊钩；图 5—13c 是冷铁放在铸件厚壁的侧面，必须有吊钩。

2）铸件上的凸台或凸缘部分的冷铁的放置方法如图 5—14 所示。凡凸台或凸缘断面较小的，可以应用两端没有斜度的冷铁，用吊钩固定在砂型中。

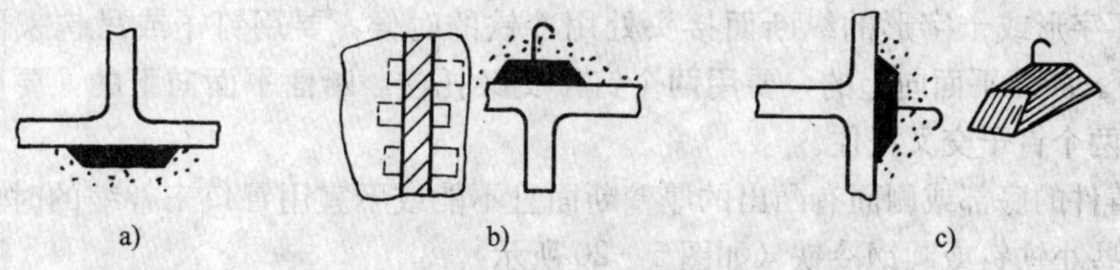

图 5—13　丁字形接头激冷面的冷铁

a）放在铸件厚壁的底部　b）放在铸件厚壁的顶部　c）放在铸件厚壁的侧面

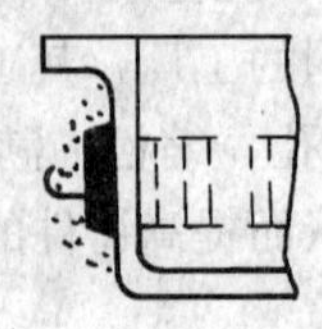
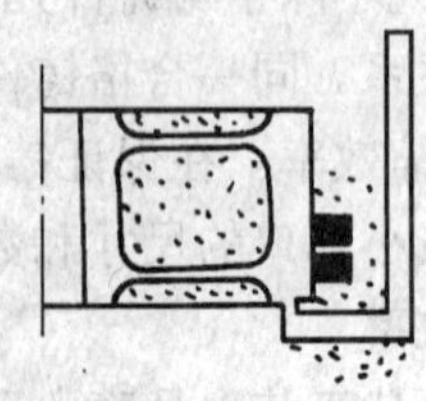

图 5—14　凸台或凸缘部分的冷铁

3）铸件转角处冷铁的放置方法是在铸件上的转角处安放冷铁时，必须根据转角的大小来确定冷铁是用圆钢（当转角半径较小时）或是铸造成形冷铁（当转角半径较大时）。冷铁必须交错地排列，并在冷铁之间的砂型上割出适当大小的防裂肋，以防止铸件产生裂纹（如图 5—15 所示）。

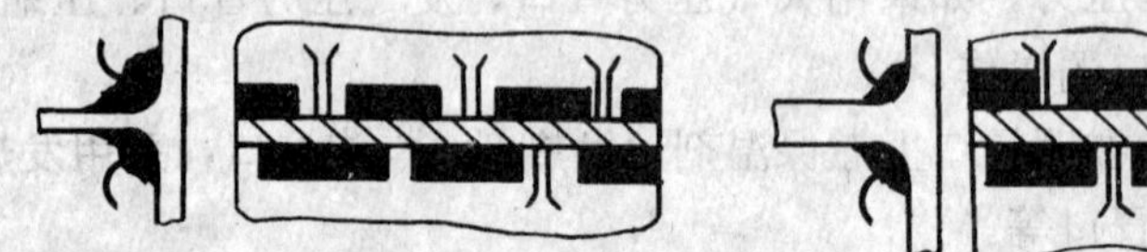

图 5—15　转角处安放冷铁

4）铸件直角部分冷铁的放置方法是制造某些必须有直角部分的铸件的时候，可以在型芯上安装薄片冷铁（如图 5—16 所示）。

5）铸件大转角处冷铁的放置方法是在制造有大转角的铸件时，安放的冷铁必须是有吊钩的成形冷铁（如图 5—17 所示）。

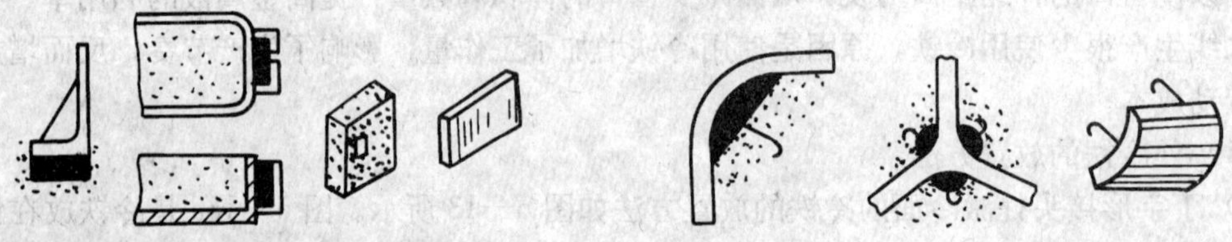

图 5—16　型芯上安放冷铁　　　　图 5—17　大转角处安放冷铁

（2）内冷铁的放置方法

1）在丁字形或十字形的横断面接头处应用内冷铁的时候，可以直接把它插入砂型内（如图 5—18 所示）。

2）在丁字形或十字形的纵断面接头处用冷铁的时候，要用钉子或吊钩来固定（如图 5—19 所示）。断面平面向上的，要用两个钉子交叉托住，断面平面向下的，要用铁吊来钩住，不许用两个钉子交叉托住。

3）在铸件的底部或侧面有凸出的厚壁断面且不能或不宜用冒口来补缩的时候，可以在这些地方插些小铁钉或圆钢冷铁（如图 5—20 所示）。

4）在断面板厚的铸件如汽锤、砧子、轧钢机架体处，要纵横均匀地把冷铁一层一层地排列成井字形，并用铁丝绑紧（如图 5—21 所示）。

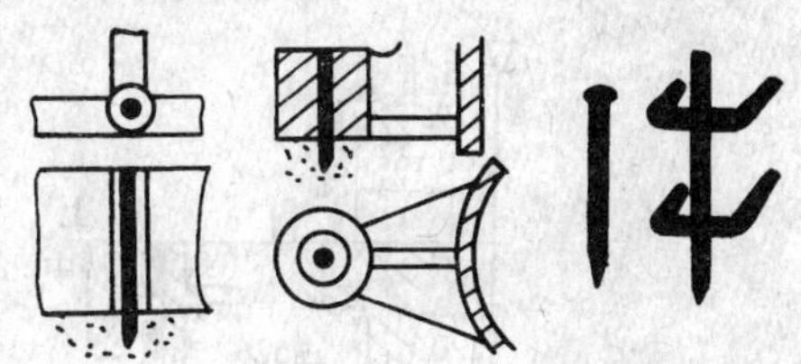

图 5—18　冷铁插入砂型

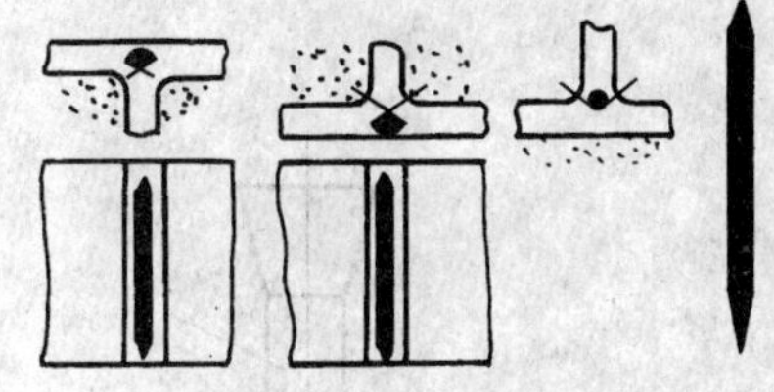

图 5—19　冷铁的固定

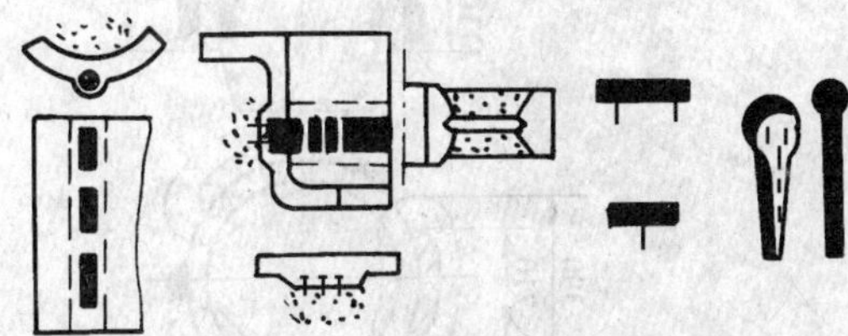

图 5—20　厚壁断面处的冷铁

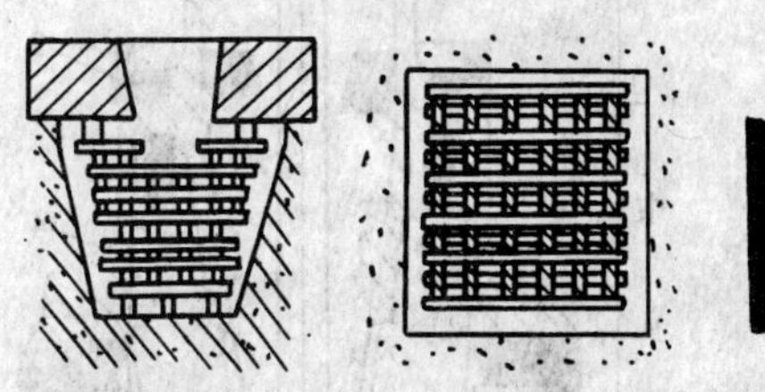

图 5—21　井字形冷铁

5）制造断面较厚而中央有铸孔的铸件时可利用铁管，并在铁管上绑一层或两层铁棒做冷铁（如图 5—22 所示），以防止管子熔化。

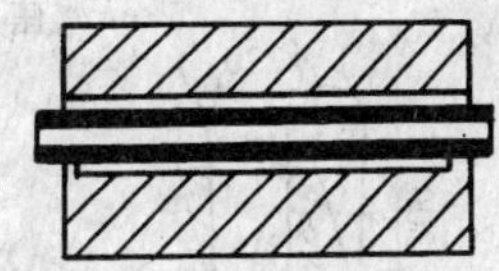

图 5—22　铁管上的冷铁

6. 举例

为了获得完整的铸件，应根据铸件凝固方式、特点和具体条件，综合运用冒口、冷铁和补贴等工艺措施，统筹安排，达到预期目的。下面列举一些生产实例加以说明。

对于铸钢件，大多采用顺序凝固原则。这时，浇口的开设、冒口的设置、补贴和冷铁的采用也都必须遵循这个原则。汽车后轮毂球墨铸铁件工艺简图如图 5—23 所示。用冷铁激冷热节；实现无冒口同时凝固。

碳钢筒形铸件顺序凝固工艺方案简图如图 5—24 所示，为实现自下而上的凝固，用 1# 、2# 和 3# 冷铁分别消除下部热节和增加末端区，在 3 个大气压力冒口下面分设 3 块补贴增加补缩距离范围；浇注系统用阶梯式，上层浇口按切线方向通过冒口底部引入。

图 5—25 为 160 t 压力机飞轮铸铁件的工艺图。铸件材质为 HT200，质量为 1 180 kg，壁厚最薄处为55 mm，最厚处为44 mm，要求组织致密，并有一定的强度。该件属于厚壁铸件，故采用冷铁冒口和浇口分别解决轮缘和轮毂部分的补缩问题。

图 5—26 为 ZGMn13 高锰钢挖掘机斗齿铸件工艺方案简图。因其要求耐冲击和耐磨，不允许有裂纹，同时由于高锰钢导热性差，在用氧气切割冒口时易使铸件局部产生裂纹，所以一般不设冒口。铸件热节处用冷铁激冷实现同时凝固。

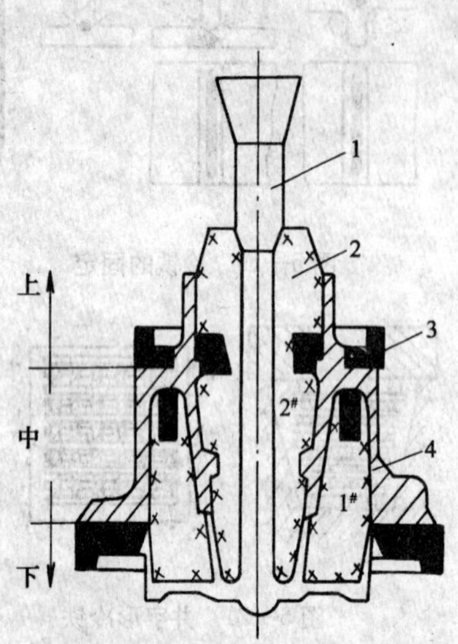

图 5—23　汽车后轮毂球墨铸铁件的无冒口铸造工艺方案

1—浇道　2—型芯　3—冷铁　4—铸件

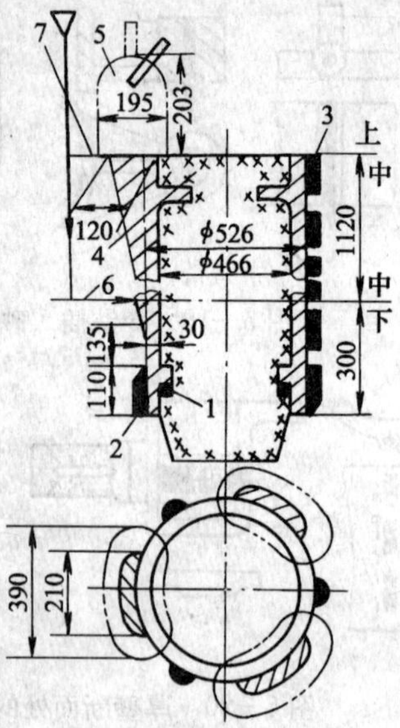

图 5—24　筒形碳钢件顺序凝固方案

1、2、3—分别为 1#、2#、3# 冷铁　4—补贴

5—大气压力冒口　6—第一层内浇道　7—第二层内浇道

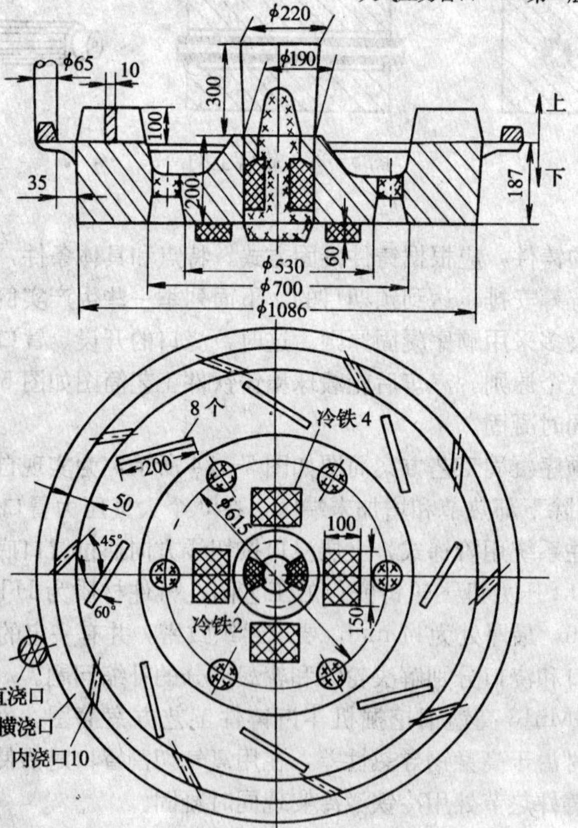

图 5—25　160 t 压力机飞轮铸铁件的工艺简图

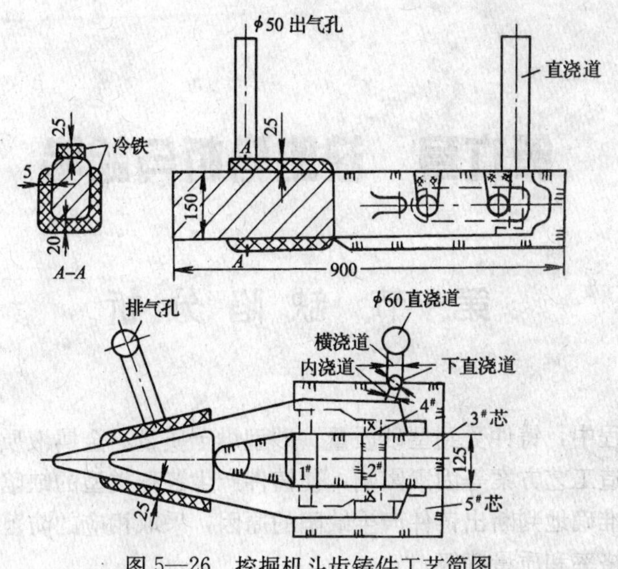

图 5—26　挖掘机斗齿铸件工艺简图

四、机械化、自动化浇注设备

为了降低劳动强度，提高生产率和浇注质量，目前有些铸造车间在流水生产线上已应用了先进的遥控自动化浇注装置。

1. 倾转式自动浇注装置

其结构如图 5—27 所示。它用液压缸来代替人力倾转浇包完成浇注工作。该装置主要由转筒式浇包和用于倾转运动的液压缸组成。

液压缸的操作是由电磁阀自动控制（图上未画出）的，当铸型到达浇注位置时，碰到限位开关，电磁阀动作，液压缸驱动浇包，开始浇注。铸型一旦浇满，光电管（检测外浇口中的金属液）发出信号，使电磁阀逆向动作，浇包复位，停止浇注。

2. 塞杆底注式自动浇注装置

其机构主要由底注式浇包、塞杆、操纵塞杆的气缸和红外线检测器组成，如图 5—28 所示。当铸型到达浇注位置时，红外线检测装置发出信号，气缸动作，塞杆打开，进行浇注。浇满后，红外线检测装置再发出信号，塞杆关闭，停止浇注。

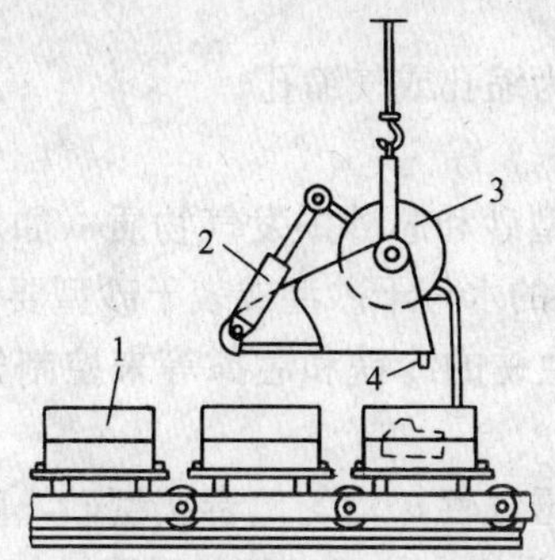

图 5—27　倾转式自动浇注装置工作示意图

1—铸型　2—液压缸　3—倾转浇包　4—光电管

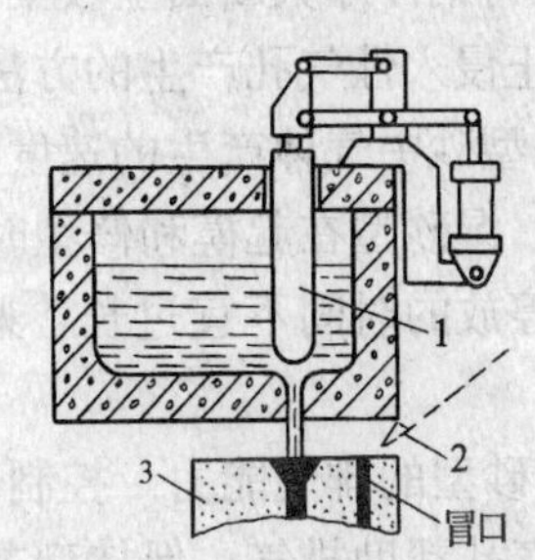

图 5—28　塞杆底注式自动浇注装置

1—塞杆　2—红外线检测器　3—铸型

第六章　缺陷分析与检验

第一节　缺 陷 分 析

在铸造生产过程中，铸件受到型砂质量、砂型烘干质量、金属液质量、铸件结构、浇冒口位置与大小、铸造工艺方案等因素影响，使铸件产生各种类型的缺陷。在铸件质量检查过程中，如果能比较准确地判断出铸件产生缺陷的原因，采取相应的防范措施，可以减少铸件缺陷，提高铸件合格率和质量等级。

一、鉴别与防止铸件缺陷的方法

各种缺陷成因不同，特征不同，其鉴别方法和防止方法也不相同。下面以气（缩）孔、错型（芯）等为例，说明鉴别铸件缺陷和防止缺陷产生的方法。

1. 气孔与缩孔

(1) 气孔与缩孔的鉴别

铸件中气孔与缩孔有较大的区别，一般而言，气孔内壁光滑，缩孔孔壁粗糙，形状极不规则，鉴别气孔和缩孔的主要方法如下：

1) 观察铸件缺陷的表面形状，若表面高低不平，非常粗糙，而且是暗灰色的、形状不规则的孔眼，即为缩孔；孔壁光滑，内表面呈亮白色或带有轻微氧化色的孔眼，即为气孔。

2) 孔眼的位置，若在铸件最后凝固的肥厚处，或在两壁相交的热节处，而且位于其断面的中部或中上部，则为缩孔。

3) 气孔呈圆形、长条形或不规则形状，尺寸变化很大（大至几厘米，小至几分之一毫米），常以单个、数个或呈蜂窝状存在于铸件表面或靠近型芯、冷铁、芯撑或浇冒口附近的地方，有时也满布整个截面。

4) 一般铸钢件厚大断面上较集中的孔眼缺陷为缩孔或气缩孔。

(2) 防止侵入性气孔产生的方法

1) 控制型砂中气体产生的速度。可采用控制型砂和芯砂中发气物质（如水、油等）加入量的方法，湿砂型在起模和修型时不要喷刷过多的水；干砂型或表干砂型要保证烘干的质量，烘干后停放的时间不宜过长，避免使用潮湿生锈的冷铁和芯撑等来控制气体产生的速度。

2) 提高砂型的排气能力。控制和改善型砂的透气性；均匀地舂实型砂，防止局部舂得过硬，扎通气孔帮助排气；保持型芯通气孔通畅；设置出气冒口等。采取排气措施时，特别要注意砂型和型芯上热作用比较强烈、排气又较困难的部位。

3) 浇注时防止气体卷入。浇注系统设置应防止浇注时直浇道吸入气体，例如水平涡流吸入气体等，特别是薄壁铸件开设有较多个内浇道的时候。

4）除了用顶注式浇注系统外，适当大流量快浇对防止侵入性气孔有利。浇注缓慢，时间过长，则砂型中发生大量气体易从内浇道附近处侵入，造成铸件气孔或引注处的气缩孔。提高浇注温度，虽然可使侵入的气体上浮，有较充足的时间排出，但是阻止气体侵入的条件一旦被打破，气体会源源不断地侵入，最终仍有气体不能上浮。所以应在砂型大量气体发气之前使铸件凝固，阻止气泡进入铸件。

（3）防止析出性气孔产生的方法

1）对炉料进行处理。金属液中的气体很多来源于炉料。炉料上的锈蚀、潮湿、油污以及内部存有的气体等，在熔炼时很容易进入金属液中。所以，炉料在入炉前要进行烘干和喷丸清理，并限制使用含气量高的炉料。

2）避免金属液与炉气长时间接触。金属在液态时，具有很强的吸气能力，为防止炉气中的一些气体大量溶解于金属液，常采用加入熔剂的方法，在金属液表面形成一个熔剂保护层，即造渣。如果用坩埚炉熔炼，可在坩埚炉上加盖，或采用快速熔炼工艺。

3）进行脱气处理。即使在熔炼时采取了上述措施，但金属液难免仍溶解有气体，为此，常在金属熔炼中进行脱气处理，具体办法是：加入某些元素，使其与金属液中的气体生成不溶于金属的化合物，或生成不溶于金属液的气泡带走金属液中的气体。采用对溶解于金属液中的氧化物加脱氧剂的方法加以去除。

4）对浇注工具进行烘烤。与金属液接触的浇包和所有工具都应充分烘干。

5）对金属液进行过热镇静处理。

6）采取真空熔炼和浇注。将金属在真空条件下熔炼和浇注，不仅可以避免气体进入金属液，还可以使已溶于金属液中的气体不断排出。

7）阻止气体析出。在条件许可的情况下，提高金属液的冷却速度，使气体来不及析出，或使金属液在压力下凝固，阻止气体析出。

（4）防止铸件产生反应性气孔的方法

1）减少金属液中气体的含量，控制型砂的水分和提高型砂透气性。

2）对球墨铸铁件要减少铁液中镁的加入量，提高浇注温度。严格控制型砂中的水分及含氮黏结剂与固化剂等。

3）采用保护剂。例如在球墨铸铁件浇道表面掸刷冰晶石粉，在铝合金件面砂中加硼酸。

4）尽量缩短砂型在合型后的待浇时间，组织好生产。

（5）防止铸件产生缩孔的方法

1）控制铸件凝固和补缩。具体做法是：正确选择铸件的浇注位置；在铸型各部分采用导热能力不同的材料（包括应用内、外冷铁）；采用补贴等，以控制铸件各部分的冷却速度，造成向冒口方向定向凝固的条件，再在铸件适当位置放置尺寸足够大、数量足够多的冒口，保证有足够液态金属对铸件就近补缩。为了提高冒口的补缩效果，采用让金属液经过冒口再浇入铸型，向冒口直接补注热的金属液，用发热冒口等方法来提高冒口的温度；添加保温剂减缓冒口的冷却速度；适当提高冒口的高度，采用大气压力冒口，或用有耐火衬及耐火涂料的铁棒搅动明冒口金属液等方法，来提高冒口的补缩压力。

2）选择适当的浇注温度和速度。在不致增加其他缺陷的条件下，可以在镇静处理后，用较低的浇注温度，以减少金属的液态收缩量。当浇口引注位置对定向凝固有利时，还可适当慢浇，防止缩孔及缩松的产生。为防止冒口内金属液温度过低，可将金属液直接浇入冒口。

3）改进铸件设计。修改铸件某些部分的结构，减小壁厚差，减小热节。铸件厚壁与薄壁部位的连接应平滑过渡，尽量减少和避免形成孤立热节。在铸件孤立热节等难以用冒口补缩的部位，采用内、外冷铁以加快该部位的凝固速度。对重要铸件，可在计算机数值模拟基础上进行计算机辅助设计，优化铸件结构和铸造工艺。在技术条件允许时，采用收缩较小的低牌号铸铁。

4）加强合金精炼和处理。净化金属液，减少合金中溶解气体和低熔点杂质的含量，以利于凝固补缩。采用悬浮铸造技术，在浇注过程中往金属液中随流加入晶粒细化剂或微冷铁，加快合金凝固速度并细化晶粒。调整合金成分，进行良好的变质或孕育处理，缩小合金的凝固温度区间，提高其铸造性能。降低球墨铸铁的硫、磷含量和残留镁量，用稀土镁合金处理时，应适当提高碳、硅含量。

5）提高铸型刚度和强度，防止型壁位移和抬型。对于球墨铸铁件，可采用均衡凝固工艺，充分利用凝固时的石墨化膨胀抵消铸铁的液态收缩和凝固收缩。

2. 错型、错芯和偏芯

（1）错型、错芯和偏芯的鉴别

错型、错芯是铸件的一部分与另一部分在分型面、分芯面处相互错开的缺陷。错型一般是由于合型定位不准所造成的，如图 6—1 所示。图 6—1b 铸型中有型芯，且型芯安放在下型，这种缺陷也是错型而非偏芯。错芯使铸件的内腔产生变形，如图 6—2 所示，它是错芯不是错型，故铸件外表面形状正确。偏芯是由于型芯的位置发生了不应有的变化，而引起的铸件形状及尺寸与图样不符，如图 6—3 所示。

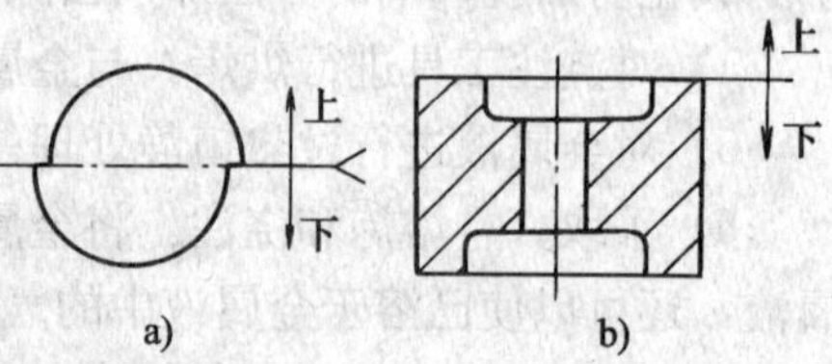

图 6—1 错型

a）铸型中无型芯 b）铸型中有型芯

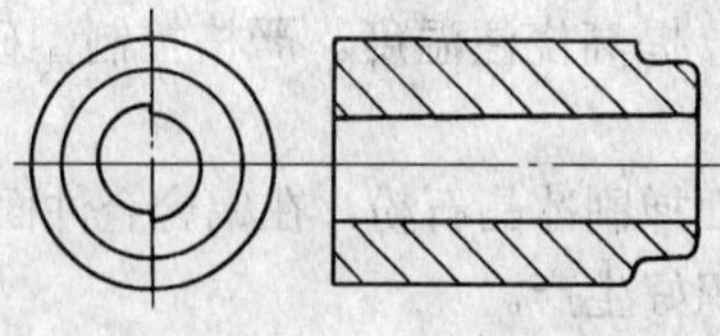
图 6—2 错芯

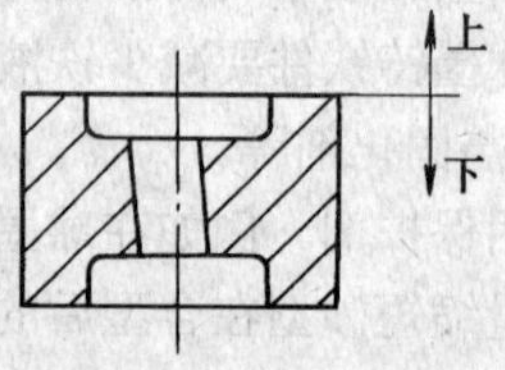

图 6—3 偏芯

（2）防止铸件产生错型的方法

1）造型生产线上用的模板、砂箱、模板框等必须定期检查定位销、定位套是否超差，并及时更换，检查模样在模底板上的定位是否正确。

2）手工造型用胶泥划定位线时，胶泥要牢固地固定在砂箱壁上，并要在砂箱的 3 个侧面上划定位线。合型时，上、下砂型的定位线要对准。如果划线用的胶泥碰掉或定位线看不清，则不能合型（上砂型没有铸件型腔的除外，但在合型时，直浇道必须落在横浇道上）。

3）不能在拔去合型定位销的情况下打箱卡。

（3）防止铸件产生错芯的方法

1）芯盒最好用钢制专用定位销和定位套。

2）凡两个半芯需黏合的，必须将两个半芯对准后再黏合，黏合好后将分芯面处修平整。

（4）防止铸件产生偏芯的方法

1）对于有些不允许放芯撑的铸件（如有水压试验或某些加工要求高的面上），必须要在铸造工艺上设法将型芯固定。

2）视金属液对型芯浮力作用的大小，合理布置芯撑的安放位置和数量，靠近内浇道处要多放置一些芯撑；湿砂型放置芯撑时，最好在放置芯撑处加铁片以增加承载能力。

3）悬臂芯的芯头长度必须要大于伸入型腔内型芯的长度，如加长芯头有困难，则要在工艺上采取措施；对于一些多型芯的或容易下偏芯的铸件，工艺上要设计下芯样板，下芯时用样板来校正型芯在型腔内的位置。

4）细小而高度较高的垂直型芯，在上砂型必须要设置芯头。

5）芯头和芯座的配合间隙一定要按砂型的性质和工艺要求设计。

6）水平型芯（卧式型芯）的芯骨刚度要好。

3．浇不到与未浇满的鉴别

（1）浇不到与未浇满缺陷的鉴别

浇不到缺陷是指铸件上有残缺，轮廓形状不完整，或轮廓完整，但它的边角呈圆形，色泽光亮。未浇满与浇不到是不同的。未浇满是在铸件浇注位置的上部产生缺肉，缺肉处的铸件边角略呈圆形。

铸件上的浇不到缺陷，常出现在远离浇口的部位及薄壁处，而浇注系统中是充满金属液的。它不是浇注时金属液不够，而是因为金属液的流动性太差或流动阻力太大所造成的，如图 6—4 所示。未浇满是由于进入型腔的金属液不足而产生的，如浇包中的金属液不够或浇注中断等。图 6—5a 是金属液不足时的情况，图 6—5b 是浇注中断后再浇时的情况。

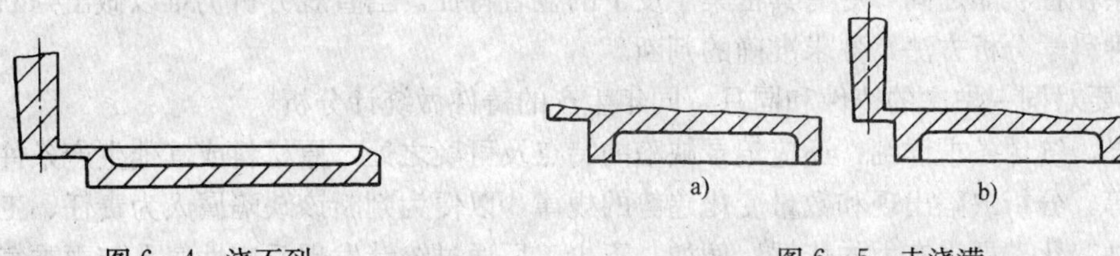

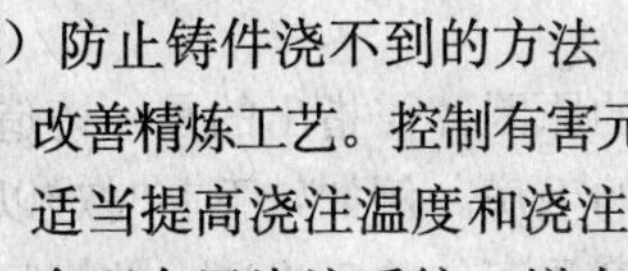

图 6—4　浇不到

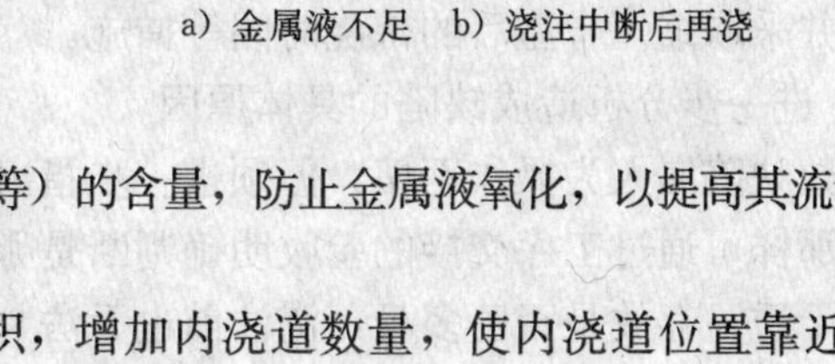

图 6—5　未浇满
a）金属液不足　b）浇注中断后再浇

（2）防止铸件浇不到的方法

1）改善精炼工艺。控制有害元素（如硫等）的含量，防止金属液氧化，以提高其流动性。

2）适当提高浇注温度和浇注速度。

3）合理布置浇注系统。增大浇道截面积，增加内浇道数量，使内浇道位置靠近薄壁部分，增加浇注系统高度，加设浇口杯。

4）提高砂型排气能力。改善型砂透气性，造型时多扎气眼，在铸件最高处设置出气孔，多放出气冒口，降低型腔内阻碍充型的反压力。

5）改进浇注操作。浇注时不可断流或断续浇注，防止大块熔渣进入浇口造成堵塞，薄壁大平面铸件采用倾斜浇注。

6）使铸件的薄壁部分处于浇注位置的底部，防止液流前稍的低温金属液进入铸型，并尽量缩短流程。

7）必要时，会同设计人员增加铸件壁厚。

（3）防止铸件未浇满的方法

1）正确估计金属液量，确保浇包中的金属液足够浇满铸型。

2）改进浇注操作，确保浇注过程不中断。

3）加强挡渣措施，确保大块熔渣不进入浇口，造成堵塞。

二、铸件缺陷的分析方法

铸件缺陷分析主要是分析缺陷的性质，缺陷出现的几率，占废品总数的百分率，产生缺陷的主要和次要原因、能否弥补以及如何防止等。以下举铸件气孔为例，做扼要说明。

1. 首先要会判断所出现的缺陷属于何种缺陷

首先要鉴别铸件上的哪些孔洞类缺陷是气孔。有些铸件表面上看不出有缺陷，只是局部颜色浅淡，用尖嘴锤敲击就可发现，在很薄的一层皮下有扁平而光滑的气孔。有些气孔与浇不足或跑火很相似。另外，有些凹角缩孔的表面也是光滑的。因此，不能单凭孔洞的表面是否光滑就做定论。在确认属气孔后还应进一步判别它是侵入性、反应性还是析出性的气孔。虽然析出性气孔常成批出现，但当金属液含气量处于出气孔的临界状态时，亦会非成批性地出现。所以，还要看气孔的大小、数量及在断面上的分布状况。由于析出及反应性气孔皆是在凝固过程中形成的，而侵入性气孔则是在液态时侵入，在上浮前后被凝固在铸件中的，所以总是有某些特征或迹象可加以区别。例如，侵入的气泡在铸件型腔表面汇合来不及逸出而形成扁平状气孔，但没有浇不足的圆钝边缘，或跑火而形成的厚大飞边；或者在气泡侵入的地方尚未脱离表面就被凝固住，构成局部性缺陷。虽然它与凹角缩孔十分相似，但它肯定呈上浮形态，而凹角缩孔则是取代缩孔位置。金属与铸型反应气孔只在接触的表层中吸氢，其气泡夹杂在柱状晶之间，更有其密集于皮下的显著特征。当直观分析仍难以做出判断时，应采用各种科学分析方法，务求准确的判断。

2. 要对同一炉次的铸件和同月、同年生产的铸件做统计分析

记录、统计务求详细，还应记录缺陷的特点及可疑之处，原材料或其他生产条件的变化与时间等。分析缺陷出现和数量变化趋势的规律，以便为判断该缺陷属人为责任、工艺欠周还是条件变化，提供有力的依据。例如，不少工厂通过统计发现反应性气孔与雨季气候潮湿有关，并采取缩短合型后的待浇时间等措施。

3. 进一步分析造成缺陷的具体原因

多数缺陷属人为操作不慎，但须进一步指出缺陷产生的原因。需指出的是，铸造不像机械加工那样可通过工序交接的验收明确判断是哪一工步出的毛病。例如，下芯时难以判断型芯是否干透，存放是否已多日，浇注前也无法判断所合铸型是否气路已沟通，芯头间隙已填好等，这就给寻找具体原因造成困难。所以，铸件缺陷分析除了从理论上分析其成因的各种可能性外，还需要操作者加强责任感，自查原因。

4. 分析克服该缺陷的办法，提出改进措施

除了采取若干针对性措施之外，各有关方面也要提出防范措施，切忌顾此失彼，隐患无穷。

第二节 质 量 检 验

一、铸件毛坯的清整知识

铸件的表面清理是获得良好外观的合格铸件的重要手段，同时也便于进行外观质量检验和质量评定。铸件的表面清理方法有很多种，我们可以根据铸件的特点和要求，选择不同的清理方法，常用的几种清理方法的特点及应用范围见表 6—1。

表 6—1　　表面清理方法、特点及应用

清理方法	所用设备（工具）与特点	应用范围
半手工或手工清理	1. 风铲，固定式、手提式、悬挂砂轮机 2. 锉、錾、锤及其他手工工具 3. 手工或半手工操作，生产率较低 4. 工具简单，电动、风动或手动 5. 劳动强度大，劳动条件差	单件小批量生产的铸件
滚筒清理	1. 利用圆形或多角形滚筒，由电动机驱动，靠撞击作用清理铸件表面 2. 设备简单，生产率高，适用面广 3. 噪声大、粉尘大，需加防护	批量生产的中、小型铸铁件和铸钢件
喷丸（砂）清理	1. 利用压缩空气或水将金属丸、粒或砂子等高速喷射到铸件表面打掉铸件表面的附着物。有喷丸器、喷丸清理转台、喷丸室、水砂清理等设备 2. 清理效率低，表面质量好，使用较普遍 3. 喷枪、喷嘴易磨损，压缩空气耗量大，需设立单独的操作间 4. 粉尘和噪声大，应采取防护措施	批量生产中清理铸件时，喷丸常用于铸铁件和铸钢件；喷砂多用于非铁合金铸件
抛丸清理	1. 利用高速旋转的叶轮将金属丸、粒高速射向铸件表面，将铸件表面的附着物打掉。有抛丸清理滚筒、履带式抛丸清理机、连续滚筒式抛丸清理机、抛丸室、通过式（鳞板输送）连续抛丸机、吊钩与悬链抛丸机、多任务位转盘或抛丸清理机及专用抛丸机，如缸体的鼠笼式抛丸机等。抛丸清理是世界各国清理铸件的主要手段 2. 可实现机械化和半自动化操作，生产率高，铸件表面质量好 3. 设备投资大，抛丸器构件易磨损 4. 操作要求严格，作业环境好	批量生产的铸铁件和铸钢件
机械手自动打磨系统	1. 采用预编程序或模拟随动遥控操纵机器人或机械手对铸件进行自动打磨和表面处理 2. 使铸件清理工作从高温、噪声、粉尘等恶劣的工作环境及繁重的体力劳动中解放出来 3. 操作者必须具备较高的技术素质，投资大，维护保养严格 4. 需进行开发性设计研究	用于成批或大量流水线生产的各类铸件

二、铸件毛坯的修补知识

铸件缺陷修补的原则是：经修补的铸件外观、性能和寿命均能满足要求，且经济上合算，即应修补；反之，技术上无把握，经济上得不偿失，就不做修补。铸件缺陷修补的方法很多，主要有矫正、焊补、熔补、浸渗、金属喷镀、腻子修补、塞补等。不同修补方法的适用范围也不尽相同。一般我们可根据铸件材质如铸铁、低中碳钢、低合金钢或有色合金，铸件种类如泵体、缸体、轴承或导轨等和铸件缺陷类型来选择不同的修补方法。下面是几种常用修补方法的特点和使用方法。

1. 矫正

矫正俗称为校直，就是通过手工、机械或热处理多种方法，并借助适当的模具，对变形的铸件进行矫正，使其成为合格产品。按照加热方法的不同，可将矫正铸件变形的方法分为冷态矫正、局部加热矫正、火焰矫正和整体加热矫正 4 种。

（1）冷态矫正

即常温下矫正，无需加热，最适用于矫正形状简单的材质塑性好的薄壁铸件。对塑性较差的材质，矫正变形量不宜过大，而对于脆性材料，则不能进行冷态矫正。操作时，一般先矫正整体变形，然后矫正局部变形。根据变形特点，可分别采用大锤、千斤顶、压力机等工具或设备，并借助适当的胎具，在选定的施加外力的部位用锤、挤、压和顶等机械作用力，使铸件发生弹性和一定量的塑性变形，最后达到矫正的目的。金属的塑性变形是冷态矫正得以实现的内在依据。施加外力的大小、力作用点的位置，铸件材质、大小，热处理状态都会直接影响冷态矫正的效果。但由于冷态矫正是不均一的塑性变形的结果，总会使矫正后的铸件中有残余应力。在冷态矫正后，铸件的塑性拉伸处就有残留压应力；反之，在塑性压缩处就存在着残余拉应力。冷态矫正的铸件必然会同时在有的地方产生塑性拉伸，而在另一处有塑性压缩的不均一塑性变形，否则达不到矫正的目的。因此，如果冷态矫正的铸件有尺寸长期稳定的技术要求时，还需要有进一步消除这种残余应力的措施。

（2）局部加热矫正

当铸件塑性差、强度高，冷态矫正有困难时，可进行局部加热矫正。以气体火焰或其他热源将铸件变形的局部加热到 750～900℃，表面呈红黄色，使之处于热塑性状态，然后施力进行矫正。该法主要用于壁厚在 60 mm 以内的大、中型铸件，以及塑性较差的中、小型铸件。矫正效果的关键决定于加热部位、加热温度及速度，施力位置、方向和速度。一般来讲，自由杆类铸件弯曲变形的加热部位和施力位置应在最大弯曲处。对一端固定的悬臂杆、侧板铸件的偏斜变形，加热部位应选在变形起点，而施力位置则多在变形最大部位。铸件材料热塑性好，加热和施力位置选择合适，加热温度高，趁热施加外力就可获得较好的矫正效果。对薄壁中、小型铸件常采用气体火焰加热，火焰集中，加热位置准确，操作条件较好。厚大铸件则常用地坑式炉加热，该法加热面积大，加热部位往往不准确，操作条件差。对于一次矫正未达到要求的铸件，可以重复加热，并趁热多次矫正。

（3）火焰矫正

火焰矫正是局部加热矫正的一种特殊形式，是基于局部加热时金属发生压缩塑性变形来实现的。火焰矫正常采用氧—乙炔中性火焰，使用线状或三角加热法。加热部位位于伸长边或伸长面上。火焰矫正效果取决于温度高低、加热位置和冷却速度。加热温度一般为 700～

850℃。温度过低，矫正效果差；过高又容易形成过热组织。对刚性较大的铸件也可施加力，以加强矫正效果。一次加热未能矫正的铸件，可重复矫正多次，但重复加热位置不得与原先加热过的位置重合。火焰矫正主要用来矫正壁薄、塑性好、面积大而变形小的铸件。如薄板类铸件，立壁、立板等面积大、厚度小、变形量小的铸件。

(4) 整体加热矫正

整体加热矫正是对整个铸件或铸件大部分进行加热后再矫正。对用上述几种方法都难以进行矫正的中、小型铸件，或对厚大变形铸件无大型矫正设备时，可采用此法矫正。大型铸件的变形常在热处理过程中外加重量，如加适当重量压铁或支垫来进行矫正。热处理时的装压方法为：基本平面向下，用垫铁垫稳、垫实。局部变形翘起部位向上，下面安放适当数量的垫铁，垫铁与铸件间的空隙为该处的变形尺寸，然后选择适当重量的压铁压在变形部位上。一般是在完全退火或正火过程进行变形矫正，个别情况亦可在调质淬火前进行。若在低温退火或回火过程进行变形矫正，因温度低，势必增加压重，效果往往不够理想。

2. 焊补

焊补是修复铸件缺陷最常用的方法之一。如果焊补工艺正确，可使焊补部位获得与铸件本体相同或相似的组织和性能，并满足铸件的技术性能要求。

铸件焊补经常遇到的困难在于，因焊接过程的快热、急冷以及受热不均匀而产生较大的焊接应力，引起铸件变形和裂纹，造成过硬的组织，或出现气孔，熔敷金属与母材不易融合等。为克服这些困难，应做好焊补前的准备工作，并要掌握正确的焊补操作要点。焊补以前，必须对铸件缺陷部位进行适当清理，以使焊补易于操作，并保证焊补部位的质量。焊补前的清理包括：去除铸件表面粘砂、氧化皮、油污等，同时还要进行缺陷部位的开坡口工作。为防止焊补时因铸件各部分受热不均匀而引起的变形或裂纹，焊补前某些部位需进行预热。铸件是否需要预热以及预热的温度主要根据金属的物理性质、结构、形状及缺陷所在部位来决定。焊补方法主要有电弧焊、气焊和钎焊。

电弧焊采用电弧焊机和电焊条，一般在无保护性气氛下对铸件缺陷部位进行焊补，常用于焊补铸铁件和铸钢件，也用于焊补某些非铁合金铸件。气焊焊补是利用可燃性气体（乙炔、丙烷、氢气等）与氧气混合燃烧产生的热量使铸件本体金属和焊接金属（焊条、焊丝）熔接成一体的焊补方法。生产中应用最多的是氧—乙炔焰气焊焊补法。钎焊是在铸件待修补的部位放上熔点低于铸件的钎料（填充金属和焊剂），将铸件与钎料一起用气焊火焰局部加热，钎料熔化后渗入焊缝的方法。其焊补连接是依靠焊缝金属和基体金属交界面上金属之间的互相机械结合来实现的。

3. 熔补

对一些大型铸件出现的浇不到或其他原因造成的尺寸较大缺陷，可采用金属液熔补的方法来进行修补。但这种方法只适用于修补一般部位，对承受冲击载荷或高压的部位，一般不允许采用该法修补。熔补是利用金属液的热量将铸件表面熔化，同时使铸件被修补处填满金属，并与其他部分熔接起来。为此，先按铸件残缺部分的形状造型或制芯，烘干后置于铸件残缺处，周围用型砂填充、紧实，并留有金属液流出口。

4. 浸渗

存在着缩松等缺陷的铸件，在水压和气压试验时会发生渗漏现象。若渗漏部位无法焊补，但渗漏不太严重，铸件工作压力不大，工作温度又较低时，则可采用浸渗的方法加以修补。常用的浸渗方法主要有氯化铵液浸渗和胶状液浸渗。

氯化铵液浸渗是靠金属氧化时的体积膨胀来填补铸件的内部缺陷的。故只适用于轻微渗漏的铸件，如铸铜、铸铁件。由于氯化铵对金属腐蚀严重，不宜于加工后铸件的堵漏。

胶状液浸渗法是将呈胶状的液体渗入铸件的孔隙，然后使其硬化，从而填补铸件的孔隙。浸渗液材料有水玻璃、环氧树脂及铅等。它适用于渗漏较利害的铸铁件和铸钢件，有资料证明，在800℃使用也可靠。为使浸渗堵漏液能更好与铸件金属黏合，浸渗前应对铸件进行脱脂或清除杂质的净化处理。由于铸件孔隙内存在一定量的空气，同时堵漏液具有一定的表面张力，使堵漏液有时不能很好地充填铸件渗漏处孔隙。因此，在生产中进行浸渗处理时，常采用加压或真空减压法浸渗铸件。浸渗后应立刻去除存在于铸件表面上的堵漏液。若室温在20℃以上，擦净铸件表面，自然干燥24 h；若室温在20℃以下，擦净铸件表面，放入烘干炉内，在180℃下烘烤2 h脱水。最后可再次进行耐压试验，检查浸渗质量。

5. 金属喷镀

当铸件非加工表面有小缩孔、气孔、缩松缺陷时，可用金属喷镀法修补。金属喷镀是采用喷枪使金属丝经电弧或氧—乙炔火焰熔化，再以压缩空气流将熔滴雾化，喷镀在铸件表面上。常用的喷镀材料为ϕ1.0～ϕ1.5 mm的锌条。喷镀前，应对有缺陷的铸件进行去油除锈处理，将铸件缺陷部位清理干净，然后根据缺陷情况和铸件使用要求做分层喷镀。每喷一层均用清水将其湿透，然后再喷，直到符合要求为止。可用小锤振击喷镀后的铸件表面，边振边观察喷镀金属有无起层或脱落现象，以检查喷镀质量。必要时可借助放大镜观察其表面有无龟裂，用钢直尺或卷尺等测量工具检查铸件是否变形。

6. 填腻修补

在铸件非主要部位有影响外观质量的孔眼类（不穿透孔眼）缺陷，一般都可采用与铸件颜色相似的腻子进行修补，以美化铸件外观。也可修补工作温度在200～300℃以下渗漏的铸铁件。腻子粘补剂种类较多，可根据铸件缺陷及使用要求选用不同的腻子粘补剂。填补前先将缺陷处清理干净。可用目测或尖嘴小锤振击缺陷处，看夹杂物等是否清除，一般可用丙酮将缺陷处擦洗干净，直到露出金属基体为止。填腻修补，一是以氧—乙炔中性火焰或喷灯火焰将缺陷处加热至300℃左右，然后将准备好的腻子涂抹于缺陷处。腻子遇热熔化，渗入缺陷孔洞深处冷凝后即可堵塞渗漏。二是以刮刀将各种腻子压入缺陷，压平刮实。修补后用尖嘴小锤振击缺陷修补部位，观察修补的腻子粘补剂是否有离层或剥落现象。对有硬度要求的部位，可用锤击式硬度计检查修补后的硬度是否与母体硬度相近；对耐压的部位可用水压试验或煤油渗透法检验其修补后的质量。

7. 塞补

在铸件不甚重要的较厚部位上有较大的孔洞缺陷时，可镶入金属塞头来修补铸件缺陷。塞补的方法是将孔洞加工成相应大小的塞孔，配好金属塞头，塞头材质应与铸件材质相同。塞头和塞孔可用过盈配合或车制的螺纹连接。对承压部位进行塞补时，为更好地密封，可用水玻璃、树脂等黏结剂将塞头和塞孔胶合，必要时还可焊上一层金属来增强密封性。

三、外观质量的检验方法

1. 铸件形状和尺寸的检验

铸件尺寸的检查方法归纳起来有5种：实测法、划线法、专用检具法、样板检查法、仪器测量法。

（1）实测法

用实际测量尺寸的方法检查铸件的尺寸是应用最广的一种。对尺寸要求不太严的普通铸件，无论是大型铸件还是小型铸件，是首件还是抽查，都可以应用，其步骤如下：

1）以铸件图或铸件工艺图的尺寸为依据找出铸件的基准线或基准面。

2）用各种量具如钢板尺、直尺、角度尺和卡钳等对铸件尺寸、角度逐个测量与记录。

3）从 GB/T 6414—1999 标准中查出被测铸件的公差等级和各尺寸的公差数值。

4）所测得的各个尺寸符合公差要求时，铸件的尺寸即为合格。

（2）划线法

用划线法检查铸件尺寸精度是最通用的方法之一，此方法比较复杂，所以一般在首件和铸件的抽查时采用。划线法不仅能检查铸件的尺寸、铸件各个部分的形状及其相对位置偏差，还可以确定铸件各加工面的加工余量、加工位置及加工位置的基准线等。划线法的精确度在 0.5 mm 以内。

（3）专用检具检查法

对尺寸要求比较严格、生产批量比较大的中、小型铸件，为了提高检查工作的效率，可以制作专用检具来检查其尺寸。

（4）样板检查法

此方法只测定一个公差极限，上限或下限，而不能测量铸件的真实尺寸，即只能判定铸件尺寸是“过”还是“不过”。它适用于大量生产，检测关键尺寸或那些受铸造工艺影响、易出偏差的尺寸。该方法一般使用样板、量规等。

（5）仪器测量法

一般用于特种铸造方法的特种铸件以及对尺寸要求极为严格的铸件。如用三坐标测量仪、测厚仪等测量铸件的尺寸精度。

2. 铸件表面粗糙度的检验

对铸件表面粗糙度的主要评定方法是用视觉或触觉将铸件表面与标准样块进行比较，其评定原则如下：

（1）当被检铸件表面粗糙度介于比较样块两级之间时，按低的一级评定。

（2）被检铸造表面大于或等于 80%的表面达到样块的某等级时，就可以定为此等级，但其余表面的表面粗糙度不得低于评定等级的一级以上。

（3）用样块比对时，应比较双方认定的最差处，而且被检的点数应符合有关标准的要求。详情见表 6—2。

表 6—2　被检铸造表面最低检测点数

表面积（cm^2）	<200	200～1 000	1 000～10 000	>10 000
检测点数	≥2	每 200 cm^2≥1	每 1 000 cm^2≥4	≥40

用比较样块评定毛坯铸件的表面粗糙度的方法，不适用于浇道、冒口、补贴的残余表面。铸件的表面缺陷应按缺陷处理，不列入被检表面。

3. 铸件质量的检验

铸件质量的检验就是把铸件的实际质量与铸件的公称质量进行比较，看是否在允许波动的范围内。在实际检验过程中，一般分为两个步骤：

(1) 确定公称质量

1) 当成批大量生产时，从供需双方共同认定的首批合格铸件中随机抽取不少于10件铸件，以实际的质量平均值或标准样质量作为公称质量。

2) 当小批量和单件生产时，以供需双方共同认定的任一合格铸件的实际质量或计算质量作为公称质量。

(2) 检验与评定

1) 铸件的公称质量与待检铸件的质量应采用同一精度等级的计量器具进行称量。

2) 如被检铸件实际质量小于或等于公称质量与质量公差的上偏差或下偏差之和时，则铸件质量公差合格。表6—3给出了成批和大量生产的铸件质量公差等级。

3) 当以铸件的质量公差作为验收依据时，应在图样或技术文件中注明。

表6—3　　用于成批和大量生产的铸件质量公差等级

工艺方法	质量公差特级 MT		
	灰铸铁	球墨铸铁	可锻铸铁
砂型手工造型	11～13	11～13	11～13
砂型机器造型与壳型	8～10	8～10	8～10

4. 铸件表面缺陷的检验

铸件表面缺陷的检验一般靠目视检查，包括使用小于10倍的放大镜。此外，为提高检验的分辨率，还可采用荧光探伤、着色探伤、磁粉探伤等检验方法来发现表面上或靠近表面的缺陷。但在目视检验中，应发现铸件的轮廓是否清晰和有无冷隔、浇不到、裂纹、气孔、缩松、机械损伤、缩孔、变形等缺陷。当有超出标准规定的缺陷时，应将其挑出，做出标记，或者返修（如补焊、打磨、校正等），或者报废，不要与成品件混合。

四、内在质量检验的常用方法

铸件内在质量包括力学性能、内部缺陷、显微组织、化学成分和特殊性能。普通铸件一般只要求室温常规力学性能；较重要的铸件应检验内部缺陷，并需经常进行金相检验、化学分析和特殊性能检验；用于特殊工作条件的铸件应检验所要求的特殊性能，例如高温性能、低温性能、断裂性能、疲劳性能、蠕变性能、压力密封性能、摩擦性能、耐磨性能、耐腐蚀性能、减振性能、防爆性能、电学性能、磁学性能，以及其他物理或化学性能。

1. 铸件力学性能检验

(1) 常规力学性能检验

常规力学性能检验在室温进行，检验项目通常包括抗拉强度、屈服点、伸长率、断面收缩率、挠度、冲击吸收功（或冲击韧度）和硬度。抗拉强度、屈服点、伸长率、断面收缩率用拉伸试验机测定；冲击吸收功（或冲击韧度）用冲击试验机测定；挠度和抗弯强度用横向弯曲试验方法测定；硬度用各种硬度计测定。

1) 拉伸试验　灰铸铁的拉伸试样由圆柱形单铸试棒或附铸试棒经机械加工而成。单铸试棒直径为30 mm，在立浇干砂型中与铸件同批浇注。拉伸试样平行段直径为20 mm±0.5 mm。如用抗弯强度和挠度作为铸件力学性能验收条件，可进行弯曲试验，弯曲试样直接用直径为30 mm±1 mm的铸态毛坯试棒。拉伸试样、弯曲试样、毛坯试棒的形状、尺寸和表面质量，拉伸试验和弯曲试验方法，对试验机的技术要求，以及测定结果的计算和处理，均应符合《灰铸铁力学性能试验方法》的规定。其他铸造金属和合金的拉伸试样的形状、尺寸和表面质量应符合《金属拉伸试验试样》的规定。试样不允许有机械损伤、裂纹、显著的横向刀痕、明显变形和其他肉眼可见的缺陷。试样表面的粘砂、飞翅、毛刺及其他多肉类缺陷和黏附物应予以清除。拉伸试样可取自单铸试块、附铸试块或铸件本体。单铸试块和附铸试块的类型、形状和尺寸，拉伸试样的切取部位和方向，附铸试块与铸件本体的连接方式和连接部位，由供需双方根据相应铸件标准选取或商定。需热处理的铸件，单铸试块应与铸件同炉热处理，附铸试块应在热处理后割下。白口铸铁等脆硬材料的拉伸试样可采用不经机械加工的铸态圆棒试样，或采用退火后机械加工，再与铸件同炉热处理的拉伸试样，试样形状、尺寸、技术要求和热处理规范由供需双方商定。

2）冲击试验　冲击试验用于测定冲击试样在一次冲击负荷下折断时的冲击吸收功（J）或冲击韧度（J/cm^2）。冲击试验机应符合GB/T 3808—2002《摆锤式冲击试验机的检验》的要求，并应定期由国家计量部门进行检定。冲击试样分为V形缺口冲击试样、U型缺口冲击试样和无缺口冲击试样。灰铸铁采用无缺口圆柱形冲击试样，由直径为30 mm的铸态毛坯试棒经机械加工而成，其公称尺寸为ϕ20 mm×120 mm；毛坯试棒的铸造方法、冲击试样的技术要求、冲击试验机技术参数、试验条件和方法应符合GB/T 6296—1986《灰铸铁冲击试验方法》的规定。白口铸铁等脆硬材料的冲击试样可采用无缺口铸态毛坯试样，或采用退火后机械加工并经与铸件相同热处理的无缺口试样，试样形状、尺寸和技术要求由供需双方商定。其他铸造金属和合金的冲击试样采用U形或V形冲击试样，U形冲击试样一般用于缺口敏感性大的铸造金属和合金。U形或V形冲击试样可取自单铸试块（棒）、附铸试块（棒）或铸件本体。取样部位和方向，单铸试块（棒）和附铸试块（棒）的类型、形状、尺寸和铸造方法，附铸试块（棒）与铸件本体的连接方式和连接部位，由供需双方根据相应铸件标准选取或商定。需热处理的铸件，附铸试块应在热处理后割下，单铸试块（棒）应与铸件同炉热处理。

V形和U形缺口冲击标准试样的公称尺寸为10 mm×10 mm×50 mm，公称缺口深度为2 mm。缺口冲击试样的尺寸公差、表面粗糙度和其他技术条件，试验要求和试验结果处理，应符合GB/T 229—1994《金属夏比冲击试验方法》的规定。由单铸试块（棒）和附铸试块（棒）切取的冲击试样的性能应符合相应铸件标准或订货合同的要求，本体试样的冲击性能要求由供需双方根据相应铸件标准商定。

3）硬度试验　测定铸件硬度的常用方法有布氏硬度法和洛氏硬度法两种。硬而脆的铸造合金通常用洛氏硬度法测定其硬度，其他铸造合金一般用布氏硬度法测定其硬度。

布氏硬度法用一定直径的钢球或硬质合金球以相应的试验力压入试样表面，经规定保持时间后卸除试验力，测量试样表面的压痕直径，用试验力除以压痕球形表面积所得的商表示布氏硬度值。压头为钢球时，硬度符号为HBS，适用于布氏硬度值≤450的材料；压头为硬质合金球时，硬度符号为HBW，适用于布氏硬度值≤650的材料。布氏硬度试验的仪器、试样、试验方法和试验结果处理应符合GB/T 231.1—2002《金属布氏硬度试验方法》的规定。布氏硬度试验可在拉伸试样、冲击试样、铸件或专门铸造的硬度试块上进行，试验表面应为光滑平面，无氧化皮和外来污物，试验位置应符合相应铸件标准的规定或由供需双方商定。

洛氏硬度法是在初负荷和总负荷（等于初负荷加主负荷）分别作用下，将金刚石圆锥体压头或钢球压头压入试样表面，然后卸除主负荷，测量在初负荷下的压痕深度增量 e 值，用 e 值计算洛氏硬度。洛氏硬度按所用标尺的不同，分为 HRA、HRB 和 HRC 3 种。HRB 采用钢球压头，其硬度值$=130-e$，HRA 和 HRC 采用金刚石圆锥体压头，硬度值$=100-e$。HRA 的主负荷为 490.3 N，测量范围为 HRA60～85，HRC 的主负荷为 1 373 N，测量范围为 HRC20～67。洛氏硬度试验所用的仪器、试样、试验条件和方法，以及试验结果的处理应符合 GB/T 230—1991《金属洛氏硬度试验方法》的规定。洛氏硬度试验的试件选取、试验位置及对试验表面的技术要求与布氏硬度试验相同。

（2）非常规力学性能检验

非常规力学性能包括断裂韧度、疲劳性能、蠕变性能、高温力学性能、低温力学性能等。非常规力学性能试验应按有关标准的规定进行。

2. 铸件的化学成分分析

非铁合金铸件以及要求特殊性能的高合金铸件和特种铸铁件，常把化学成分作为铸件验收条件之一。即使对于化学成分不作为验收条件的铸件，为保证铸件质量，在生产过程中也要对化学成分进行检查和控制。

铸件的化学分析一般分为炉前检验和成品铸件终端检验。炉前检验采用热分析、超声波法、光谱法、气体快速分析法等快速分析方法及相应仪器，可在数分钟内快速测定铸造合金液或试样中的主要元素的含量，金属液中溶解气体（氢、氧、氮等）的含量，或进行全元素定量分析。例如：热分析法可根据浇注的热分析试样的连续冷却曲线，测定铸铁中碳、硅含量和碳当量，判断铁液的孕育和球化处理效果；X 射线荧光光谱分析法，可对试样的化学成分进行全元素分析，从浇注试样到打印结果的整个过程仅需几分钟；定氢（氧、氮）仪可快速分析金属液中溶解的氢、氧、氮的含量。成品铸件的化学分析方法主要有滴定法、分离法、分解法、容量法、重量法、电位法、电量法、电解法、比色法、发光分析法、光度法、分光光度法、光谱法、质谱法、色谱法、微探针分析、衍射分析、热分析和气体分析等。微探针分析和衍射分析可探测试样微区结构和成分的变化。

化学分析试样的采取、分析方法、分析仪器和分析试剂应符合有关标准的规定。分析结果应符合相应铸件或合金标准规定的化学成分要求。

3. 铸件显微组织的检验

铸件标准或订货合同对铸件的金相组织有要求时，铸件在交付前应检查显微组织。在生产过程中，为控制铸件的成分和组织，可采用打断单铸试棒检查断口的方法来判断铸造合金的熔炼和处理（孕育、球化、变质处理等）质量及铸件的铸态组织；也可采用热分析或超声波检验法在炉前快速判断铸造合金的熔炼、处理质量和铸件的铸态组织。

铸件的显微组织通常采用金相显微镜进行观测。金相试样可用已试验过的力学性能试样制取，也可由铸件本体、单铸或附铸试块切取，切取部位由供需双方商定。金相检验方法和显微组织的评级方法应符合有关标准的规定，检验结果应达到相应铸件标准规定的等级或由供需双方商定的验收标准。

4. 铸件内部缺陷

一些铸件往往在内部有缩孔、缩松、疏松、夹杂物、气孔、裂纹等缺陷，严重影响了铸件的力学性能和使用性能。无损检验就是在不破坏铸件的前提下，通过射线探伤法和超声波探伤法等对铸件进行全面检测。射线探伤能发现铸件内部的缺陷，并确定缺陷平面投影的位置、大小和缺陷种类。超声波探伤可发现形状简单、表面平整铸件内的缩孔、缩松、疏松、夹杂物、裂纹等缺陷，确定缺陷的位置和尺寸，但较难判定缺陷的种类。铸件的无损检验应遵守 GB/T 5616—1985《常规无损探伤应用导则》的规定。

五、质量检测报告

检验人员在接受检验任务之后，将按照有关的检测项目和试验规范对有关产品进行检测，检测结束必须开具质量检测报告，提供相关数据。

质量检测报告一般包括以下内容：被测试样的产品名称，试样名称，测试项目，委托单位或部门，委托日期，测试日期，测试环境，测试人员，校合、审核、批准人员，测试仪器、设备，测试标准、方法，测试数据（必要时提供所有原始测试数据及计算过程），测试结果（要根据相关标准或有关工艺要求进行判断得出结论）。

第三部分　铸造工高级技能

第七章　生产技术准备

第一节　工 艺 分 析

一、编制控制文件的基本要求

铸造控制文件是指导生产的技术文件，它既是进行生产技术准备和科学管理的依据，又是工厂工艺技术经验的结晶。因此，铸造控制文件的好坏，对铸件质量、生产率和成本起着决定性的作用。

控制文件的编制是铸造工艺设计的内容之一，要编好控制文件，必须做到以下基本要求：

1. 熟悉图样要求

在编制铸造工艺之前，首先要熟悉图样和有关的技术条件，对铸件的结构、尺寸、技术要求、生产件数、材质、质量、交货周期等进行全面的了解，然后再进行其工艺性分析。

对零件图进行分析有两个方面的作用：其一是审查零件结构是否能满足铸造生产的工艺要求，因为零件设计者往往不完全了解铸造工艺。一旦发现结构设计有不够合理的地方，就要与有关方面进行研究，在不影响其使用要求的前提下予以改进。这对简化工艺过程，保证质量和降低成本均有一定的作用。其二是在既定的结构条件下，考虑到铸造过程中可能出现的主要缺陷，在工艺设计中采取相应的工艺措施。

2. 了解生产条件

在考虑铸件的结构、尺寸、技术要求和生产数量等问题的同时，还必须考虑铸造车间的设备加工能力和加工水平、工人的技术水平和车间的管理水平等，再确定铸造方案和工艺参数，绘制铸造工艺图，编制工艺卡等技术文件。

3. 确定控制文件的形式

控制文件的完备和细致程度，取决于工厂的生产条件和生产性质。格式不可能统一，形式也是多种多样的。

例如，大批量生产的铸件的控制文件可以编得完备和细致些，单件小批量生产或不太重要的铸件则可以简单些。控制文件包括流程图、FMEA、控制计划、工艺图、工装图、工艺卡、操作规程、作业指导书等。一般可以分为两类，一类是通用性的，即对铸造工艺过程中的各个主要环节编制的控制文件，例如型砂芯砂的配制、造型制芯、合型、浇注、落砂、清理等工序及合金的熔（冶）炼等；另一类是对每一个铸件，根据其各自的要求，编制出工艺图、工装图等。

二、编制控制计划的方法和要求

编制控制计划是质量策划过程的一个重要阶段，目的是协助按顾客要求制造出优质产品。控制计划对用来最大限度地减少过程和产品变差的体系做了简要的书面描述。

1. 编制控制计划的要求

控制计划不能代替包含在详细的操作指导书中的信息。控制计划是一个动态文件，应和其他有关文件结合起来使用。

控制计划反映的是当前使用的控制方法和测量系统。控制计划随着测量系统和控制方法的改进，需要重新修订。

一个单一的控制计划可以适用于以相同过程、相同原料生产出来的一组和一个系列的产品。为了有助于说明，必要时可对控制计划附上简图。为了支持控制计划，要不断改善和运用过程监测指导书。

在正式生产运行当中，控制计划应提供用来控制特性的过程监测和控制方法。由于期望过程是不断更新和改进的，因此控制计划应反映与这种过程状况改变相对应的措施。

2. 编制控制计划的方法

编制控制计划首先应该收集有关基础信息，包括过程流程图，系统、设计、过程失效模式及后果分析，特殊特性，从相似零件得到的经验，设计评审，最优化方法（如 QFD、DOE 等)。然后编制各过程的控制计划内容（参照表 7—1)。

表 7—1　　控制计划　　第____页，共____页

<table>
<tr><td colspan="2">□样件 □试生产 □生产</td><td rowspan="2">主要联系人/电话</td><td rowspan="2">日期（编制）</td><td rowspan="2">日期（修订）</td></tr>
<tr><td colspan="2">控制计划编号</td></tr>
<tr><td colspan="2">零件号/最新更改水平</td><td>核心小组</td><td colspan="2">顾客工程批准/日期（如需要）</td></tr>
<tr><td colspan="2">零件名称/描述</td><td>供方/工厂批准/日期</td><td colspan="2">顾客质量批准/日期（如需要）</td></tr>
<tr><td>供方/工厂</td><td>供方代号</td><td>其他批准/日期（如需要）</td><td colspan="2">其他批准/日期（如需要）</td></tr>
</table>

<table>
<tr><td rowspan="3">零件/过程编号</td><td rowspan="3">过程名称/操作描述</td><td rowspan="3">生产设备</td><td colspan="3">特　性</td><td rowspan="3">特殊特性分类</td><td colspan="5">方　法</td><td rowspan="3">反应计划</td></tr>
<tr><td rowspan="2">编号</td><td rowspan="2">产品</td><td rowspan="2">过程</td><td rowspan="2">产品/过程规范/公差</td><td rowspan="2">评价/测量技术</td><td colspan="2">样　本</td><td rowspan="2">控制方法</td></tr>
<tr><td>容量</td><td>频率</td></tr>
<tr><td></td><td></td><td></td><td></td><td></td><td></td><td></td><td></td><td></td><td></td><td></td><td></td><td></td></tr>
<tr><td></td><td></td><td></td><td></td><td></td><td></td><td></td><td></td><td></td><td></td><td></td><td></td><td></td></tr>
<tr><td></td><td></td><td></td><td></td><td></td><td></td><td></td><td></td><td></td><td></td><td></td><td></td><td></td></tr>
</table>

(1) 过程名称、操作描述

系统、子系统或部件制造的所有步骤都在过程流程图中描述。识别流程图中最能描述所述活动的过程、操作名称。

(2) 生产设备

制造用机器、装置、夹具、工装的名称，适当时，对所描述的每一操作识别加工装备，

诸如制造用的机器、装置、夹具或其他工具。

(3) 特性

对于从中可获取计量或计数型数据的过程或其输出（产品）的显著特点、尺寸或性能，适当时可使用目测法辅助。

1) 编号　必要时，填入所有适当文件，如（但不限于）过程流程图、已编号的计划、FMEA和草图（计算机绘图或其他方式绘图）相互参照用的编号。

2) 产品　产品特性是在图样或其他主要工程信息中所描述的部件、零件或总成的特点或性能。应从所有来源中识别组成重要产品特性的特殊产品特性，所有的特殊特性都应列在控制计划中，此外，制造者可将在正常操作中进行过程常规控制的其他产品特性都列进来。

3) 过程　过程特性是与被识别产品特性具有因果关系的过程变量（输入变量）。过程特性仅在其发生时才能测量出。核心小组应识别和控制其过程特性的变差，以最大限度地减少产品变差。对于每一个产品特性，可能有一个或更多的过程特性。在某些过程中，一个过程特性可能影响数个产品特性。

(4) 特殊特性分类

根据产品的要求使用合适的分类来指定特殊特性的类型，如“关键”“主要的”“安全的”“重要的”，或者可空着用来填写未指定的特性。顾客可以使用独特的符号来识别那些诸如影响顾客安全、法规符合性、功能、配合或外观的重要特性。

(5) 方法

使用程序和其他工具控制过程的系统的计划。

1) 产品或过程中的规范或公差　规范或公差可以从各种工程文件中获得，诸如（但不限于）图样、设计评审、材料标准、计算机输助设计数据、制造或装配要求。

2) 评价或测量技术　标明所使用的测量系统。它包括测量零件制造装置所需的量具、检具、工具或试验装置。在使用一测量系统之前，应对测量系统的线性、再现性、重复性、稳定性和精度进行分析，并相应地做出改进。

3) 样本容量或频率　当需要取样时，列出相应的样本容量和频率。

4) 控制方法　简要描述操作将怎样进行控制，必要时包括程序编号。所用的控制应是基于对过程的有效分析。控制方法取决于所存在的过程类型，可以使用（但不限于）统计过程控制、检验、计数数据、防错（自动或非自动）和取样计划等来对操作进行控制。控制计划的描述应反映在制造过程中实施的策划和战略。如果使用复杂的控制程序，计划中将引用程序文件的特定的识别名称或编号。

为了达到过程控制的有效性，应不断评价控制方法。例如，如出现过程或过程能力的重大变化，就应对控制方法进行评价。

(6) 反应计划

反应计划规定了为避免生产不合格产品或操作失控所需要的纠正措施。这些措施通常应是最接近过程的人员（操作者、调整人员或监督者）的职责，并应在计划中清晰地制定。对预防措施应做出文件化的规定。

在所有的情况下，可疑或不合格的产品应由反应计划制定的负责人员进行清晰地标示、隔离和处理。

三、铸件结构工艺性知识

1. 铸件结构的要求

铸件的结构除了应满足使用性能和机械加工要求外，还应符合铸造工艺的基本要求。在实际生产中常常会遇到有些铸件的结构不够合理，使质量得不到保证，有的甚至很难铸出。但只要对其结构稍加改动就能大大简化铸造生产工艺，提高铸件质量，又不影响铸件的使用性能。

（1）铸件的壁厚

每种铸造合金铸件都有其合适的壁厚范围，如果选择得当，既能保证铸件的力学性能要求，又能方便铸造生产。

1）铸件的壁不能太薄　铸件壁太薄易产生浇不到或冷隔等缺陷，因此必须规定铸件的最小允许壁厚，见表7—2。最小允许壁厚与合金种类、合金流动性、浇注温度、铸件轮廓尺寸、复杂程度以及铸型性质有关。

表7—2　　常用铸造合金湿砂型的最小允许壁厚　　mm

铸件尺寸	铸钢	灰铸铁	球墨铸铁	铝合金	铜合金
＜200×200	6～8	4～6	6	3	3～5
200×200～500×500	10～12	6～10	12	4	6～8
＞500×500	15～20	15～20	—	5～7	—

2）铸件壁不宜太厚　从合金的结晶特点可知，随着铸件壁厚的增加，中心部位的晶粒会变得粗大，而且厚壁铸件容易产生缩孔、缩松等缺陷，故铸件的力学性能并不按比例随着铸件壁厚的增加而增加，而是显著地下降。实践证明，灰铸铁件壁厚为15～20 mm，普通碳素钢件壁厚为12～30 mm时，它们的强度性能发挥得最好。因此，在设计铸件时应选择合理的截面形状，采用较薄的断面或带有加强肋的薄壁铸件，如图7—1所示。这样既保证了强度和减轻了质量，又可减小产生缩孔、缩松等缺陷的倾向。

3）铸件壁厚应尽可能地均匀　铸件壁厚均匀可以避免造成热量集中，冷却不均，导致铸件产生缩孔、缩松、裂纹等缺陷，如图7—2a改成图7—2b的结构则比较合理。

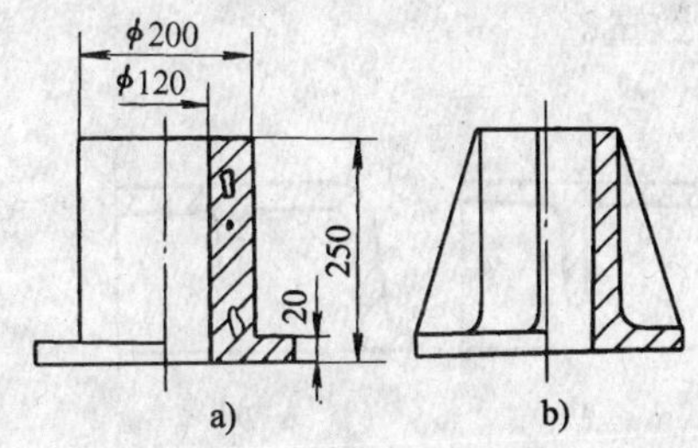

图7—1　采用加强肋减少铸件壁厚
a）不合理　b）合理

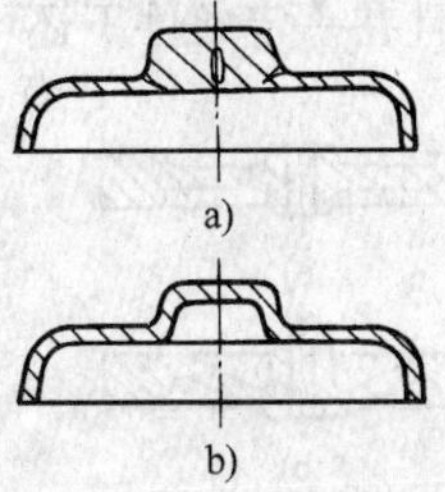

图7—2　铸件的壁厚应均匀
a）壁厚不均匀　b）壁厚均匀

4）铸件内壁应比外壁薄　由于内壁的散热条件较外壁差，所以凝固速度慢，易在内外壁交接处产生热应力，导致裂纹，而且对于凝固收缩大的铸造合金还易产生缩孔、缩松，所以铸件内壁应比外壁薄一些。

（2）铸件壁的连接

因铸件各部位工作条件不同，所设计的壁厚有差异，则壁的连接形式也不尽相同。

1）同一平面上的不同壁厚连接　同一平面（或者曲面）上设计有不同壁厚连接形式时，应采用逐渐过渡的连接形式，如图 7—3 所示。

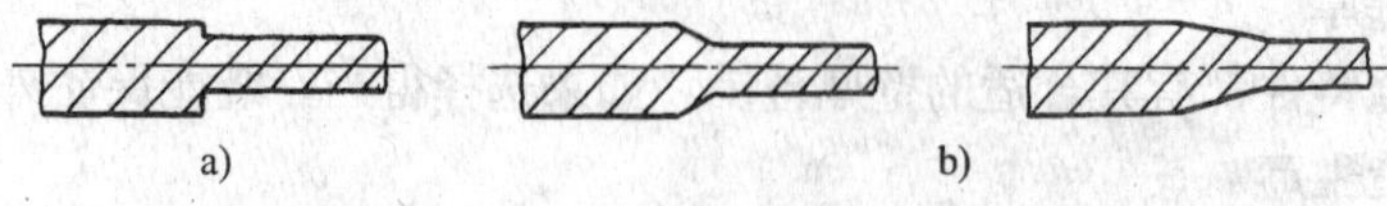

图 7—3　壁厚的过渡形式

a）不合理　b）合理

2）相交壁的连接　将壁的交接和转弯处做成逐渐过渡和圆角的形式，如图 7—4 所示。

3）铸件肋的连接　将相交肋设计成交错连接形式，避免形成大的热节，如图 7—5 所示。

图 7—4　相交壁的几种连接形式

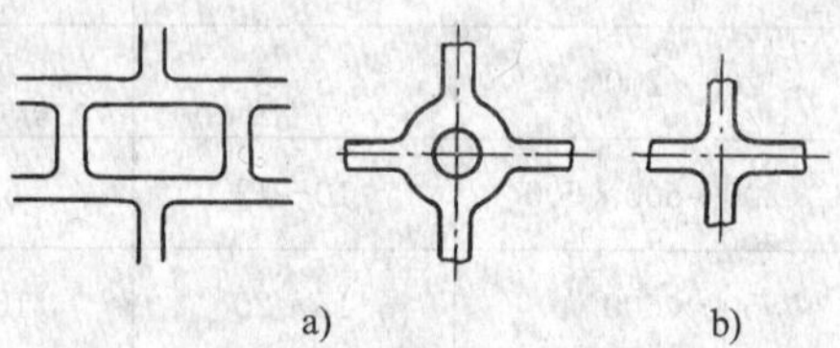

图 7—5　铸件肋的连接

a）合理　b）不合理

（3）铸件壁的位置

铸件壁有水平、斜、铅垂 3 种位置。

1）铸件在浇注位置时有较大的水平壁　如图 7—6a 所示的带轮结构，辐板和轮缘都处于水平面位置，浇注时气体和熔渣难以集中和排出，若设计成图 7—6b 的倾斜辐板，则可减少形成气孔和夹杂物的可能性。

2）铸件平行于起模方向的壁　铸件上平行于起模方向的壁要尽可能设计出结构斜度，使模样容易从铸型中取出，如图 7—7 所示。这样不仅可以减少起模时的松动量，提高铸件的尺寸精度，而且在一定条件下还可以减少型芯的数量。

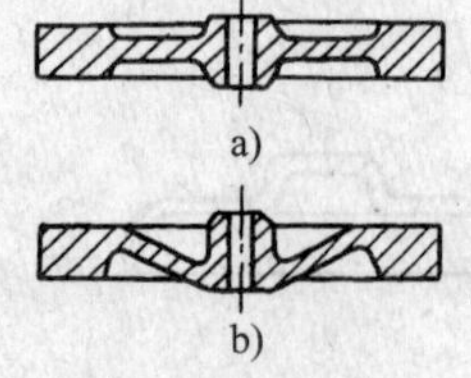

图 7—6　铸件应避免有较大的水平面

a）不合理　b）合理

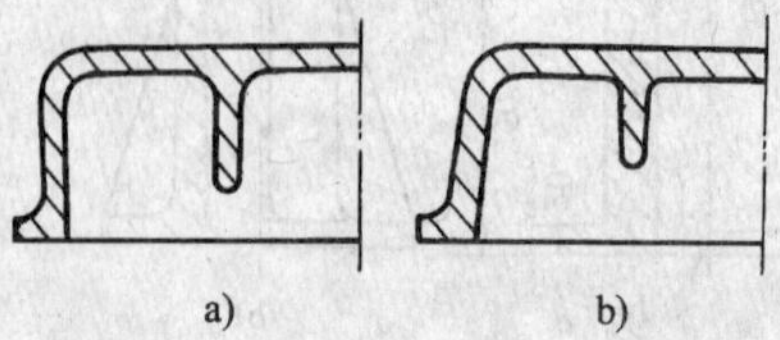

图 7—7　铸件壁厚应有一定的斜度

a）无结构斜度的铸件　b）有结构斜度的铸件

（4）铸件结构的工艺性

设计铸件结构必须考虑下列问题：

1）铸件结构应使分型面尽量少　分型面数量少，既能减少砂箱数量，又能保证铸件的尺寸精度。如图 7—8a 所示的铸件结构，造型时需要采用三箱造型，改成图 7—8b 所示的结构后，只需两箱造型即可。

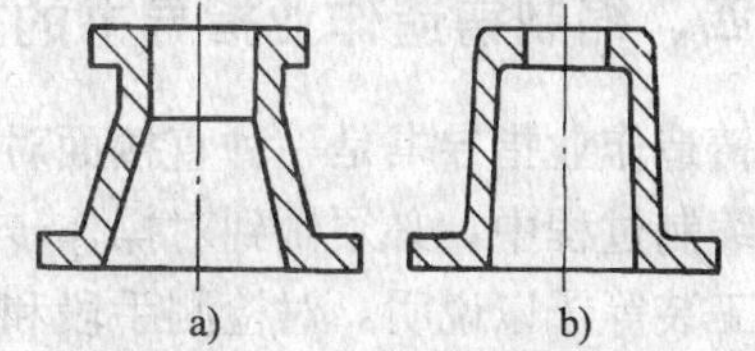

图 7—8　铸件结构与分型面数量的关系

a）改变前　b）改变后

2）铸件结构应便于起模　图 7—9a 所示的结构不利于起模，如果采用活块造型，既降低生产率又降低铸件精度。若将铸件改成图 7—9b 所示的结构，就能使起模方便，从而简化造型操作。

3）铸件结构应有利于型芯固定和排气　如图 7—10a 所示的铸件，2# 芯固定比较困难，如果改成图如 7—10b 所示的结构，对铸件的使用性能没有多大的影响，但大大方便了型芯在铸型中的固定，浇注时型芯中的气体更容易排出。

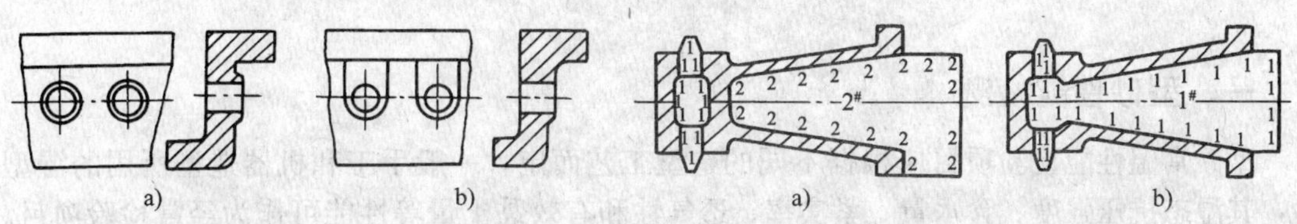

图 7—9　铸件上凸台的改进

a）改变前　b）改变后

图 7—10　型芯固定的改善

a）改变前　b）改变后

2. 常见铸造合金的铸件结构的特点

不同的铸造合金具有不同的铸造性能，在进行铸件结构的铸造工艺性分析时，应充分注意到各种不同铸造合金的特点，采取相应的合理结构和工艺措施来保证铸件质量。

（1）灰铸铁件的结构特点

灰铸铁流动性好，体收缩和线收缩小，缺口敏感性小，吸振性比钢约大 10 倍，其抗压强度比抗拉强度约高 3～4 倍，对于既受拉又受压的铸件可以采用不对称结构，使其大截面受拉，小截面受压。根据上述特点，灰铸铁可以铸造各种薄壁、形状复杂的铸件，如各类气缸、泵体、阀壳、床身、发动机机体、机座、箱体等铸件。

（2）球墨铸铁件的结构特点

球墨铸铁的线收缩率与灰铸铁相近，体收缩率及形成内应力的倾向较灰铸铁大，易形成缩孔、缩松和裂纹等缺陷，所以其铸件的壁厚应尽量均匀，避免存在厚大断面。对某些厚大断面的球墨铸铁件可采用空心结构，如大型球墨铸铁曲轴等。

（3）铸钢件的结构特点

铸钢流动性差，其最小壁厚要比灰铸铁大些，结构不能太复杂；铸钢件内应力大，易挠曲变形，要尽量避免有薄而长的水平壁结构；铸钢的体收缩大，应尽量减少铸件热节点，创造定向凝固条件，以便设冒口补缩；铸钢件的线收缩大，相连壁的圆角和不同壁的过渡段要比灰铸铁大，铸件的水平壁要尽可能改成斜壁或波浪壁，整体壁改成带窗口的壁，而且窗口必须做成椭圆形或圆形，以避免产生裂纹。

四、编制铸造作业指导书的方法

铸造作业指导书是一种直接面对操作者的工艺文件，是指导操作工操作的指导性文件，故在编制过程中，必须做到对操作步骤和内容尽可能予以准确而清晰地表达，并对选用的设备、工装等予以说明，对检测手段和方法、频次均应给予详细描述。

编写铸造作业指导书的依据是产品图样、控制计划、设备操作规程等。

铸造作业指导书一般按照工序进行编写。其内容包括具体操作步骤，每个步骤涉及的工艺要求、具体操作方法、质量记录要求、频次、注意事项等；还包括该工序的名称、工序号，零部件名称、代号，产品的名称、代号，所用设备、工装、检测仪器的名称、型号、编号；当然，文件的编号、编制、校对、审核人员、日期等也不能少。

第二节 材料准备

一、型砂性能检测

型砂常温性能检验项目应根据不同的造型工艺而定，一般手工和机器造型所用的湿型砂，其湿态抗压强度、含水量、紧实率、透气性和有效黏土量等性能可作为经常检验项目。如采用高压造型、射压造型或冲击造型时，除检验以上项目外，还要检验型砂的流动性、湿拉强度或劈裂强度、破碎指数等性能。干砂型用的型砂则需测定型砂的干态抗压强度、干态透气性等性能。芯砂常需检验干态抗拉强度、抗弯强度、干态透气性等性能。除此以外，还需定期检验型砂的含泥量、粒度等常温性能，以保证型砂质量的稳定性。如车间经常生产质量较大、平面较大、壁厚较大的铸件，还应检验型砂的高温性能，如激热性能、热湿拉强度和热压应力等，以保证铸件不出夹砂等缺陷。

下面介绍部分型砂性能的测试知识。

1. 含泥量的测试

(1) 测试原理

GB/T 2684—1981 中规定，试样中直径＞0.020 mm的颗粒为砂，直径≤0.020 mm的颗粒为泥分。可采用冲洗法，利用悬浮在水中的砂和泥分由于直径大小不同、沉降速度也不同的原理，将砂和泥分分开。颗粒在水中沉降的速度可根据下列公式计算：

$$v=\frac{2}{9}r^2\frac{\rho-\rho_1}{\eta}g \qquad (7—1)$$

式中 v——质点沉降速度，cm/s；

ρ——砂样密度，2.62 g/cm^3；

ρ_1——水的密度，g/cm^3；

g——重力加速度，980 cm/s^2；

η——液体的黏度，15℃时水为 0.011 3 Pa·s 或 g/cm·s；

r——砂粒半径，cm。

根据上式计算，当原砂与水充分搅拌后，砂与泥分均悬浮于水中，水温为 16℃时静置

5 min 后，砂粒应沉降到距离水面 100 mm 以下（如图 7—11 所示）。没有沉到 100 mm 以下的细颗粒即属于泥分，用虹吸管将这部分水和悬浮的泥分吸出。经过多次反复沉降和虹吸，直至水清为止，表明砂中的泥分已洗净。然后将沉淀的砂粒烘干、称重，按下式计算含泥量：

$$X=\frac{m_1-m_2}{m_1}\times100\% \qquad (7-2)$$

式中 X——试样含泥量，%；

m_1——试验前试样质量，g；

m_2——试验后试样质量，g。

（2）测试方法

1）称烘干的试样 50±0.1 g，如果测定旧砂含泥量或不需进行粒度测定时，可称取试样 20±0.1 g。

2）将试样放入容量为 600 ml 的专用洗砂杯中，加入 390 ml 蒸馏水和 10 ml 浓度为 5% 的焦磷酸钠（$Na_4P_2O_7\cdot10H_2O$）溶液，煮沸 3～5 min。

3）冷却后将洗砂杯安放在涡洗式洗砂机上（如图 7—12 所示），开动电动机，搅拌 15 min（转速 4 000 r/min），搅拌后将黏附在洗砂机上的颗粒用洗瓶冲回洗砂杯内。

4）向洗砂杯中加入清水至标准高度 125 mm 处，用玻璃棒搅拌约 30 s，静置 10 min，用虹吸管吸出距水面下 100 mm 以上的浑水。

5）按 4）重复操作。重复 3 次以后的静置时间改为 5 min，直至洗砂杯中的水已透明不含泥分为止。

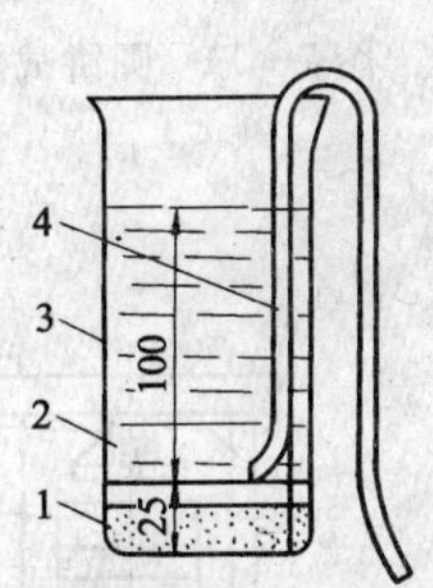

图 7—11 含泥量测定原理图

1—砂样 2—水 3—洗砂杯 4—虹吸管

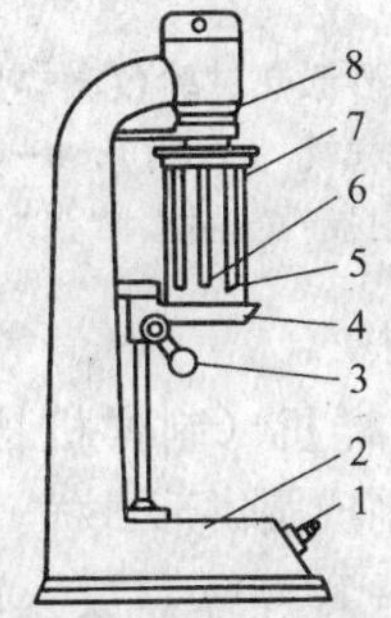

图 7—12 涡洗式洗砂机

1—电源开关 2—机体 3—定位扳手 4—托盘 5—阻流棒 6—搅拌轴 7—洗砂杯 8—电动机

6）最后一次静置 5 min 后，将洗砂杯中的清水排除，将试样和余水一起倒入装有滤纸的漏斗中过滤。然后将试样连同滤纸置于玻璃皿中，在温度为 140～160℃电热干燥箱中烘干至恒重。

7）烘干后置于干燥器中，冷却至室温时称重，按公式 7—2 计算含泥量。

（3）试验条件

1）应选用结晶状化学纯焦磷酸钠，并用蒸馏水配制溶液效果较好。

2）水温对含泥量测定精度有一定影响，可根据表 7—3 选择静置时间。

表 7—3　　水温与静置时间的关系

水温（℃）	10	12	14	16	18	20	22	24
静置时间	5′40″	5′30″	5′15″	5′00″	4′50″	4′40″	4′30″	4′15″

2. 高温激热性能的测试

型砂高温激热试验可用 SNJ 型型砂激热试验仪进行。

(1) 型砂高温激热试验仪的原理及结构

激热试验仪由电气控制箱及激热炉（如图 7—13 所示）两部分组成。它可以模拟浇注过程中砂型上表面受到高温金属液体烘烤的情况。试验时，用一个带“V”形槽的圆饼试样（如图 7—14 所示）模拟砂型上表面，以辐射加热板产生的高温模拟高温金属液体，由窥视孔中可观察到试样表面的开裂、起皮或脱落等各种变化情况，用秒表记下起皮、脱落的时间，即是型砂激热性能。

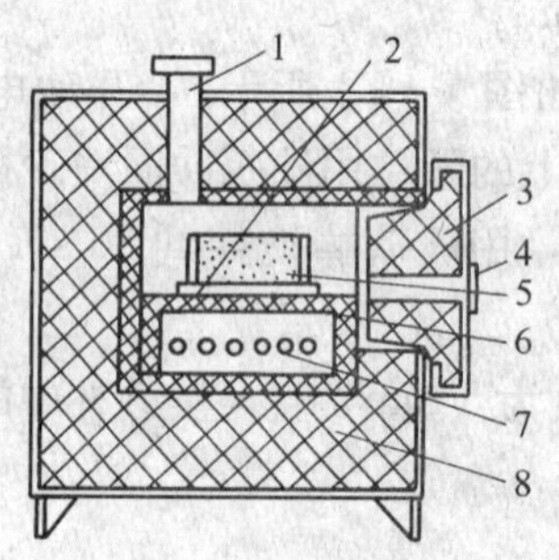

图 7—13　型砂激热试验仪激热炉结构示意图

1—导烟孔　2—载样轨　3—炉门　4—窥视孔　5—试样　6—辐射板　7—硅碳棒　8—炉体

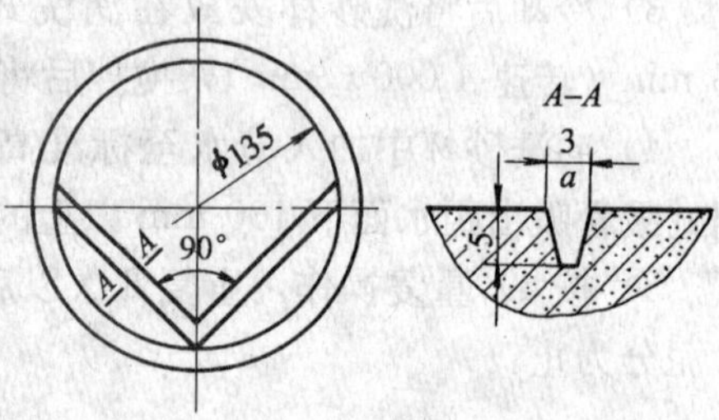

图 7—14　圆饼试样示意图

(2) 试验方法

1) 用专用制样机（制样机结构简图如图 7—15 所示）将型砂压制成圆饼形试样。

称型砂 900～1 000 g，放入已装配好的试样圈中，然后连同底板一起放在制样机中托板上，并使套圈内径对准制样机上压块。压实后，型砂试样高度应控制在40 mm±1 mm。试验高压造型用型砂时，制试样所施加的压力可与高压造型时所选用的比压一致。制备一般机器造型用的型砂试样时，试样下表面的硬度应尽量与现场砂型硬度一致。

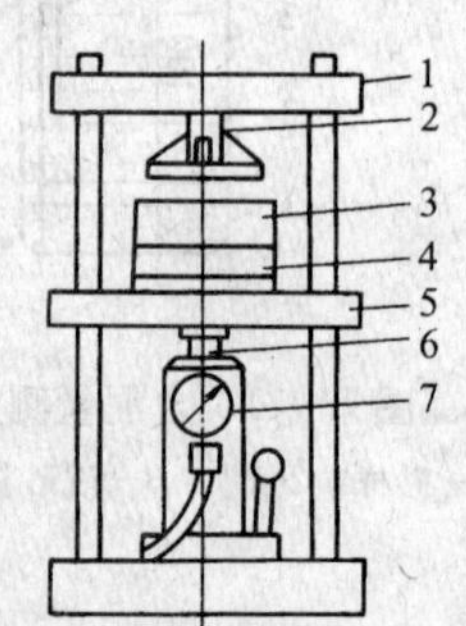

图 7—15　制样机结构简图

1—上托板　2—上压块　3—套圈　4—试样圈　5—中托板　6—千斤顶　7—压力表

2) 将 XCT－161 型温度指针调至零点，并将温度给定指针调至选定的激热温度刻度线上（一般为1 300℃），再将 ZK－1 型电压调整器上的手动调节旋钮向上调到底，把“手—自”动开关拨至手动位置。

3) 开动总电源钥匙开关，按下绿色按钮，将电压调整器接通，向下转动手动调节旋钮，使电压表指针指示在 100 V 处，此时激热炉内温度逐渐上升。当温度指针指示到 600℃时，应将“手—自”动开关拨至自动位置，即可使炉内温度自动升到所需的激热温度和自动保持所需温度。

4）当炉温升至预定的激热温度时，打开激热炉门，用送样器把试样连同试样圈一起送入激热炉内的载样轨上，并使试样圈与辐射板后部的限位块接触，立即撤出送样器并关闭炉门，同时按动秒表开始计时。

试样送入激热炉时，必须将带有 V 形槽的面朝下，V 形槽的角端朝向窥视孔，以便观察试样脱皮、开裂情况。

5）从窥视孔观察试样表面变化情况，当试样 V 形角端部位脱落或开裂下垂 1 mm时，按停秒表。从试样放入激热炉至试样角端开裂（或脱落）的时间即为激热开裂时间，可作为型砂抗夹砂能力的一个定量量度单位。

激热开裂时间越长，甚至超过 2 min 仍不脱皮、开裂，说明型砂抗夹砂能力越强，反之，则抗夹砂能力就差。

6）测试一个试样结束后，立即开启炉门，用送样器将试样从炉内取出，并将掉落在辐射板上的型砂清理干净，然后立即关闭炉门，以免炉温下降过多。

7）被测的型砂发气量较多时，应将炉顶上的导烟孔耐火塞打开，以防止炉内产生的烟量过多而影响观察。

3. 高温热湿拉强度的测试

型砂热湿拉强度试验可在 SLR 型型砂热湿拉强度试验仪上进行。

（1）型砂热湿拉强度试验仪的原理

热湿拉强度试验仪是模拟砂型受热时水分迁移的机理而设计的。测试时，将型砂试样放入主机导轨上，在试样底部加热 320℃，约 20～30 s后，使试样受热面形成一定厚度的干砂层（约4 mm）及水分凝聚区，然后由测力系统测出其热湿拉强度。

（2）型砂热湿拉强度试验方法

1）先按下总电源开关按钮，将量程旋钮旋至小量程刻度范围，再按下自动按钮及电热板加热按钮，使电热板温度升至 320℃。

2）称型砂 160 g 左右（保湿、过筛）倒入装有连接套及托盘的试样筒内（如图 7—16 所示），放在制样机底座上冲击 3 次，试样高度在公差范围之内为合格，否则需加减砂量，重新制试样，直至合格为止，然后小心取下连接套。高压造型用的型砂试样应在液压制样机上制备。

3）抽出试样导轨上的挡热板，将试样筒连同试样筒环一起送入试样导轨上，并推至导轨的终端。

4）按下加热板上升按钮，同时将记录仪上的记录及测量开关拨至“通”处。此时，仪器即可按加热板上升加热试样，加热到预定时间后，通过加载、测力、自动记录、自动复位等程序进行自动检测。

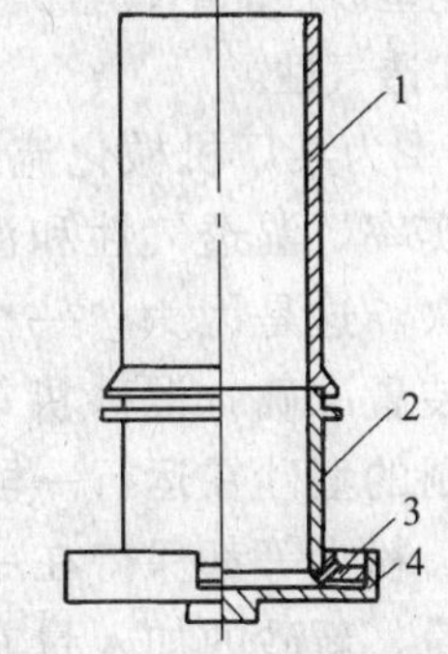

图 7—16　热湿拉试样筒装配图

1—托盘　2—试样筒环　3—试样筒　4—连接套

5）取出试样筒及试样筒环，观察型砂试样断面是否平整，水分是否比原砂样高。如果试样被拉断的表面整齐，水分增多，砂样底表面干层很明显，说明试样加热时间是合适的。如果断面成凸形，则需要适当延长加热时间；如果断面成凹形，则应适当缩短加热时间。

一般试样加热时间为 20 s 时，即可形成 4 mm 的干砂层，并形成水分凝聚区。经试验后如加热时间不合适，可转动试样加热时间调节旋钮，并用秒表校正。

6）试验完一个试样后，应立即将挡热板插入试样导轨内，以防电热板的热辐射影响传感器精度，随时将电热板上的型砂清理干净，即可进行下一试样的测试。

（3）记录数值的计算

记录仪记录的最大值 A，减去试样筒及筒中型砂的质量值 B，即为型砂的实际测量值 C，如图 7—17 所示。一种试样应测 3 次，取其平均值。

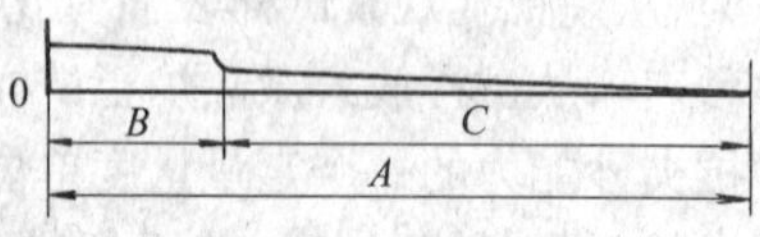

图 7—17　型砂湿拉强度值计算示意图

（4）试验注意事项

1）型砂热湿拉强度对含水量都很敏感，为了保证得到准确的试验数据，无论是现场取的型砂试样或试验室混制的型砂，都应放在密闭的容器或塑料袋内，保持原有的含水量，试验前要过筛，制试样时动作要迅速。

2）试验前要检查加热板上表面是否与试样的加热面贴紧，如果间隙较大，则将导致测试结果偏低。应将主机面板拆下，将主机右侧电热板上升限位微动开关向上调一段距离，使加热板上升后其上表面正好紧贴试样的加热面。

3）不要随意拉动加载部分的吊架，以免传感器过载，造成损坏或影响精度。

4）记录仪、传感器、温度控制仪及热电偶等，需定期校验和维护，以保持其应有的精度。

二、流水线生产型砂性能的控制方法

型砂质量检验制度是根据车间情况决定的。机械化流水生产的型砂检验制度与单件小批量生产有所不同。由于机械化流水生产的生产率高，型砂周转快，型砂的成分和性能经常在变动，如不及时发现就会引起大量铸件报废，所以型砂性能检验的次数就应多一些，这样才能保证型砂性能稳定。而对于单件小批量生产，因生产周期较长，型砂的成分和性能变化比较慢，因此型砂性能的检验次数就可少一些，例如有一些工厂每天才检查一次型砂的水分、湿压强度和透气性。

表 7—4 为某厂机械化流水生产中型砂的检验项目和频率。从表中可以看出：型砂水分、紧实率、湿透气性和湿压强度检验最为频繁，而其他几项则可相隔比较长时间才检验一次。这是因为：一个型砂系统在砂、黏土、煤粉等原材料性能稳定，配砂的各种定量装置准确，混砂机等设备的工作状态良好，混砂时间足够长等条件下，按合适配方配制的型砂在运行一段时间后就达到稳定状态，即型砂中有效黏土、有效煤粉、失效黏土、粉尘等都保持在一个稳定值。这时，除了改变水分能立刻影响型砂性能外，黏土、煤粉、新砂的加入量在一定范围内改变时，往往要在几小时或几天后才显示出来。因此，各检验项目的频率应有不同。

表 7—4　　机械化流水生产中湿型砂检验项目和频率举例

<table>
<tr><th>砂名</th><th>编号</th><th colspan="2">检验项目</th><th colspan="2">检验频率</th><th>取样地点和方法</th></tr>
<tr><td rowspan="10">型砂</td><td>1</td><td rowspan="8">日常</td><td>水分</td><td rowspan="2">混砂处</td><td rowspan="2">每班开始混砂时，每台混砂机检测 1 次，直至调整合格为止</td><td rowspan="2">混砂机卸料口</td></tr>
<tr><td>2</td><td>紧实率</td></tr>
<tr><td>3</td><td>透气性</td><td rowspan="2">造型处</td><td rowspan="2">造型时间内每隔 1 h 上、下主机各检测 1 次</td><td rowspan="2">造型机砂斗下砂口</td></tr>
<tr><td>4</td><td>湿压强度</td></tr>
<tr><td>5</td><td>有效膨润土含量</td><td colspan="2">每日 3 次（上午、下午、晚上各 1 次）</td><td>把做紧实率的试样混合后再取样</td></tr>
<tr><td>6</td><td>有效煤粉含量</td><td colspan="2">每班 1 次</td><td rowspan="3">造型机砂斗下料口</td></tr>
<tr><td>7</td><td>破碎指数</td><td colspan="2" rowspan="2">每班 2 次</td></tr>
<tr><td>8</td><td>湿拉强度</td></tr>
<tr><td>9</td><td rowspan="2">定期</td><td>总含泥量</td><td colspan="2" rowspan="2">每周 1 次</td><td rowspan="2">取做完日常检验项目后的试样</td></tr>
<tr><td>10</td><td>颗粒组成</td></tr>
<tr><td rowspan="4">旧砂</td><td>1</td><td rowspan="4">定期</td><td>有效膨润土含量</td><td colspan="2" rowspan="2">每班 2 次</td><td rowspan="4">在落砂后的回砂皮带上（加新砂前），以一定时间间隔取 10 点，然后混合取平均样品</td></tr>
<tr><td>2</td><td>有效煤粉含量</td></tr>
<tr><td>3</td><td>总含泥量</td><td colspan="2" rowspan="2">每周 1 次</td></tr>
<tr><td>4</td><td>颗粒组成</td></tr>
</table>

为了使检验结果有代表性，必须注意所取试样要有一定的代表性。取样方法：对于大量生产的日常检验，一般是在送砂带上或造型工作位置上每隔 0.5～1.0 h 取样一次，面砂则每车取样，性能完全合格才送去供造型用。小批量或成批生产时，可每隔 1～5 车取样一次。测定型砂或回用砂的有效黏土含量、总含泥量、颗粒组成、有效煤粉时，可把一天内做水分试验烘干后的试样收集起来，混匀后用四分法选取所需试样，以使试验的结果有较好的代表性。

三、型砂芯砂的组成与型砂性能的关系

1. 对透气性的影响

（1）原砂

主要是原砂的颗粒大小及颗粒的均匀度会对透气性产生影响。由于砂粒大小不同，型砂芯砂在紧实以后砂粒的排列形式就不同。当砂粒大小发生变化时，砂粒之间的空隙不一样，所以其透气能力也不一样。砂粒的均匀度对透气性也有一定的影响，当砂粒不均匀时，在外力作用下，小砂粒易嵌入大砂粒之间，而减少了砂粒之间的空隙，降低了型砂芯砂的透气性。

（2）黏土

主要是加入量的多少及黏土的种类会对透气性产生影响。由于型砂中的黏土占据了砂粒之间一定的空隙，而阻碍了气体的流动。当型砂芯砂中的水分适宜，并在砂粒表面已获得了均匀的黏土膜时，则随着黏土量的增加透气性会下降。另外，透气性与黏土种类也有关。当采用同一种原砂时，膨润土砂的透气性比普通黏土砂的透气性高，在膨润土砂中钙膨润土砂的透气性比钠膨润土砂的透气性高。

(3) 水分

对透气性的影响与型砂内水分含量有关。在一定的黏土含量下，当水分过少时，黏土质点一部分附着在砂粒表面，另一部分则聚集在砂粒的空隙之中，阻碍着气体的流动；当水分适当时，由于黏土对水的吸附，在砂粒表面形成了一定厚度的光滑的黏土膜，留出了空隙；当水分过多时，则因超出了黏土的吸附范围，余留的自由水占据了一定的空隙，因而又降低了透气性。

为了获得最高的透气性，膨润土所需的水分比普通黏土低。对于表干砂型或干芯干砂型，在烘干脱水后，型砂的透气性显著提高。

(4) 其他附加物

在型砂中加入的粉状附加物如煤粉、淀粉、氧化铁粉等，其透气性随着加入量的增加而下降。在干型砂、干芯砂中加入一定的锯木屑或焦炭屑则可提高型砂芯砂的透气性。

2. 对强度的影响

(1) 原砂对强度的影响

在黏土加入量足够的情况下，砂子越细或越不均匀，则型砂质点间的接触面积越大，湿压强度越高。

砂粒形状比砂粒大小和均匀度对强度的影响要小。尖角形砂粒比圆形砂粒具有更大的接触面，但在同样的外力作用下不易舂紧。砂粒形状对强度的影响便是上述两种结果，一般而言，尖角形砂粒比圆形砂粒组成的型砂的强度略低。

(2) 黏土对强度的影响

水分适当时，随着黏土量的增加，型砂的强度也增高，但在膨润土砂中，膨润土增加到一定程度后强度不再增高，同时会使混砂困难，容易形成团块。黏土的种类对型砂的强度影响也很大，在黏土加入量相同时，膨润土砂的强度比普通黏土砂高得多。为了获得相近的强度，普通黏土的加入量是膨润土的一倍以上，是优质钠膨润土的两倍以上。钠膨润土的高温强度最高，所以钠膨润土砂更适用于承受热作用剧烈的铸件或容易引起冲砂的铸件。型砂的热湿拉强度过低是引起夹砂的根本原因，当金属液浇入铸型后，砂型表层因受热而使水分发生迁移，在铸型上产生了水分凝聚区即高水区，并使热湿拉强度下降，铸件产生夹砂缺陷。钠膨润土砂的热湿拉强度较高，可以有效地防止铸件产生夹砂缺陷。随着黏土量的增加，黏土砂的热湿拉强度都有不同程度的提高。

(3) 水分对强度的影响

为了使黏土砂得到最高的湿态强度，需具有适宜的水分。当黏土量一定时，随着水分的增加，型砂的湿态强度先是增加，达到最高值后将会下降。当黏土量增加时，为了达到最高的湿态强度，需要的水分也应相应增加。

为了获得湿强度的最高值，不管黏土的加入量为多少，其水分的需要量与各种黏土的加入量之间有一定的比值，即水对黏土的比值固定不变，但此比值的具体数值则随黏土的品种而异。一般情况而言，此值约为2.5：10或是水/（水＋黏土）＝20％。值得注意的是，由于型砂中加入了煤粉，以及型砂的反复使用，在型砂中会有一定量的失效黏土和失效煤粉，这时水土比将相应提高。

由于型砂中水分稍低，型砂的强度较高，但型砂的起模性较差，起模时易损坏铸型，在实际生产中，可以略提高型砂的水分，强度虽然稍有下降，但起模性能将会提高。

3. 对发气性的影响

型砂的发气性应尽可能低。黏土的发气量是比较有限的，黏土砂的发气性除了与砂和黏土中的杂质有关以外，更主要的取决于其中的水分以及煤粉等附加物质。在保证型砂主要性能的同时应尽可能降低其中的水分，并不使煤粉等物质过量。当黏土中加入有机黏结剂时，发气量急剧增加。此外，发气量还与浇注温度有关，浇注温度越高，发气量越大。

4. 对流动性的影响

砂粒形状、大小和均匀度对型砂流动性的影响很大，圆形砂的流动性比尖角形或多角形砂的流动性好。粒度大而均匀的砂，其流动性比粒度小而分散的砂要好。

黏结剂的性质和加入量对型砂流动性的影响也较大。对于膨润土而言，随着水分的变化（或随膨润土与水分的比例变化），其型砂的流动性变化较大，而普通黏土则变化较小。

5. 对溃散性的影响

在保证型砂具有必要的热强度的条件下，不应过多地提高黏土量和水分，以防止恶化型砂的退让性和溃散性。在生产中，湿型砂的溃散性优于干型砂和表面干型砂。在干型砂和表面干型砂中加入适量的木屑可显著提高型砂的溃散性。对于溃散性要求较高的型砂，其黏土可采用钠膨润土和钙膨润土的混合料，以提高铸件的出砂性。

四、型砂性能与铸件缺陷的关系

在铸造生产过程中，型砂性能的好坏直接影响铸件的质量。与型砂性能有关的常见缺陷有粘砂、夹砂、砂眼、胀砂、气孔和裂纹等。

1. 水分对铸件质量的影响

当黏土砂中的水分过低时，型砂中的黏土、淀粉及其他黏结剂未能充分发挥黏结作用，所以型砂的湿压强度较低。这样，在造型、合箱和浇注时，砂粒和砂块会从铸型上剥落或冲落，使铸件产生砂眼，同时由于水分过低，型砂的可塑性及韧性也较差，造型和起模时将产生困难，铸型可能出现塌型、开裂或起不出等情况。

当型砂芯砂含水量过高时，型砂的造型性能会有所改善，塑性和韧性也会随之提高，但透气性将会明显下降，特别是在浇注时，由于金属液体的热作用，型砂芯砂所产生的大量气体无法迅速排出型外，这是铸件产生侵入性气孔的主要原因。

由于型砂芯砂的含水量过高，浇注薄壁铸件或铸件的薄壁部分时易产生白口或麻口组织，而使铸件报废。

由于型砂芯砂的含水量过高，在浇注时，金属液体对型砂芯砂的热作用，使型砂产生水爆现象，从而使铸件表面特别粗糙，严重时将会产生不规则的金属毛刺（亦称为水爆型渗透粘砂）。所以，在满足型砂的造型性能及强度性能的情况下，应控制型砂中的水分含量。

2. 强度对铸件质量的影响

型砂强度较低是铸件产生砂眼的主要原因。干强度较低时，除铸件易产生砂眼外，由于型芯的弯曲、变形和断裂，可使铸件产生变形、夹砂、几何形状及尺寸失真等缺陷。

铸型的表面与金属液直接接触，当表面强度较差时，铸件易产生粘砂缺陷。

型砂的热湿拉强度的高低，是直接影响铸件形成夹砂缺陷的主要因素。当金属液浇入铸型以后，型砂表面因受热而使水分发生迁移，在铸型中形成一段水分凝聚区（也称为高水区），如果高水区的水分不能迅速迁移或扩散，那么高水区的型砂的抗拉强度就会显著下降

（此时的抗拉强度称为热湿拉强度），高水区的型砂将发生开裂或翘起，而形成铸件的夹砂缺陷。而夹砂缺陷又往往产生在较大的平面上，上型产生夹砂缺陷的情况比下型多，也更为严重。在湿砂型铸造生产中夹砂缺陷是较常见的缺陷之一，而在干砂型或表干砂型铸造生产中却少见。所以，对于湿型砂应充分考虑其热湿拉强度。

但是当型芯砂的强度过高时，特别是高温强度过高，在金属液冷却收缩时，型砂仍保持较高强度，那么型砂的退让性将会下降，铸件将产生较大的内应力，易使铸件产生变形或裂纹。当浇注冷却后的型砂残留强度较高时，其溃散性较差，影响铸件的清理工作。

综上所述，可见型砂芯砂的强度性能对于铸件是否产生铸造缺陷有着极其重要的作用，所以在确定型砂的强度时，应以铸件结构、工艺特点等进行综合考虑。

3. 透气性对铸件质量的影响

型砂芯砂在浇注过程中，通常都会产生大量的气体，它们一般都是由型砂芯砂中的水分、煤粉和有机物等在高温下所生成的。这些气体必须迅速排出型腔外，其排气的方式除了型芯的排气槽、排气道外，就是利用型砂芯砂的透气性使气体逸出。型砂芯砂良好的透气性使型腔内的气体迅速大量地排出，避免和防止了铸件产生气孔，特别是在球墨铸铁生产中，如果型砂水分较高，透气性较差，往往会使铸件产生皮下气孔。

对于植物油砂和合成树脂砂，由于型砂芯砂的发气量较大，则要求型砂芯砂的透气性更好，否则产生气孔的几率将更大，特别是混杂有冷硬树脂砂的型砂，其产生氮气孔的可能性极大。

4. 发气性对铸件质量的影响

型砂芯砂的发气性主要体现为型砂芯砂的发气量和发气速度。型砂芯砂发气量的多少和发气速度的快慢，将直接影响铸件气孔缺陷的形成。当型砂芯砂中水分、煤粉和有机物的含量较多时，型砂芯砂的发气量就比较多。如型腔内的气体不能及时排出，将使铸件产生气孔。必须指出的是，型砂芯砂的发气速度和开始析出气体的时间也很重要，因为铸件在凝固过程中，最危险的是凝固初期，此时若型砂芯砂有大量气体逸出，气体将被金属液包裹而形成气孔。所以要求型砂芯砂的发气量要小，并且开始析出气体的时间要较迟，其发气速度也要慢一些。

5. 流动性对铸件质量的影响

型砂芯砂的流动性主要取决于型砂芯砂的水分和强度等因素。当型砂芯砂的流动性较高时，铸型和型芯容易被紧实，其紧实度和硬度均比较高，从而使铸件比较光滑，几何形状清晰。但当铸型硬度过高时，特别是上型硬度过高，则产生夹砂缺陷的可能性也随之增加。当型砂芯砂的流动性较差时，铸型和型芯的紧实度和硬度就比较低，铸件表面就比较粗糙，而且也容易产生粘砂现象。当铸型的紧实度和硬度较低时，金属液体浇入铸型以后，由于金属液的压力作用会使型腔扩大，铸件产生胀砂现象。在球墨铸铁生产中，铸件的胀砂会使铸件产生缩松倾向，严重时还会影响铸件表面的金相组织和硬度。

在型砂芯砂中，各种性能不是单独存在的，而是相互联系和相互制约的，对铸件产生的缺陷也往往是多种不良性能结合而产生的。所以，对型砂芯砂的各种性能必须综合考虑，综合平衡，才能避免和防止产生铸造缺陷。

第三节　铸造合金熔炼

一、合金元素对材料组织及其性能的影响

1．铸铁

（1）球墨铸铁

1）碳和硅　当含碳量在 $w_C=3.2\%\sim3.6\%$ 范围内变化时，对铸铁的力学性能无明显影响。球墨铸铁的碳当量应选择在共晶成分左右。具有共晶成分的铁液，流动性最好，形成集中缩孔倾向大，铸铁的组织致密度高。当碳当量过低时，铸件上易产生缩松和裂纹。碳当量过高时，易产生铁液中石墨漂浮现象，其结果是使铸铁中的夹杂物数量增多，降低铸铁性能，而且污染环境。用镁或铈处理的铁液有较大的结晶过冷和形成白口的倾向，而硅能减小这种倾向。此外，硅还能细化石墨，提高石墨球的圆整度。但硅又能降低铸铁的韧性，并使韧性—脆性转变温度升高。因此，在选择碳硅含量时，应按照高碳低硅的原则，一般认为 $w_{Si}>2.5\%$ 时，会使球墨铸铁的韧性降低。对铁素体球墨铸铁，一般控制碳硅含量为 $w_C=3.3\%\sim4.0\%$，$w_{Si}=2.4\%\sim2.9\%$；对珠光体球墨铸铁，一般控制碳硅含量为 $w_C=3.0\%\sim3.8\%$，$w_{Si}=2.0\%\sim2.6\%$。

2）锰　球墨铸铁中锰所起的作用与在灰铸铁中有不同之处。在灰铸铁中，锰除了强化铁素体和稳定珠光体外，还能起减小硫的危害的作用。而在球墨铸铁中，由于球化元素具有很强的脱硫能力，因而锰已不再起脱硫的作用。但锰会显著降低铸铁的韧性，因此应限制含锰量。对含锰量的控制依据对基体的要求和铸件是否进行热处理而定。对于铸态铁素体球墨铸铁，要求控制在 $w_{Mn}=0.2\%\sim0.3\%$ 左右；对于热处理状态铁素体球墨铸铁，宜控制 $w_{Mn}<0.4\%$；对珠光体球墨铸铁，可控制在 $w_{Mn}=0.4\%\sim0.8\%$ 左右。其中，铸态珠光体球墨铸铁的含锰量可适当选择高些。

3）磷　磷在球墨铸铁中有严重偏析倾向，易在晶界处形成磷共晶，严重降低铸铁的韧性。磷还能增大球墨铸铁的缩松倾向。一般情况下 $w_P\leqslant0.08\%$，当要求球墨铸铁有高韧性时，应将含磷量控制在 $w_P=0.03\%\sim0.05\%$ 以下，对于在寒冷地区使用的铸件，含磷量宜采用下限。

4）硫　球墨铸铁中的硫与球化元素化合，生成硫化物或硫氧化物，不仅多消耗了球化剂，造成球化的不稳定，而且还使夹杂物数量增多，易导致铸造缺陷，故在球化处理前应对原铁液的含硫量加以控制。国外，生产上一般要求原铁液中硫的质量分数低于0.02%。我国目前由于焦炭含硫量较高等熔炼条件方面的原因，原铁液含硫量往往达不到这一标准。应进一步改善熔炼条件，以求降低含硫量，一般情况下 $w_S\leqslant0.10\%$。

（2）蠕墨铸铁

1）碳和硅　蠕墨铸铁具有结晶过冷倾向，故碳当量应适当选得高一些，一般取 $CE=4.3\%\sim4.6\%$ 左右。在碳当量一定的条件下，高含碳量促进球状石墨形成，而低含碳量促进蠕状石墨形成，故在蠕墨铸铁中，应以低碳高硅为原则。一般选择 $w_C=3.4\%\sim3.6\%$，含

硅量则依对基体要求而定。对于铁素体蠕墨铸铁，取 $w_{Si}=2.6\%\sim3.0\%$；对于珠光体蠕墨铸铁，取 $w_{Si}=2.4\%\sim2.6\%$。此处的含硅量指经过蠕化和孕育处理后，铸铁的终含硅量。

2）锰　蠕墨铸铁的含锰量一般取 $w_{Mn}=0.4\%\sim0.6\%$，铁素体蠕墨铸铁应取低值，珠光体蠕墨铸铁可取高值。

3）硫　为了达到稳定地生产蠕墨铸铁的目的，最重要的是控制原铁液的含硫量。含硫量高不仅会消耗大量蠕化剂，产生浮渣，而且不利于对石墨蠕化的控制。在感应炉熔炼条件下，要求原铁液含硫量 $w_S<0.02\%$，在冲天炉熔炼条件下，可适当放宽至 $w_S=0.06\%$。

（3）可锻铸铁

1）碳硅含量　低的碳硅含量能保证生成白口组织，但不利于固态石墨化过程，故应有最佳的成分范围。在可锻铸铁的退火过程中，硅所起的促进石墨化作用比碳更为显著，特别是当铸铁的含碳量较低（如 $w_C=2.5\%$左右）时，提高含硅量对促进石墨化的作用比提高同样的含碳量更为显著。但含硅量也不宜过高，以免使团絮状石墨形状恶化。在可锻铸铁成分设计上，既要控制碳硅总含量（平均值可取 $w_{(C+Si)}=2.9\%\sim4.2\%$，高牌号铸铁取低值），又应使碳和硅之间有适当的配合，即应有适当的硅碳比，以便充分发挥两者共同的石墨化作用。在生产黑心可锻铸铁时，适宜的硅碳比为 0.3～0.56（质量比），高牌号铸铁取高值。由于高牌号可锻铸铁中含碳量较低，故经退火后，在组织中的石墨含量较少，从而使得铸铁的强度和塑性均较高。

生产珠光体可锻铸铁时，其碳硅含量大体上与黑心可锻铸铁相同，但为了使奥氏体有较高的稳定性，促使珠光体基体的生成，应采取比黑心可锻铸铁低的硅碳比（质量比约为 0.25～0.28）。

2）锰　锰阻碍固态石墨化，特别对第二阶段石墨化起显著的阻碍作用。生产黑心可锻铸铁时，含锰量应取低值，但由于锰与硫有相互制约的作用，故应保证一定的含锰量（锰硫质量比为 2.0～3.0），以抵消硫的有害作用。在铸铁含硫量正常的条件下，含锰量取 $w_{Mn}=0.4\%\sim0.7\%$。生产珠光体可锻铸铁时，含锰量可取 $w_{Mn}=0.6\%\sim0.8\%$，而在生产粒状珠光体可锻铸铁时，还应适当提高含锰量至 $w_{Mn}=1.0\%\sim1.2\%$，以使珠光体中渗碳体发生粒状化，而不致分解。

3）硫　硫对可锻铸铁的固态石墨化起强烈阻碍作用。如白口铸铁的含硫量达到 $w_S=0.4\%$时，则在正常的退火温度下，其固态石墨化过程几乎完全不能进行。当铸铁中含硫量高时，会使石墨形状恶化，故对铸铁的含硫量应严格控制。根据一般冲天炉熔炼条件，规定 $w_S\leqslant0.20\%$。

4）磷　磷具有微弱的促进石墨化的作用，但磷与铁形成共晶体，析出在晶粒晶界上，降低了可锻铸铁的性能，特别是韧性。可锻铸铁与某些合金钢相似，也表现有缓冷脆性（又称回火脆性），即当铸件退火后通过 400～550℃温度区间时，如果冷却缓慢，则会在晶粒晶界上析出极细微的碳化物和金属间相，导致铸铁韧性急剧下降。磷和硅都能促使这些脆性相的析出。因此对可锻铸铁的含磷量应严格控制。根据一般的铸铁熔炼条件，规定 $w_P\leqslant0.18\%$。由于磷和硅都促使发生缓冷脆性，故对含硅量较高的高牌号可锻铸铁的含磷量更应严格控制。

2. 铸钢

（1）铸造碳钢

1）硅　硅在钢中是有益的元素，它具有去除钢液中的氧（脱氧）的作用。当含硅量在规格范围内变动时，对钢的性能影响不大。

2）硫　硫是有害元素，它以硫化铁或硫化铁与铁形成的共晶体形式存在于钢的晶粒晶界上，降低碳钢性能。此外，由于硫共晶的熔点只有1 200℃左右，故在钢的凝固过程中，总是最后才凝固，因而具有显著的促进热裂生成的作用。

3）锰　锰是有益的元素。其作用有 3 方面：

①提高钢的力学性能　少量的锰固溶于铁素体中，起固溶强化作用。但在碳钢中的含锰量不多（$w_{Mn}=0.5\%\sim0.8\%$），作用不显著。

②减少钢中含氧量　在炼钢中，锰是作为脱氧剂而使用的。

③减弱硫的有害作用　在钢液中，锰能置换硫化铁中的铁而形成硫化锰，生成的硫化锰与硫化铁结合成为复杂的硫化物。这种复杂硫化物不溶解于钢液，而且密度小，因而大部分能从钢液中分离出去。为了使锰能起到去除硫的有害作用，需在钢中保持足够的锰量。适宜的含锰量应根据钢的含硫量而定，其关系可用锰硫比表示，要求 $w_{Mn}/w_S>1.71$。实际铸造碳钢中的规格含锰量是根据钢的脱氧及为了减弱硫的有害作用的需要而确定的。

4）磷　磷也是钢中的有害元素。钢中含磷量很低（$w_P<0.05\%$）时，磷是处于固溶状态的。含磷量超过此限度时，就会有磷化铁（Fe_2P）出现。磷化铁的熔点低于钢液，故在钢的凝固过程中，最后析出在晶界处，呈块状或条状，数量多时会使钢的韧性下降，甚至脆化。

（2）铸造抗磨钢（高锰钢）

1）含碳量和含锰量　钢中含碳量与含锰量之间应有适当的配比。含碳量过低时，其由于形变而产生的硬化效果较低。含碳过高时，在水冷处理状态下仍不能避免碳化物的析出。同时，含碳量高时，还使碳化物长得粗大，以至在固溶处理过程中难以完全固溶到奥氏体中，从而导致钢的性能降低。为了保证高锰钢形成单一的奥氏体组织，需要有足够的含锰量，而过高的含锰量不利于钢的加工硬化性能，一般选择 w_{Mn}/w_C 为 8～10。铸件越厚，则其中心部分越易析出碳化物，因而应取较高的锰碳比。当含锰量是在规格范围内时，增加含碳量会使钢的抗磨性能提高，但会降低其韧性。

2）硅　高锰钢中硅的规格含量为 $w_{Si}=0.3\%\sim1.0\%$。硅能降低碳在奥氏体中的溶解度，促使碳化物析出，使钢的抗磨性和冲击韧性均降低。

3）磷　熔炼高锰钢时，由于锰铁的含磷量高，因而在一般情况下钢中含磷量也比其他钢种高。磷能降低钢的韧性，使铸件容易开裂，应尽量降低钢中的含磷量。

4）硫　高锰钢因为含有大量的锰，因而其含硫量经常比较低（质量分数小于 0.03%），故硫的有害作用较小。

二、铸造合金的熔炼技术

1. 铸铁的孕育处理方法

孕育方法对孕育效果有直接影响，因此改进孕育方法，尤其是各种迟后孕育方法越来越广泛地被各工厂所采用。各种迟后孕育方法的开发不仅减少了孕育剂的用量、节省开支、减少针孔等缺陷，而且由于在浇注的同时进行孕育，不存在衰退或衰退很小。此时，不同孕育剂对孕育效果的影响比包内孕育方法大为减少，因此，孕育效果好但抗衰退能力差的

FeSi75 可作为主要孕育剂使用。由于硅铁孕育衰退较快，应尽可能选用后期孕育工艺，可减少孕育增硅量，有利于避免高硅脆性或可尽量多使用回炉料。

(1) 浇口杯孕育

把孕育剂（粒或成形块）放入浇口杯中（如图 7—18 所示），金属液进入浇口杯，使孕育剂溶解后进入铸型。由于金属液立即进入铸型，采用此法孕育，基本无衰退。孕育剂颗粒易浮起，浪费较多，但孕育剂用量比包内孕育法少。该法适用于大型铸件。

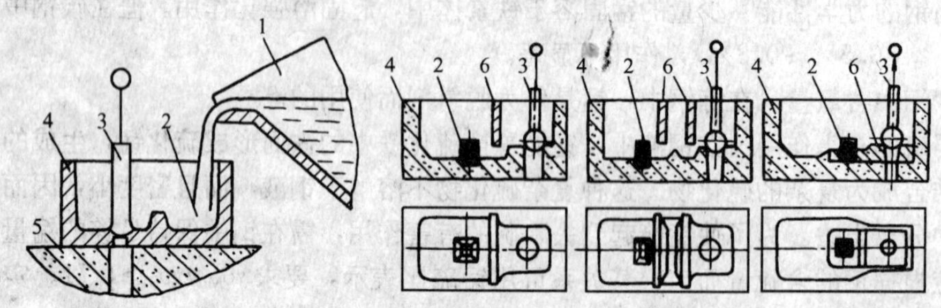

图 7—18 浇口杯孕育法

1—浇包 2—孕育剂（块） 3—拔塞 4—浇口杯 5—铸型 6—挡渣板

(2) 硅铁棒孕育

将装入硅铁和黏结助熔剂的硅铁棒固定于浇包嘴，通过金属液流的冲刷，使此硅铁棒溶解，孕育剂进入铸型（如图 7—19 所示），来达到孕育的目的。

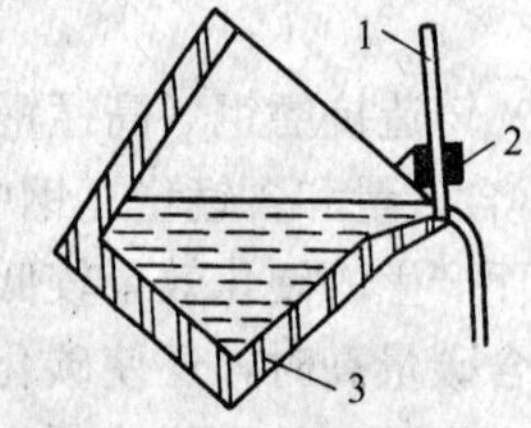

图 7—19 浇包孕育棒孕育

1—硅铁孕育棒 2—导套 3—浇包

硅铁棒可用 0.05 mm 钢箔或 0.1 mm 紫铜板卷成，有时也用壁厚 0.1 mm 的钢管制成，尺寸由浇包容量决定（见表 7—5）。硅铁粒度为 200 目～2 mm，用 3%～5%经预处理过的水玻璃作黏结剂，制成棒后自然干燥 1～2 天，或 200℃烘干 2 h。使用时，硅铁棒放在浇包嘴前 50～80 mm 处，深入金属液 10～30 mm。

此法孕育衰退少，孕育剂添加量比包内孕育法少（0.05%～0.12%），但孕育剂用量不易控制，硅铁棒制造麻烦，对浇注工艺要求高。适用于高温浇注薄壁铸件。

表 7—5 **硅铁棒尺寸与浇包容量**

硅铁棒尺寸 (mm)	ϕ20×480	ϕ25×700	ϕ50×900
浇包容量 (kg)	<200	200～450	>450

(3) 大块浮硅孕育

将大块孕育剂放在浇包底，冲入金属液使孕育剂块边熔边浮，金属液表面仍有 1/4～1/5 的硅铁块，或球化处理扒渣后，在浇包中金属液表面加硅铁块，或包内冲入法后在液面撒一层硅铁，使其熔化在金属液表面处形成富硅层。在浇注过程中，它与下部金属液不断混合流入铸型，起到瞬时孕育作用，防止孕育衰退。

此法操作要求严格，形成浮硅层后不得再扒渣或兑入金属液，可盖草灰或集渣保温剂，浮硅层要远离浇包嘴。块度要和温度、浇包容量相配，浮硅铁加入量为 0.3%～0.6%，可维持 30 min 不衰退。

此法孕育剂耗量大，操作简单，减少了破碎工作量，但难以保证均匀孕育，铸件含硅量波动范围较大，可达 0.05%～0.20%。适用于长时间浇注的大型浇包。

(4) 孕育丝孕育

把孕育剂包在空心金属丝中，采用改进的焊丝给料机，在浇注时自动将其输进浇口杯或直浇道的金属液中溶解（如图 7—20 所示），并可用光电管接收浇注金属液流信号自动启动和停止孕育丝输送装置。

孕育丝用壁厚 0.1 mm、直径约 3 mm 的软铜管制成，内装 200 目硅铁粉，孕育剂用量可减少至 0.08%以下，一般为 0.05%～0.10%。此法无衰退，要求控制系统可靠，孕育丝供应成本高，常为定点使用，适用于自动流水线大量生产。

(5) 随流孕育

茶壶式浇包或气压浇注炉侧装有可控制出口流量的漏斗，如图 7—21 所示，通过机械或光电管控制自动开关，使漏斗内的孕育剂粒在浇注期间均匀地随金属液流进入铸型。这种把孕育剂随金属液流均匀加入铸型中的方法，称为随液孕育法。

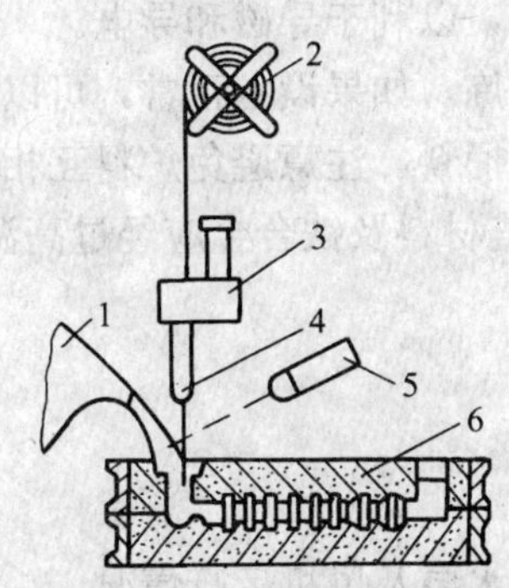

图 7—20　孕育丝法孕育示意图

1—浇包　2—卷丝盘　3—送进装置　4—导向管　5—光电管　6—铸型

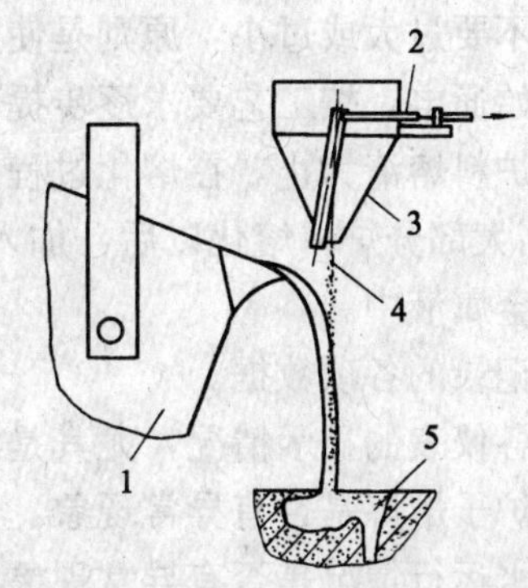

图 7—21　随流孕育法

1—浇包　2—漏斗开关　3—漏斗　4—孕育剂　5—浇口杯

使用随液孕育法，其孕育剂量能减至 0.10%～0.15%。铸件壁厚为 30～100 mm 时，孕育剂粒度为 20～40 目，壁厚<30 mm时，粒度为 40～200 目。使用时应注意使用新鲜干燥的孕育剂，切忌用 200 目以下粉末，并注意挡渣及均匀添加。最好定点使用，控制系统要可靠。

随液孕育几乎无衰退，孕育效果比包内孕育要好。适用于中、小型铸件流水线大量生产或批量生产。

2. 变频电炉和有芯电炉的操作方法

(1) 变频电炉的操作方法

目前，变频电炉在我国使用的单位越来越多，特别是一些进口变频电炉，电源可供选择的频率范围很宽，变换效率高，功率因数也高，起始送电功率就可以满负荷运转，从而大大节省了熔化时间。

现以应达（Inductotherm）公司生产的静态变频中频感应电炉为例，简单介绍一下熔炼操作方法。

1）熔炼前的准备

①检查与调整电路中的开关、状态、信号显示。

②检查与调整水管中的开关状态。

③检查液压箱的压力指示及油位。

④开启电器总开关正常送电。

⑤开启循环水路水泵开关，正常循环冷却运行。

⑥检查故障显示并消除。

2）熔炼操作

①装料。为了加速炉料的熔化，应该注意装料的方法。一般来说，大块炉料应该装在坩埚壁的附近，小块炉料装在中间部分和炉底，因为靠坩埚壁处炉温高，而中心部分和炉底的炉温较低。在大块炉料的空隙中间必须用小块炉料充填。炉料装得紧密，则熔化得快，耗电量也少。

为了减少金属液中的气体和夹杂物，要求炉料表面无锈、油，所有加入炉中的材料都必须是干燥的。炉料的化学成分应该明确，并应该精确地进行配料。炉料的尺寸应该根据坩埚的尺寸来考虑，不要过大或过小，原则是使炉料能装得紧密，以利于导磁和导电。

②加料后开始通电，按工艺要求逐步提高功率，进行熔炼。如果设备正常，可以立即满功率运转，直至炉料熔清为止。在熔化过程中应经常用炉钎捅料，注意避免炉料互相挤住而发生“搭桥”。当大部分炉料熔化以后，加入造渣材料。造渣材料及铁合金应经过高温烘烤，以免将气体带入金属液中。

③做好运行记录的各项数据。

④注意观察各仪表的显示情况，尤其是漏电电阻数据。

⑤注意观察炉子熔炼是否有异常现象。

⑥注意循环水运行情况是否有异常现象。定期检查冷却水泵及风机运行情况。

⑦铁水炉子倾斜时应平稳。

⑧当发生炉体渗漏铁水或机械故障时，应迅速下降功率为 0，并倾倒铁水至其他炉、包使用或倒掉，以减少损失。

3）熔炼完毕

①炉体内应无铁水。

②循环水路开关应调整到自动挡，保证 4 h 的循环冷却后自动停止。

③根据点检要求做好记录，对发现的故障隐患及时反馈处理。

（2）有芯电炉的操作方法（见表 7—6）

3. 配料技术

各种炉子各种合金的炉料配制方法大同小异，关键是要合理确定各元素的烧损烧增情况。常用的炉料配制方法有表格核算法、解联立方程式法、图解法等。下面以较常使用的表格核算法简要介绍冲天炉配制 HT200 炉料的方法。

（1）确定原始资料

1）根据铸铁牌号、铸件结构和壁厚，确定铁液化学成分为（质量分数，%）：

C：3.3～3.5，Si：1.5～2.0，Mn：0.5～0.8，S＜0.12，P＜0.25。

2）确定金属炉料的化学成分（质量分数，%）为：

表 7—6　　有芯感应炉的熔炼操作方法

程序	主要内容	操作要点
1	加起熔体	如果是冷炉或炉内没留金属液，应先加入起熔体，以加快熔化速度 通常起熔体是整块状的，亦可用几块较大的铁料代替。如果起熔体的尺寸较小，则可将它靠近炉壁放置，否则熔化速度会大大减慢
2	加炉料	为加快熔化速度和减少损耗，通常，熔点较低、元素烧损较小的炉料先加，熔点较高、元素烧损较大的炉料后加，而合金铁应最后加入 加料时需特别注意：冷湿炉料和镀锌炉料要加在其他炉料上面，让其慢慢进入金属液中，以避免金属液飞溅
3	通电熔化	炉料加入后，即可通低电压进行预热，然后再改用高电压送电，以使起熔体和炉料自下而上地慢慢加热和熔化 在熔化过程中，应经常观察坩埚侵蚀情况和炉子功率表，若有漏炉危险，应立即停止熔化
4	炉前分析	分析化学成分，观察三角试块断面，测定金属液温度，观察气体及炉渣情况等
5	出炉	出炉时应根据下一炉情况决定炉内留或不留金属液。若材质不变或类似，应留部分金属液 若熔炼结束，炉内一般不宜留下金属液，以防炉子上下温差较大，坩埚容易产生裂纹

①新生铁　C：4.19，Si：1.56，Mn：0.76，P：0.04，S：0.036。

②回炉铁　C：3.28，Si：1.88，Mn：0.66，P：0.07，S：0.096。

③硅铁　Si：75。

④锰铁　Mn：65。

⑤废钢　C：0.15，Si：0.35，Mn：0.50，P：0.05，S：0.05。

3）确定各元素的增损率（%）：

C：增碳：+1.7～1.9，脱碳：−0.5；Si：−15；Mn：−20；S：+50。

（2）配料计算

1）设定初步炉料配比　新生铁为 x%；废钢为（80−x）%；回炉铁为 20%。

2）计算各元素质量分数

$$C_{炉料}=\frac{C_{铁液}-1.8}{0.5}\%=\frac{3.4-1.8}{0.5}\%=3.2\%$$

$$Si_{炉料}=\frac{Si_{铁液}}{1-0.15}\%=\frac{1.75}{1-0.15}\%=2.06\%$$

$$Mn_{炉料}=\frac{Mn_{铁液}}{1-0.2}\%=\frac{0.65}{1-0.2}\%=0.81\%$$

$$S_{炉料}=\frac{S_{铁液}}{1+0.5}\%=\frac{0.12}{1+0.5}\%=0.08\%$$

$$P_{炉料}=P_{铁液}=0.25\%$$

3）计算新生铁配比

$$4.19x+0.15\,(80-x)\,+3.28\times20=3.2\times100\qquad 得\ x=60$$

因此，新生铁的配比为 60%。

4）计算结果填入计算表内（见表 7—7）

5）计算铁合金加入量

$$硅铁=\frac{0.65}{0.75}\%=0.89\%$$

表 7—7　　炉料计算表（质量分数）　　%

炉料名称	配比	C		Si		Mn		S		P	
		原料	炉料	原料	炉料	原料	炉料	原料	炉料	原料	炉料
新生铁	60	4.19	2.51	1.56	0.94	0.76	0.46	0.036	0.022	0.04	0.024
回炉铁	20	3.28	0.66	1.88	0.38	0.66	0.13	0.096	0.020	0.07	0.014
废　钢	20	0.15	0.03	0.35	0.07	0.50	0.10	0.050	0.010	0.05	0.010
合　计	100	—	3.20	—	1.39	—	0.69	—	0.052	—	0.048
炉　料	—	—	3.20	—	2.06	—	0.81	—	<0.08	—	0.25
差　额	—	—	0.00	—	0.67	—	0.12	—	合格	—	合格

$$锰铁=\frac{0.12}{0.65}\%=0.18\%$$

(3) 批料计算

设熔化率为 5 t/h，层铁取 5 t/10=500 kg，层铁焦比为10∶1，则新生铁 500×60%=300 kg；回炉铁 500×20%=100 kg；硅铁 500×0.89%=4.45 kg；锰铁 500×0.18%=0.9 kg；层焦 500×1/10=50 kg；石灰石 500×30%=15 kg。

(4) 元素烧损率

元素烧损率和炉料加入方法、熔炉种类及熔炼工艺等因素有关。

表 7—8、表 7—9 列出了合金钢在一般正常的冶炼条件下的合金元素的收得率，表 7—10 列出了一些非铁合金熔炼时元素的烧损率。

表 7—8　　碱性电弧炉氧化法炼钢中合金元素收得率　　%

元素名称	合金名称	适宜的加入时间及条件	收得率	元素名称	合金名称	适宜的加入时间及条件	收得率
钒	钒铁	出钢前 5~10 min 加入	98	硼	硼铁	出钢时加入盛钢桶中冲熔	80~95
铝	电解铝	出钢前 5~8 min 加入	95~98	铬	铬铁	在良好的白渣下还原 15 min 后加入	60~80
镍	电解镍	装料时加入	95~98				
钼	钼铁	装料时或熔化期中加入	95~98	锰	锰铁	还原期中，在良好的白渣下加入	30~60
铜	电解铜	熔化末期或氧化初期加入	95				
钨	钨铁	氧化末期或还原初期加入	90~95	硅	硅铁	出钢前 7~10 min 在良好的白渣下加入	90
钛	钛铁	还原期终了停电，往钢液中插铝	40~70				

表 7—9　　酸性感应炉和碱性感应炉炼钢中合金元素的收得率　　%

元素名称	合金名称	适宜加入时间	收得率		元素名称	合金名称	适宜加入时间	收得率	
			酸性	碱性				酸性	碱性
镍	电解镍	装料时	100	100	硅	硅铁	出钢前 7~10 min	100	90
铜	电解铜	装料时	100	100	钒	钒铁	出钢前 5~7 min	92~95	95~98
钼	钼铁	装料时	98	100	钛	钛铁	出钢前用铝脱氧后加入	—	85~92
钨	钨铁	装料时	98	100	硼	硼铁	出钢前加入或出钢时在盛钢桶中冲熔	—	50
铌	铌铁	装料时	—	100					
铬	铬铁	装料时	95	97~98					
锰	锰铁或金属锰	出钢前 10 min	90	94~97					

表 7—10　　非铁合金熔炼某些元素的烧损率（质量分数）　　%

合金种类	Al	Cu	Mg	Zn	Si	Mn	Ni	Pb	Be	Ti	Zr
铝合金	1～5	0.5～1.5	2～10	1～3	1～10	0.5～2	0.5～1	—	0.5～1	1～20	—
铜合金	2～3	1～1.5	Sn：1.5	2～5	4～8	2～3	1.2	1～2	10～15	30	3～10
镁合金	2～3	—	3～5	2	1～10	10	—	—	10～20	—	3～5
锌合金	1～1.5	0.5～1	10～30	1～3	—	—	—	—	—	—	—

注：铝合金熔炼前，当 Zn、Mg 等以纯金属形式加入时，Zn 烧损率的质量分数达 10%～15%，Mg 达 15%～30%。镁合金中锰的烧损率的质量分数为 10%（包括成渣损失）。

4. 熔炼铸造中间合金的方法

表 7—11 为铸造中间合金的熔炼工艺。

表 7—11　　铸造中间合金熔炼工艺

合金代号	熔 炼 要 点
AlSi20	1. 将坩埚加热至暗红色，放入经预热至 400～500℃的铝锭，开风熔化，过热至 850～950℃，用石墨钟罩将块度为 10～20 mm 结晶硅分批压入铝液。每次加入时，应充分搅拌，待硅化清后再加下一批。为防止硅的氧化，用铝箔裹硅 2. 硅全部化清后，升温至 800℃左右，用占炉料质量分数 0.2%～0.4%的精炼剂除气精炼，静置 5～10 min，扒渣，浇成锭，厚度小于 25 mm 3. 为提高合金质量，可在熔剂覆盖下熔炼
AlCu50	1. 坩埚预热后，将铝、铜一次装入，铝锭竖插，周围用铜板插紧 2. 升温熔化，熔清后于 700℃充分搅拌，除气精炼、扒渣 3. 静置 5～10 min，再搅拌后出炉浇锭，锭厚小于 25 mm
AlMn10	1. 先熔化铝锭，熔铝至半熔状态，加入预热的金属锰，粒度为 10～15 mm 2. 熔清后，用质量分数为 0.2%～0.4%的精炼剂精炼 3. 静置 5～10 min，充分搅拌，扒渣后浇锭，锭厚小于25 mm
AlTi5	1. 在冰晶石（占炉料质量分数的 3%～5%）覆盖下熔化铝锭 2. 铝呈半熔状态时，用石墨钟罩压入粒度为 5～10 mm经预热的海绵钛，不断搅拌直至化清 3. 化清后继续升温至 1 050～1 100℃，充分搅拌；用精炼剂除气精炼后扒渣，在 900～950℃下迅速浇锭
AlB1	1. 将硼砂加入石墨坩埚中加热脱水，约占铝锭质量分数的 1/3 2. 将铝锭压入已脱水成糊状的硼砂中，加盖密封，升温至 1 200～1 300℃ 3. 卸盖，用石墨棒将硼砂结壳捣碎，混入铝液使与铝液反应 4. 反应完毕后，扒渣，待温度降至 950℃左右精炼，浇锭
Cu—P	1. 坩埚或浇包烘透后，冷却到 40～60℃，将赤磷放入浇包或坩埚内，用木棒捣紧压实，再放上干草灰捣紧，草灰厚度 50 mm 左右 2. 用 ϕ3～ϕ6 mm 的铁棒在草灰层向下扎孔，孔深接近坩埚或浇包底部，孔距保持 15 mm 左右 3. 草灰上再撒上一层厚 100～200 mm 的木炭 4. 用另一个坩埚化铜液，过热至 1 200～1 250℃，然后将铜液浇入前一只坩埚或浇包内，再撒上一层草灰并盖紧盖子 5. 轻摇坩埚或浇包 5～10 min 促进反应，反应完毕后，拆去盖子，搅拌合金液，扒除木炭和草灰，立即浇注，铸锭厚度不大于 30 mm

续表

合金代号	熔 炼 要 点
Cu—Mn	1. 将粒度为10～30 mm的金属锰装入预热好的坩埚底部，上面覆盖铜料，一起熔化；也可先化铜，然后分批加锰直至化清 2. 化清后，充分搅拌，升温至1 100～1 200℃ 3. 取出坩埚，再次搅拌熔液，使之均匀，撇渣，立即浇入铁模成薄片状
Cu—Si	1. 将粒度为20～30 mm的硅块放在预热坩埚底部，上面装满电解铜板，升温熔化 2. 铜、硅全部化清后进行搅拌，1 200℃左右出炉浇锭
Al—Fe	1. 铝锭装入预热坩埚中，四周插入无油、无锈碎铁片 2. 升温熔化，不要搅拌，否则铝锭上浮，熔炼失败 3. 全部化清后搅拌、精炼 4. 取出坩埚，扒渣、浇锭 5. 合金锭会氧化变脆，不宜长期存放
Cu—Ni	1. 坩埚底部装镍，上面装铜料，覆盖一层质量分数为1.0%～1.5%的熔剂（质量分数为80%的碎玻璃，质量分数为20%的硼砂），熔化后加入$w_{Mn}=0.1\%$脱氧 2. 搅拌、除渣，浇入预热锭模中，在热态下敲碎

5. 非铁合金中有害杂质去除方法

(1) 铸造铝合金液的精炼

1) 熔剂精炼方法

①氯化锌（$ZnCl_2$） 氯化锌在铝液中发生反应，生成大量的无氢气泡，从而起到精炼作用。其操作为：将脱水的加入量为0.1%～0.3%（质量分数）的$ZnCl_2$用钟罩压入靠近坩埚底部，并做水平移动，直至反应完毕。为了防止铝液翻腾激烈，使铝液氧化，可分批加入，精炼温度为690～720℃。

②六氯乙烷（C_2Cl_6） C_2Cl_6的精炼效果好，不易吸湿，很多工厂用它代替$ZnCl_2$。六氯乙烷用量与合金成分有关，不含镁的合金加入量为：$w_{C_2Cl_6}=0.2\%\sim0.6\%$，含镁合金加入量为：$w_{C_2Cl_6}=0.5\%\sim0.75\%$。精炼温度由690～720℃提高至730～750℃，并适当增加C_2Cl_6的用量。

为防止反应激烈，可将C_2Cl_6压成块状或掺入少量的缓冲剂，如Na_2SiF_6或K_2SiF_6。反应时间控制在8～12 min。

③氯化锰（$MnCl_2$） $MnCl_2$的加入量为0.1%～0.2%，精炼温度为700～720℃，其他操作同上。$MnCl_2$的反应速度比$ZnCl_2$缓慢，生成的精炼气泡较小，而且吸湿性比$ZnCl_2$小得多，因而精炼效果较好。但在去湿时，长时间的烘烤会使其氧化，降低精炼效果。

④覆盖精炼剂精炼 覆盖剂只起防止铝液吸气和氧化的作用。覆盖精炼剂具有保护铝液和精炼钢的作用，如Na_3AlF_6，使得渣与铝液间的界面张力增加，有利于两者分离，并且能溶解Al_2O_3、Na_2SiF_4。

⑤无毒精炼剂 无毒精炼剂为$NaNO_3$（或KNO_3）+C，精炼剂中还加入一定量的缓冲剂，如耐火砖粉、NaCl和Na_3AlF_6、Na_2SiF_6等。

使用精炼剂的加入量为0.3%～0.5%（质量分数），操作同前所述。有一定的去气效果，但使铝液氧化，夹杂物含水量较多。因为在铝液中产生NO、NO_2、CO_2、Na_2O等氧化剂，未反应完的炭粉将产生碳的夹杂物。

2）吹气精炼　向铝液中通入活性气体，如 Cl_2、F_{12}（即氟利昂 12）、惰性气体（如 Ar、N_2）以及它们的混合物（如 N_2-Cl_2、N_2-F_{12}）等，可以实现铝液的精炼作用。氯气的精炼效果很好，但产生毒气，腐蚀设备。为此，可采用混合气体精炼，把氯气的比例减至 $w_{Cl_2}=5\%\sim10\%$。

吹入的惰性气体中有水分和氧，将会影响精炼效果，因此，对它的纯度应有要求。一般要求工业氮气的纯度为 $w_{N_2}>99.6\%$，并采取去湿处理，使氮气中水分降至 100 ppm（质量分数）以下。氩气一般纯度较高，可以直接使用。精炼温度同前所述，气体的耗量一般为铝液质量的 0.3%～1.0%。

传统的工艺是单管吹气精炼，其效率低，气体的利用率只有 3%～5%。为了提高效率，近年来，相继出现了多孔透气塞吹气精炼工艺。精炼气体通过它时，能形成较小的气泡，可提高去气效率。

3）气体的电迁移　熔融铝在直流电流的作用下，在正极产生正离子，H^+ 向负极移动。在负极上，生成的氢分子逸出液面，从而达到除气的目的。实践表明，将 250～300 A的直流电流通入容量为100 kg的石墨坩埚中的 ZL102 合金液，通入的电流密度为 0.5～0.7 A/cm^2，通电时间为 20～40 min，则氢含量减少至质量分数为 25%～30%。若将电极改为海绵钛，能进一步提高除气率，并使铝液内残留有钛（$w_{Ti}=0.01\%\sim0.03\%$），兼有细化晶粒的作用。

4）稀土净化　加入稀土能达到去除铝液中氢的目的。稀土与氢有很大的亲和力，在铝液中，它们能生成稳定的弥散稀土氢化物，减少铝液中原子态和分子态的氢，起到所谓的“固定氢”作用，从而显著地减少针孔。

富铈混合稀土的加入量为 0.2%～0.3%（质量分数），生产上稀土多以 Al－Re（$w_{Re}=10\%$）的中间合金形式加入。精炼温度为 720～750℃，如果精炼和变质同时进行，则温度为 760～780℃。

（2）铸造铜合金的精炼

1）除氢精炼

①吹氮精炼　铜合金的吹气精炼原理与铝合金精炼相同。氮不溶于铜液而且也不形成污染，故可用来净化铜液。吹氮的方法有石墨吹管、多孔透气塞和透气砖（用于大包）等。后两种方法的精炼效率更高。小容量包的吹气时间约为 10 min，大容量包为 15～20 min。

②氧化还原法精炼　加料时将质量分数为 1%～2%的锰矿石加在坩埚底部，在熔炼后期加入 0.1%～0.2%（质量分数）的磷铜脱氧。熔炼黄铜时，不必进行脱氧处理，因为铜液中的锌有较高的蒸气压，故熔炼过程中，锌将蒸发，从而带出铜液中的气体。

③氯化锌法　铝青铜的精炼，可用 $ZnCl_2$ 处理，原理与铝合金精炼相同，加入量 $w_{ZnCl_2}=0.1\%\sim0.15\%$；也可以用 CCl_4 和 C_2Cl_6。

④真空处理　采用真空处理精炼工艺，可降低铜液上的 P_{H_2}，从而能有效地去除铜液中的氢气。

2）铜合金的脱氧处理　铜合金液中的氧是以 Cu_2O 的形式存在的。为了去除 Cu_2O，可选用与氧亲和力大于铜的元素，并且要求脱氧产物易于排出。常用的脱氧剂见表 7—12。

3）铜合金的熔剂精炼　铜合金用熔剂有覆盖剂和精炼剂，前者起减少元素氧化和铜液

表 7—12 铜合金脱氧剂

脱氧剂	使用特点	应用范围
磷铜	1. 纯铜熔化后加入合金成分前脱氧，加入量 $w_P=0.03\%\sim0.06\%$ 2. 砂型铸造时，磷的残留量应限制在（质量分数）0.005%～0.01%范围内，金属型可略高些	纯铜（非导电铜）、锡青铜、铅青铜、磷青铜等
锌	1. 用于青铜：纯铜及旧料化清后加入 $w_{Zn}=0.5\%\sim1\%$，制作导电零件 2. 用于黄铜：以合金成分加入，通过沸腾脱氧	纯铜、锡青铜、铅青铜、黄铜
锂	1. 浇注前以 Cu－Li、Li－Ca 中间合金或锂盐形式加入，加入量 $w_{Li}=0.01\%\sim0.02\%$ 2. 同时有脱氧除氢作用，反应产物 LiOH 易从铜液中除去	导电用纯铜及所有铜合金

吸气的保护作用；后者主要起精炼作用。铜液中的夹杂物有酸性（SiO_2、SnO_2）、中性（Al_2O_3）和碱性（ZnO、MnO），以酸性和中性夹杂物为多数。去除酸性夹杂物，应采用碱性熔剂；去除中性夹杂物，应加入强碱或强酸性熔剂，以形成低熔点的复合盐，并容易排出熔体之外。

（3）铸造镁合金精炼

镁合金液的表面氧化膜是疏松的，而且镁是活泼元素，与氧的亲和力强，熔炼时，与大气中氧、水蒸气和氮反应，生成 MgO、Mg_3N_2 和 H_2。MgO、Mg_3N_2 成为夹杂，夹杂物处常伴随有缩松和气孔。另外，由于使用熔剂，使得产生熔剂夹杂倾向大，它将成为镁合金铸件腐蚀源。为了防止镁液与大气的反应，在熔炼过程中，始终要有覆盖剂保护着，为了去除镁液中的氧化物夹杂，要撒入足够数量的精炼剂进行精炼，精炼过程中使镁液产生平稳循环流动，保证精炼剂能充分吸附夹杂物，尔后沉淀在坩埚底部。

1）精炼操作要点　炉料熔化后，升温至精炼温度，扒去熔渣，重新撒上熔剂把经熔剂洗好的搅拌勺放入镁液，让勺柄靠坩埚边缘，使搅拌勺自下向前，转向上连续不断地运动。合金液在坩埚内不断翻动时的波峰高度保持不变。搅动时，勺子距坩埚底部最小距离约为100～150 mm。用搅拌勺强烈搅拌熔液，搅拌时，经常在液流波峰前面慢慢地撒下熔剂。含水量过多的熔剂应通过预熔方法去除。熔液呈银白色镜面时，精炼完毕。

2）镁合金液的除气　尽管镁液凝固时，气孔倾向小，但镁液中氢加剧了疏松倾向。镁合金液的除气有以下几种方法：吹氩；吹氯；吹氮，精炼温度 $t<700℃$，防止生成 Mg_3N_2 夹杂；C_2Cl_6 精炼，注意防止镁液翻腾使其氧化。

第四节　工 装 设 备

一、常用熔炼设备的结构、原理

各种铸造的生产条件、经济状况、技术发展水平、产品结构不同，所使用的熔炼设备相差很大，各自的结构和原理也不相同。下面介绍几种常用熔炼设备的结构和原理。

1. 冲天炉

(1) 冲天炉的结构（如图 7—22 所示）

冲天炉的类型很多，但基本结构大体相同，炉身、风箱及烟道等用钢板焊成，炉身内部通常砌以耐火砖层，以便抵御焦炭燃烧产生的高温作用。为了贮存铁液，多数冲天炉都配有前炉。常用的冲天炉由 4 部分组成：炉底部分、炉身部分（包括送风系统）、前炉部分、炉顶部分（烟囱及除尘系统），各部分作用与结构特点见表 7—13。

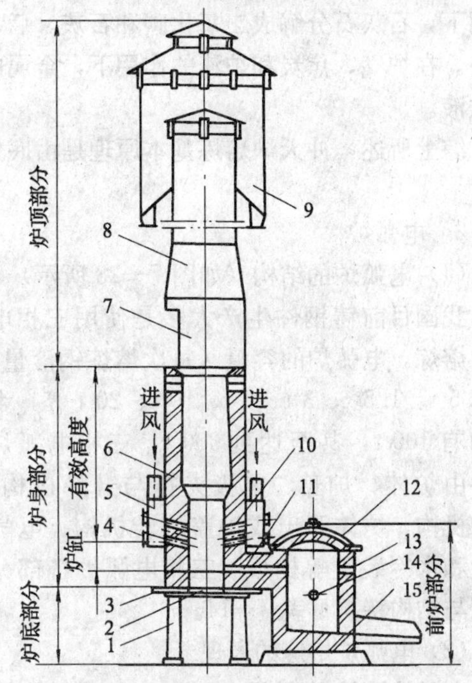

图 7—22 冲天炉结构简图

1—炉脚 2—炉底门 3—炉底板 4—风口窥视孔 5—风箱 6—耐火砖 7—加料口 8—烟囱 9—除尘器 10—风口 11—过桥 12—前炉盖 13—前炉窥视孔 14—出渣口及出渣槽 15—出铁口及出铁槽

(2) 冲天炉熔炼的原理

在熔炼过程中，炉身的下部装满焦炭，称为底焦。在底焦的上面交替装有一批批的铁料（生铁、废钢、回炉铁、铁合金等）、焦炭及熔剂（石灰石、萤石等）。通过鼓风，由风口进入炉内的空气与底焦强烈燃烧，反应产生热量。由此产生的高温炉气沿炉身高度方向上升，对炉料加热，使其上面一层铁料熔化。熔化的铁液滴在下落的过程中，穿过红热的底焦层而被过热，然后经炉缸和过桥，最后汇集在前炉中。随着熔化过程的进行，底焦逐渐燃烧损耗，金属炉料逐渐熔化，料层逐渐下降。通过层焦不断补充底焦的燃烧

表 7—13　冲天炉各部分的作用与结构特点

名称	作　用	结构特点
烟囱	将冲天炉内的气体、粉尘、焦炭碎粒和火花等引至炉顶，并加以收集	烟囱是炉身的延长部分，一般由钢板制成的外壳和耐火砖砌制的炉衬组成，顶部设有火花捕集器。附设炉气净化装置的冲天炉，炉气和粉尘抽入净化装置处理，上部无烟囱和火花捕集器
前炉	贮存铁液，并均匀铁液的化学成分和温度，减少铁液与焦炭的接触时间，防止增碳、增硫	前炉安装在炉身前方，通过过桥与炉身相连。前炉由钢板制成的外壳和耐火材料砌制的炉衬两部分组成。前炉设有出铁口和出渣口
炉身	容纳炉料，并确保熔炼过程在其中正常进行	炉身由钢板制成的外壳和用耐火材料砌制的炉衬组成。为避免炉壁加热变形，并减少热量损失，一般在炉壳与炉衬之间留有间隙，并填入砂子或炉渣材料。炉身上部开设加料口，下部有风口、过桥口、修炉工作门等。对于热风冲天炉，密肋炉胆安装在炉身内
炉底	承受冲天炉炉身及加入炉料的质量，并满足打炉清理余料和修炉的要求	炉底由炉脚、炉底板和炉底门组成。炉底门有单扇和双扇两种结构形式
送风系统	将足够量、具有一定压力的空气送入炉膛	送风系统一般由风箱、风管和风口等部分组成

损耗，将底焦上平面恢复到原来的高度，从而维持熔炼过程正常而持续地进行。在炉气的热作用下，石灰石分解成二氧化碳和石灰。后者与焦炭中的灰分和侵蚀的炉衬结合成低熔点的炉渣。在炉气、焦炭和炉渣的作用下，金属的化学成分发生一系列变化，得到最终化学成分的铁液。

综上所述，冲天炉熔炼基本原理是由底焦燃烧、热量交换和冶金反应 3 个基本过程组成的。

2. 电弧炉

(1) 电弧炉的结构（如图 7—23 所示）

我国目前铸钢件生产大多是使用三相电弧炉熔炼。电弧炉的容量（每次熔炼钢液量）有 0.5 t、1.5 t、3 t、5 t、10 t、20 t 等，大型的有 100 t，甚至达到 300 t。三相电弧炉主要由炉体、炉盖、电极夹持与升降机构、倾炉机构、炉体开出或炉盖旋转机构、电气装置和水冷装置等构成。三相电弧炉各部分作用与结构特点见表 7—14。

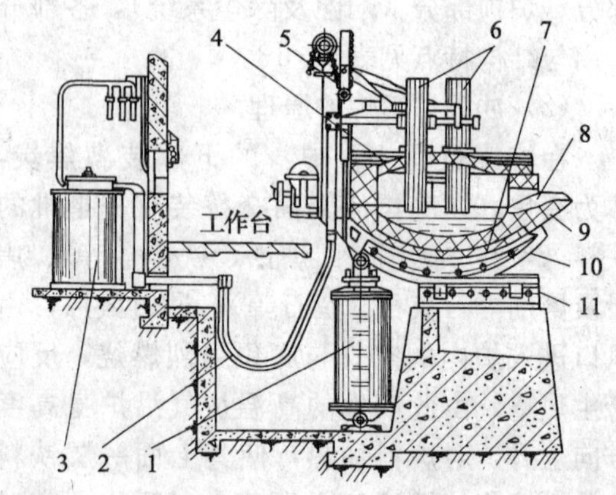

图 7—23　三相电弧炉结构

1—炉体倾转机构　2—电缆　3—配电设备　4—炉盖　5—电极夹持与升降机构　6—石墨电极　7—耐火材料　8—出钢槽　9—炉壳　10—炉体支承机构　11—导向架

(2) 电弧炉熔炼的原理

电弧炉熔炼是利用电弧产生的热量来熔化炉料和提高钢液过热温度。由于不用燃料燃烧的方法加热，故容易控制炉气的性质，可按照冶炼的要求，使之成为氧化性或还原性。炉料熔化以后的炼钢过程是在炉渣的覆盖下进行的。由于电弧的高温是通过熔渣传给钢液的，且炉渣的温度很高，具有高的化学活泼性，因而有利于炼钢过程中各个反应的进行。

表 7—14　　三相电弧炉各部分的作用与结构特点

名称	作　用	结　构　特　点
炉体	容纳炉料，并确保熔炼过程在其中正常进行	炉体是电弧炉的主要部分，外壳由钢板焊成，内部用耐火材料砌筑而成。酸性炉炉体内部用硅砖砌筑，硅砖表面的炉衬用水玻璃硅砂打结而成。碱性电弧炉炉体内部用镁砖和黏土砖砌筑，镁砖表面的炉衬用焦油镁砂、焦油镁砂砖或卤水镁砂打结而成，炉体上开有炉门、出钢口及出钢槽
炉盖	保温隔热，保护电极夹持机构和电气装置，与空气分隔，并确保炉气的性质	炉盖是用钢板焊成的空心炉盖圈（内部通水冷却），在圈内用耐火砖砌筑。酸性电弧炉一般是用硅砖砌筑炉盖，碱性电弧炉一般是用高铝砖砌筑炉盖。电弧炉炉盖也有用耐火水泥捣制成的，还有通水冷却的全水冷和半水冷炉盖。三相电弧炉盖上开有引入电极的 3 个电极圆孔
电极夹持与升降机构	夹持并带动电极进行升降运动	电弧炉中的电极上升与下降一般是自动控制的。电极升降的自动控制系统由电气部分（自动控制线路）和电极升降机构（执行机构）两部分组成。立柱固定不动，电动机驱动升降机构使横臂沿着立柱上下运动，从而带动电极升降。升降机构有液压传动式和机械传动式两种 电极夹持机构一般用弹簧紧固的夹板或螺栓紧固的夹板夹持电极

续表

名称	作　用	结　构　特　点
倾炉机构	出渣、出钢时倾斜电弧炉的机构	在熔炼过程中，出渣和出钢都要倾斜电弧炉。出渣倾斜量小一些，出钢倾斜量较大，以便将炉内钢液和熔渣出净。倾斜机构有液压传动式和机械传动式两种
电气装置	降压后给各电极供电，并对电弧炉的功率进行自动调节的装置	电气装置包括供电线路、变压器、互感器、开关等。高压供电线路供给的电压一般是 6 300 V或 10 000 V，高压电流经过空气断路器、高压油开关、塞流线圈、电压切换开关而接在变压器的原边线圈上，经过降压后，由变压器的二次侧线圈以低电压供给各电极。电压互感器和电流互感器是电弧炉的功率自动调节装置，可对电弧长度进行自动控制
水冷装置	降低设备温度	电弧炉有很多地方需要水冷降低设备温度，以保证电弧炉的正常工作。在电弧炉的炉圈、炉盖、电极孔、电极夹持器、变压器、炉门、炉门框等地方都设有水冷装置

电弧炉依照所采用炉渣和炉衬耐火材料的性质而分为碱性电弧炉和酸性电弧炉。碱性电弧炉具有较强的脱磷和脱硫能力，对炉料的适应能力强。电弧炉作为炼钢设备的最大优点是热效率高，特别是在熔化炉料方面，其热效率高达 75%，而在炼钢过程中热量消耗比例最大的部分是用于预热和熔化炉料。电弧炉炼钢热效率高是其他种类炼钢炉所不能比拟的。基于上述这些优点，电弧炉成为在铸钢方面应用最普遍的炼钢炉。电弧炉炼钢的缺点是钢液容易吸收氢气。在电弧的高温作用下，空气中的水分离解为离子氢和离子氧，若炉渣覆盖不严密，氢易于侵入钢液，而使钢液增氢。

为了更详细地说明电弧炉熔炼的原理，现以碱性电弧炉氧化法炼钢工艺为例加以说明。

1）装料要利于导电和导热　补炉完毕后，即往料罐中装料，装料时需要合理地布置炉料（包括在炉底上先铺一层石灰），尽量多装料，且装得紧密，以便使炉料熔化得快一些。

2）熔化期　熔化期的任务是将固体炉料熔化成钢液，并进行脱磷。

在炉料熔化过程中，炉料中的铁、硅、锰、磷等元素被炉气中的氧所氧化：

$$2Fe+O_2 \rightarrow 2FeO$$

$$Si+O_2 \rightarrow SiO_2$$

$$2Mn+O_2 \rightarrow 2MnO$$

$$4P+5O_2 \rightarrow 2P_2O_5$$

氧化生成的 FeO、SiO_2、MnO 及 P_2O_5 等氧化物与加入的石灰（主要成分是 CaO）化合而形成炉渣，覆盖住钢液表面。为了脱磷，在熔化末期分批加入小块矿石，其总量根据炉料含磷量的多少确定，约为装料量的 1%～2%。炉料熔清后，熔化期就结束。这时的炉渣中含有大量的磷，应该放掉大部分炉渣，然后加入石灰、萤石等造渣材料，另造新渣。

3）氧化期　氧化期的任务是脱磷、去除钢液中的气体和夹杂物，并提高钢液的温度。在氧化期的前一阶段，钢液温度较低，主要是造渣脱磷。在氧化期进行的过程当中提高钢液的温度，待钢液温度提高到 1 530℃以上后，进入第二阶段，并进行氧化脱碳沸腾精炼，以去除钢液中的夹杂物和气体。氧化脱碳的方法有矿石脱碳法、吹氧脱碳法和矿石—氧气结合脱碳法。

经过氧化脱碳后，钢液中含有大量的氧化亚铁。为了减少残留的氧化亚铁的量，可以在停止供氧（不再加矿石）的条件下使钢液继续沸腾一段时间。这一阶段的沸腾称为净沸腾。

当钢液含磷、碳量都已符合工艺要求，钢液温度足够高时，可以扒出氧化渣进入还原期。

4）还原期　还原期的任务是脱氧、脱硫和调整钢液温度及化学成分。

扒除氧化渣后，首先往熔池中加入锰铁进行“预脱氧”，快速除去钢液中的部分 FeO，减轻后面通过炉渣进行脱氧的任务，加速整个还原期的过程。在还原的过程中同时进行钢液的脱氧和脱硫。还原渣有两种：白渣和电石渣。白渣适合冶炼含碳量较低（<0.35%）的钢种，电石渣适合冶炼含碳量较高（>0.35%）的钢种。

白渣的造渣方法如下：先加入造渣材料石灰、萤石和炭粉，关上炉门进行还原10～15 min。在还原过程中，炉渣中的碳起脱氧作用，而石灰（CaO）则起脱硫作用：

$$C+(FeO)\rightarrow CO\uparrow+[Fe]$$

$$(CaO)+(FeS)\rightarrow(CaS)+(FeO)$$

随着还原过程的进行，炉渣逐渐失去脱氧和脱硫的能力，因而需要补充造渣材料，调整炉渣。造渣材料中包括石灰和硅铁粉。硅铁粉中的硅起还原作用：

$$Si+2(FeO)\rightarrow(SiO_2)+2[Fe]$$

调整炉渣的过程一直进行到形成良好的白渣为止。为了充分地进行脱氧和脱硫，钢液在良好的白渣下还原的时间一般应不少于 25～30 min。

电石渣的造渣方法如下：先加入造渣材料石灰、萤石和炭粉，关上炉门，加大电流进行还原15～20 min。在电弧的高温和还原性炉气的条件下，炉渣中一部分石灰被碳还原而生成电石（CaC_2）：

$$(CaO)+3C\rightarrow(CaC_2)+CO\uparrow$$

电石渣中的碳起脱氧作用，石灰起脱硫作用：

$$C+(FeO)\rightarrow CO\uparrow+[Fe]$$

$$CaO+(FeS)\rightarrow(CaS)+(FeO)$$

$$CaC_2+3(FeO)+(CaO)\rightarrow 2(CaO)+3[Fe]+2CO\uparrow$$

$$CaC_2+3(FeS)+2(CaO)\rightarrow 3(CaS)+3[Fe]+2CO\uparrow$$

随着还原过程的进行，炉渣逐渐失去脱氧和脱硫的能力，因而需要调整炉渣。为此，可分几批加入造渣材料（石灰和炭粉）。调整炉渣的过程一直进行到形成良好的电石渣为止。为了充分地进行脱氧和脱硫，钢液在良好的电石渣下还原的时间一般应不少于 20～25 min。钢液经过充分的还原以后，含氧量和含硫量都已降到合格的程度，这时可以测量钢液温度。当钢液温度达到出钢温度要求时，可以调整钢液的化学成分。冶炼碳钢时，可加入适量的硅铁和锰铁来调整含硅量和含锰量。冶炼合金钢时，除了调整含硅量和含锰量以外，还要调整合金元素含量。

化学成分调整好后，即可用铝进行“终脱氧”。用铝脱氧有两种操作方法：插铝法和冲铝法。插铝法是在临出钢以前，用钢钎将铝块插入到钢液中进行脱氧。冲铝法是在出钢时，将铝块放在出钢槽上，利用钢液将铝冲熔进行脱氧。在这两种方法中，以插铝法效果较好。冲铝法的操作比较简便，但有时会发生铝块被炉渣裹住，不能起到脱氧作用的情况。插铝时应停电操作。插铝后，升起电极，倾炉出钢。出钢时要求钢液流要粗，而且要使钢液与炉渣一起出到盛钢桶中（即所谓“大口出钢”“钢渣混出”）。

3. 中频炉

感应炉是利用电磁原理，使处于交变磁场中的金属材料内部感应电流，从而把材料加热至熔化的一种电热设备。中频炉就是使用电流工作频率>50～10 000 Hz的感应炉。

（1）中频感应炉的结构

中频感应炉主要由炉体、炉架、倾炉装置、冷却系统、电源及其控制系统组成。炉体的结构如图7—24所示，主要由炉壳、炉衬（坩埚等）、炉盖、感应线圈、磁轭及紧固装置等组成。炉料及被熔化的金属置于坩埚中，坩埚外围绕着一层隔热和绝缘层，在绝缘层外面紧紧地贴放着感应线圈（感应器），在感应线圈的圆周上均匀地分布着磁轭（导磁体），磁轭与线圈紧贴在一体，但彼此绝缘。磁轭和线圈一起坐落在炉底盘（下压圈）上，承受着炉体的重量，并把感应线圈紧固。各部分的作用与结构特点见表7—15。

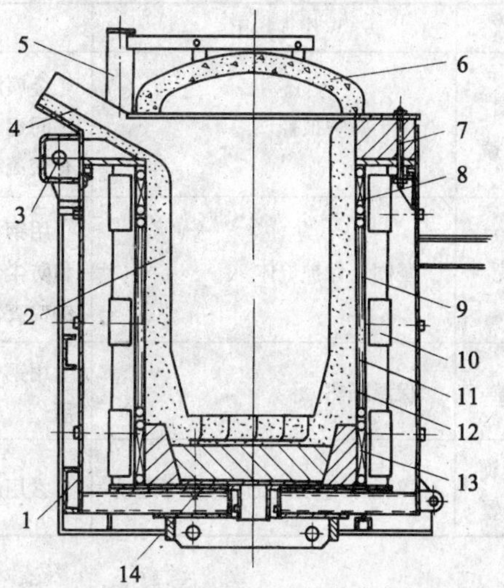

图 7—24　中频炉炉体结构示意图

1—炉壳　2—坩埚　3—倾炉转动轴　4—出液槽
5—升降旋转装置　6—炉盖　7—不锈钢紧固螺栓
8—线圈上压紧块　9—水冷感应线圈　10—磁轭
11—绝缘材料　12—隔热材料　13—线圈下压紧块
14—渗漏检测器

表 7—15　　中频炉炉体各部分的作用与结构特点

名称	作　用	结构特点
坩埚	容纳炉料，并确保熔炼过程在其中正常进行	中频感应炉中，坩埚一般是用耐火材料捣作后烧结而成的。坩埚用耐火材料一般按熔炼合金的品种分为3类：酸性材料、碱性材料和中性材料。石英砂就是一种酸性材料，镁砂就是一种碱性材料。如何合理选用耐火材料、捣作工艺和烧结过程，是决定坩埚寿命的关键
隔热层	用于耐火层和感应器间的隔热	隔热层置于耐火材料和绝缘层之间，一般采用石棉纸板、石棉布、硅藻土砖、蛭石、膨胀珍珠岩、高硅氧玻璃棉、碳或石墨纤维制品
绝缘层	用于防止感应圈漏电	置于隔热层和感应器之间。因它处于较高的工作温度，除了满足电的绝缘要求外，还应能够耐高温，一般用无碱或少碱玻璃布、天然云母等材料制作
感应线圈	中频炉的关键部分，电流通过感应线圈把有功功率传递到被加热的金属炉料或被熔化的金属炉料中去	感应线圈通常采用空心铜管密绕制成圆筒形状，管内通水冷却。铜管截面形状有矩形、圆形、长方形等。中频炉感应线圈大多采用矩形紫铜管，外面缠绕绝缘带，匝间垫以绝缘块，然后整体浸渍而成（较好的感应线圈内侧面还涂以刚玉等组成的涂抹料）。感应线圈的绝缘性能高低也是决定中频炉寿命的关键之一
磁轭	主要起屏蔽作用，以约束感应线圈的漏磁向外发散，防止炉壳、炉架和其他金属构架发热的作用，还起支承和固定感应线圈的作用	用0.2 mm或0.35 mm厚硅钢片叠成，其叠片厚度应大于其钢片宽度。磁轭的形状有一形、L形、U形等。通常，中频炉磁轭的形状用一形，更好的磁轭内侧采用圆弧形，与感应线圈的外侧面的吻合面积高达60%～65%，并采用多个磁轭均匀分布在感应线圈的外侧

续表

名称	作　用	结 构 特 点
渗漏检测器	用于漏炉报警	金属液接地电极采用嵌入坩埚中的不锈钢丝制成，在感应线圈与地之间建立电流回路，以检测坩埚的壁厚或漏炉情况。通用的报警方案有交流和直流两种
炉壳	坚固、保护炉体	用钢板制成，它和线圈之间留有一定间隙，保护线圈不受机械损伤和防尘作用，当然也使炉体更加完整和结实，其上开有必要的窗口以供检查使用
炉盖	保温隔热	用钢板焊成的炉盖圈，内用耐火材料捣制而成。小型中频炉一般不用
升降旋转装置	撑托并带动炉盖进行升降运动	常用气动或液压装置

(2) 中频感应炉熔炼的原理

当紧靠坩埚的感应线圈通以中频交变电流时，中频感应炉就像一个空气芯变压器，并根据电磁感应原理工作（如图 7—25 所示）。坩埚相当于变压器的原绕组，坩埚内的金属炉料相当于副绕组，在交变磁场的作用下，使短路连接的金属炉料产生强大的感应电流，随着电流的流动，为克服金属炉料表面的电阻而产生热量，致使金属炉料加热熔化。这就是一般无芯感应炉的加热原理。由于这种装置的漏磁大，功率因素低（cosϕ 只有 0.2 左右），所以要装大量移相电容器作为无功补偿。现在较先进的中频感应炉的功率因素已大大提高，比如应达（Inductotherm）公司生产的静态变频感应炉，采用电压馈电串联逆变方式，它的变换效率高，功率因数也高，起始送电功率就可以满负荷运转，从而大大节省了熔化时间。

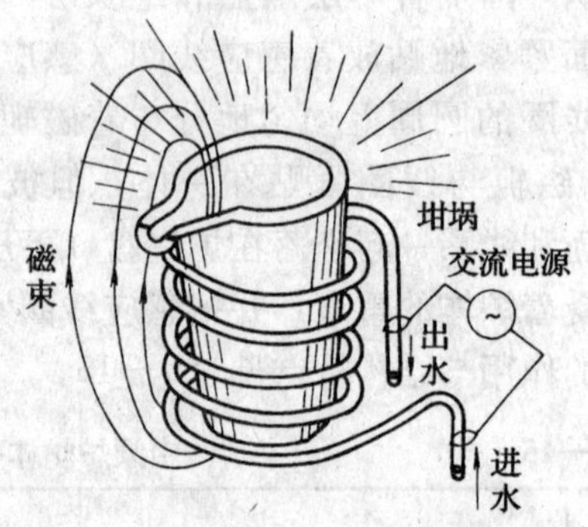

图 7—25　无芯感应炉加热原理图

在熔炼时，电磁的搅拌作用有助于炉料和合金元素的迅速熔化，化学成分和温度均匀，也有利于脱氧、脱气、除去杂质等。但也使金属液面出现驼峰，过高的驼峰和剧烈运动容易使金属氧化和炉衬蚀损增加。

二、熔炼设备的调试、使用和维护方法举例

熔炼设备的结构、原理不同，其调试、使用和维护方法也相差很大。现以可控硅中频装置为例，介绍其调试、使用和维护方法。

1. 调试方法

可控硅中频装置是比较复杂的电气设备，其中自动控制环节较多，装置运行能否达到稳定可靠，固然与设计、安装水平及元件质量等因素密切相关，但调试工作也是关键的一环。通过调试可以发现设计不周或无法预测的一些问题，以便采取措施予以解决，从而使保护、

检测和监视系统处于正常工作状态，也使自控系统达到良好的调节质量状态。具体的调试方法与所用线路形式密切相关。

调试可控硅中频装置必须遵循这样的原则：先调单元后调系统；先调整流后调逆变；先检查继电操作回路、仪表及信号显示系统、保护系统和冷却系统，后调主回路，最后进行整机运行试验和整机性能指标校测。

2. 使用和维护

设备经调好后，能否长期可靠地运行与日常使用方法和维护是否得当关系密切。事故发生后，能否及时排除故障也与操作人员在日常操作中对仪表的指示值、装置的声音等观察仔细与否，提供情况是否准确密切相关。为此，要求操作、维护人员做好以下各点：

(1) 设备初期运行时应注意的事项

国内市售的半导体器件往往未经严格老化处理，装置在初投入运行的一段时间里，性能变化较大，经一段时间后才能稳定下来。因此，要求有关人员在初投产时，更需多注意设备的运行情况，以便及时发现问题，消除隐患。

1) 注重观察记录装置上各仪表的指示值；倾听装置中各部分（特别是各电抗器）发出的声音；观察是否有局部过热现象。

2) 经常用万用表检查各单元中的电源电压以及各环节工作点电压是否有变化。应特别注意测量工作中各可控硅的正反向电压，注意均压均流情况是否有变化。

3) 经常用示波器观察各触发器的输出波形以及整流器、逆变器、电抗器上的波形，借以判断各部分工作是否正常。工作人员熟悉各部分的正常波形，对于判断故障将有极大好处。

4) 注意观察装置的抗干扰能力和各可控硅发热后的关断情况。

5) 如果环境温度高，应注意水冷元件和水管是否凝露，即所谓“出汗”。发生凝露后，应检查露水流向何方，并判断是否会引起其他电气元件受潮或造成事故。必要时，应采取接水、引流措施。为防止冷却水管和水冷元件凝露，安装前，水管和水冷元件的外表面最好经浸蜡处理。这样即使不能完全消除凝露，至少也会大大减少。或者采用循环水冷却，将水预热，让进水口温度与环境温度不致相差太大。

(2) 日常维护工作

1) 注意环境和设备的清洁卫生，定期清除积尘，清洗水冷管路中的水垢。

2) 定期检查连接螺钉是否松动，连接导体有无氧化发热现象，若有应及时处理。

3) 定期检查各保护器件，如均压元件、浪涌吸性元件等，看有无脱落、松动等情况。

4) 定期检查冷却水管有无老化、弯折，水流不畅或渗漏，若有应及时更换处理。

5) 注意各电抗器铁心有无松动，绝缘有无损坏，有无爬电或烧焦痕迹。

6) 定期检查各单元电压、脉冲波形以及整流器、逆变器等各处波形。

7) 经常注意比较各仪表指示值，发现异常及时处理。

8) 经常倾听装置中各部分的声音，对于判断故障也会有帮助。如果整流桥或逆变桥有个别桥臂上的元件未参加工作，有关的电抗器就会发出异常音响。

9) 注意感应器及炉体部分的工作情况，看有无松动和振动大小等。

10) 定期检查功率因数补偿用及其他电容器有无漏水漏油现象，保持各绝缘子清洁。

三、一般铸造设备检修方法

一般铸造设备的故障分为机械故障、液压故障和电气故障。检修时应根据各自的特点进行检查、分析和修理。

1. 设备的点检和检查

设备的点检和检查，是通过人的五感（目视、手触、问诊、听声、嗅诊）或使用检查仪器，检查设备发生的异常和随时间推移而出现的劣化，并预测设备残余寿命的活动。这些活动包括设备开动中的检查，如根据振动测定来判断设备的性能劣化；或用脉冲振动仪测定设备轴承发生的冲击；用铁谱仪测定设备的磨损，以及测定设备各部位承受的应力等。

检查后，如果有异常情况，就必须进行故障分析。

2. 故障分析方法

设备、系统预测性故障分析方法有很多。一般来说，故障分析往往是综合运用质量管理的、统计的、物理化学的、机械电工的等计测分析方法。例如，用于故障信息处理、估计故障原因的方法有：排列图法、直方图法、因果分析图、检验估计、方差分析、回归分析、多元分析等；用于调查强制劣化及破坏性故障的方法有：阶段应力法、应力增加法、常应力界限法等；用于潜在故障部位分析的方法有：光学显微分析、X射线透视分析、微波分析、激光光谱分析等；用于结构成分分析、劣化分析的方法有：电子显微分析、电子测微分析、电子线分析、气体光谱分析、X射线荧光分析、质量分析、吸光光度分析等。

从设备、系统的功能联系出发，追查探索故障原因时，基本上有两类分析法。

（1）顺向分析法

亦称归纳法。它是从原因系统（故障机理的输入事件）出发，摸索功能联系，调查原因对结果（上位层次）的影响的分析法。也就是说，是从设备、系统的下位层次向上位层次进行分析的方法。故障模式影响与严重度分析法（FMECA）是顺向分析法的代表。

（2）逆向分析法

亦称演绎法。它是从上位层次发生的故障出发，向下位层次的故障原因进行分割的分析法。也就是逆向地从结果向原因、从上位层次向下位层次逆行分析的方法。

通过故障分析后，才可以对症下药进行修理。

3. 设备的修理

设备技术状态劣化或发生故障后，为了恢复其功能和精度而采取的更换或修复磨损、失效的零件（包括基准件），并对整机或局部进行拆装、调整的技术活动，称为设备修理。

设备维修方式分为预防维修、改善维修和事后维修3种。

（1）预防维修

为了防止设备性能、精度劣化或降低故障率，按事先规定的计划和相应的技术要求所进行的维修活动，称为预防维修。预防维修的修理类别有大修、项修、小修和定期精度调整。

（2）改善维修

为了消除设备的先天性缺陷或频发故障，对设备的局部结构或零件的设计加以改进，结合修理进行改装，以提高其可靠性和维修性的措施，称为改善维修。

（3）事后维修

设备发生故障或性能、精度降低到合格水平以下时所进行的非计划性修理，称为事后维修，也称为故障修理。

故障修理主要是针对发生故障的零、部件进行拆卸、检查、调整、更换或修复。铸造设备由于使用环境（粉尘多、温度高等）比较恶劣，发生故障几率较高，操作人员应能运用上述分析方法进行一般铸造设备简单的故障修理。

四、选用工艺装备的知识

1. 芯骨

芯骨一般用铸铁浇成。在成批生产中，根据型芯的形状特点，采用圆钢焊接芯骨可避免采用铸铁芯骨时的一些缺点。小芯骨可用经过退火的盘圆制作，大芯骨可用型钢焊成或用铸钢作框架、用圆钢杆作插齿、用盘圆作格子筛网扎制或组焊而成。焊接芯骨可以多次使用，清砂时容易取出，节省工时和材料，并改善了劳动条件。焊接芯骨一般采用 A3、ϕ18～ϕ22 mm 圆钢焊制。水玻璃砂和树脂砂的中、小型芯，可用圆钢杆或钻有ϕ3～ϕ5 mm小孔（孔距80～100 mm）的钢管作芯骨，简单的小型芯可不用芯骨。铸铁芯骨示意图如图 7—26 所示，用吊环吊运。可拆卸式芯骨示意图如图 7—27 所示，*A*、*B* 两部分通过方锥 *C* 连接组成整体芯骨。图 7—28 是大型芯骨架的一种形式，采用主梁两端吊运。

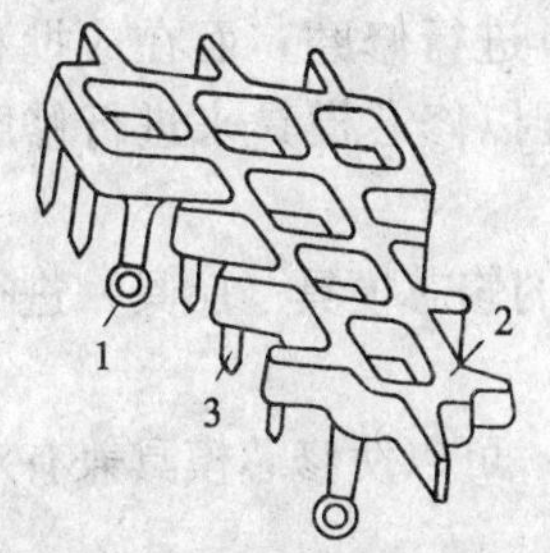

图 7—26　铸铁芯骨
1—吊环　2—框架　3—插齿

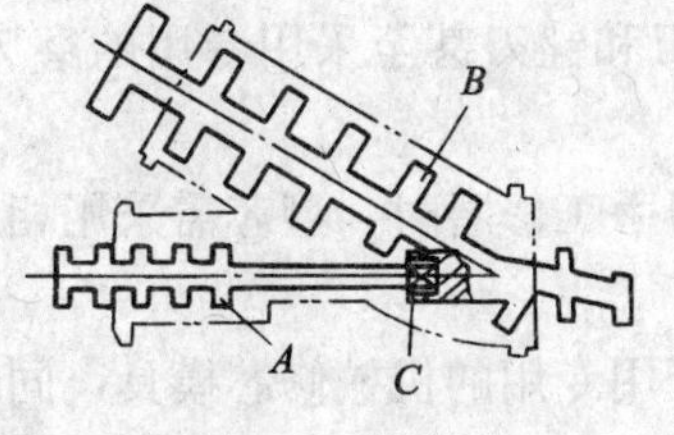

图 7—27　水泵曲管的可拆卸式芯骨

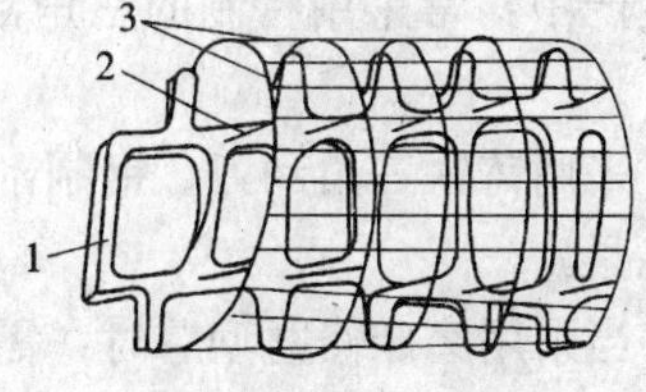

图 7—28　某大型芯骨架
1—主梁　2—圆钢杆　3—盘圆

2. 烘芯板

烘芯板用于承托湿态型芯进行烘干及输送。根据铸件生产批量，型芯尺寸、质量及烘芯设备特性的要求，可采用铸铝合金、铸铁或钢板焊制并经机械加工而成。

（1）铸铝烘芯板

铸铝烘芯板多用于中、小型铸件型芯成批及大量生产，有单面和双面两种形式。单面烘芯板广泛用于中、小型铸件手工及机器制芯；双面烘芯板适用于中型铸件机器制芯，其刚性好，寿命长，使用方便，但制造费用较高。

（2）铸铁烘芯板

铸铁烘芯板常用于中、大型铸件型芯烘干。此类烘芯板的使用操作一般需要起重设备吊运，要有足够的强度和便于吊运操作。大型铸铁烘芯板常采用整铸吊轴或铸接吊轴结构。

（3）随形烘芯板

对于尺寸较大且平面轮廓变化大的型芯，根据生产批量情况，可采用专用随形烘芯板，有利于提高烘芯设备的利用系数。一般用铸铝合金或灰铸铁制成。

3. 烘芯器

烘芯器用于承托形状复杂、尺寸精度要求高和生产批量较大的型芯进行烘干及运输。其基本形状结构与半芯盒相似，一般采用铸铝合金制作，并经机械加工而成。烘芯器按其使用技术条件可分为带定位销孔、带芯盒活块以及芯盒底板代用等3种类型。

(1) 带定位销孔的烘芯器

带定位销孔的烘芯器一般用于对开式芯盒制芯，靠定位销与芯盒配合及翻转脱芯。

(2) 带芯盒活块的烘芯器

对于大、中型铸件的复杂型芯，当尺寸精度要求高，又难以依照型芯形状、尺寸制造整体烘芯器时，可借助芯盒中的某些活块（这些活块是原有活块的复制件，当制芯操作结束，脱盒之前，用它将原有活块替换出来）随型芯一起脱落于烘芯器上进行烘干。

(3) 芯盒底板代用烘芯器

对于批量不大、又经常生产的大、中型复杂型芯，不适于制造专用的烘芯器，可借用其铸铁芯盒底板作为烘芯器。

4. 型芯修磨用具

型芯经过烘干后，其尺寸会有变化。因此，对某些分块制作、烘干后进行组（黏）合的型芯，工艺上常留1.5～2 mm的加工余量，为保证型芯要求的尺寸精度，一般要对其黏合表面进行修磨加工。单件小批量生产时，常用废砂轮片对工具进行修磨，而在成批和大量生产中，常采用特制的三角刮刀和锉刀甚至采用专用的磨床配以修芯模具来进行修磨加工。

采用铸铁三角刮刀、钢制刮刀手工修磨时，型芯需采用相应的修芯模具（胎具）进行定位夹紧。

当采用磨床修磨型芯时，需配用专用的机械修芯模具，同时，可以使修芯模具兼有对型芯进行检验的功用。

5. 组芯模具及下芯夹具

在采用机械化造型线进行大批量流水生产时，为确保铸件尺寸精度及实现下芯工序与造型、合箱等同步进行，对因尺寸较大、形状复杂而分块制造的型芯（如发动机缸体芯），常采用专用的组芯模具及下芯夹具进行型芯组装和下芯操作。

图7—29为发动机缸体型芯组芯模具及下芯夹具的构造示意图，其主要操作过程为：将分开制成的芯块预装在组芯模定位支架内，用下芯夹具框体及定位销定位扣合于组芯模上，然后通过下芯夹具上的万能气缸驱动夹板把型芯夹紧，最后吊起下芯夹具框体，并借导杆控制夹具水平升降和用砂箱上的定位销导向定位，将组芯下入砂型中。

图7—30为车床床头箱铸件型芯组芯夹具构造示意图。型芯为分块制造，烘干，经黏合组装，用上、下夹板和夹杆通过螺母紧固，下芯时吊起夹杆，将组芯下入砂型中，最后松开螺母拆出夹具。

6. 定位装置

为保证各芯盒的合盒精度，防止型芯错边，采用垂直对开式、水平对开式和多向开盒式等结构的芯盒均要设置定位装置。热芯盒常用的定位装置是定位销和定位销套。凹凸面式的定位结构在实际生产中也有应用。

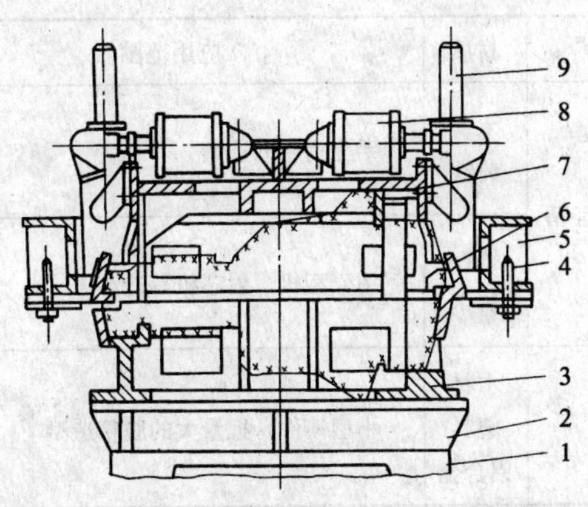

图 7—29　型芯组芯模具及下芯夹具示意图

1—底座　2—底板　3—定位支架　4—定位销　5—下芯夹具框体　6—夹板　7—夹具升降框　8—万能气缸　9—导杆

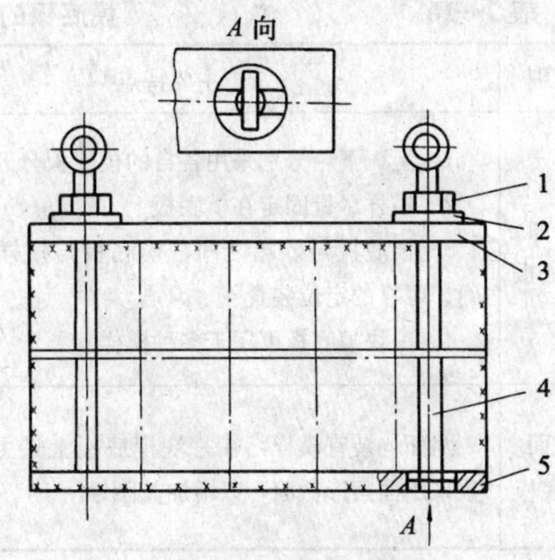

图 7—30　型芯组芯夹具构造示意图

1、3—上、下夹板　2—夹杆　4—垫圈　5—螺母

定位销（套）通常安装在芯盒凸耳上，其结构形式有螺母紧固式和压配式两种。螺母紧固式由定位销、定位销套、六角螺母和弹簧垫圈组成。在芯盒设计中，优先选用螺母紧固式定位销（套），只有在无法安装紧固螺母的情况下，才采用压配式结构。对于铝合金芯盒尤其要考虑这个问题。

定位销（套）的布置有多种形式，常用的有对角线布置、中心线布置和侧面布置 3 种形式。其中以中心线布置形式使用最为普遍。侧面布置形式往往用于外形尺寸较大，或长度较长的芯盒，这种布置形式有利于两片芯盒填砂和紧实后的合盒操作。

定位销和定位销套的安装位置，通常是将定位销安装在形状比较复杂的一片芯盒上，定位销套安装在形状比较简单的一片芯盒上，这样可以简化成形烘干器的结构。

定位销插入销套部分由导向段和定位段组成，定位销导向段的长度可根据型芯起模困难部分的高度进行选择。常用的定位销（套）分 ϕ8 mm、ϕ10 mm、ϕ12 mm 3 种规格，一般根据芯盒的平均轮廓尺寸的一半进行选择。

7. 树脂砂造型制芯的工艺装备

(1) 模样

大多数中、小型模样采用实体模样，对于中、大型模样可用胶合板作面料的空心结构。为了提高模样的表面质量及脱模性，面料也可用硬质塑料板，不过其接缝应尽可能与起模方向平行。模样上的活块应采用燕尾榫式，不得用钉子活插式。同时，模样应尽量不分模，减少活动部分的数量，选择合理的起模斜度，以提高铸件的精度。

(2) 模底板

选用树脂砂造型工艺时，一般都使用模底板。为防止起模时必须翻箱，多采用单面模底板。模底板的种类、特点和应用范围见表 7—16。

(3) 砂箱

树脂砂用的砂箱最好选用钢结构件，这种砂箱质量轻，制造周期短，不需加工便可直接使用；也可选用球墨铸铁件、灰铸铁件或铸钢件。由于树脂砂发气量大，箱壁上的出气孔应小而

表 7—16　　模底板的种类、特点和应用范围

类别	主要特点	材质	应用范围
单面模底板	1. 上、下箱分别采用各自的模底板分开造型 2. 模样尽量固定在模底板上 3. 模底板与砂箱之间、模底板与模样之间均有精确、可靠的定位装置 4. 一块模底板可用于多种模样	木材 铸铁	手工树脂砂造型
		铸铁 铸钢	用壳型机、射芯机等造型
双面模底板	两面均装有模样，在一块模底板上造上、下型，多数采用曲面形截面，以增加其刚性	木材 塑料 铝合金	小型铸件，批量大的脱箱造型

多，便于迅速排气。树脂砂强度大，吃砂量可比黏土砂小，一般可取 20～50 mm。为了防止浇注时铁水压头过低，可通过加浇口杯、冒口圈、出气圈等办法来弥补。砂箱箱带不必过密，也不必随形，但箱壁应有一定强度，防止跑火。砂箱对口应加工，使之配合平整，提高铸件的尺寸精度。铸件种类繁多时，可采用通用砂箱系列。

(4) 芯盒

芯盒可用木材、塑料、金属等材料来制造。单件小批量生产的树脂自硬砂用芯盒常用木材来制造；批量生产的热芯盒、壳芯盒及冷芯盒则常用金属来制造。热芯盒一般由芯盒本体、定位装置、排气系统、射砂孔、顶芯机构和加热装置等部分组成。

1）树脂自硬砂用芯盒的结构特点是中、大型芯盒做成空心框架结构，空心框架可用型钢焊接而成，面料用胶合板或硬质塑料板，而活块用燕尾榫，并选用一定的起模斜度。

2）热芯盒法用芯盒的结构特点如下：

①芯盒本体一般用整体结构，为便于加工及排气，也可做成镶块组合式的。

②对垂直分盒芯盒，形状复杂、深度较大部分应放在动芯盒上。

③对尺寸较大的二工位水平分盒芯盒，可由 2～3 块单体组成，分别装在上、下加热板上，形状复杂、深度较大部分应放在下芯盒上。

④芯盒内腔部分起模斜度>1°，中空镶块部分斜度为 2°～5°。

⑤芯盒分型面及其他配合面应开排气槽，凹槽、转角等排气困难部位应放金属排气塞。

⑥芯盒可采用煤气或电热元件加热，大型芯盒加热体直接装在芯盒本体中。

⑦为防止错位，芯盒应有定位装置，它由定位销和定位销套组成。为防止温差造成销与套相互咬住，开盒困难，应采用圆形和槽式混合定位形式。

⑧射砂板常采用中空箱体结构，有整铸式、两半装配式和焊接式 3 种。焊接射砂板用钢板制造，其余用灰铸铁制造，板上射砂孔数量、大小及分布应与芯盒本体上完全对应一致。

第八章 工件铸造

第一节 造型制芯

随着科学技术的发展，各种新材料、新工艺、新技术、新设备不断推广应用，造型方法也迅速朝着机械化和自动化的方向发展。但是，由于手工造型制芯适应性强，仍不失为大型、复杂铸件和单件小批量生产的造型制芯方法。

一、大型复杂铸件造型制芯操作方法

1. 活砂造型操作方法

在造型过程中，把阻碍起模的一部分砂型制成可以搬移的砂块，以使铸模能从砂型中顺利地起出，砂块在起模过程中可以从砂型中取出，又按照一定的程序将模样从砂型中或活砂中取出，再将砂块在砂型中复位，这种造型方法就叫活砂造型。

以图 8—1 绳轮为例，分析绳轮的形状结构，说明活砂造型的操作方法及过程。

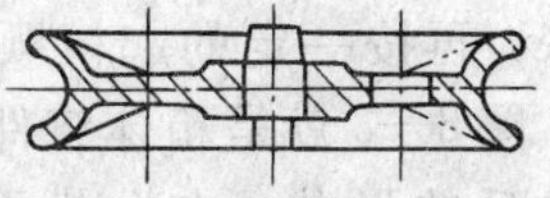

图 8—1 绳轮的结构分析

（1）绳轮的形状结构分析

从图 8—1 中可以看出，绳轮是一个上下对称并中心对称的环形铸件，各处壁厚较薄。绳槽的表面要求光滑，槽的边缘有两个凸点，两个凸点位置是最大的圆截面，两个凸点相距较近，铸件的整体高度很小。根据绳轮的上述结构特点，需要在两个凸点位置分别设分型面才能起出全部模样，并且还必须在绳轮的对称中心平面上设分模面。如果采用三箱造型，中箱砂型太薄，容易垮塌，所以采用如图 8—2h 所示的活砂造型比较合适。

（2）活砂造型的操作方法及过程

首先在平台上放上半模、套上砂箱，安放浇口棒后填砂并舂实，如图 8—2a；然后取出浇口棒，翻转上型，挖出分型面，如图 8—2b；合下半模样，在分型面上撒上分型剂（新的细硅砂），扫去模样上的分型剂，手工制出活砂块，如图 8—2c；在新的分型面上撒上分型剂，套下砂箱，填砂舂实下型，如图 8—2d；打型号，翻开下型，活砂块被留下，取出下型中的半个模样，如图 8—2e；将下型合于上型上面，同时翻转上、下型，使上型在上，通过合型和整型翻转，活砂块被扣于下型内，如图 8—2f；再打开并翻转上型，此时上半模可能在下型内，也可能带在上型内，取出上半模，如图 8—2g；最后将上型扣于下型上即合型结束。在整个造型过程中，翻箱次数多，要求活砂块强度高，必要时要在活砂块中放入芯骨。最好是采用定位销定位，可使合型方便一些。

从上述造型方法可以看出，活砂造型工序繁琐，生产率低，它只适合单件生产。如果批

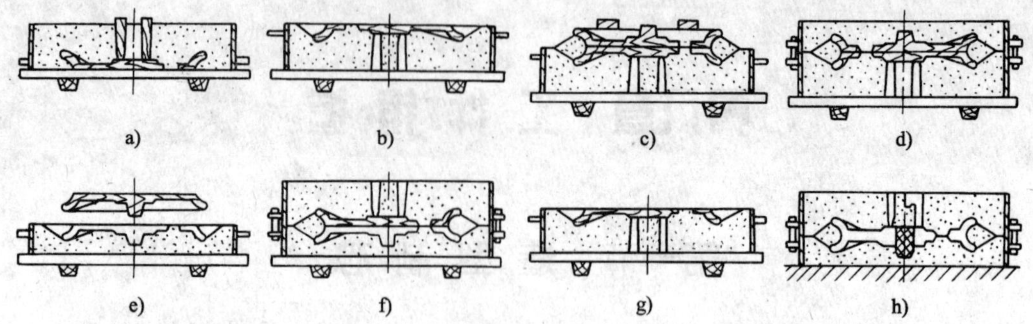

图 8—2　活砂造型的操作方法及过程

量生产，可以先做一个假箱，减少挖砂的工作量。

2. 劈模造型的操作方法

劈模造型又叫抽芯模造型。某些大、中型铸件，因其模样高大，型腔深，铸件无起模斜度或起模斜度允许量很小，或模样表面有凸台、凹坑等结构，或模样的起模方向不是向上，而是水平方向，造成舂砂后砂型除对起模产生很大的摩擦阻力外，起模方向问题也给起模带来困难，很容易损坏模样和砂型。在这种情况下，需采用劈模造型。

所谓劈模造型，就是将模样沿起模方向劈成数块，做成脱皮及中间带有适当斜度的抽芯并组装在一起。起模时先将中间的抽芯拔出来，再按一定的起模顺序取出周围的脱皮块。图 8—3 就是箱体铸件造型时模样被劈成几块后的形状，在分模面上有 5°～15°的斜度。所标脱皮块的数字即起模的顺序，按此顺序起模便可很方便地起出模样。图中起模方法是：首先向上取掉模样盖板 1，向上拔起 2（抽芯）；3 和 4 无凸台与凹坑结构，同时有向上的起模斜度，因此 3 和 4 可以向上起模；5～8 由于有凸台结构只能水平方向向中心平移起模，再向上取出离开砂型；最后将中型吊起或翻面取出底板 9。盖板 1 和底板 9 将 2～8 箍住，给中间劈模的组合带来很大的方便。

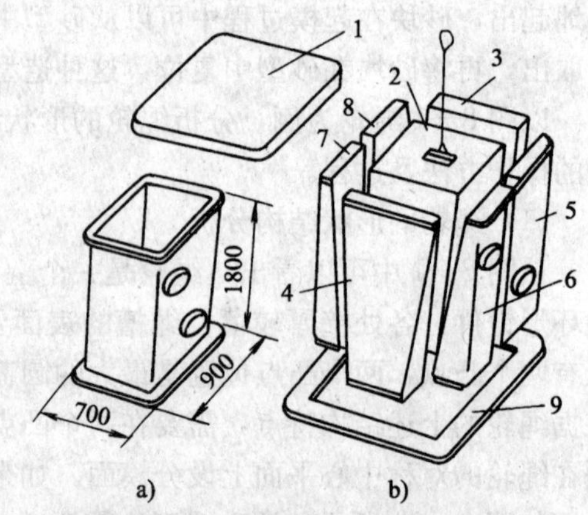

图 8—3　劈模造型的操作方法
a）铸件　b）劈模结构（1～9 也即起模顺序）

一些钢锭模或者高大的箱体铸件可以采用劈模造型。因为模样被分成几块后，不仅可以从垂直方向取模，而且也可侧向取模，这样使模样上的某些凸台（搭子）不用拆活，凹下的部分也可不必采用型芯，从而简化了造型操作，同时由于模样避免了过大的起模斜度而保证了铸件的尺寸精度。所以，劈模造型对于某些高大的铸件是一种很好的造型方法。

3. 劈箱造型的操作方法

某些外部形状复杂的大型铸件，如机床床身，铸件侧面的形状一般都凸凹不平，高度尺寸又较大，在舂制中箱时砂型不易舂匀、舂实，某些活块在舂砂时容易移位。另外，在组装铸型时，型芯数量多，修型、下芯、检验都很困难。这时若采用劈模造型，不一定很合适，而宜采用劈箱造型。

劈箱造型是根据铸件的形状和浇注系统配置情况，将三箱造型的中箱沿垂直方向再劈成几个部分，同时将模样也劈成相应的几个部分。然后分别将劈开的各部分模样固定在特制的模底板上，采用专用砂箱进行造型，使模样、砂箱等定位准确。最后再将各部分砂型和型芯组装成铸型。具体的造型、组装方法及过程如图 8—4 所示。

采用一套特制砂箱，用金属平板作为下型，分别在专用模底板上采用如图 8—4a 所示的专用砂箱制造前、后侧砂型，如图 8—4b。用端面专用砂箱制造左、右侧砂型，用芯盒制造各块型芯。砂型和型芯可以多人分组同时进行制造，也可以单独由 1～2 人一块一块地制造。砂型造好后可以湿态装配，合型装配的顺序是：首先将中间型芯按顺序装配在下型上，在装配过程中检查型腔尺寸，如图 8—4c。然后装配左、右砂型和前、后砂型，以及顶面型芯，用楔铁紧固好前、后侧砂型和上、下型，如图 8—4d。

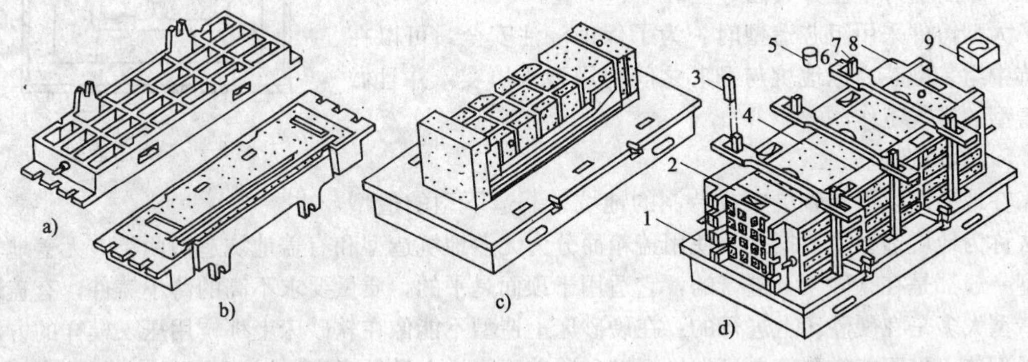

图 8—4　劈箱造型

a）两侧墙板砂箱　b）两侧墙板砂型　c）组装型芯后　d）铸型装配

1—铁底板　2—墙板砂型　3—楔铁　4—型芯　5—气孔　6—拉杆　7—方钢　8—墙板砂箱　9—浇口

劈箱造型将模样沿高度方向劈分成几部分，模块可以卧倒舂砂，大大降低了舂砂高度，使填砂、舂砂、起模、修型和检查工作简便。劈分后的模块、模板加工制造容易，几块模板可同时造型而缩短造型周期。砂型和型芯可湿态装配，改善了劳动条件。劈箱造型的铸件尺寸可以得到保证，铸件的胀砂、砂眼等缺陷大为减少。

4. 组芯造型的操作方法

型芯一般是用来形成铸件的内部空腔的，但对于外部形状复杂的铸件，也可以采用型芯来构成铸件的外形。这种用若干块型芯组合成铸型的造型方法称为组芯造型。

如图 8—5 所示的铸件是一个机座，它的上、下底面是长方形法兰，4 个侧面凹入，四方均有铸孔，铸件内部有一薄壁将机座隔成 2 个方形腔室。这一类铸件如果尺寸较大，做成模样造型时，不仅起模困难，而且花费大量木材。如果采用组芯造型，只需做几只简单的芯盒就行了。因此，小批量生产时采用此法比较经济合理。

机座铸件的组芯造型方法及过程如下：先在工作平台上舂制一个底箱，翻转后刷好涂料，等待烘干；在工作平台上用粉笔画出机座俯视轮廓线，画好冒口、浇注系统位置，在所画轮廓线上摆好上砂箱，放置冒口模和浇口棒，再填砂、舂砂。翻转上型后刷好涂料等待烘干；舂制好四周4块和中间2块主要型芯以及几个小型芯后，将几只小型芯安装固定在几块主要型芯上。挖出型芯吊环，吊运到烘芯平板上，刷好涂料以备烘干。当底箱与上砂型以及型芯都烘干后，便可进行型芯的组装。

型芯组装过程是：先摆好底箱，为了使型芯安放的位置能同上型的冒口及浇注系统位置相吻合，根据上型浇注系统及冒口位置在底箱上划出机座俯视轮廓线，然后根据轮廓线位置下好中间的两块型芯，将芯头下方的缝隙堵好，接着下好四周的型芯，并用芯卡将各个型芯紧固牢靠，检查型腔尺寸；套上箱圈，在箱壁与型芯之间的空隙里填砂并舂实，然后修平到与型芯的顶面平齐；用天然气或煤气火焰进行表面烘干，最后盖好上型并紧固好上、中、下型。

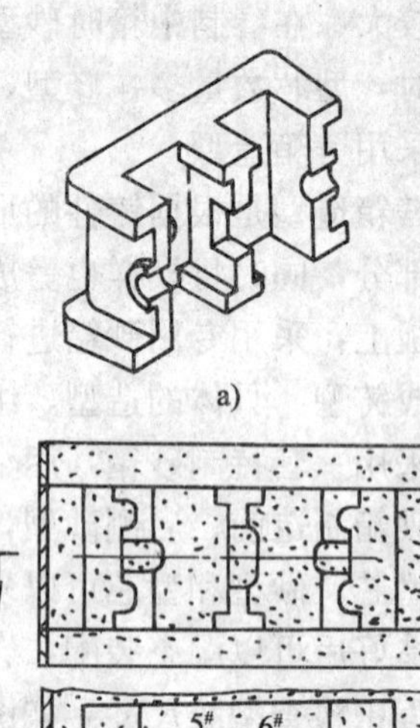

图8—5　组芯造型
a）铸件　b）铸型

大型铸件采用组芯造型时，为了保证浇注安全，可以在地坑中组装型芯。但地坑与型芯之间要用型砂填实，并且做好铸型的排气工作。

5. 地坑造型

在地平面以下的砂坑中或特制的地坑中制造下型的造型方法称为地坑造型。根据是否使用盖箱而分为无盖地坑造型和有盖地坑造型两类。无盖地坑造型一般都是在软砂床上进行的，它适用于顶面是平的、质量要求不高的薄小铸件；有盖地坑造型大多是在硬砂床上进行的，在硬砂床上造型不能像在软砂床上那样用压入模样的方法获得型迹，也不能像砂箱造型那样把型砂覆盖于模样上进行舂实，以获得型迹。下面介绍硬砂床有盖地坑造型的方法。

（1）硬砂床的制备

同软砂床不一样，硬砂床的型砂在铺制过程中要经舂实，硬度较高，因此叫做硬砂床。硬砂床一般是在地坑中制作的，所浇铸件一般尺寸和质量较大，在铸型浇注过程中产生的气体较多，所以在制作硬砂床时要特别注意通气问题。硬砂床的结构如图8—6所示，制备方法如下：

1）挖坑　在确定的地方先挖一个比模样尺寸略大的坑，使模样四周的型砂能很方便的舂实，坑的深度比模样高出300～500 mm。

2）铺排气层　对于较大的铸件，为了使砂型底部产生的气体能顺利排出铸型，要在坑的底部铺上厚约100 mm左右的焦炭层，用一根或几根排气钢管从焦炭层中通到地面，用布或纸团堵住上口，浇注时应打开点火引气。在焦炭层的上面盖以草袋，防止型砂落入焦炭层缝隙而影响通气质量。

3）填砂舂实　在草袋上铺垫背砂，分层舂实，坑底填实型砂的总厚度要达到200 mm以上。最下层要舂结实些，顶层略松一些，使铸型能获得轮廓清晰的型腔。然后在舂实的背砂上扎间距为200～300 mm的通气孔，通气孔要扎透到焦炭层。最后填上一层不用舂实的面砂将通气孔盖住，以免浇注时金属液钻入通气孔。

硬砂床的硬度较高，可以承受较大的压力，排气措施比较可靠，因此可以用来浇注较大的铸件。

(2) 加固硬砂床的制备

铸造特大铸件要求砂床具有足够大的承载能力，因此必须对硬砂床进行特别加固。其结构如图 8—7 所示，加固硬砂床的制作方法如下：

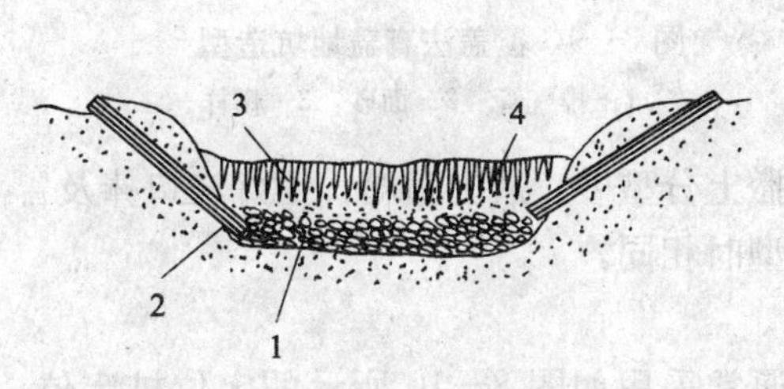

图 8—6 硬砂床的结构

1—焦炭 2—排气管 3—通气孔 4—型砂

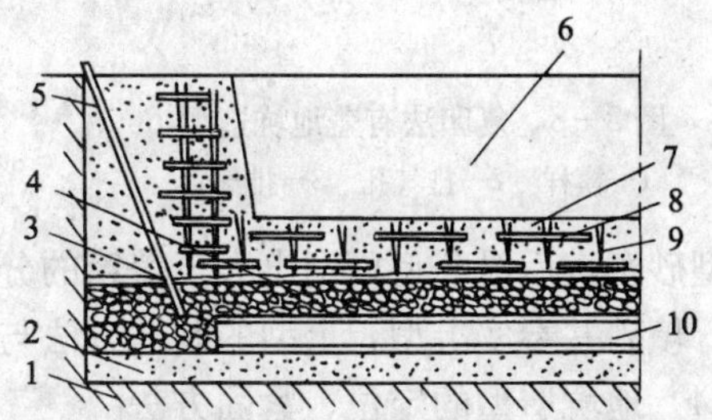

图 8—7 加固硬砂床的结构

1—地坑 2—填充砂 3—排气材料 4—草袋 5—排气管 6—型腔 7—面砂层 8—铁棒 9—通气孔 10—钢轨

1) 挖坑 将地坑挖方正，修平坑底并舂实，坑的长宽尺寸每边要比铸件大 800 mm 以上，坑深比模样高出 400 mm 以上。

2) 制作加固层 在紧实的坑底舂实填充砂，并铲修平整。在填充砂层上纵横各放一层钢轨，每两轨中线相距 300 mm 左右，钢轨端部应超过铸件边缘 500 mm 以上。如果条件有限，可用砂箱或红砖代替钢轨。红砖每 3～4 块一组侧放形成砖垛，垛间距离为 200 mm 左右。

3) 铺排气层 在钢轨或砖垛的空档处及顶面填满焦炭或砖头等块状物，放好排气管，用布或纸团堵好排气管上口。在焦炭层上面盖上一层草袋。

4) 填砂舂实 在草袋上舂填充砂，埋入铁棒增加砂层强度，舂实后的填充砂总厚度为 300～400 mm。然后扎通气孔至排气层，通气孔间距为 250～300 mm。最后用一层面砂覆盖通气孔。

(3) 硬砂床有盖地坑造型方法

1) 复印法有盖地坑造型 对于较小的模样，当模样底面不平整时，先将模样轻轻压入底层铺有排气层和开有通气道、上层铺有型砂的砂床内，如图 8—8 所示。压入模样后再小心地提起模样，观察模样压出的型迹，用工具将压紧处的划砂挖出，在松散的或没有被模样接触的地方加入型砂。然后再次压入和取出模样，并用同样的方法修整砂型。如此反复多次，直至模样下部的砂型硬度均匀、型迹清楚为止。再次用模样校正后，用压铁压好模样以防模样在舂砂时移动，然后在模样四周填砂并舂实。当模样较大时，模样上常开设舂砂孔，以便于下部型砂的舂实。

2) 覆盖法有盖地坑造型 对于中、小型模样，当模样的底部有比较深的凹入部分时，可采用如图 8—9 所示的方法填砂舂实。准备砂床时先将砂床做平，然后将模样翻面放于砂床旁边，在模样凹入部分填砂舂实，不要舂得太紧，刮平底面后扎上通气孔。以模样的一边为轴线，将模样旋转反扣在砂床上，摆好模样位置后，用锤轻轻敲击模样，在模样上压好压铁，防止模样在舂砂时移位上抬。

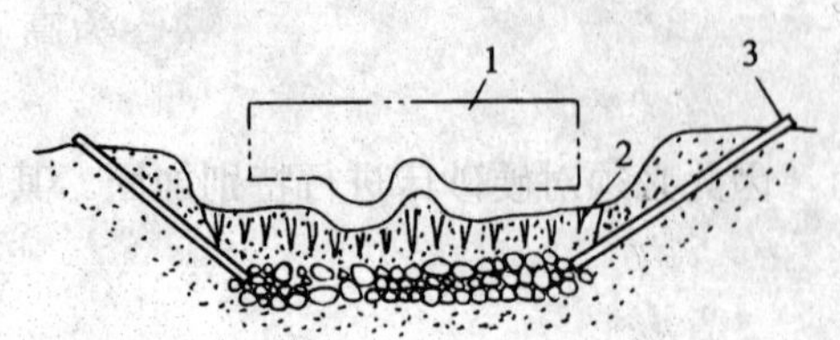

图 8—8 复印法有盖地坑造型

1—模样 2—排气孔 3—排气管

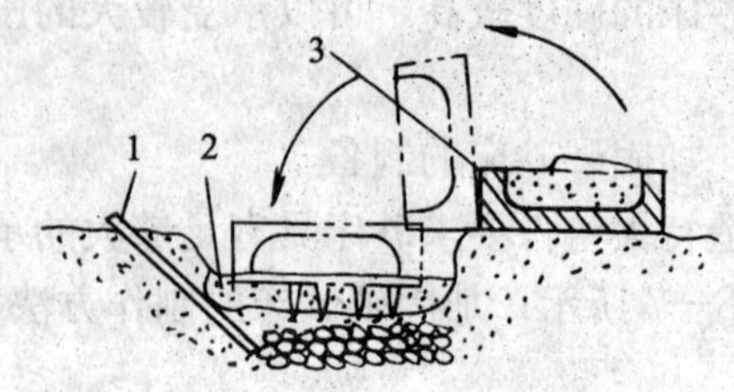

图 8—9 覆盖法有盖地坑造型

1—排气管 2—面砂 3—模样

型砂舂实后沿分型面刮出大于盖箱的分型面，撒上分型砂，放上盖箱，摆好浇口棒及冒口模，填砂并舂实上型，上型的制造方法与砂箱造型时相同。

(4) 地坑造型的定位、紧固方法

1) 有盖地坑造型的定位方法　有盖地坑造型通常采用如图 8—10 所示的定位桩定位。地坑造型舂砂结束后，开型前在砂箱 4 角打入 4 根定位桩，也可打在箱把外侧，定位桩斜度不超过 10°，定位桩太斜或太低会造成定位不准确。

2) 地坑造型的铸型紧固方法　地坑造型一般用压铁紧固铸型，大型铸件所需压铁有时多达数吨。如将压铁直接放在上型顶面，必然会使上型下沉将下型压坏，可采用如图 8—11 所示的方法架设压铁。先在上型的两侧旁边放上垫板，在垫板上放垫铁，压铁搁在垫铁上，全部压铁的重量由垫铁承担。最下面的压铁与上型之间留有间隙，在箱边与压铁间隙处敲入楔铁。这样，如果上型要向上抬，必须克服全部压铁的重力才行。

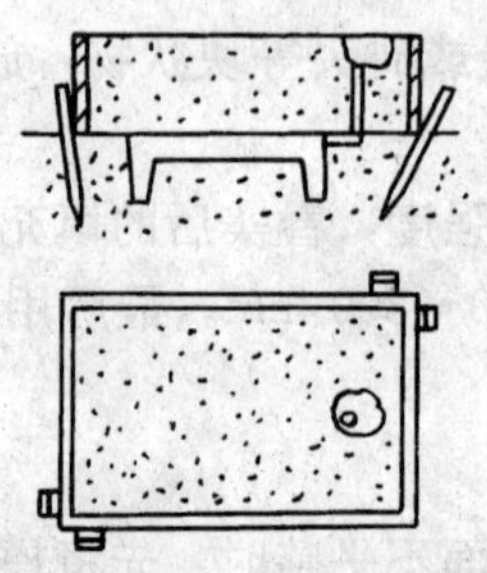

图 8—10 定位桩定位

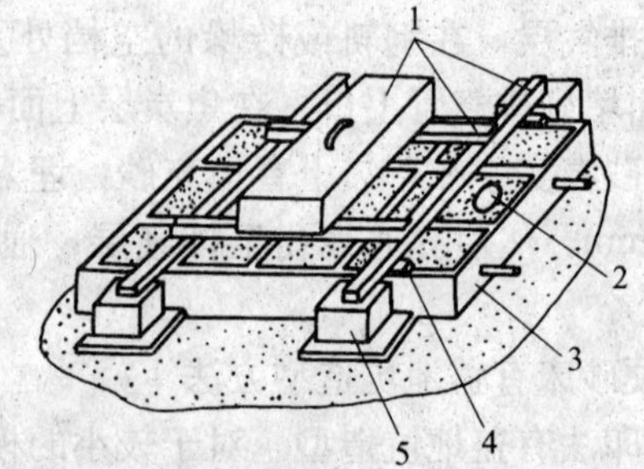

图 8—11 大型地坑造型压铁方法

1—压铁 2—浇口杯 3—上砂型 4—楔铁 5—垫铁

二、机械化自动化造型制芯知识

机械化自动化造型制芯，就是造型制芯设备能全部完成填砂、紧实、起模、合型、脱箱等主要工序。机械造型制芯得到的砂型、型芯强度高，紧实度均匀，型腔表面粗糙度低，型腔尺寸精确，能提高铸件质量和经济效益，减轻劳动强度和改善工作环境。现代化的造型生产线综合运用了机械、气动、液压、电气、电子技术等学科的知识，是社会化大生产的需要，是高水平的集中体现。

1. 高压造型

(1) 高压造型的紧实原理

高压紧实是采用比普通压实高得多的压实比压，获得紧实度高而均匀的砂型。目前，压实法按比压划分为：0.2～0.3 MPa为低压；0.4～0.7 MPa为中压；0.7～2.5 MPa为高压；大于 2.5 MPa 为超高压。高压造型的比压大都在 1～1.5 MPa，有的甚至高达 2.5 MPa。因为在砂箱高、模样复杂的情况下，如不采用 1.5 MPa 以上的比压，所得到的砂型型腔在水平面及垂直面上的硬度都不均匀。

高压造型机所采用的压头一般有以下几种形式：

1）平压头，一般较少采用。

2）成形压头，可以部分地改进紧实度不均匀的现象，但在生产中需要经常更换模板，相应地也要更换压头，从而使工艺装备费用增加，辅助时间增多，降低了生产率。

3）多触头的压头，即将压头分割成许多块可以自动补偿的压头。高压造型由于铸件一般比较复杂，砂箱尺寸较高，为了获得均匀的紧实度，通常采用多触头的压头。按驱动方式可分为浮动式和立动式触头两种，目前以浮动式触头应用较多。

浮动式触头进行高压压实的过程示意如图 8—12 所示。压实时，砂箱上升，使多触头由砂箱上方将型砂从辅助框压入砂箱进行紧实。此时，多触头本身并未被液压所驱动，但每一个触头的上面都连接着一个活塞。压实时，活塞可以在相互连通的油腔内浮动，所以称为浮动触头。

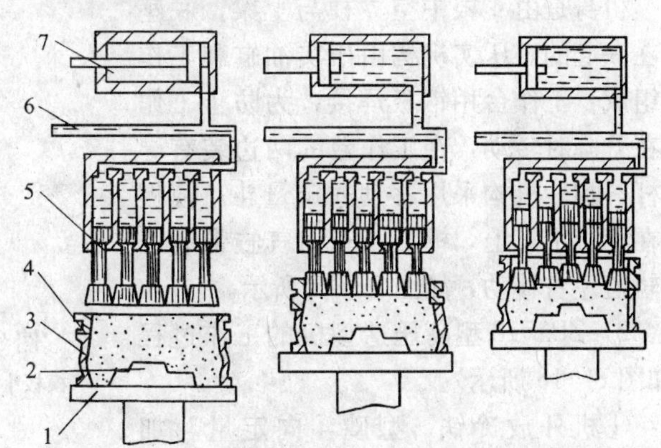

图 8—12　浮动触头高压压实的过程示意

1—举升台面　2—模样　3—砂箱　4—辅助框

5—浮动触头　6—通往溢流阀　7—油缸

根据造型工艺要求，特别是在自动造型生产线上，由于砂型运输线较长，为避免砂型塌箱，要求砂型四周紧实度比中心高，所以必须提高砂箱四周触头比压。故采用如图 8—13 和图 8—14 所示的两种方法。前者四周触头面积小，在相同压力作用下，其比压较高，这样可达到提高砂型四周紧实度的目的。

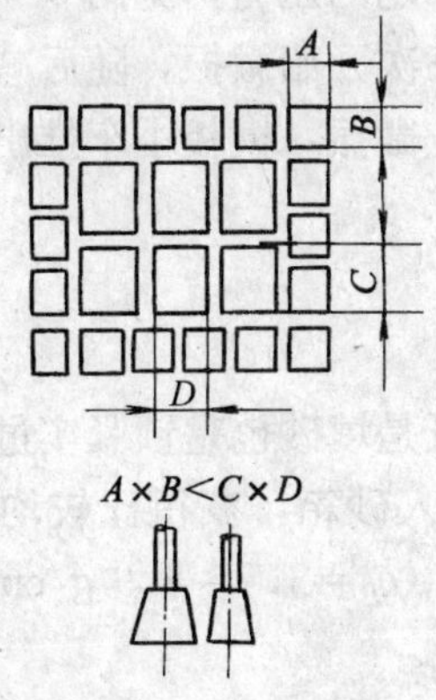

图 8—13　减小四周触头面积

图 8—14　改变四周触头的形式

高压造型是20世纪60年代发展起来的一种新的造型工艺。一般造型工艺相比，其优点是：铸件的尺寸精度高，表面粗糙度低；铸件的废品率低；生产率高；噪声小，灰尘少；易于实现机械化和自动化等。缺点有：采用液压传动，机械结构比较复杂，设备一次性投资大；维护保养的要求较高。

目前，高压造型主要应用于大批大量生产，产品比较单一的制造行业。如汽车、纺织、机械、缝纫机等制造业。但随着铸造生产机械化、自动化程度的不断提高，高压造型将会得到更进一步的发展。

(2) 高压造型的方法

ZB35系列的高压造型机有ZB355、ZB356、ZB3512及ZB3518等型号。现将ZB3518型高压造型机做一简单介绍。

1) ZB3518型高压造型机主要由机身、压实机构、加砂及压实机构、模板小车、液压传动装置、气压管路和电器等部分组成。

机身是由4根中空立柱与上梁、底座连在一起的。压实机构由压实油缸和工作台组成，工作台用钢板焊接，为防止工作台在升降时转动，在工作台的两边装有导向杆。加砂机构采用移动式定量斗。模板装在模板小车上，模板小车由气缸带动可沿轨道左右移动，如图8—15所示。

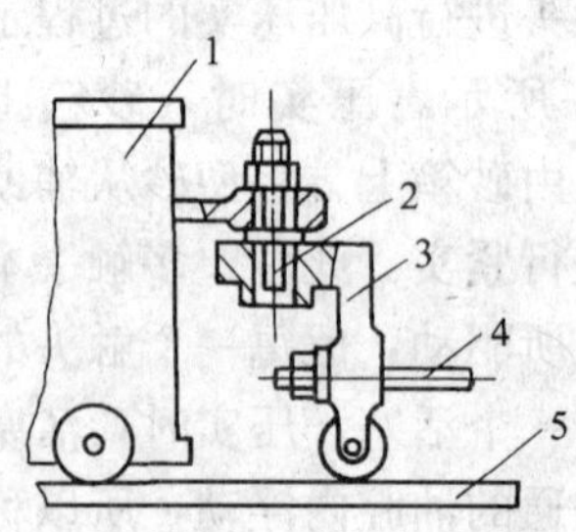

图8—15　模板小车和气缸活塞杆的连接

1—模板小车　2—插销　3—插销座　4—活塞杆　5—轨道

2) ZB3518型高压造型机的工作过程(如图8—16所示)

①机外放冷铁，型砂斗向定量斗加砂，空砂箱纵向进，型砂纵向出，见图8—16a。

②模板小车横向进入机器，工作台快速上升接住砂箱，当碰到辅助框后慢速停止。气缸将定量斗右移，向砂箱内加砂(振动器开始微振)。加砂完毕，微振停止，定量斗复位。定量斗在左移复位时，将辅助框上表面的型砂刮平，见图8—16b。

③工作台继续上升压实型砂(振动器重新开始振动)，当工作台上升到一定高度时，压实油缸压力增大到某一定值，微振又停止，油缸继续保持一定的压力，见图8—16c。

④保压一定时间后，工作台开始快速下降，振动器第三次开始微振，随后减速，进行回程起模，起模后又快速下降至原始位置。这时振动器又停止微振，模板小车推出机外，进行清理模板工作，这一过程见图8—16d。

2. 射压造型制芯

(1) 射压造型制芯的紧实原理

射压造型原理如图8—17所示。在射压造型中，射砂既是填砂也是预紧实过程，所以能提高紧实度的均匀性。射压紧实是先用射砂方法将型砂射入砂箱，获得比较均匀的紧实度($\delta_0=1.5\ g/cm^3$)，然后再用压实的方法将型砂进一步压实($\delta_0=1.7\sim1.9\ g/cm^3$)。它是一种高效率的造型方法。

射压造型铸件质量高，无振击噪声，劳动条件好，对厂房建筑及设备基础要求低，易于实现自动化，但目前也还存在一些问题。例如，射压对密封性要求高，在长期使用中由于砂

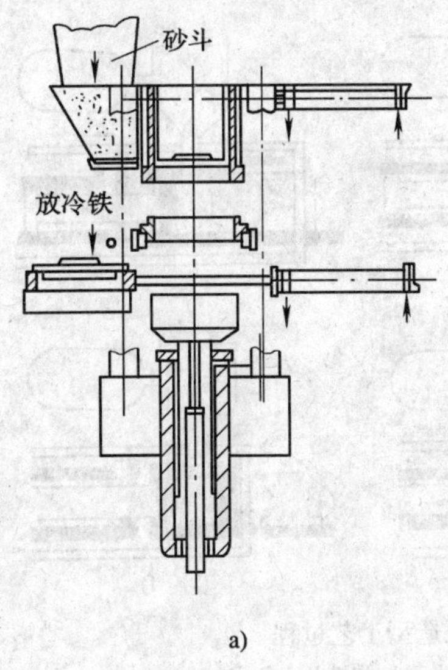

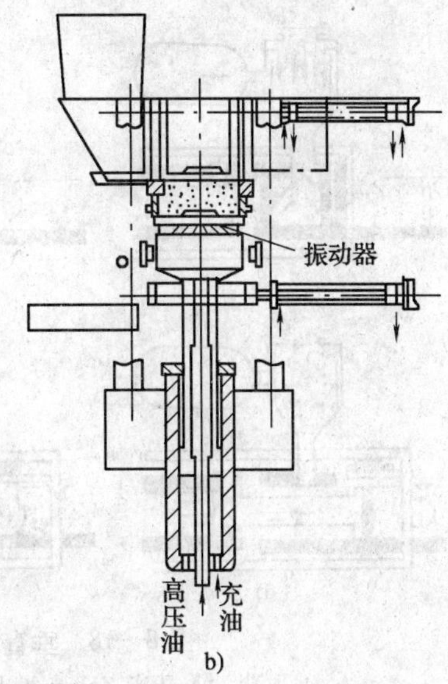

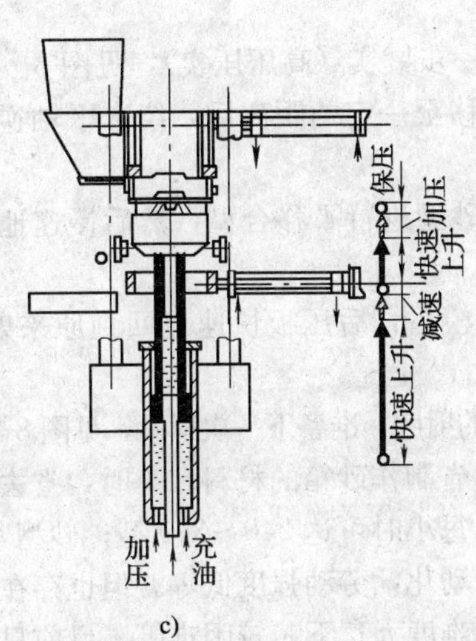

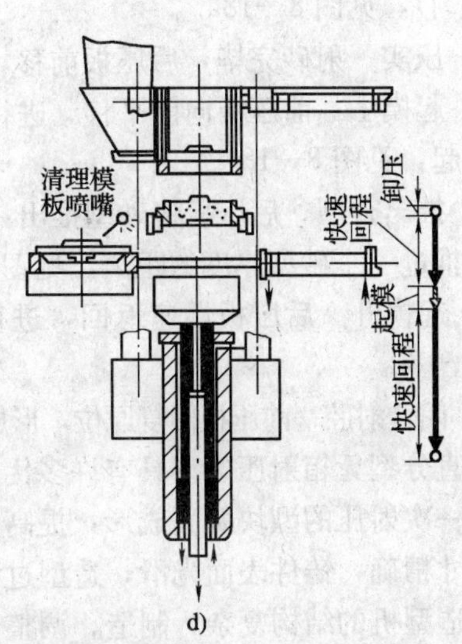

图 8—16　ZB3518 型造型机工作示意图

箱的磨损，密封性降低，容易造成喷砂，影响铸件质量和恶化劳动条件；射砂对模样的磨损也较大。

（2）射压造型的方法

目前应用的射压造型包括有箱射压造型和无箱射压造型。无箱射压造型，特别适用于批量较大、简单的中、小型铸件生产。

垂直分型无箱射压造型的工艺过程如图 8—18 所示，该过程共分为 6 个工序。

1）射砂　装有模板的前、后两块压板移至射砂头的下面，形成射腔，进行射砂（紧实度较

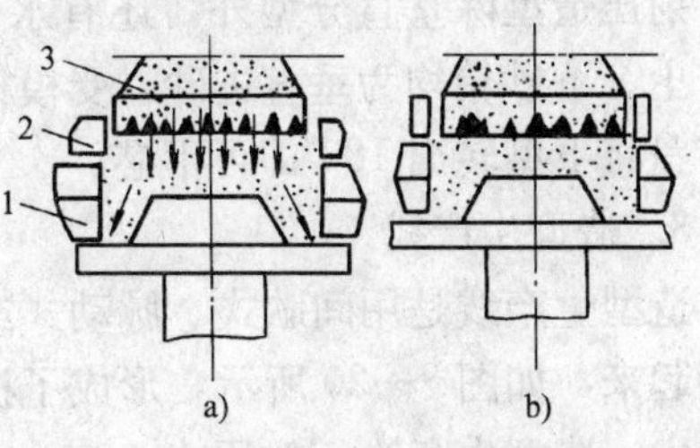

图 8—17　射压造型原理图

a）射砂　b）压实

1—砂箱　2—辅助框　3—射砂头

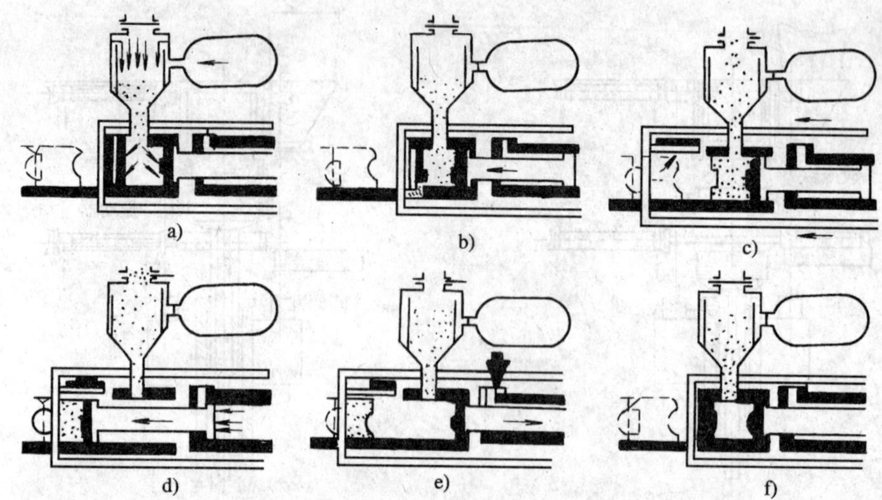

图 8—18　垂直分型无箱射压造型工艺过程

a）射砂　b）压实　c）起模Ⅰ　d）推出合型　e）起模Ⅱ　f）闭合型腔

低但均匀），见图 8—18a。

2）压实　射砂完毕，后压板前移，将型砂进一步紧实（高压压实），见图 8—18b。

3）起模Ⅰ　前压板向前平移，进行起模，待移至一定的距离后，绕水平轴逆时针方向向上翻起，见图 8—18c。

4）推出合型　后压板将砂型推出，与前一块砂型进行平移合型，然后慢速地将整串砂型向前推过一个砂型厚度的距离，见图 8—18d。

5）起模Ⅱ　后压板慢速返回，进行起模。起模后，后压板快速退回到原来射砂位置，见图 8—18e。

6）闭合射腔　前压板回复原位，形成一个闭合的射腔，准备下一次射砂，见图 8—18f。

垂直分型无箱射压造型具有许多优点：可以节省制作砂箱的材料和工时，省去空砂箱的输送；一次射压的型块两面成形，提高了生产率，每小时可达 240～300 型；砂型紧实度大，铸型尺寸精确，铸件表面光滑；造型过程能全部自动化，劳动强度低等。但也存在一些不足之处：造型机的结构复杂，制造、调整、维修技术难度大；下芯较困难等。目前只应用于大批量、不太复杂的中、小型铸件的生产。

射压造型除垂直分型外，还有水平分型，工作过程如图 8—19 所示。这种造型的优点是：上、下砂箱均为垂直进砂，受模样影响小，砂型的紧实度较均匀；下芯比较方便，只要使转盘将下型转出 180°即可下芯。

3. 造型生产线

造型生产线是用间歇式、脉动式或连续式的铸型输送装置，将铸造工艺流程中各种设备连接起来，如图 8—20 所示，形成了机械化、自动化的造型系统，从而充分发挥造型机的生产能力。造型生产线一般用由小车、辊道或悬链组成的铸型输送机，联系造型、下芯、合型、压铁、浇注、落砂等造型生产线上的各种设备。在造型机上造好的砂型，合型后由铸型输送机沿一个方向送至浇注平台旁，浇注后的砂型由铸型输送机送经冷却室到达落砂机旁落砂，旧砂、铸件、砂箱由输送机分别送至砂处理场地、清砂场地和造型机处。

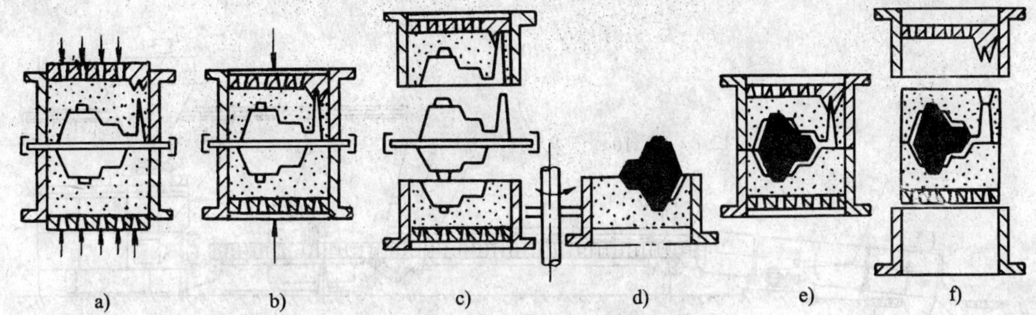

图 8—19　两工位水平分型脱箱射压造型工艺过程

a）射砂　b）压实　c）起模，移出模板　d）转出、下芯　e）转进、合型　f）脱型

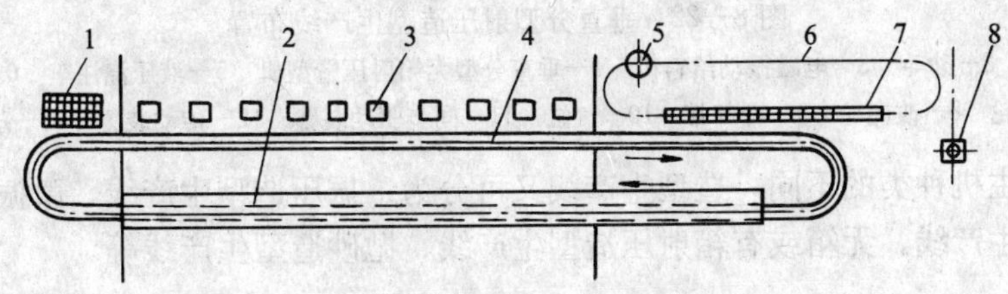

图 8—20　造型生产线示意图

1—落砂机　2—冷却室　3—造型机　4—铸型输送机　5—浇包　6—浇注用单轨　7—浇注平台　8—中间浇包

造型生产线按照布置形式和所选用铸型输送机的类型不同，可分为封闭式（环形）和开放型（直线）两种。

封闭式的造型生产线是采用连续式或脉动式输送机组成的环状流水线。其中，造型机组沿铸型输送机布置，即造好的砂型从主机至合箱机之间的运行方向和铸型输送机的主要运行方向是平行或基本平行的，为环形串联式生产线；造型机组垂直于铸型输送机平行排列布置，即造好的砂型从主机至合箱机之间的运行方向和铸型输送机垂直或呈一定角度，为环形并联式生产线，如图 8—21 所示。

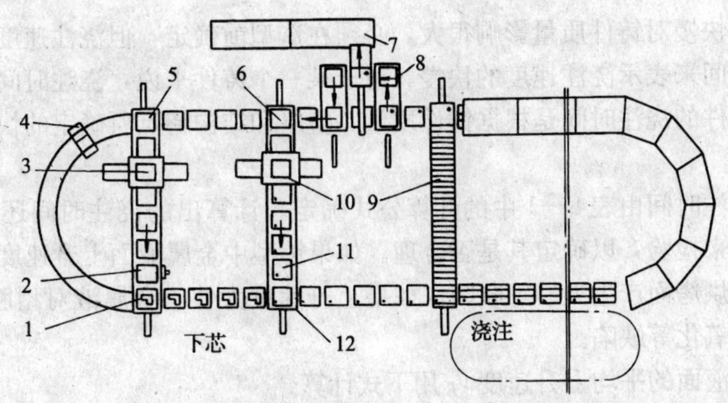

图 8—21　并联式造型生产线的布置

1—落箱机　2、11—翻型机　3—下型造型机　4—小车清扫机　5—下箱提升机　6—上箱提升机　7—振动落砂机　8—捅箱机　9—压铁装置　10—上型造型机　12—合型机

开放式造型生产线采用间歇式铸型输送机组成直线形流水线，如图 8—22 所示。

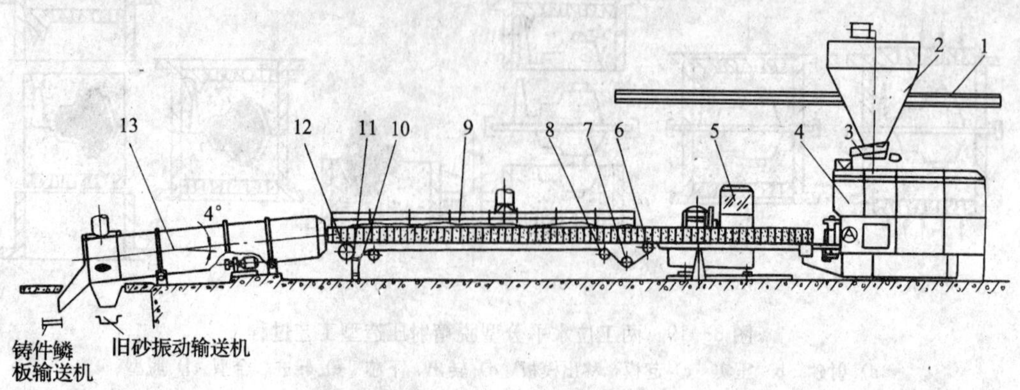

图 8—22 垂直分型射压造型生产线布置

1—轨道 2—砂斗 3—电磁振动给料机 4—垂直分型无箱射压造型机 5—液压浇注车 6—尾端轮 7—张紧轮 8—改向轮 9—冷却带 10—气缸 11—同步驱动装置 12—传动装置 13—落砂滚筒

按照造型主机种类的不同，造型生产线又可分为：振压造型生产线、微振压实造型生产线、高压造型生产线、无箱或有箱射压造型生产线、抛砂造型生产线等。

第二节 浇注系统设置及浇注

一、浇注系统的计算

1. 灰铸铁件的浇注系统

浇注系统尺寸的确定方法较多，这里仅以常用方法为例，说明灰铸铁浇注系统尺寸的确定过程。

（1）浇注时间的计算

浇注速度的快慢对铸件质量影响很大，必须在造型前确定，但浇注速度很难计算，生产中一般用浇注时间来表示浇注速度的快慢。对于某一个铸件来说，浇注时间短就意味着浇注速度快。具体铸件的浇注时间是根据铸件质量、壁厚和结构特点所确定的快浇和慢浇原则来选择的。

灰铸铁的浇注时间由表 8—1 中的计算公式确定。计算出的浇注时间还要用铸型中金属液面的上升速度来检验，以确定其是否合理。如果铸型中金属液面上升速度太慢，会使型壁受到长时间剧烈烘烤而产生夹砂等缺陷。如果上升速度太快，金属液对型腔的冲击力过大，又会引起冲砂、氧化等缺陷。

型腔中金属液面的平均上升速度 $\nu_{升}$ 用下式计算：

$$\nu_{升}=\frac{h}{t} \tag{8—1}$$

式中 h——铸件浇注位置的高度，mm；

t——浇注时间，s。

表 8—1 浇注时间计算公式

铸件重量（kg）	计算公式	经验系数				
<100	$t_1=S\sqrt{m}$	d（mm）	3～5	6～8	9～15	
		S	1.6	1.9	2.2	
100～1 000	$t_2=S_1\sqrt[3]{md}$	S_1＝1.5～2.0（快浇则 S_1 取小值）				
>1 000	$t_3=S_2\sqrt{m}$	d（mm）	≤10	11～20	21～40	>40
		S_2	1.1	1.4	1.7	1.9

注：S、S_1、S_2——经验系数；d——铸件平均壁厚；m——铸件质量。

型腔中金属液面的上升速度 $\nu_{升}$ 值主要取决于铸件厚度。铸铁件型腔内金属液面的最小上升速度见表 8—2。

表 8—2 铸铁件液面最小上升速度

铸件平均壁厚（mm）	上升速度（mm/s）	铸件平均壁厚（mm）	上升速度（mm/s）
>40 或大型平面铸件水平浇注时	5～15	10～4	20～30
40～10	10～20	<4	30～100

验算后，若上升速度小于表 8—2 中的最小上升速度值，则应适当调整浇注时间或更换铸件的浇注位置，使金属液面上升速度达到要求。

例 1 图 8—23 所示的平板灰铸铁件质量为 80 kg，长为 800 mm，高为 55 mm，铸件平均壁厚为14 mm，水平浇注，计算浇注时间并验算 $\nu_{升}$ 是否合适。

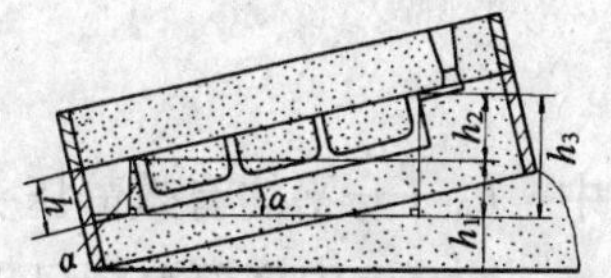

图 8—23 平板类铸件倾斜浇注

解 已知 $m=80$ kg，$d=14$ mm，$h=55$ mm，$l=$ 800 mm，水平浇注。

根据已知条件查表 8—2 得 $t=S\sqrt{m}$，取 $S=2.2$，则 $t=2.2\sqrt{80}\approx19.7$（s）

根据公式 8—1 验算

$$\nu_{升}=\frac{h}{t}=\frac{55}{19.7}=2.8\ (\text{mm/s})$$

计算结果低于表 8—2 中液面最小上升速度（10～20）mm/s，若要达到规定的最小上升速度，其浇注时间最多为 6 s。在实际浇注操作中难以实现这样短的浇注时间，因此在不便于采用侧立和竖浇的情况下，可以考虑倾斜浇注，如图 8—23 所示，倾斜角度为 12°。

铸型倾斜 12°后，铸件高度由 h 变成 h_3。

$$h_3=h_1+h_2=h\cos12°+l\sin12°=55\times0.978\,1+800\times0.207\,9=220.1\ (\text{mm})$$

$$\nu_{升}=\frac{h_3}{t}=\frac{220.1}{19.7}=11\ (\text{mm/s})$$

从计算结果可以看出，铸型倾斜 12°后，$\nu_{升}$ 基本满足了表 8—2 规定的液面最小上升速度。板状铸件倾斜浇注除能满足 $\nu_{升}$ 升外，还改善了金属液对顶面的热辐射状况。

（2）内浇道最小截面积的确定

实际生产中常用公式法、线图法和表格法确定内浇道的最小截面积。现用公式法为例说明内浇道最小截面积的计算方法。

根据水力学伯努利公式计算：

$$A_{内}=\frac{m}{0.31\mu t\sqrt{h_p}} \tag{8—2}$$

式中 $A_{内}$——内浇道最小总截面积，cm^2；

m——铸件浇注质量，kg；

μ——流速系数；

t——浇注时间，s；

h_p——平均有效静压头高度，cm。

流速系数μ值，根据具体情况按表8—3选择，铸件壁越薄，形状越复杂，对金属液流动阻力就越大，μ值就小。静压头高度决定于铸件的大小和金属液的引入位置，如图8—24所示，计算公式为：

表8—3　铸铁件流速系数μ值

铸型种类	铸型阻力		
	大	中	小
湿砂型	0.35	0.42	0.50
干砂型	0.41	0.48	0.60

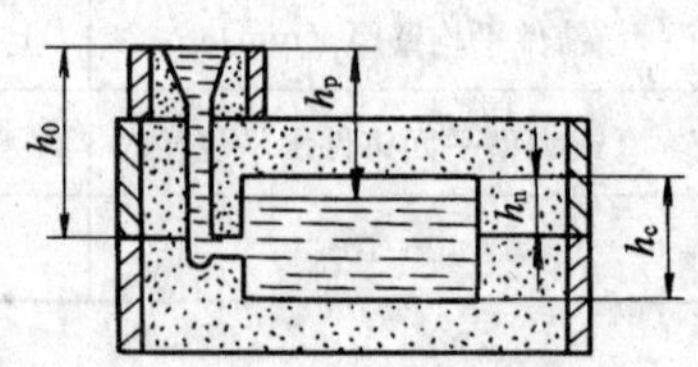

图8—24　平均静压头示意图

$$h_p=h_0-\frac{h_n^2}{2h_c} \tag{8—3}$$

式中 h_p——平均有效静压头高度，cm；

h_0——内浇道至浇口杯液面高度，cm；

h_n——内浇道以上铸件高度，cm；

h_c——铸件浇注位置总高度，cm。

顶注时$h_n=0$，$h_p=h_0$；底注时$h_n=h_c$，$h_p=h_0-\frac{h_c}{2}$；中注时$h_n=\frac{h_c}{2}$，$h_p=h_0-\frac{h_c}{8}$。

例2　某机床底座灰铸铁件毛坯质量为600 kg，平均壁厚为15 mm，中等复杂程度，干砂型浇注，浇注位置如图8—25所示。试求内浇道总截面积大小。

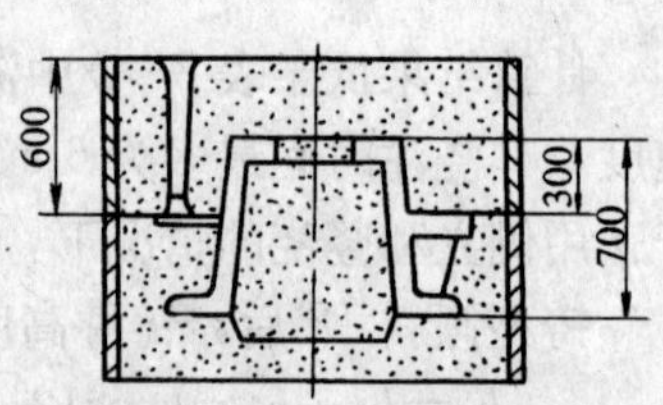

图8—25　底座铸型简图

解　已知$m=600$ kg，$d=15$ mm，$h_c=70$ cm，$h_n=30$ cm，$h_0=60$ cm。

根据表8—1得$t=S_1\sqrt[3]{md}$，取$S_1=1.8$，

则　$t=1.8\sqrt[3]{600\times15}\approx37.4$ (s)

根据公式8—1验算液面上升速度

$$\nu_{升}=\frac{h_c}{t}=\frac{700}{37.4}\approx18.7(\text{mm/s})$$

对照表8—2，说明金属液上升速度符合要求。

根据公式 8—3 得 $h_p = h_0 - \frac{h_n^2}{2h_c} = 60 - \frac{30^2}{2 \times 70} = 53.6$（cm）

查表 8—3 取 $\mu = 0.48$

根据公式 8—2 得 $A_{内} = \frac{m}{0.31\mu t\sqrt{h_p}} = \frac{600}{0.31 \times 0.48 \times 37.4 \times \sqrt{53.6}} = 14.7$（$cm^2$）

该铸铁件内浇道最小截面积为 14.7 cm^2。

（3）浇注系统各部分截面尺寸的确定

在确定了内浇道的总截面积后，就可以根据表 8—4 选定浇注系统截面积的比例，计算浇注系统其余部分的截面大小。

表 8—4　灰铸铁件浇注系统各组元截面积的比例

类型	$A_{内}$ ∶ $A_{横}$ ∶ $A_{直}$	使用范围
封闭式	1∶1.06∶1.11	薄壁小型铸件
	1∶1.11∶1.15	中、小型铸件
	1∶1.2∶1.4	大、中型铸件
	1∶1.5∶2	大型铸件
半封闭式	1∶（1.3～1.5）∶（1.1～1.2）	100～1 000 kg 的铸件
	1∶（1.3～1.5）∶（1.1～1.2）	1 000 kg 以上的铸件

以例 2 底座为例，采用封闭式浇注系统，各截面比为 $A_{内}$ ∶ $A_{横}$ ∶ $A_{直}$ = 1∶1.2∶1.4，以公式法计算出的内浇道截面积 14.7 cm^2 为依据，则横浇道和直浇道的截面积分别为：

$A_{横} = 1.2A_{内} = 1.2 \times 14.7 = 17.6$ cm^2，$A_{直} = 1.4A_{内} = 1.4 \times 14.7 = 20.6$ cm^2。

若铸件开设 6 个内浇道，则每个内浇道的截面积就是 2.45 cm^2，查表 8—5 可知，所选内浇道截面尺寸应略大于 5 号内浇道。横浇道分左右两边开设，根据横浇道总截面积为 17.6 cm^2，求得每个横浇道截面积为 8.8 cm^2，所选横浇道截面尺寸应略小于 5 号横浇道。直浇道截面积为 20.6 cm^2，所选直浇道截面尺寸应为 8 号直浇道。浇注系统各截面尺寸如图 8—26 所示。

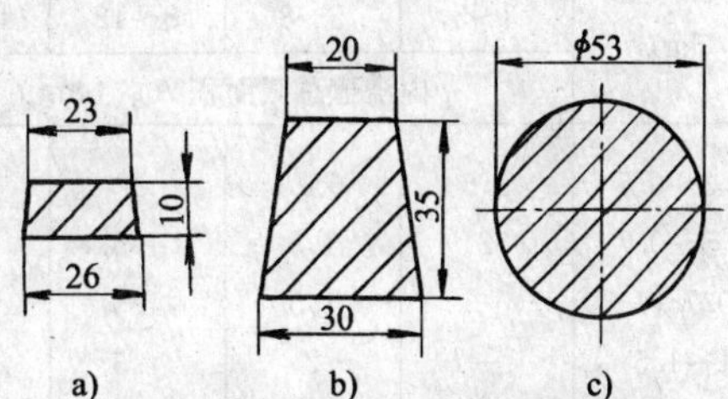

图 8—26　浇注系统截面尺寸

a）内浇道　b）横浇道　c）直浇道

2. 可锻铸铁件的浇注系统

（1）内浇道最小截面积的尺寸

可锻铸铁浇注系统内浇道最小截面积的尺寸参考数据见表 8—6。内浇道长度如达 200～300 mm，则 $A_{内}$ 加大 1/3 左右，直浇道高度如达 120～200 mm，则 $A_{内}$ 可减少 1/3 左右。

（2）浇注系统各部分截面尺寸

可锻铸铁浇注系统的参考形式如图 8—27 所示。一般横浇道置于上砂箱，内浇道置于下砂箱，并且内浇道应带有圆角。常用的各浇道截面比为：

$$A_{直} : A_{横} : A_{内} = (2.0 \sim 2.5) : (1.5 \sim 2.5) : 1$$

表 8—5　　灰铸铁件浇注系统标准

内浇道编号	内浇道尺寸								横浇道编号	横浇道尺寸				直浇道编号	直浇道尺寸	
	面积 (cm²)	a (mm)	b (mm)	c (mm)	面积 (cm²)	a (mm)	b (mm)	c (mm)		面积 (cm²)	a (mm)	b (mm)	c (mm)		面积 (cm²)	D (mm)
1	0.5	11	9	5	0.5	6	4	10	1	2.4	16	11	18	1	2.3	17
2	0.8	14	12	6	0.8	8	5	12	2	3.6	19	14	22	2	3.1	20
3	1.15	18	15	7	1.2	10	6	15	3	4.8	23	15	25	3	4.2	23
4	1.5	20	18	8	1.5	11	7	17	4	7.2	28	18	31	4	5.7	27
5	2.25	24	21	10	2.25	13	9	21	5	9.5	32	22	35	5	8.0	32
6	3.1	30	26	11	3.1	14	10	26	6	13.8	38	28	42	6	11.3	38
7	4.55	40	30	12	4.5	17	11	33	7	19.5	46	32	50	7	15.9	45
8	6.0	45	41	14	6.0	20	12	37	8	28.0	56	40	58	8	22.0	53
9	9.2	56	52	17	9.2	24	16	46	9	38.5	65	44	70	9	33.2	65
10	12.0	58	52	22	12.0	28	20	50	10	56.0	80	60	80	10	50.3	80

表 8—6　　可锻铸铁内浇道参考尺寸

铸件质量 (kg)	铸件主要壁厚 (mm)				铸件质量 (kg)	铸件主要壁厚 (mm)			
	3～5	5～8	8～12	12～20		3～5	5～8	8～12	12～20
	内浇道总截面积 $A_{内}$ (cm²)					内浇道总截面积 $A_{内}$ (cm²)			
0.3～0.5	1.5	1	1	1	2～3	—	2.5	2	2
0.5～0.7	2	1.5	1.5	1	3～5	—	3	2.5	2.5
0.7～1	—	1.5	1.5	1.5	5～10	—	3	3	3
1～1.5	—	2	1.5	1.5	10～30	—	4	4	4
1.5～2	—	2	2	2	30～50	—	—	5	5

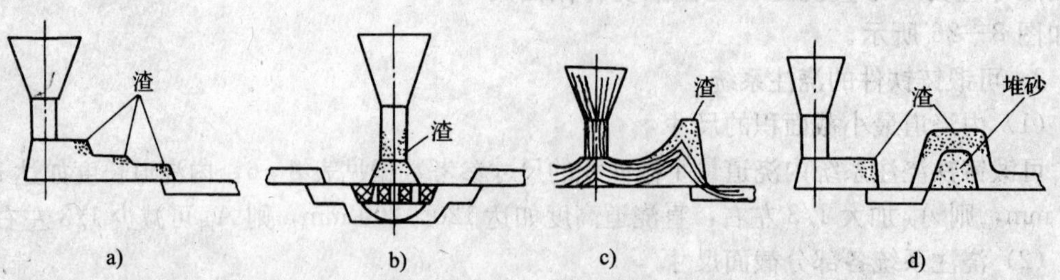

图 8—27　可锻铸铁浇注系统的参考形式

a) 阶梯式阻渣浇道　b) 过滤网式浇道　c) 羊角式阻渣浇道　d) 闸门式阻渣浇道

可锻铸铁浇注系统的有关浇道尺寸见表 8—7，当 $A_{内}$ >3 cm²时，内浇道应超过 1 个。

表 8—7　　可锻铸铁浇注系统参考尺寸

内浇道					横浇道					直浇道		
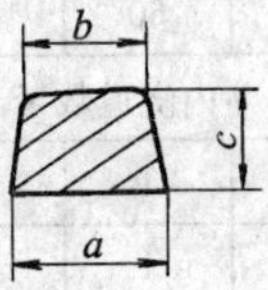					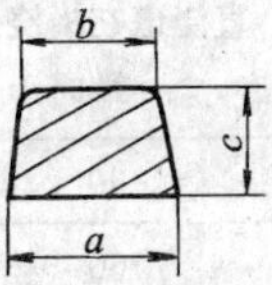					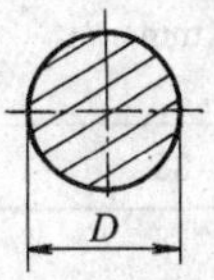		
序号	a(mm)	b(mm)	c(mm)	$A_{内}$(cm^2)	序号	a(mm)	b(mm)	c(mm)	$A_{横}$(cm^2)	序号	D(mm)	$A_{直}$(cm^2)
1	13	11	8	1	1	16	12	18	2.5	1	18	2.5
2	16	13	10	1.5	2	19	15	18	3	2	21	3.5
3	18	15	12	2	3	22	18	18	3.6	3	24	4.5
4	20	16	14	2.5	4	22	16	22	4.2	4	27	5.7
5	22	18	15	3	5	26	20	22	5	5	30	7

3. 球墨铸铁件的浇注系统

球墨铸铁是糊状凝固，体收缩较大，因而缩孔、缩松的倾向较大，而且球墨铸铁易氧化，易产生渣眼和皮下气孔。因此，浇注系统一般是按定向凝固原则设计，多采用开放式或半封闭式浇注系统，以保证液流充型平稳。球墨铸铁在球化处理和孕育处理之后浇注温度较低，浇注速度要求较快，内浇道的最小截面积大于灰铸铁。

球墨铸铁件浇注系统的计算可根据公式 8—2 进行，用湿砂型浇注中、小型铸件时，可取流速系数 $\mu=0.35\sim0.5$，浇注时间 t 按下式计算：

$$t=(2.5\sim3.5)\sqrt[3]{md} \qquad (8—4)$$

浇注系统各部分的截面积比例如下：

一般铸件用封闭式　　$A_{内}:A_{横}:A_{直}=1:1.2:1.4$

薄小件用半封闭式　　$A_{内}:A_{横}:A_{直}=0.8:(1.2\sim1.5):1$

厚壁件用开放式　　$A_{内}:A_{横}:A_{直}=(1.5\sim4):(2\sim4):1$

4. 铸钢件的浇注系统

铸钢件的铸造性能与铸铁件有很大差异，其浇注系统设计与铸铁件浇注系统相差很远。

铸钢件呈糊状凝固，流动性差，体收缩和线收缩都较大，铸件易产生缩孔、缩松缺陷，所以浇注系统应按定向凝固原则设计。铸钢的熔点和浇注温度都很高，对铸型的热辐射作用较强，冲击力大，氧化严重，因此要求浇注时间短，流动平稳，避免飞溅、涡流及流向分散。由于铸钢件熔点高，熔渣稀薄，浇入铸型内的熔渣难以上浮，所以采用挡渣能力强的底注式浇包进行浇注。铸钢件冷却速度较快，要求浇注系统保温性好，热量损失小，因此通常用圆截面的耐火砖砌出浇注系统。

浇注系统尺寸一般较大且呈开放式，截面比一般取 $A_{内}:A_{横}:A_{直}=1.2:1.1:1$。采用底注式浇包浇注，其底注孔为最小阻流面积，金属液浇注速度就取决于底注孔直径大小，浇注系统各部分截面尺寸也由底注孔来确定，见表 8—8。

大型铸钢件经常要在冒口上设置补浇冒口用的专用浇道，以增加冒口补缩效率，减少冒口体积。专用浇道设置的高度要高于补浇前冒口内钢液的液面。如果一个铸件要求多次补浇，专用浇道要相应地沿冒口高度设置。如果一个铸件有多个冒口，为保证补浇时型腔内钢

表 8—8　　根据浇包底注孔直径确定浇注系统直径

底注孔直径（mm）	直浇道最小直径（mm）	横浇道最小直径（mm）		内浇道最小直径（mm）			
		直浇道在横浇道一端时	直浇道在横浇道中间时	40	60	80	100
				内浇道数量（个）			
35	60	60	40	2	1		
40	60	60	40	2	1		
45	60	60	40	5	1		
50	80	80	60	3	2	1	
55	80	80	60	4	2	1	
60	80	80	60	5	2	1	
70	100	100	80	6	3	2	1
80	100	100	80	8	4	2	1

液不晃动，应将专用浇道连通，以便通过一个补浇专用直浇道同时向几个冒口内补浇钢液。

专用浇道的断面面积约为包孔断面面积的 1.8～2 倍。专用浇道的设置如图 8—28 所示。

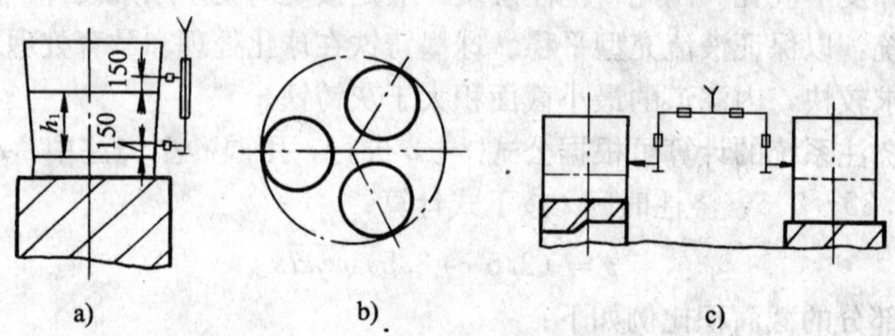

图 8—28　补浇冒口的专用浇道

a）两次补浇的专用浇道（h_1——第一次补浇高度）

b）三个冒口的专用补浇浇道　c）通过浇道同时补浇两个冒口

5. 铜合金铸件的浇注系统

铸造铜合金主要有铝青铜、锡青铜、黄铜等。

铝青铜具有收缩大，易氧化吸气等特点，浇注系统多采用底注开放式，且尽量采用蛇形直浇道，保证金属液平稳流入铸型，防止氧化，或采用如图 8—29 所示带集渣包的浇注系统。

锡青铜流动性差，易产生缩松，氧化不强烈，对于大型长套类铸件宜采用雨淋式浇注系统；大、中型复杂件可采用带集渣包或滤网的浇注系统；短小圆套、轴瓦类铸件可采用压边浇注系统。

黄铜的铸造性能与铝青铜相似，多采用定向凝固原则设计浇注系统，并开设冒口补缩。

6. 铝合金的浇注系统

铝合金密度小，收缩大，易氧化，流动过程中降温快，浇注中挡渣困难，铸件容易产生缩孔、缩松和渣眼等缺陷。因此要求铝合金的浇注系统具有浇注速度快，挡渣能力强，流动平稳，有利于定向凝固和补缩的特点。

铝合金铸件通常采用开放式浇注系统，且多为底注式或缝隙式浇注系统，大型复杂铸件常采用复合式浇注系统。为了减小铝液对直浇道底部的冲击，防止带进气体和杂质，常采用倾斜式直浇道或蛇形直浇道，如图 8—30 所示。

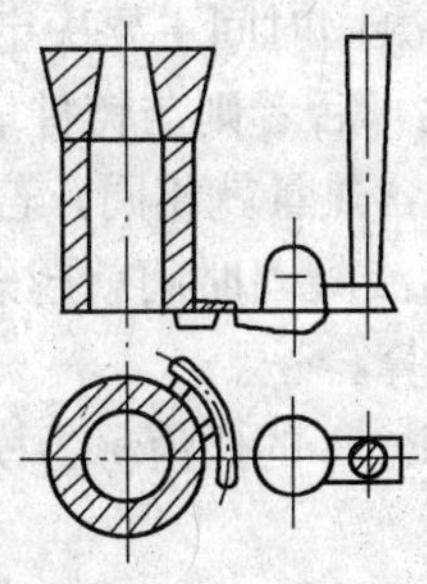

图 8—29　铝青铜铸件带集渣包的浇注系统

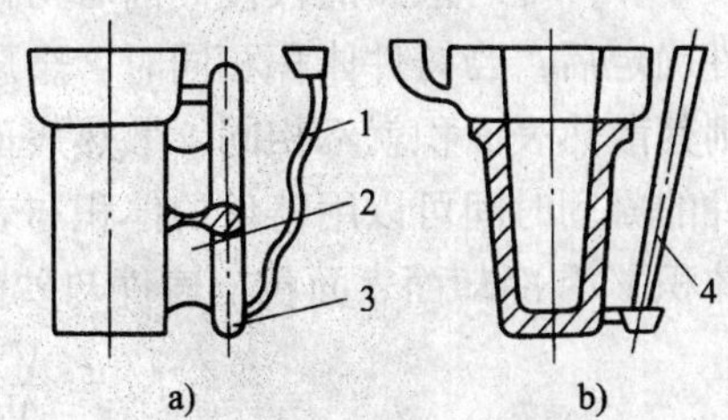

图 8—30　铝合金浇注系统

1—蛇形直浇道　2—缝隙式内浇道

3—竖式横浇道　4—倾斜直浇道

二、设置冒口的知识与冒口的计算

1. 设置冒口的原则

首先应当根据产生缩孔的位置来决定，冒口在铸件上的位置正确与否，对获得健全铸件有着重要的意义。具体可根据以下原则来设置：

(1) 冒口应尽量放在铸件被补缩部位的上部或最后凝固的热节点旁边。

(2) 冒口应尽量放在铸件最高最厚的地方，以便利用金属液的重力进行补缩。

(3) 在铸件的不同高度上有热节需要补缩时，可在不同水平面安放冒口，但应利用冷铁使各个冒口的补缩范围隔开，如图 8—31 所示。否则，高处冒口不但要补缩低处的铸件，而且还要补缩低处的冒口，使铸件高处产生缩孔或缩松。

(4) 冒口应尽可能不阻碍铸件的收缩，冒口不应放在铸件应力集中处，以免引起裂纹。

(5) 力求用一个冒口同时补缩一个铸件的几个热节，或者几个铸件的多个热节（如图 8—32 所示）。

(6) 冒口最好安放在铸件需要机械加工的表面上，以减少精整铸件的工作量。

(7) 为了加强铸件的定向凝固，应尽可能使内浇道靠近冒口或通过冒口，见图 8—32。同时提高冒口的补缩效率。

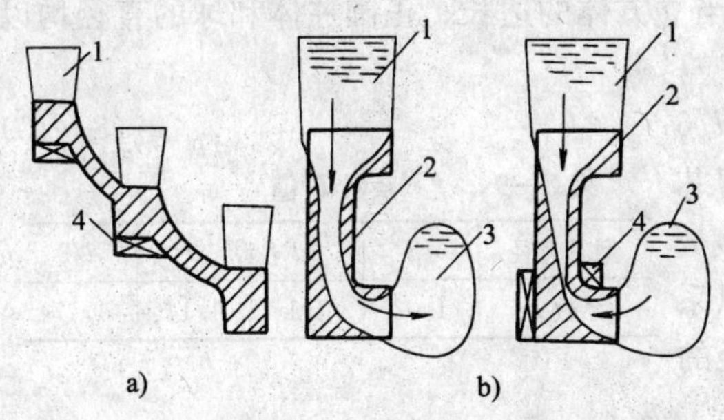

图 8—31　不等高冒口的隔离

a）阶梯形热节　b）上下有热节

1—明顶冒口　2—铸件　3—侧冒口　4—外冷铁

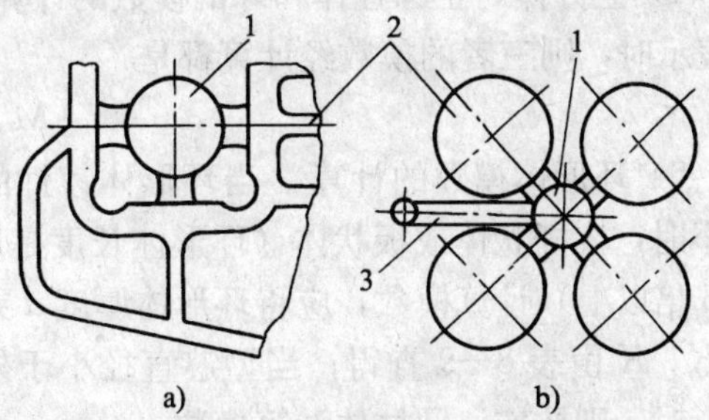

图 8—32　一个冒口同时补缩几个热节

a）补缩 3 个热节　b）补缩 4 个热节

1—冒口　2—铸件　3—浇道

2. 冒口的计算

(1) 模数的概念

当铸件的材质、铸型的性质和浇注条件一定时，铸件的凝固时间主要决定于铸件本身所含热量的大小和冷却时散热的快慢。前者与铸件体积成正比，后者则与铸件表面积成正比。在温度条件确定后，当铸件体积相同时，金属液质量及其所含热量就相同。若铸件结构形状不一样，则其散热表面积就不相同。散热表面积越大，金属液凝固时间就越短，反之亦然。因此，铸件的凝固时间可以用铸件的体积与表面积之比来计算。

铸件体积 V 和冷却面表面积（铸件与砂型接触的表面积）A 的比值称为模数 M。即：

$$M=\frac{V}{A}=\frac{\text{体积}}{\text{表面积}} \tag{8—5}$$

模数是衡量铸件凝固时间长短的标志，模数越小，凝固时间就越短；模数越大，凝固时间就越长。

(2) 铸件模数的计算

铸件模数的计算比较复杂。但是，任何复杂的铸件均可看成是由多个简单的几何体（板、杆、圆柱体等）组合而成的，只要掌握一些简单几何体的模数计算公式，就不必去繁琐地计算铸件的体积和表面积。

1) 板状体模数的计算　当几何体的长度、宽度是厚度 d 的 5 倍以上时，称为板。尽管板状体的 4 个端面凝固快，但对其中央影响不大，故可忽略不计。于是，板状体的模数是：

$$M_{\text{板}}=d/2 \tag{8—6}$$

这就是说，铸件壁（板）越厚，冷却凝固速度越慢。

2) 杆状体模数的计算　当几何体的长度较长，端面两条边的宽度 a 和 b 较接近时称为杆。杆状体的两个端面面积可忽略不计，那么，杆状体的模数计算公式是：

$$M_{\text{杆}}=\frac{ab}{2(a+b)} \tag{8—7}$$

杆状体的模数为截面的面积和周长之比。当截面为正方形时：

$$M_{\text{方杆}}=a/4 \tag{8—8}$$

3) 圆杆模数的计算　当圆柱体的高度大于直径 d 的 2.5 倍时，上、下两个端面面积可以忽略不计，则圆杆的模数是：

$$M_{\text{圆杆}}=d/4 \tag{8—9}$$

4) 立方体、正圆柱体和球的模数的计算　当立方体的边长、正圆柱体和球的直径均以 d 表示时，则三者的模数经计算都是：

$$M=d/6 \tag{8—10}$$

5) 环形体模数的计算　当环形体铸件的型芯很小时，按杆状体或板状体（环形体长度是厚度 d 的 5 倍以上）计算模数，应将环形体厚度 d 乘以系数 K，K 由表 8—9 查得；当型芯直径小于外径的 25%时，则按实心圆柱体计算模数。

表 8—9　系数 K 值

型芯直径	$4d$	$2d$	d	$d/2$
系数 K	1.02	1.1	1.14	1.17

6) 空心法兰体模数的计算　当杆状体（环形体，截面面积为 ab）与板状体（法兰厚度 d）相交时，由于出现了不散热的热节，使散热面积减少，冷却速度变慢，故其模数为：

$$M_{空兰} = \frac{ab}{2(a+b)-d} \tag{8—11}$$

7）实心法兰体模数的计算　当杆状体（半径为 a，高度为 b）与板状体（法兰厚度 d）相交时，由于出现了不散热的热节，使散热面积减少，冷却速度变慢，故其模数为：

$$M_{实兰} = \frac{ab}{2(a+b-d)} \tag{8—12}$$

8）板壁相交体模数的计算　板与壁相交形成热节。热节的模数通常用作图法估出，即作一个比内切圆稍大的圆（因考虑到板壁相交处砂尖散热慢），热节的模数就等于此放大了的热节圆半径 r，即：

$$M_{热节} \approx r \tag{8—13}$$

可见，热节点的模数相当于壁厚为 $2r$ 的板的模数。

下面举例说明计算铸件模数的方法。

例 3　试求图 8—33 所示法兰的模数。

解　法兰与管壁的交接处形成热节，用作图法估计热节的冷却速度相当于法兰增厚到 72 mm，再按公式 8—11 计算：

$$M_{法兰} = \frac{ab}{2(a+b)-d} = \frac{7.2\times 11.5}{2(7.2+11.5)-5} = 2.56(\text{cm})$$

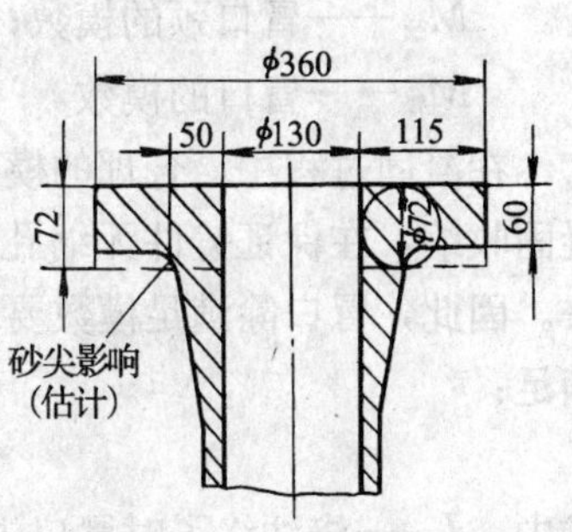

图 8—33　法兰

例 4　试求图 8—34 所示滚轮轮毂、轮缘的模数。

解　①轮毂部分可视为实心法兰体，按公式 8—12 得其模数：

$$M_{轮毂} = \frac{ab}{2(a+b-d)} = \frac{7.0\times 24.0}{2(7.0+24.0-5)} = 3.23(\text{cm})$$

②轮缘部分可视为空心法兰体，考虑砂尖热节的影响，取热节圆直径为 ϕ75 mm。按公式 8—11 得其模数：

$$M_{轮缘} = \frac{ab}{2(a+b)-d} = \frac{7.5\times 16.0}{2(7.5+16.0)-5} = 2.86(\text{cm})$$

（3）模数法计算冒口的原理

为了实现补缩，除了必须保证补缩通道通畅外，还必须保证冒口的凝固时间大于铸件的凝固时间，也就是说，冒口的模数应当大于铸件的模数，并且两者有一个合适的比例关系，以保证冒口晚于铸件凝固。所以，只要铸件的模数求出了，就可根据合理的模数比，计算出冒口的模数，最后根据冒口的模数，在相应的表格中查出冒口的尺寸。

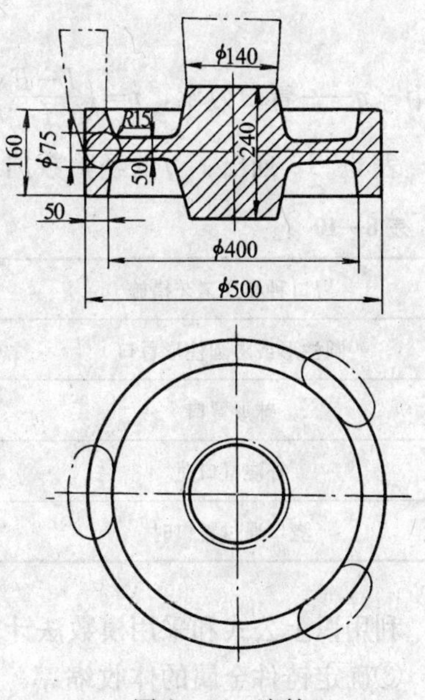

图 8—34　滚轮

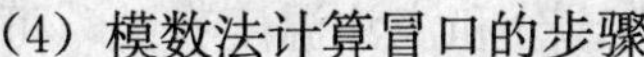

（4）模数法计算冒口的步骤

1）铸钢件

①计算铸件的模数 $M_{件}$。如果铸件上有几个形状、尺寸不同的热节点，一般应在每个热节点上安放冒口。这时，应分别求出不同热节点部位的模数，以便安放不同大小、形状的冒口。

②根据求得的铸件模数，应用铸件与冒口模数的比例关系，求出对应部位的冒口模数 $M_{冒}$。

根据试验结果，对于铸钢件，只要满足下列比例关系，就能实现冒口对铸件的补缩，从而获得致密的铸件：

a. 明冒口　$M_{件}:M_{冒}=1:(1.1\sim1.2)$　(8—14)

b. 暗边冒口　$M_{件}:M_{颈}:M_{冒}=1:1.1:1.2$　(8—15)

c. 若钢液通过冒口浇注　$M_{件}:M_{颈}:M_{冒}=1:(1\sim1.03):1.2$　(8—16)

式中　$M_{件}$——铸件被补缩部位的模数；

$M_{颈}$——冒口颈的模数；

$M_{冒}$——冒口的模数。

在凝固过程中，合理的模数比例只能保证冒口晚于铸件凝固。但是铸件和冒口都要产生凝固收缩，在保证铸件无缩孔的条件下，铸件和冒口的缩孔总体积最后都要转移到冒口中去。因此，冒口除满足模数要求外，还必须有足够的金属液去补充铸件的体积收缩，即必须满足：

$$I-F=\varepsilon(I+I_{件}) \qquad (8—17)$$

式中　I——浇注终了时冒口内的金属质量或体积；

F——补缩终了时冒口内金属质量或体积；

$I_{件}$——铸件被补缩部分金属质量或体积；

ε——金属在液态和凝固期间总的体积收缩率,%。

上面公式还可改写成：

$$\varepsilon(I+I_{件})\leqslant I\eta \qquad (8—18)$$

式中　η——冒口效率，$\eta=\left(\dfrac{I-F}{I}\right)\times100\%$

表 8—10 列出了 η 的经验数据，可供参考。

表 8—10　　冒口效率 η　　%

冒口种类或工艺措施	η	冒口种类或工艺措施	η
圆柱形或腰圆柱形冒口	12～15	发热保温冒口	25～30
球形冒口	15～20	大气压力冒口	15～20
补浇冒口时	15～20	压缩空气冒口	35～40
浇口通过冒口时	30～35	发气压力冒口	30～35

利用以上公式和采用模数法计算出冒口尺寸后，还必须进行冒口补缩能力的验算。

③确定铸件金属的体收缩率。钢的体收缩率与它的化学成分和浇注温度有关，可从表 8—11 中求出。

表 8—11　　确定钢的体收缩率 ε 图表

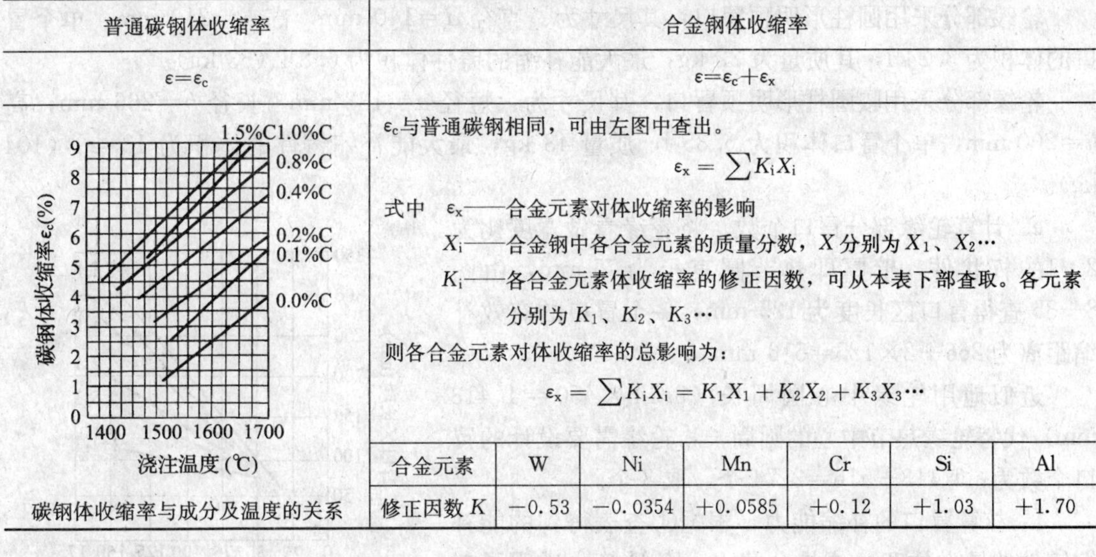

普通碳钢体收缩率	合金钢体收缩率
$\varepsilon=\varepsilon_c$	$\varepsilon=\varepsilon_c+\varepsilon_x$
（图）碳钢体收缩率与成分及温度的关系	ε_c 与普通碳钢相同，可由左图中查出。 $\varepsilon_x=\sum K_i X_i$ 式中　ε_x——合金元素对体收缩率的影响 X_i——合金钢中各合金元素的质量分数，X 分别为 X_1、X_2… K_i——各合金元素体收缩率的修正因数，可从本表下部查取。各元素分别为 K_1、K_2、K_3… 则各合金元素对体收缩率的总影响为： $\varepsilon_x=\sum K_i X_i=K_1X_1+K_2X_2+K_3X_3\cdots$

合金元素	W	Ni	Mn	Cr	Si	Al
修正因数 K	−0.53	−0.0354	+0.0585	+0.12	+1.03	+1.70

碳钢体收缩率与成分及温度的关系

例如，已知 ZG270—500 的含碳质量分数为 0.32%～0.40%，若浇注温度 $t_{浇}=1\ 500$℃，则从表 8—11 中可查得 $\varepsilon_c\approx4\%$。对普通碳钢而言，不含合金元素，$\varepsilon_x=0$。所以

$$\varepsilon=\varepsilon_c=4\%$$

④确定冒口的具体形状和尺寸。冒口的模数和金属液的体收缩率确定后，可根据所选择的冒口类型、形状，在《铸造手册》第 5 卷（铸造工艺）等手册的有关标准冒口表格中查出所需冒口尺寸，求出 I 值（冒口体积或质量）。

⑤根据冒口的有效补缩范围，校核冒口的数目。

⑥根据公式 8—18 校核冒口的最大补缩能力。

假如所选择的冒口类型是圆柱形或腰圆柱形，那么，由表 8—10 查得：$\eta=14\%$，则

$$I_{件}=I\left(\frac{14-\varepsilon}{\varepsilon}\right) \tag{8—19}$$

把前面求出的冒口体积，代入上式进行计算，即可校核冒口所能补缩铸件最大体积。如果算出的数值大于被补缩铸件（或被冒口补缩的那部分铸件）的实际体积，说明冒口补缩能力有余。反之，冒口补缩能力不足，需增大冒口尺寸，直至能满足铸件补缩为止。

为了进一步说明模数法计算冒口的方法和步骤，下面就例 4 继续加以说明。

例 5　铸钢滚轮的材质为 ZG 230—450，铸件质量 210 kg，浇注温度 1 500℃，试计算铸件的冒口尺寸及冒口数量。

解　a. 计算铸件模数　由例 4 已知铸件模数：$M_{轮毂}=3.23$ cm 和 $M_{轮缘}=2.86$ cm。

b. 计算冒口模数　采用明顶冒口，根据公式 8—14 计算冒口模数：

$$M'_{轮毂}=1.1M_{轮毂}=1.1\times3.23=3.55(\text{cm})$$
$$M'_{轮缘}=1.1M_{轮缘}=1.1\times2.86=3.15(\text{cm})$$

轮毂冒口模数较大，工艺出品率低，应采用冷铁与冒口配合使用的工艺措施，根据经验可取 $M'_{轮毂}=2.62$ cm。

c. 确定铸件的体收缩率　根据表 8—11 查得铸件的体收缩率 $\varepsilon=4.5\%$。

d. 确定冒口的形状和尺寸　根据《铸造手册》第 5 卷（铸造工艺）有关模数法计算冒

口表格查得冒口的形状和尺寸为：

轮毂部分采用圆柱形明顶冒口，其尺寸为：直径 $d=140$ mm，高 $h=210$ mm，单个冒口的体积为 3.24 l，其质量为 22 kg，最大能补缩的铸件体积为 6.8 l（53 kg）。

轮缘部分采用腰圆柱形明顶冒口，其尺寸为：短径 $a=133$ mm，长径 $b=266$ mm，高 $h=200$ mm，单个冒口体积为 6.35 l，质量 43 kg，最大能补缩铸件的体积为 13.4 l（104 kg）。

e. 计算轮缘部分冒口个数　将轮缘看做宽度比为 2∶1的杆状件，壁厚即热节圆直径为 75 mm，由图 8—35 查得冒口区长度为 125 mm，一个冒口的有效补缩距离为 266+2×125=516 mm。

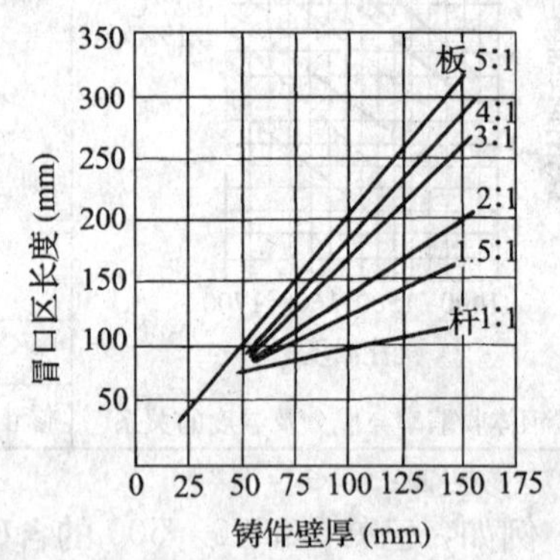

图 8—35　冒口区长度与铸件壁厚的关系

近似地用轮缘中心圆周长（3.14×450＝1 413 mm）代替轮缘热节中心的圆周长，轮缘需要设计的冒口个数为：1 413÷516=2.74 个，取 3 个。

f. 核算冒口的补缩能力　根据④查表得到的能补缩铸件的最大体积，或按公式 8—19 计算，说明冒口有足够的金属液供给铸件补缩。轮毂部分铸件被圆柱形明顶冒口补缩的最大体积：

$I_{件}=3.24\times\frac{14-4.5}{4.5}=6.8$ l>轮毂部分铸件的体积（经计算为 4.66 l）；

轮缘部分铸件被腰圆柱形明顶冒口补缩的最大体积：

$I_{件}=3\times6.3\times\frac{14-4.5}{4.5}=39.9$ l>轮缘部分铸件的体积（经计算为 13.3 l）。

2）铸铁件　铸铁和铸钢都是铁碳合金，它们在凝固过程中有共同之处，但也各自有不同的特点。铸铁在凝固过程中，当共晶转变时，析出石墨而发生体积膨胀。铸铁的这一特点，将直接影响其体收缩率的大小和发生体收缩时间的长短。因此，首先应当确定这些数值。

①灰铸铁体收缩率的确定　影响灰铸铁体收缩率的主要因素是浇注温度、化学成分和冷却速度。

灰铸铁体收缩率的确定，尚无理论计算公式可循。通过试验，把浇注温度 t、化学成分（主要是 C、Si、P）、冷却速度（通过铸件模数 $M_{件}$）与铸铁件体收缩率的关系，整理成线图的形式，如图 8—36 所示。只要知道铸件的化学成分、铁液的浇注温度和补缩处铸件的模数 $M_{件}$，就可以用此线图查出实际体收缩率 ε。图中所列数据只适用于刚性铸型。

②灰铸铁体收缩时间的确定　灰铸铁在共晶凝固阶段，因石墨析出而发生体积膨胀，故灰铸铁发生体收缩的时间要比总凝固时间短些。它也与化学成分、冷却速度和浇注温度有关。通过图 8—36，根据 C 和（Si+P）的交点向上交于铸件模数 $M_{件}$，再向左拐与 $t_{浇}$ 相交后向下作垂线，即可在横坐标上查出铸件的实际收缩时间占全部凝固时间的百分比（$t_{收缩}/t_{凝固}$）。

③浇注时铁液的后补量　由于灰铸铁的体收缩时间比较短，因此在较长的浇注时间内，后浇入的铁液就可以不断地补偿一部分液态金属的体收缩，这个补缩量也就是总收缩减少的量，称为后补量 N。通过实验和计算，做出了铁液后补量与浇注时间及铸件模数之间关系

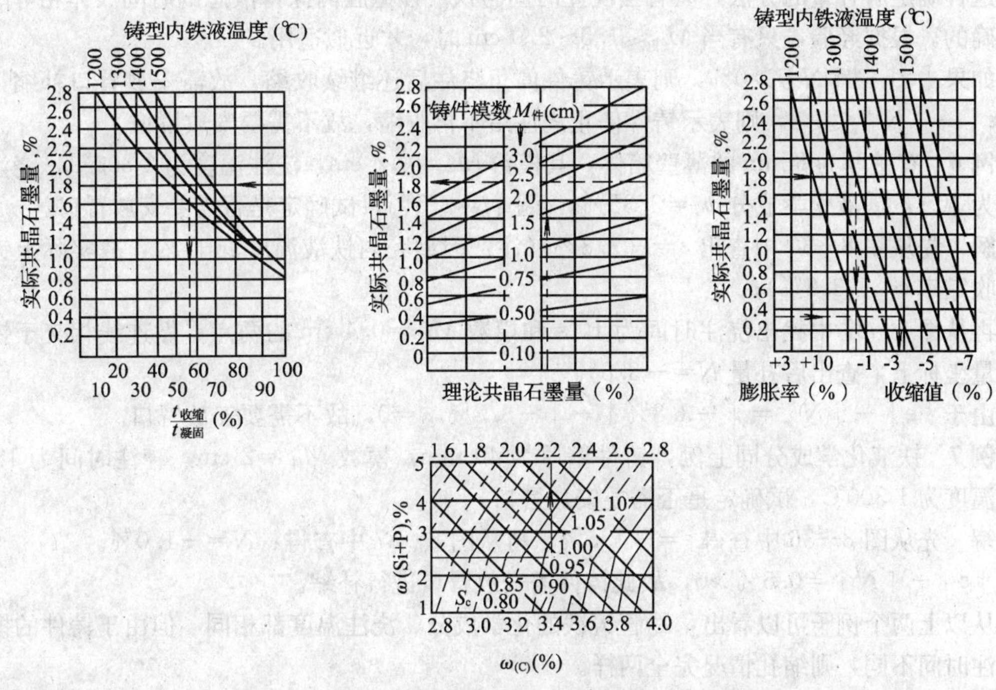

图 8—36　确定铸铁体收缩率和体收缩时间的线图

的线图，如图 8—37 所示。从图中可以看出，浇注时间越长，铸件模数越小，则铁液的后补量就越大。

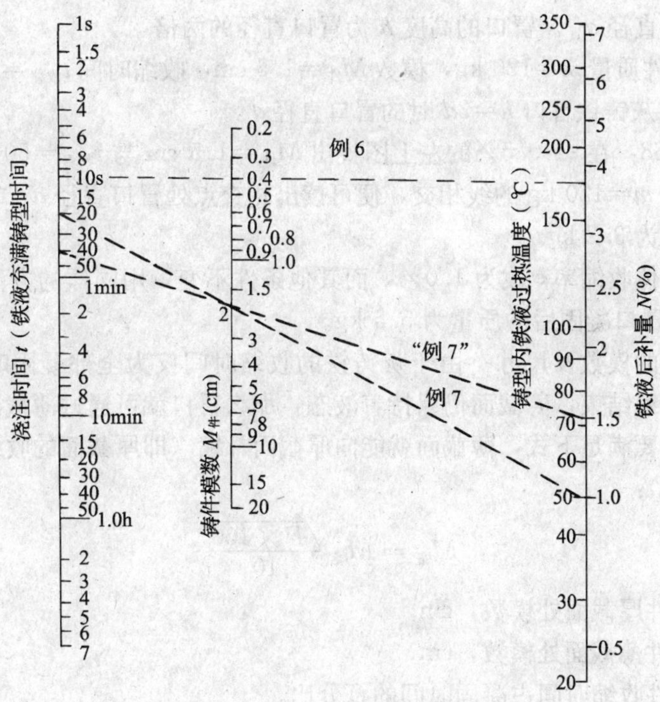

图 8—37　确定铁液后补量的线图

这种确定后补量的方法，只有当浇注时间与铁液在型腔内保持液态的时间大体相等时才是正确的。根据经验，只有当 $M_{件} \leqslant 1.5 \sim 2.0$ cm 时，才近似适用。

如果 $|\varepsilon| - |N| > 0\%$，则表示铸件停止浇注后还继续收缩，故需安放冒口补缩；如果 $|\varepsilon| - |N| \leqslant 0\%$，则表示铸件停止浇注后不再收缩，故不需要安放冒口。

例 6　有壁厚为 8 mm 的薄壁箱体，其模数 $M_{件}=0.4$ cm，浇注温度为 1 300℃，浇注时间约为 10 s，铁液化学成分 $\omega_C=3.35\%$，$\omega_{(Si+P)}=2.5\%$，试确定是否需要安放冒口。

解　先从图 8—36 中查出 $\varepsilon=-3.8\%$（注：因型腔内铁液温度低于 $t_{浇}$，故实际上铸件的体收缩率 $\varepsilon<-3.8\%$）；

再从图 8—37 中找出浇注时间为 10 s 和模数 $M_{件}=0.4$ cm 的两点，做连线相交于铁液后补量坐标上，查出后补量 $N=-3.8\%$。

由于 $|\varepsilon| - |N| = |-3.8\%| - |-3.8\%| = 0$，故不需要安放冒口。

例 7　铁液化学成分同上例，铸件壁厚为 40 mm，模数 $M_{件}=2$ cm，浇注时间为 18 s，浇注温度为 1 300℃，试确定是否需要安放冒口。

解　先从图 8—36 中查得 $\varepsilon=-1.5\%$，再从图 8—37 中查得：$N=-1.0\%$。

$|\varepsilon| - |N| = 0.5\% > 0$，故此铸件需安放冒口进行补缩。

从以上两个例子可以看出，尽管铸铁的化学成分、浇注温度都相同，但由于铸件的模数与浇注时间不同，则缩孔情况完全两样。

就例 7 而言，有可能通过延长浇注时间来提高后补量，从而减少其缩孔倾向。如果要将收缩量 $\varepsilon=-1.5\%$ 全部抵消，即不用冒口来补缩，则必须保证后补量 $|N| \geqslant 1.5\%$。根据图 8—37，其浇注时间须为 40 s。经验证明，长时间缓慢的浇注对补缩是有利的。

④冒口尺寸　根据 $(t_{收缩}/t_{凝固})$、$(\varepsilon-N)\%$、铸件的模数 $M_{件}$ 及质量 m，就可在图 8—38 中查出所需的冒口直径 $d_{冒}$。冒口的高度 h 为冒口直径的两倍。

例 8　已知铸件质量 $m=120$ kg，模数 $M_{件}=1.5$ cm，收缩时间 $t_{收缩}=50\%\ t_{凝固}$，体收缩率 $\varepsilon=0.5\%$，试求灰铸铁冒口 $h=2d$ 时的冒口直径 d。

解　查图 8—38，在 $\varepsilon=0.5\%$ 的左上图找出 $M_{件}=1.5$ cm 与 $t_{收缩}=50\%\ t_{凝固}$ 的交点，由此向右与铸件质量 $m=120$ kg 的线相交，便可读出相交点处冒口直径 $d=70$ mm，而冒口在完全凝固的质量约为 3.2 kg。

如果将本例的体收缩率 ε 改为 1.0%，而其他条件不变，用同样的方法，可查得冒口直径为 $d=85$ mm，冒口凝固后的质量为 5.5 kg。

⑤计算冒口颈的模数及尺寸　由于灰铸铁的收缩时间仅为全部凝固时间的一部分，因此，只要厚截面收缩结束，薄截面仍保持着液态，那么冒口就可通过薄截面对厚截面进行补缩。也就是说，只要满足下式，薄截面就能向厚截面补缩（即厚截面的收缩时间小于或等于薄截面的凝固时间）：

$$M_{缩} = M_{凝} \frac{\sqrt{P \times 100}}{10} \tag{8—20}$$

式中　$M_{缩}$——铸件厚截面处模数，cm；

$M_{凝}$——铸件薄截面处模数，cm；

P——铸件收缩时间占凝固时间的百分比。

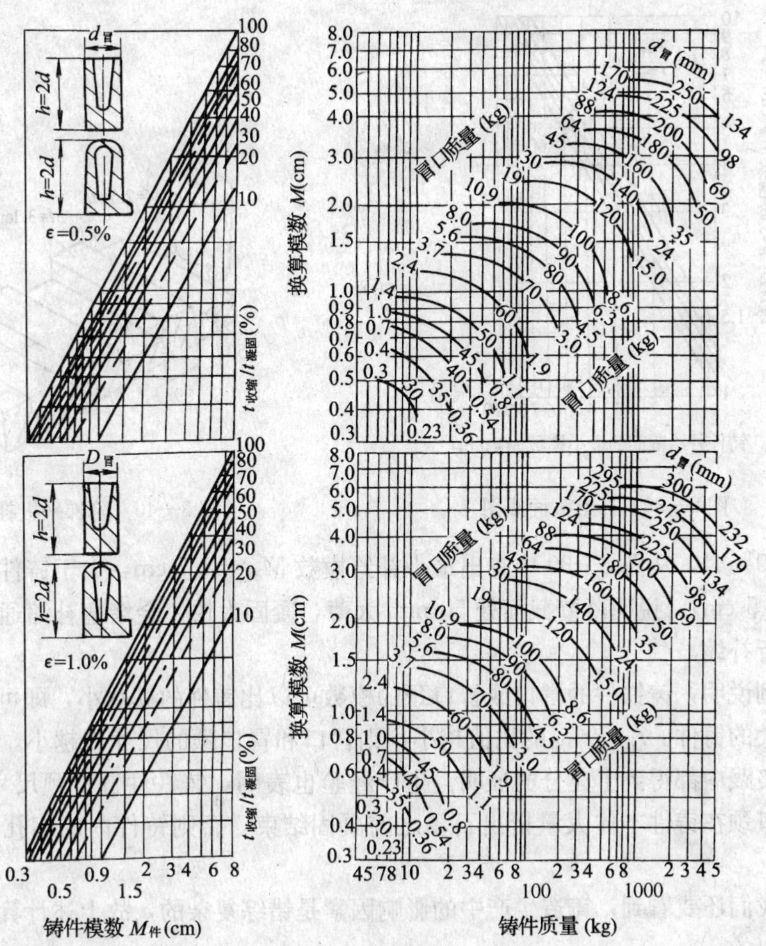

图 8—38　灰铸铁冒口尺寸图

$h=2d$（体收缩率 $\varepsilon=0.5\%$及 1.0%）

根据上式作成的决定补给截面的线图如图 8—39 所示。利用此图，可以查出实现薄壁截面补缩厚壁截面时，厚、薄截面之间应具备的模数关系。

例 9　已知铸件质量 120 kg，模数 $M_{件}=1.5$ cm，冒口直径 $d=85$ mm，需补缩量（ε—N）=1.0%，$P=50\%$，求冒口颈的最小截面模数 $M_{颈}$。

解　根据铸件模数 $M_{件}=1.5$ cm，在图 8—39 的纵坐标铸件厚壁截面的模数 1.5 处，引一条横坐标的平行线与 $P=50\%$线相交，从交点再引垂线交于横坐标上，从此交点上可读出补给截面所需的最小模数 $M_{凝}=1.1$ cm，这就是冒口颈的最小截面模数 $M_{颈}$。

例 10　如图 8—40 所示的铸铁阶梯平板，已知其厚壁截面的模数 $M_{厚}=3.1$ cm，$P=60\%$，试求其邻近薄壁截面允许的最小补给模数是多少？如果 P 值提高到 70%，薄壁截面的最小补给模数应是多少？

解　查图 8—39，当厚壁截面的模数 $M_{厚}=3.1$ cm 而 $P=60\%$时，其补给截面（薄壁截面）的模数为 $M_{凝}=2.5$ cm，这就是薄壁截面所允许的最小补给模数。而铸件薄壁截面处的模数 $M_{薄}=2.5$ cm，说明在平板薄壁截面一端用冒口可以给厚壁截面处补缩。

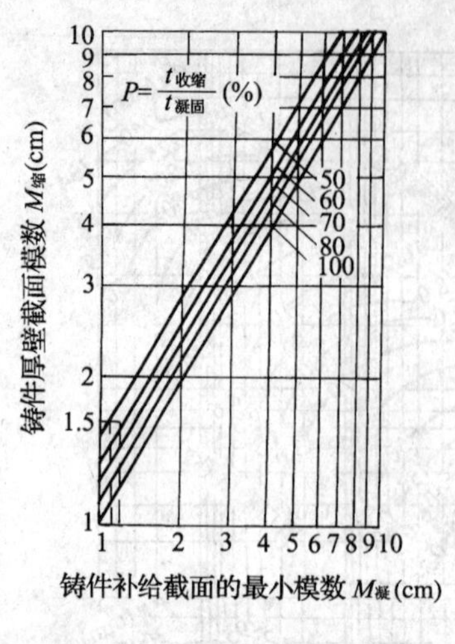

图 8—39　补给截面线图

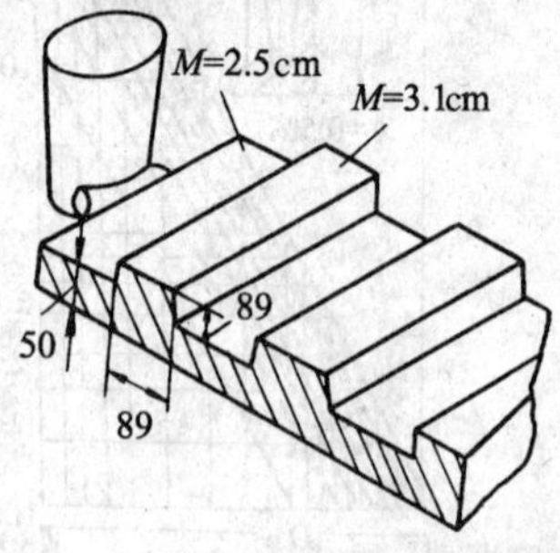

图 8—40　阶梯平板补缩

当 $P=70\%$时，从图 8—39 中查出最小补给模数 $M_{凝}=2.7$ cm，大于铸件薄壁截面处的模数 $M_{薄}$（2.5 cm），说明薄壁截面处 50 mm 太薄，凝固太快，会堵塞补缩通道，不能对厚壁截面处进行补缩。

以上两例说明，铸铁件的冒口或冒口颈的模数可以比铸件的模数小，即可以用较小的冒口去补缩厚大的铸件。$t_{收缩}/t_{凝固}$的比值越小，则冒口和冒口颈的尺寸就越小。这一点已在理论上和生产实践中都得到了充分的证明。生产经验也表明，铸铁件冒口颈尺寸的合理选择，必须保证冒口颈在铸件本体大量析出石墨之前凝固结束，否则铸件内的缩孔或缩松不可避免。

另外，我们还要看到，铸造生产中的影响因素是错综复杂的，故上述计算冒口的方法和线图只是近似的。

三、设置冷铁的知识与冷铁的计算

1. 设置冷铁的知识

(1) 铸铁件的外冷铁

1) 灰铸铁件和可锻铸铁件的外冷铁　灰铸铁件的缩孔、缩松倾向性小，线收缩也小，因此很少采用冷铁控制其凝固过程。但当相邻铸壁的厚度相差悬殊时，也常在厚壁处及厚、薄壁的过渡转角处采用冷铁进行均衡凝固控制，以减少铸造缺陷。对表面层要求有一定致密度或硬度的铸件，也常采用冷铁进行控制。

一般使用暗外冷铁，否则易引起灰铸铁件表面产生白口层或过冷石墨层，有时由于激冷过大可能使铸件产生裂纹。冷铁材质一般采用铸铁，也可采用比硅砂蓄热系数大的非金属材料，如石墨、碳素砂等。

2) 大型球墨铸铁件的外冷铁　大型球墨铸铁件的凝固时间较长，常会降低石墨球化率，或导致石墨畸变、石墨漂浮、石墨粗大，故需采用冷铁缩短其凝固时间。冷铁的质量、厚度及与铸件的接触面积，决定了冷铁的激冷能力，从而影响了铸件的凝固速度和球化率。常采用铸铁外冷铁、石墨电极冷铁、或开设有通风或内腔通水的铸铁冷铁，以提高冷铁的激冷效果，缩短铸件的凝固时间，提高铸件的石墨球化率。

(2) 铝合金的外冷铁

冷铁不应设在冒口根部，以免堵塞补缩通道；冷铁不应放在内浇道下面，必须放置时，应在冷铁上面留有浇道位置，以防冷铁失去激冷作用，或因其使合金液温度降低而引起冷隔等缺陷；整块过大的冷铁，应采取分成小块拼用的方法，以防阻碍铸件收缩而使其产生裂纹，而且利于造型操作；冷铁的边缘应尽量倒角；双面冷铁应交错排列，以减少应力集中，防止铸件产生裂纹。

(3) 铸钢件的外冷铁

1) 铸钢件外冷铁的选用　一般不用铸铁作冷铁，因铸铁经不起多次使用。对于厚实铸件，会发生熔化（铸铁熔点约1 280℃），形成铸件局部增碳及产生裂纹，而且其中的碳与钢液中的氧化亚铁反应形成“蛀洞型”气孔。

一般选用高碳钢制造冷铁，而且冷铁表面要光滑，无氧化铁层和油污，与铸件接触面要平滑或圆滑，无气孔或缩凹。

冷铁表面若有空洞，当与钢液接触时，空洞中的空气立即受热膨胀，产生侵入性气孔。冷铁表面若有铁锈，会与钢液中的碳反应生成气体，使铸件产生气孔，与此同时，使这一部分钢液含碳量降低，提高了钢的焊接性，易使冷铁与铸件发生熔焊。因此，为防止熔焊，应尽量用高碳钢作外冷铁。

为防止冷铁表面生锈，对于干砂型，应在砂型刷上涂料以后及时烘干；对于湿砂型和自硬砂型，在造完型以后应在冷铁表面刷一层快干涂料，防止生锈。回用的冷铁，必须将氧化铁层清除掉。

2) 造成人为末端区的冷铁　当在相邻冒口之间设置冷铁时，由于冷铁的激冷作用，铸件中形成由冒口向冷铁的与自然末端区相同的“V”形温度降，从而在两个冒口之间形成具有激冷作用的以冷铁为中心的人为末端区（如图 8—41 所示）。

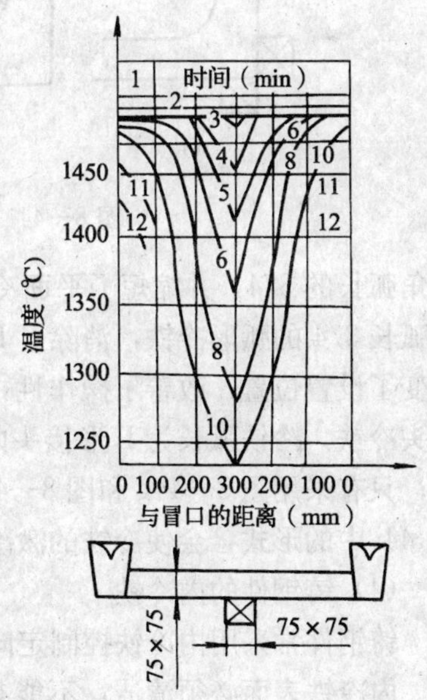

图 8—41　人为末端区

有时，使用单面冷铁不足以形成人为末端区，它只是将冷铁正前方铸件中的缩孔、缩松位置向远离冷铁的方向推移，要消除上述缺陷，必须在铸件的两面或三面设置冷铁（如图 8—42 所示），使人为末端区延长。

3) 消除裂纹、缩孔和缩松的冷铁　铸壁的接头常会产生热裂，在接头设置了冷铁，可使接头的凝固速度与相邻断面的凝固速度均衡，从而减少了接头产生热裂的危险。铸造圆角小的接头特别容易产生热裂，用棱条圆头成形冷铁能有效地防止产生热裂的危险（如图 8—43 所示）。

图 8—43 中接头的内切圆被激冷至与邻壁的内切圆相适应，减少了产生热裂的危险。

图 8—44 反映了接头处外冷铁的大小、形状和位置与消除缩孔、缩松的关系。图 8—44a 中弧形冷铁的弧长等于圆角弧长，平面冷铁很大，造成补缩通道堵塞，导致在T形接头中产生缩孔（涂黑部分）；图 8—44b 将弧形冷铁弧长改为

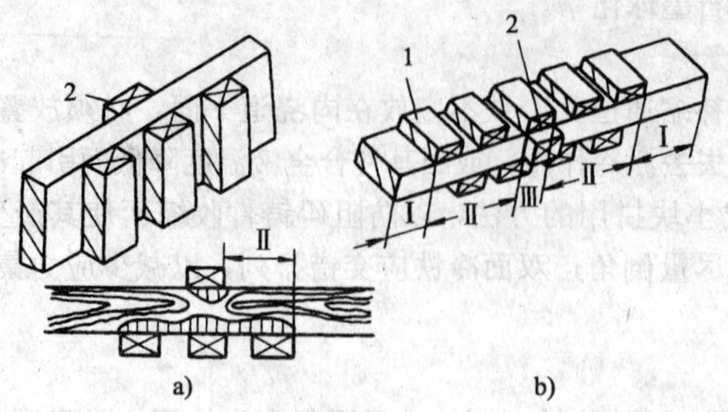

图 8—42 用冷铁延长人为末端区

a）两面安放冷铁使人为末端区延长

b）三面安放冷铁形成阶梯形的延长末端区

1—冷铁 2—末端区冷铁

Ⅰ—人为末端区 Ⅱ—延长末端区 Ⅲ—激冷区

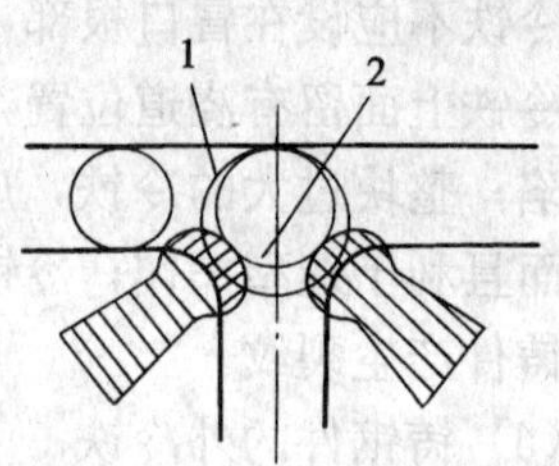

图 8—43 激冷前后内切圆变化

1—未激冷的内切圆 2—激冷后的内切圆

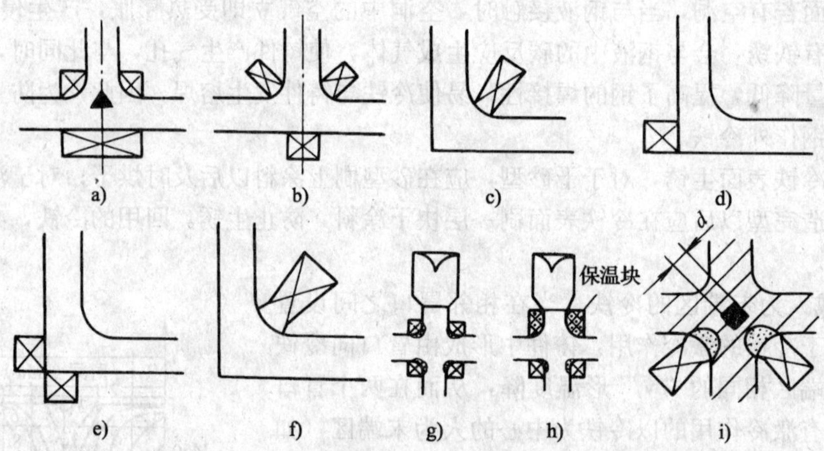

图 8—44 接头处外冷铁与消除缩孔、缩松的关系

圆角弧长的 3/4，并缩短了平面冷铁的长度，获得了致密的接头；图 8—44c 为弧长等于圆角弧长 3/4 的弧形冷铁，消除了 L 形接头中的缩孔；图 8—44d 和图 8—44e 采用矩形冷铁并改变了设置位置，改善了操作性，激冷效果也很好，L 形接头无缩孔；图 8—44f 采用棱条圆头冷铁，冷铁弧长为 L 形接头内圆角弧长的 1/3～1/2，也能有效地消除 L 形接头中的缩孔；只有采用图 8—44g 和图 8—44h 所示的冷铁，才能避免在十形接头中产生缩孔；采用图 8—44i 中的形式，会使冷铁的激冷层堵塞补缩通道，结果在轴线上产生缩孔或缩松。

（4）铸钢件的内冷铁

铸钢件常采用内冷铁控制定向凝固，减小冒口体积和消除缩孔、缩松。

内冷铁表面必须清洁，不能有油污、锈斑和渣粒等。如果内冷铁表面污物没有清除干净，会使铸件在凝固过程中形成气孔、夹杂和熔合不良等缺陷。常用喷砂、滚筒清理或酸洗等方法清除其表面附着物，然后进行喷涂铝、镀锡或化学防锈处理。内冷铁应在组芯、合型时才装入铸型。采用湿砂型铸造工艺时，铸型在装入内冷铁后，应在 3～4 h 内浇注，否则，有使铸件产生气孔的危险。

内冷铁如果选用不当，常会导致内冷铁与铸件熔合不良、铸件内部有微裂纹（由铸件收缩应力引起）和内冷铁周围的缩孔、缩松（由补缩通道堵塞引起）、气孔、夹杂（由内冷铁不清洁引起）等缺陷，甚至造成铸件报废。

对于压力容器铸件和其他重要铸件，为了避免内冷铁应用不当而产生铸造缺陷，对不能用钻孔等方法切除缺陷的铸壁，不宜采用内冷铁，而应根据铸件的结构特点，分别或同时采用外冷铁和补贴，或增设冒口，以控制定向凝固，获得健全的铸件。

2. 冷铁的计算

（1）外冷铁

其尺寸随着应用条件不同而有所差异（如改变基本组织或控制凝固方向）。当用于控制凝固方向时，冷铁厚度通常为被激冷处壁厚（热节直径）的 0.5～1.0 倍，球墨铸铁件可取 0.6～1.2 倍。在机床床身铸件中用外冷铁时，若床身导轨面截面不超过 100 mm×100 mm，冷铁厚度取导轨厚度的 0.3 倍；导轨截面大于 100 mm×100 mm，则冷铁厚度取导轨厚度的 0.4 倍。

外冷铁的激冷效果与其形状、大小、安放位置和合金流过冷铁的时间等因素有关。此外，在使用外冷铁激冷热节以达到消除缩孔或缩松时，还必须估计其激冷作用的有效程度，即热节肥厚部分与周围铸件壁之间的比例必须低于某种程度，才能用外冷铁来加以解决。否则，需用内冷铁才能解决。

图 8—45 是一个有凸台的铸件。对于铸钢件，当单面用外冷铁时，凸台高度 h 与铸件壁厚 T 的比例只有在 $h \leqslant 0.6T$ 的条件下，使用外冷铁才能起到有效作用；若铸壁两面用外冷铁，则 $h \leqslant 1.2T$。对于铝合金铸件，则分别为 $h \leqslant 1.35T$ 和 $h \leqslant 2.7T$。对于青铜铸件，分别为 $h \leqslant 1.6T$ 和 $h \leqslant 3.2T$。当然，使用外冷铁来消除缩孔的有效程度，还随造型材料性质和冷铁厚度的变化而变化，如在冷铁合理厚度范围内，h 与 T 的比值随冷铁的厚度增加而增大。

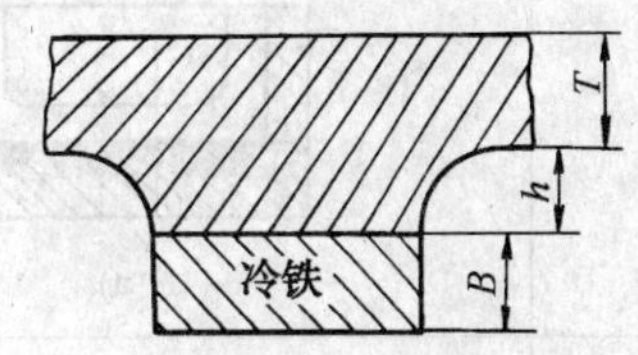

图 8—45　用外冷铁防止凸台产生缩孔

外冷铁的位置和尺寸见表 8—12。

（2）内冷铁

内冷铁的材质应与铸件基本相同或相适应。常采用简易法确定内冷铁的截面尺寸和质量，所用公式和表格是根据实践经验总结出来的，见表 8—12。

表 8—12　　**外冷铁的位置和尺寸**

形式	序号	简　图	尺寸（mm）
与铸件直接接触	1	a)　b)	$d=(0.3\sim0.8)\ T$

续表

形式	序号	简图	尺寸（mm）
与铸件直接接触	2	a)　b)	$d=$（0.3～0.5）T $L=$（2.0～3.0）b $B=$（0.4～0.8）a
	3	$D=D_0+50$ a)　b)	$B=$（0.4～1.0）T
	4		$L=$（1.0～3.0）T （l＜150 mm时，$L=l$） $B=$（0.3～0.6）T
	5	a)　b)	$B=$（0.5～0.7）T （图b中法兰宽度大于200～250 mm时，冷铁分内、外两圈或多圈交叉安放）
	6		$B=$（1.0～1.4）T δ=20～30
隔砂冷铁（暗冷铁）	7	冷铁	$B=$（0.8～1.2）T δ≈10
	8	铸件 冷铁	$B=0.5T$ δ≈10

注：d——冷铁直径；T——铸件厚度或被激冷部位热节圆直径；a、b——铸件厚度；L——冷铁长度；B——冷铁厚度；δ——隔砂层厚度。

1）加工孔中的内冷铁　如图 8—46 所示的凸台铸件，小凸台孔中使用内冷铁，以保证铸件质量。内冷铁的直径用下式计算：

$$d=(0.4\sim0.5)D \tag{8—21}$$

式中　d——内冷铁直径，mm；

D——加工孔直径，mm。

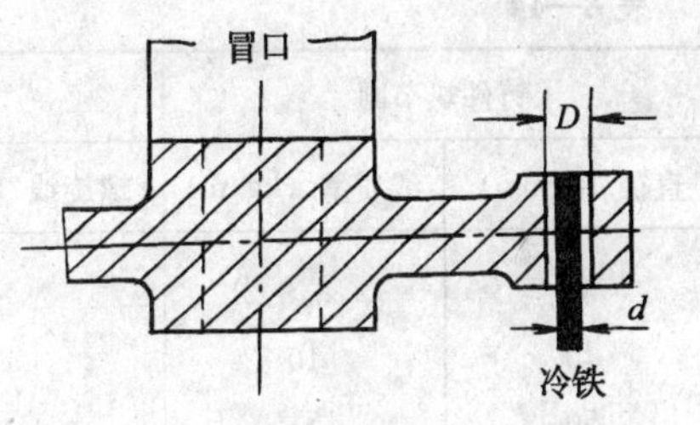

图 8—46　内冷铁在加工孔中的应用

2）厚实铸件中的内冷铁　如图 8—47 所示的厚实铸件需采用内冷铁来激冷（机架尽可能采用间接外冷铁控制凝固），其质量、尺寸规格和布置可根据表 8—13 来确定。

表 8—13　　**厚实铸件内冷铁的参数值**

受激冷铸件最小厚度或热节圆直径 T(mm)	砧座类铸件的毛坯质量（kg）	内冷铁占铸件(热节)的质量百分比(%)	内冷铁直径及布置尺寸（mm）				适用范围
			d	t	A	B	
>100～200	—	1～2	10～12	上部≈11d 中部≈8d 下部≈5d	60	40	机架及破碎机类铸件
>200～300	—	1.5～2.5	12～16		60～80	40～50	
>300～400	—	2.5～3.5	16～20		60～80	50～60	
>400～500	—	3～4	20～25		80～100	60～70	
>500	—	4～5	25～30		100～120	70～80	砧座类铸件
—	<15 000	4～5	16～30		100～180	75～90	
—	15 000～60 000	4.5～6.5	20～35		200	80～100	
—	>60 000	5～7	25～40		200	80～100	

3）铸件局部小热节中的螺旋内冷铁　当铸件局部热节点的节圆直径小于 150 mm时，常采用螺旋内冷铁来激冷，如图 8—48 所示。根据热节圆直径，从表 8—14 中选择螺旋内冷铁的参数。螺旋内冷铁的质量，按照占铸件被激冷热节点质量的 1.5%～4%选取。因此，根据铸件被激冷热节点的热节圆直径及热节圆质量，就能迅速地计算出需要采用的螺旋内冷铁的质量和尺寸。

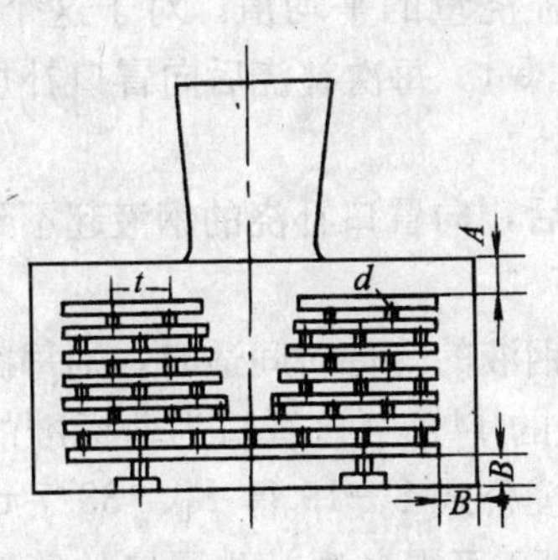

图 8—47　砧座

（冷铁布置的一般形式）

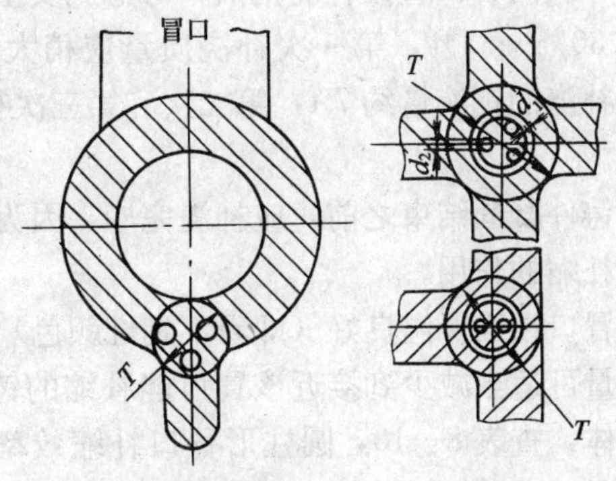

图 8—48　螺旋内冷铁应用示意图

表 8—14　　　　螺旋内冷铁的参数值

铸件热节圆		合适的螺旋内冷铁规格		
直径 T（mm）	线质量（kg/m）	螺旋线（钢丝）直径 d_1（mm）	芯杆（低碳钢）直径 d_2（mm）	芯杆数量（根）
30	5.5	1～1.5	3～4	1
40	10	2～2.5	3～6	1
50	15.5	3～4	4～6	1
60	22.3	3～4	4～6	1
70	30.3	3～4	5～8	1～2
80	41	5～6	6～8	2～3
90	50	5～6	6～8	2～3
100	62	5～6	8～10	2～3
110	75	5～6	8～10	2～3
120	89	5～6	10～12	2～3
130	104	5～6	10～12	2～3
140	121	5～6	10～12	2～3
150	139	5～6	10～12	2～3

四、复杂铸件的浇注方法

大型复杂铸件浇注后，一般都需对冒口进行数次补浇，从而使冒口的补缩能力超过一般情况下冒口的补缩极限，也即延长了冒口补缩时间，增大了冒口模数。

例 11　砧座（如图 8—49 所示）铸件质量为 129.5 t，冒口质量为 18.7 t，内冷铁总质量约 8 t，浇注温度为 1 580℃，体收缩率 $\varepsilon=5\%$，经测算需对冒口分 4 次浇注（浇注后补浇 3 次）才能保证铸件所要求的冒口补缩。

浇注的方法是：采用 2 个浇包同时浇注，当钢液上升到分型面时，采用缓慢浇注至冒口高度的 1/2 左右停浇，然后将一个浇包移至专门用于浇注冒口的浇口杯上方，断断续续地浇入钢液至冒口的计算高度（1 000 mm）。浇注结束后向冒口顶面撒入足量的保温覆盖剂。

分 3 次向冒口直接补浇钢液，考虑到安全系数，故采用每次补浇的钢液质量占冒口计算质量的 30%～35%，第一次补浇质量应稍大于以后各次补浇量的平均值。对于这个铸件，第一次补浇的钢液量约 7 t，第二次和第三次补浇量约各 6.5 t。每次补浇后向冒口补加保温覆盖剂。

在铸件凝固结束之前，应补浇完毕。因为铸件凝固以后，向冒口补浇的钢液起不到对铸件进行补缩的作用。

当冒口顶面保温良好（即看不到红颜色）和各次补浇钢液的等待时间适时，则每次补浇的钢液量可适当减少到接近该冒口能补缩的铸件最大质量的 14%（该冒口为非标准的平截倒圆锥体，查表 8—10，圆柱形冒口补缩效率 $\eta=14\%$，按公式 8—19 得 $I_{件}=33.7$ t），即 4.8 t。按公式 8—5 得该冒口模数为 23.3 cm，参考图 8—50 可得各次补浇冒口的等待时间为：第一次补浇等待 3.6 h，第二次补浇等待 7.3 h，第三次补浇等待 10.3 h。

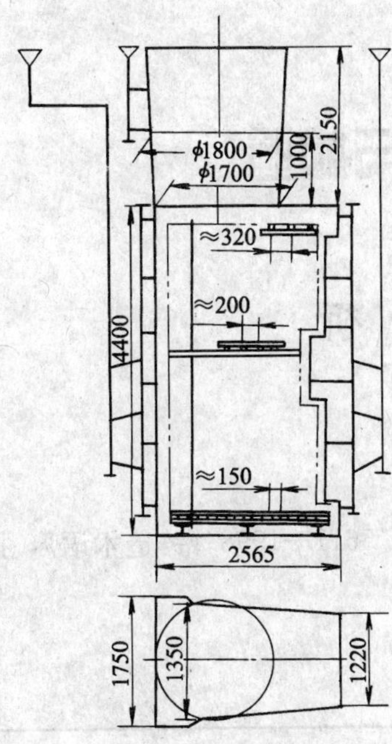

图 8—49　砧座铸造工艺

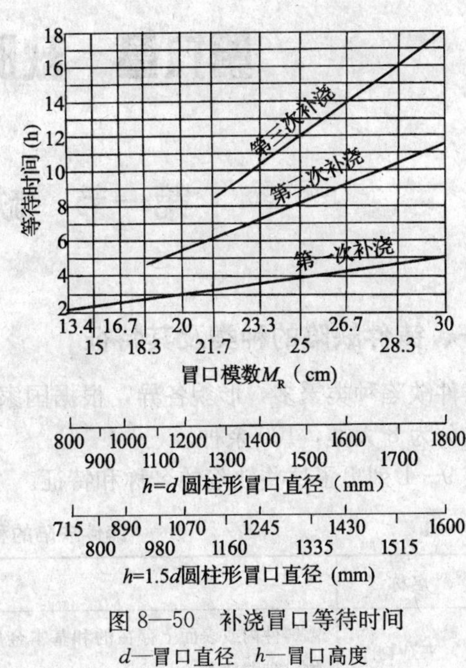

图 8—50　补浇冒口等待时间

d—冒口直径　h—冒口高度

第九章　缺陷分析与检验

第一节　缺 陷 分 析

一、铸件缺陷的种类及其特征

铸件缺陷种类繁多，形貌各异，根据国家标准 GB/T 5611—1998《铸造术语》，把铸件缺陷共分为 8 大类，100 余种。

表 9—1 列出了这些缺陷的名称和特征。

表 9—1　　**铸件缺陷的种类及其特征**

类别	名称	特　　征
一、夹杂	夹杂物	铸件内或表面上存在的和基本金属成分不同的质点，包括渣、砂、涂料层、氧化物、硫化物、硅酸盐等
	内生夹杂物	在熔炼、浇注和凝固过程中，因金属液成分之间或金属液与炉气之间发生化学反应而生成的夹杂物以及因金属液温度下降、溶解度减小而析出的夹杂物
	外生夹杂物	由熔液及外来杂质引起的夹杂物
	夹渣	因浇注金属液不纯净，或浇注方法和浇注系统不当，由裹在金属液中的熔渣、低熔点化合物及氧化物造成的铸件中夹杂类缺陷。由于其熔点和密度通常都比金属液低，一般分布在铸件顶面或上部，以及型芯下表面和铸件死角处，断口无光泽，呈暗灰色
	黑渣	球墨铸铁件中由硫化镁、硫化锰、氧化镁和氧化铁等组成的夹渣缺陷，在铸件断面上呈暗灰色，一般分布在铸件上部、型芯下表面和铸件死角处
	涂料渣孔	因涂层粉化、脱落后留在铸件表面而造成的，含有残留涂料堆积物质的不规则坑窝
	内渗物、内渗豆	铸件孔洞类缺陷内部带有光泽的豆粒状金属渗出物，其化学成分和铸件本体不一致，接近共晶成分
	冷豆	浇注位置下方存在于铸件表面的金属珠，其化学成分与铸件相同，表面有氧化现象
	磷豆	含磷合金铸件表面渗析出来的豆粒或汗珠状磷共晶物
	锡豆	锡青铜铸件的表面或内部孔洞中渗析出来的高锡低熔点相豆粒状或汗珠状金属物
	硬点	在铸件的断面上出现分散的或比较大的硬质夹杂物，多在机械加工或表面处理时被发现
	渣气孔	铸件浇注位置上表面的非金属夹杂物，通常在加工后被发现与气孔并存，孔径大小不一，成群集结
	砂眼	铸件内部或表面带有砂粒的孔洞

续表

类别	名称	特征
二、多肉	飞翅	垂直于铸件表面且厚薄不均匀的薄片状金属凸起物，常出现在铸件分型面和芯头部位
	毛刺	铸件表面上的刺状金属凸起物，常出现在砂型和型芯的裂缝处，形状极不规则
	脉纹	呈网状或脉状分布的毛刺
	抬型、抬箱	由于金属液的浮力使上型或型芯局部或全部被抬起，使铸件高度增加的现象
	胀砂	铸件内、外表面局部胀大，质量增加的现象，由型壁退移引起
	冲砂	砂型或型芯表面局部型砂被金属液冲刷掉，在铸件表面的相应部位上形成的粗糙、不规则的金属瘤状物，常位于浇口附近，被冲刷掉的型砂往往在铸件其他部位形成砂眼
	掉砂	砂型或型芯的局部砂块在机械力作用下掉落，使铸件表面相应部位形成金属凸起物，其外形与掉落砂块很相似，在铸件其他部位往往出现砂眼或残缺
	外渗物、外渗豆	铸件表面渗出来的金属物，多呈豆粒状，一般出现在铸件的自由表面上，如明浇铸件的上表面、离心浇注铸件的内表面等，其化学成分与铸件金属往往有差异
	粘模多肉	因砂型、型芯起模时，部分砂块黏附在模样、芯盒上，引起铸件相应部位多肉
三、表面缺陷	鼠尾	铸件表面出现较浅（<5 mm）的带有锐角的凹痕
	沟槽	铸件表面产生较深（>5 mm）的边缘光滑的V形凹痕，通常有分枝，多发生在铸件的上、下表面
	皱皮	铸件上不规则的粗粒状或皱褶状的表皮，一般带有较深的网状沟槽
	缩陷	铸件的厚断面或断面交接处上平面的塌陷现象，缩陷的下面有时有缩孔，缩陷有时也出现在内缩孔附近的表面
	夹砂结疤、夹砂	在铸件表面上，有金属夹杂或包含型砂或渣的片状或瘤状物，在金属瘤片和铸件之间夹有一层型砂
	机械粘砂、渗透粘砂	铸件的部分或整个表面上，黏附着一层砂粒和金属的机械混合物，清铲粘砂层时可以看到金属光泽
	化学粘砂、烧结粘砂	铸件的部分或整个表面上，牢固地黏附一层由金属氧化物、型砂和黏土相互作用而生成的低熔点化合物，硬度高，只能用砂轮磨去
	涂料结疤	由于涂层在浇注过程中开裂，金属液进入裂缝，在铸件表面产生的疤痕状金属凸起物
	表面粗糙	铸件表面粗糙，凹凸不平，但未与砂粒结合或化合
	粘型	熔融金属黏附在金属型型腔表面的现象
	龟纹、网状花纹	1. 磁力探伤时，熔模铸件表面出现的龟壳状网纹缺陷，多出现在铸件过热部位，因浇注温度和壳型温度过高，金属液与壳型内 Na_2O 残留量过高而析出的“白霜”发生反应所致 2. 因铸型型腔表面龟裂而在金属型铸件或压铸件表面形成的网状花纹缺陷
	流痕、水纹	压铸件表面与金属流动方向一致的、无发展趋势且与基体颜色明显不一样的微凸或微凹的条纹状缺陷
	印痕	因顶杆或镶块与型腔表面不齐平，而在金属型铸件或压铸件表面相应部位产生的凸起或凹下的痕迹
	拉伤	金属型铸件和压铸件表面由于与金属型啮合或黏结，顶出时顺出型方向出现的擦伤痕迹

续表

类别	名称	特征
四、裂纹、冷隔	冷裂	容易发现的长条形而且宽度均匀的裂纹，裂口常穿过晶粒延伸到整个断面
	热裂	在铸件上有穿透或不穿透的裂纹（主要是弯曲形的），开裂处的金属表皮氧化
	收缩裂纹、缩裂	由于铸件补缩不当、收缩受阻或收缩不均匀而造成的裂纹，可能出现在刚凝固之后或在更低的温度
	热处理裂纹	铸件在热处理过程中，出现的穿透或不穿透的裂纹，其断口有氧化现象
	网状裂纹、龟裂	金属型和压铸型因受交变热机械作用发生热疲劳，在型腔表面形成的微细龟壳状裂纹，铸型龟裂在铸件表面形成龟裂缺陷
	白点、发裂	钢中主要因氢的析出而引起的缺陷，在纵向断面上，它呈现近似圆形或椭圆形的银白色斑点，故称白点，在横断面宏观磨片上，腐蚀后则呈现为毛细裂纹，故又称发裂
	冷隔	在铸件上有一种未完全融合的缝隙或坑洼，其交接边缘是圆滑的
	重皮	充型过程中，因金属液飞溅或液面波动，型腔表面已凝固金属不能与后续金属熔合所造成的铸件表皮折叠缺陷
	浇注断流	铸件表面某一高度可见的接缝，接缝的某些部分接合不好或分开
五、形状及重量差错	形状不合格	铸件的几何形状不符合铸件图的要求
	变形	由收缩应力引起的铸件外形和尺寸与图样不符
	拉长	铸件的部分尺寸比图样尺寸大，由凝固收缩时铸型阻力大造成
	尺寸不合格	在铸造过程中由于各种原因造成的铸件局部尺寸或全部尺寸与铸件图的要求不符
	超重、铸件重量不合格	铸件实际重量相对于公称重量的偏差值超出铸件重量公差
	挠曲	1. 铸件在生产过程中，由于残余应力、模样或铸型变形等原因造成的弯曲和扭曲变形 2. 铸件在热处理过程中因未放平正或在外力作用下而发生的弯曲和扭曲变形
	串皮	熔模铸件内腔中的型芯露出铸件表面，使铸件缺肉
	型壁移动	金属液浇入砂型后，型壁发生位移的现象
	舂移	由于舂移砂型或模样，而在铸件相应部位产生的局部增厚缺陷
	缩沉	使用水玻璃石灰石砂型生产铸件时产生的一种铸件缺陷，其特征为铸件断面尺寸胀大
	缩尺不符	由于制模时所用的缩尺与合金收缩不相符而产生的一种铸造缺陷
	坍流	离心铸造时，因转速低、停车过早、浇注温度过高等引起合金液逆旋转方向由上向下流淌或淋降，在离心铸件内表面形成的局部凹陷、凸起或小金属瘤
	错型、错箱	铸件的一部分与另一部分在分型面处相互错开
	错芯	由于型芯在分芯面处错开，使铸件孔腔变形
	偏芯、漂芯	由于型芯在金属液作用下漂浮移动，铸件内孔位置偏错，使形状、尺寸不符合要求
	型芯下沉	由于芯砂强度低或芯骨软，不足以支承自重，使型芯高度降低、下部变大或下弯变形而造成的铸件变形缺陷

续表

类别	名称	特征
六、残缺	浇不到	由于金属液未完全充满型腔而产生的铸件缺肉
	未浇满	铸件上部产生缺肉，其边角略呈圆形，浇冒口顶面与铸件平齐
	跑火	铸件分型面以上的部分产生严重凹陷，有时会沿未充满的型腔表面留下类似飞翅的残片
	型漏、漏箱	铸件内有严重的空壳状残缺，有时铸件外表虽然较完整，但内部的金属已漏空，铸件完全呈壳状，铸型底部有残留的多余金属
	漏空	在低压铸造中，由于结晶时间过短，金属液从升液管漏出，形成类似型漏的缺陷
	损伤、机械损伤	铸件受机械撞击而破损、残缺不完整的现象
七、孔洞	气孔	在铸件内部、表面或近表面处有大小不等的光滑孔眼，形状主要呈梨形、圆形和椭圆形，大孔常孤立存在，小孔则成群出现，颜色为白色或带一层暗色，有时覆有一层氧化皮
	针孔	一般为针头大小、出现在铸件表层的成群小孔，铝合金铸件中常出现这类析出性气孔，对铸件性能危害很大
	表面针孔	成群分布在铸件表层的分散性气孔，常暴露在铸件表面，经机械加工1～2 mm后即可去掉
	皮下针孔	位于铸件表皮下的分散性气孔，由金属液与砂型之间反应产生的反应性气孔，形状有针状、蝌蚪状、球状、梨状等，大小不一，通常在机械加工或热处理后才能发现
	缩孔	在铸件厚断面内部，两交界面的内部及厚断面和厚断面交接处的内部或表面，形状不规则，孔内粗糙不平，晶粒粗大
	缩松	在铸件内部微小而不连贯的缩孔，聚集在一处或多处，晶粒粗大，各晶粒间存在很小的孔眼，水压试验时渗水
	疏松、显微缩松	铸件缓慢凝固区出现的很细小孔洞，分布在枝晶内和枝晶间，是弥散性气孔、显微缩松、组织粗大的混合缺陷，使铸件致密性降低，易造成渗漏
	气缩孔	分散性气孔与缩孔和缩松合并而成的孔洞类铸造缺陷
	呛火	浇注过程产生的大量气体不能顺利排出，在金属液内发生沸腾，导致在铸件内产生大量气孔，甚至出现铸件不完整的缺陷
	渗漏	铸件在气密性试验时或使用过程中发生漏气、渗水、渗油现象，多由铸件的缩松、疏松、组织粗大、毛细裂纹、气孔或夹杂物等缺陷引起
八、性能、成分、组织不合格	物理、力学性能不合格	铸件的强度、硬度、伸长率、冲击韧度、耐热、耐蚀、耐磨等性能不符合技术条件的规定
	化学成分不合格	铸件的化学成分不符合技术条件的规定
	金相组织不合格	铸件的金相组织不符合技术条件的规定
	白边过厚	铁素体可锻铸铁件退火时，因氧化严重而在表层形成的过厚的无石墨脱碳层
	脱碳	铸钢件或铸铁件表层有脱碳层或存在碳量降低的现象
	亮皮	在黑心可锻铸铁的断面上存在的清晰发亮的边缘，缺陷层主要由含有少量回火碳的珠光体组成，回火碳有时包有铁素体壳
	反白口	灰铸铁件断面的中心部位出现白口组织和麻口组织，外层是正常的灰口组织

续表

类别	名称	特征
八、性能、成分、组织不合格	石墨漂浮	在球墨铸铁件纵断面的上部有一层密集的石墨黑斑，和正常的银白色断面组织相比，有清晰可见的分界线，金相组织特征为石墨球破裂，同时缺陷区富有含氧化合物、硫化镁
	石墨集结	加工大断面铸铁件时，表面上有充满石墨粉且边缘粗糙的部位，此处硬度低且有渗漏
	偏析	铸件或铸锭的各部分化学成分、金相组织不一致的现象
	球化不良	在球墨铸铁件的断面上，有块状黑斑或明显的小黑点且越近中心越密的现象，其金相组织有较多的厚片状石墨或枝晶间石墨
	球化衰退	球墨铸铁试样或铸件断面组织变粗，力学性能低下的现象，金相组织由球状转变为团絮状石墨，进而出现厚片状石墨
	菜花头	由于溶解气体析出，铸件最后凝固处或冒口表面鼓出的现象，有的是起泡或重皮，常是由形成密度较铸件小的新相造成的
	过烧	铸件在高温热处理过程中，由于加热温度过高或加热时间过久，使其表层严重氧化，或晶界处和枝晶间的低熔点相熔化的现象，过烧使铸件组织和性能显著恶化，无法挽救
	石墨粗大	铸铁件的基体组织上分布着粗大的片状石墨，机械加工后，可看到均匀分布的石墨孔洞，加工面呈灰黑色，断口晶粒粗大，有这种缺陷的铸件的硬度和强度低于相应牌号铸铁的规定值，气密性试验时会发生渗漏现象
	组织粗大	铸件内部晶粒粗大，加工后表面硬度偏低，渗漏试验时会发生渗漏现象
	宏观偏析	铸件或铸锭中用肉眼或放大镜可以发现的化学成分不均匀性，分为正偏析、反偏析、V型偏析、带状偏析、重力偏析，宏观偏析只能在铸造过程中采取适当措施来减轻，无法用热处理和变形加工来消除
	微观偏析	铸件中用显微镜或其他仪器方能确定的显微尺度范围内的化学成分不均匀性，分为枝晶偏析（晶内偏析）和晶界偏析，晶粒细化和均匀化热处理可减轻这种偏析
	正偏析	溶质分配系数 $K<1$ 的合金凝固时，凝固界面处一部分溶质被排出到液相中，随着温度的降低，液相中的溶质浓度逐渐增加，导致低熔点成分和易熔杂质从铸件外部到中心逐渐增多的区域偏析
	反偏析	与正偏析相反的偏析现象，溶质分配系数 $K<1$ 且凝固区间宽的合金缓慢凝固时，因形成粗大枝晶、富含溶质的剩余金属液在凝固收缩力和析出气体压力作用下沿枝晶间通道向先凝固区域流动，使溶质集中在铸锭或铸件的先凝固区域或表层，中心部分溶质较少
	重力偏析	在重力或离心力作用下，因密度差而使金属液分离为互不溶和的金属液层，或在铸件内产生的成分和组织偏析
	晶间偏析、晶界偏析	晶粒本体或枝晶之间存在的化学成分不均匀性，由合金在凝固过程中的溶质再分配导致某些溶质元素或低熔点物质富集晶界所造成
	晶内偏析、枝晶偏析	固溶合金按树枝方式结晶时，由于先结晶的枝干与后结晶的枝干及枝干间的化学成分不同所引起的枝晶内和枝晶间化学成分差异
	断晶	定向结晶叶片，因横向温度场不均匀和叶片扭度较大等原因造成的柱状晶断续生长缺陷
	巨晶	由于浇注温度高、凝固慢，在钢锭或厚壁铸件内部形成的粗大的枝状晶缺陷
	铸态麻口	可锻铸铁的一种金相组织缺陷，其断口退火前白中带灰，退火后有片状石墨，降低了铸件的力学性能

二、铸件缺陷与过程控制的关系

对铸造行业而言，其生产特点就是工序多，连贯性强，每道工序的变量多，可多达500余个。这些变量检测难、不易控制，最终可能都反映到缺陷的成因上，一旦稍微有所变动就有可能导致铸件缺陷的产生。表9—2就是铸钢件生产过程中各工序可能产生的缺陷概率。因此，现代铸造质量管理为了提高铸件的产品质量，防止缺陷的产生，把预防其发生放在第一位，对各种可能导致铸件缺陷产生的因素强调过程控制，不断地研究、解决各项质量问题。

表9—2　　铸钢件缺陷与过程控制的关系

名称 符号 / 产生工序	气孔	缩孔、缩松	渣气孔	砂眼	夹砂结疤	粘砂	变形	热裂	冷裂	冷隔	浇不到	错型	其他	各工序产生的陷缺数
配　砂	✓			✓	✓	✓		✓						5
造　型	✓	✓	✓	✓	✓	✓	✓	✓		✓	✓	✓		11
烘　干	✓			✓	✓									3
熔　炼	✓	✓	✓		✓	✓		✓	✓	✓	✓		✓	10
浇　注	✓	✓	✓	✓						✓	✓			6
落砂清理							✓	✓	✓				✓	4
热处理							✓						✓	2
工艺措施	✓	✓		✓			✓	✓		✓				6
产生缺陷的工序数	6	4	3	5	4	3	4	5	2	4	3	1	3	47

铸件质量决定于每一道工艺过程的质量。对铸件质量进行控制，实际上是全过程质量控制（TQC），将过程处于严格控制之中，不出现系统误差（由异常原因造成的误差）。过程中由随机原因产生的随机误差，其频率分布是有规律的。这种利用数理统计方法将铸造过程中系统误差和随机误差区分开来的方法是质量控制的基本方法，又称为统计过程控制（SPC）。控制方法是定期记录工艺参数进行统计分析，判断车间参数误差频率分布及性质，对每一道中间工序的结果进行检查。

铸件质量控制首先在于稳定生产过程，避免系统误差的出现和随机误差的积累。其次要提高工艺过程精度，缩小误差频率分布范围或分散程度。过程控制包括技术准备过程、图样和验收条件的制定；铸造工艺、工装设计的验证；原材料验收；设备检查；工装几何形状、尺寸精度和装配关系检查等；另外，还包括熔炼、配砂、造型、制芯等工艺参数的控制。

建立过程质量控制点（简称质控点）或管理点是质量管理中行之有效的措施。质控点能为缺陷分析提供生产过程背景材料以及原始记录和统计资料，凡是对铸件质量特性有重大影响的工序或环节，一般都应设置质控点。

质控点还应贯彻并使操作者严格执行操作规程。工厂考核铸件质量时，应按铸件产生缺陷的原因，追究个人或生产小组的责任。由于铸件产生缺陷的原因是多方面和复杂的，缺陷是由多个因素引起的，故不容易划分各自应承担责任的百分比。为了解决由于划分不公引起争端，应该加强中间检查，对每一道工序的质量（特别是主要工艺参数和执行操作规程的情况）进行严格的控制，从而确定个人或小组的质量责任。例如，质控点按规程抽查型砂的性能，如果不符合标准的规定，就应当根据超过标准的百分数来衡量配制型砂者的工作质量，并据此来决定奖惩的程度。

加强质控点的中间检查的另一好处是将所有影响因素都置于严格控制之下，任何一道不合格操作产生的影响都消除在最后形成铸件之前。过程中出现的问题（即铸件发生缺陷），一般都按 P（计划）、D（实行）、C（检查）、A（处理）质量体系活动模式的步骤进行改进。除此之外，分析具体的铸件缺陷时还需要明确问题、分析数据和设计试验等。

三、产品质量分析报告

在日常的生产管理过程中，我们需要对我们所生产的铸件质量进行日常的质量分析，以确定我们的产品质量是否出现了异常情况，并确定当前需要解决的问题。我们可以采用产品质量分析报告的方式来进行上述工作。所谓产品质量分析报告，就是将我们进行质量分析的方法进行程序化和规范化的一种方式，这对于我们日常的质量管理是十分有必要的。

我们需要定期进行产品质量分析，可根据实际的生产状况确定时间间隔，通常情况下每月进行一次。首先，我们要在质量分析报告中对当月的生产状况进行一个总的概述，说明是否有突发性的质量事故发生。其次，我们要对上月的质量问题进行跟踪，看看上月需要解决的问题在采取了相应的措施之后是否有所改善和下降，如果有效，则说明措施正确，反之则说明未查明要因，所制定的措施也不正确。然后对本月的产品质量情况进行分析。在分析的过程中，一般可采用排列图法确定本月质量中的首要问题。在确定了首要问题之后，再运用因果分析图分析产生问题的各种可能，然后确定其中的主要原因，接着就针对主要原因采取对应的措施，其实施效果是否有效则在下一次质量分析报告中进行跟踪。

第二节 质 量 检 验

一、产品质量检验规程

为了更有效地进行质量检验，一般企业都根据自己产品的特点制定了相应的检验手册和检验指导书，使检验工作逐步走上规范化和标准化的道路。

1. 检验规程的概念

检验规程又称检验指导书或检验卡片，是产品生产制造过程中，用以指导检验人员正确实施产品和工序检查、测量、试验的技术文件。它是产品检验计划的一个重要部分，其目的是为重要零部件和关键工序的检验活动提供具体操作指导。它是质量体系文件中的一种作业指导性文件，又可作为检验手册中的技术性文件。其特点是表述明确，可操作性强；其作用是使检验操作达到统一、规范。

由于生产过程中工序和作业特点、性质的不同，检验规程的形式、内容也不相同，有进货检验用检验规程（如某材料化学元素成分检验规程）、工序检验用检验规程（如熔炼工序检验规程、砂处理工序检验规程等）、成品检验用指导书（如铸件毛坯的外观筛选检验规程、金相组织检验规程等）。

2. 编制检验规程的要求

一般对关键和重要的零件都应编制检验规程，在检验规程上应详细规定需要检验的质量特性及其技术要求，规定检验方法、检验基准、检测量具、子样大小以及检验示意图等内容。为此，编制检验规程的主要要求如下：

（1）对所有质量特性应逐一列出，不可遗漏。对质量特性的技术要求要明确、具体，使操作和检验人员容易掌握和理解。此外，它还可能要包括不合格的严重性分级、尺寸公差、检测顺序、检测频率、样本大小等有关内容。

（2）必须针对质量特性和不同精度等级的要求，合理选择适用的测量工具或仪表，并在指导书中标明它们的型号、规格和编号，甚至说明其使用方法。

（3）当采用抽样检验时，应正确选择并说明抽样方案。根据具体情况及不合格严重性分级确定 *AQL* 值，正确选择检验水平，根据产品抽样检验的目的、性质、特点选用适用的抽样方案。

（4）质量检验规程的主要作用是使检验人员按照检验规程规定的内容、方法和程序进行检验，保证检验工作的质量，有效地防止错检、漏检等现象发生。

3. 检验规程的内容

（1）检测对象

受检产品名称、型号、图号、工序（流程）名称及编号。

（2）质量特性值

按产品质量要求转化的技术要求规定检验的项目。

（3）检验方法

规定检验的基准（或基面）、检验的程序和方法、有关计算（换算）方法、检测频次、抽样检验时有关规定和数值。

（4）检测手段

检测使用的计量器具、仪器、仪表及设备、工装夹具的名称和编号。

（5）检验判断

规定数据处理、判断比较的方法、判断的原则。

（6）记录和报告

规定记录的事项、方法和表格，规定报告的内容、方式、程序与时间。

（7）其他说明

检验规程的格式，应根据企业的不同生产类型、不同工序等具体情况进行设计。

二、力学性能、金相组织、化学成分之间的关系

它们之间的关系基本上可以归纳为：成分影响组织，而组织又直接影响到力学性能。下面，我们以铸铁为例，简要介绍三者之间的关系。

1. 化学成分对组织的影响

除C以外，铸铁中含有较多的Si、Mn和其他一些杂质元素。同钢相比，铸铁熔炼简便、成本低廉，虽然强度、塑性和韧性较低，但是具有优良的铸造性能，很高的减摩和耐磨性，良好的消振性、切削加工性和缺口敏感性低等一系列优点。

根据碳在铸铁中存在的形式，铸铁可分为白口铸铁、灰铸铁和麻口铸铁。根据石墨的形态，灰铸铁可分为普通灰铸铁、球墨铸铁、可锻铸铁和蠕墨铸铁。因此，除白口铸铁外，各种铸铁之间的区别仅仅在于石墨形态的不同，铸铁与钢的区别仅在于铸铁组织中存在着不同形式的游离态石墨。铸铁与钢具有相同的金属基体，铸铁中的基体相当于纯铁、亚共析钢和共析钢的组织，主要有铁素体、珠光体及铁素体＋珠光体3类。由于基体组织的不同，灰铸铁可分为铁素体灰铸铁、珠光体灰铸铁和铁素体＋珠光体灰铸铁。

(1) 铸铁组织的形成

无论是铸铁的金属基体组织，还是游离态石墨，它们的形成都与铸铁的石墨化过程有关。铸铁中石墨的结晶过程叫做石墨化过程。石墨是碳的一种结晶形态，具有六方晶格，原子呈层状排列(如图9—1所示)，其本身的强度和塑性非常低。因铁液化学成分、冷却速度以及铁液处理方法不同，铸铁中的碳除了少量固溶于铁素体外，既可以形成石墨碳，也可以形成渗碳体，但从液相或奥氏体中析出渗碳体比析出石墨碳较为容易。

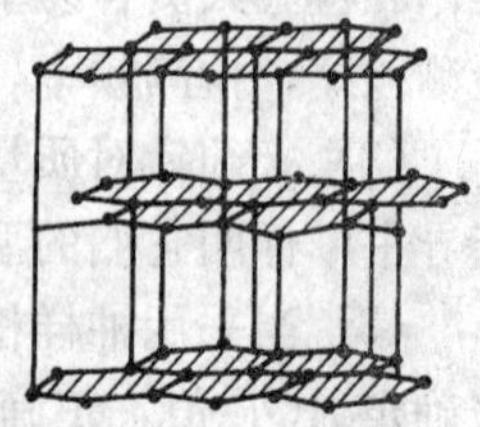

图9—1　石墨晶体结构

然而，另一方面石墨是稳定相，而渗碳体是亚稳定相，即铁素体＋石墨或奥氏体＋石墨的混合物比铁素体＋渗碳体或奥氏体＋渗碳体的混合物有较低的自由能。当铁液中C、Si的含量较高，并且冷却非常缓慢时，可直接从铁液中析出石墨。已经形成渗碳体的铸铁在高温下长时间退火，可使渗碳体分解析出石墨碳，即 $Fe_3C \rightarrow 3Fe + C$（石墨）。可见，从热力学上考虑，在一定条件下，从铁液或奥氏体中形成石墨更为有利。

因此，根据成分和冷却速度不同，铁碳合金的结晶过程和组织形成规律可用 $Fe-Fe_3C$ 相图和Fe—C（石墨）相图综合在一起形成的铁碳双重相图来描述（如图9—2所示）。从铁碳双重相图可以看出，在极缓慢冷却条件下，铸铁石墨化过程可分为两个阶段：

第一阶段，即从液相到共晶结晶阶段，又称一次结晶阶段。包括从过共晶合金液相中直接析出石墨和共晶成分液相在共晶反应时结晶出的共晶石墨以及在铸铁凝固过程中一次渗碳体和共晶渗碳体在高温下分解而形成的石墨。

第二阶段，即从共晶结晶至共析结晶阶段，又称二次结晶阶段。包括奥氏体冷却时沿 $E'S'$ 线析出的二次石墨和共析成分奥氏体在共析转变时形成的共析石墨以及二次渗碳体、共析渗碳体在共析温度附近及以下温度分解而析出的石墨。第二阶段石墨化形成的石墨大多优先附加在已有石墨片上。

铸铁的组织与石墨化过程及其进行的程度密切相关。铸铁的一次结晶过程决定了石墨的形态，二次结晶过程决定了基体组织。根据石墨化过程进行的程度，将得到铸铁的不同基体组织。

(2) C、Si对组织的影响

根据上面的分析，我们可以看出，化学成分是影响铸铁石墨化（即铸铁组织）的主要因素之一。图9—3表示不同C、Si含量和不同壁厚铸铁件的组织。在其他条件一定的情况下，铸铁的冷却速度取决于铸件壁厚，铸件越厚，冷却速度越慢。当铸件壁较薄时，为防止出现

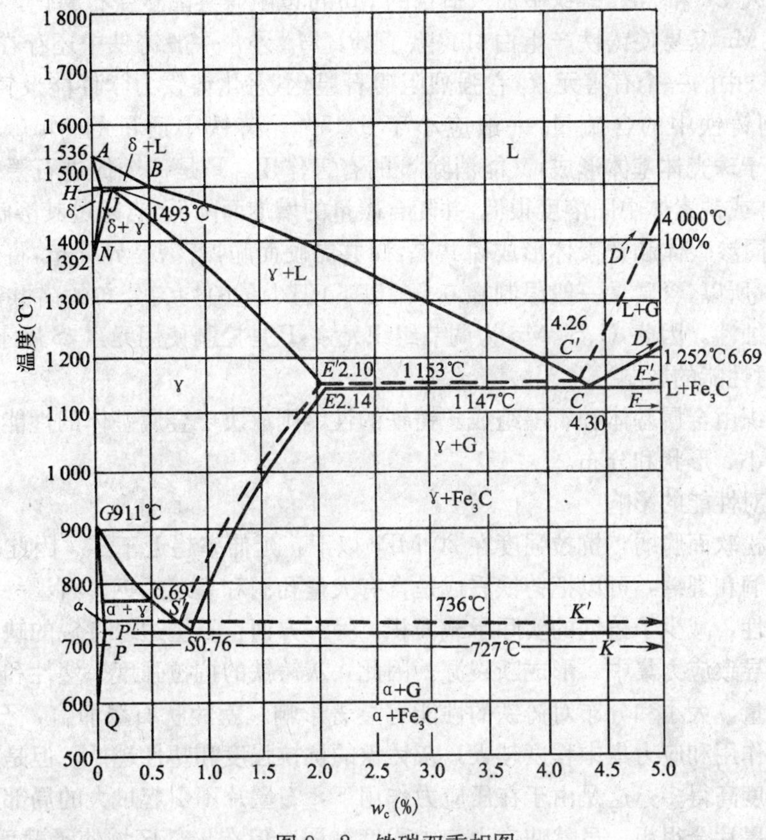

图 9—2 铁碳双重相图

白口或麻口，必须增加铸铁中 C、Si 的含量。当铸件中 C、Si 的含量一定时，铸件越厚，铸铁石墨化程度越充分，越容易得到铁素体基灰口铁，要得到珠光体基灰铸铁，必须相应地降低铸铁中 C、Si 的含量。C 和 Si 是影响铸铁组织和性能的主要元素，为综合考虑它们的影响，引入碳当量 CE 和共晶度 S_C 的概念。碳当量是将 w_{Si} 折合成相当的 w_C 与实际 w_C 之和，即 $CE=w_C+w_{Si}/3$。共晶度是指铸铁的实际 w_C 与共晶 w_C 之比值。生产过程中，一般将铸铁的碳当量控制在 4%左右，共晶度应该接近于 1。

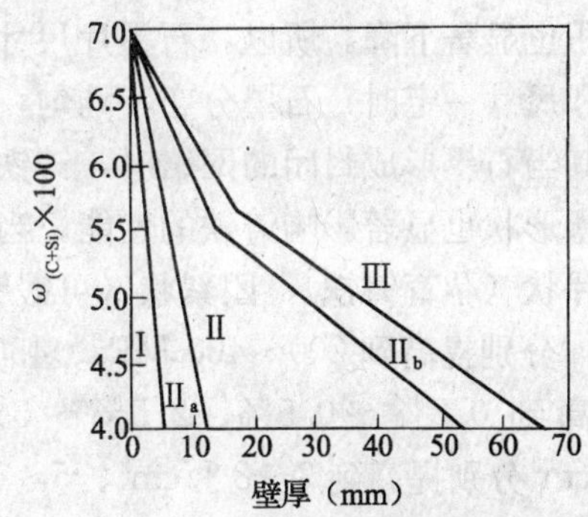

图 9—3 C、Si 总量及铸件壁厚对铸铁组织的影响

Ⅰ—白口铸铁(L_d'+P+Fe_3C) Ⅱ—珠光体灰铸铁(P+G)

Ⅲ—铁素体灰铸铁(F+G) $Ⅱ_a$—麻口铁(P+Fe_3C+G)

$Ⅱ_b$—铁素体—珠光体灰铸铁(P+F+G)

(3) 其他元素对组织的影响

除了 C 和 Si 是强烈促进石墨化的元素外，Al、Ti、Ni、Cu、P 等元素也是促进石墨化的元素，而 Mn、Mo、Cr、V、W、Mg、Ce、B 等元素属于阻碍石墨化的元素。Cu 和 Ni 既促进共晶时的石墨化又能阻碍共析时的石墨化。生产中为了避免产生白口和麻口，铸铁中必须加入足够的 C、Si、Al 等促进石墨化的元素。为了提高铸铁的强度，又希望得到珠光体

基体，可以加入 Cu 和 Ni。铸铁中加入适量的 Mn 可以阻碍共晶转变石墨化，得到珠光体基体，但过多的 Mn 又易使铸铁产生白口。除了 Si、Mn 外，一般铸铁中还存在 S、P 等杂质元素。S 是铸铁中的一个有害元素，它强烈阻碍石墨化，恶化铸铁力学性能及铸造性能，因此应该严格控制铸铁中的含硫量，一般应小于 0.15%。铸铁中适量的 Mn（$w_{Mn}=0.5\%\sim1.4\%$）既有利于珠光体基体形成，又能消除 S 的有害作用。P 是一个促进石墨化不太强的元素，它在奥氏体或铁素体中固溶度很低，并随含碳量的增加而降低，当超过其溶解度极限时，会出现 Fe_3P，它同渗碳体和铁素体形成磷共晶，磷共晶硬而脆，若沿晶界分布，将使铸铁强度降低，脆性增大。所以，含磷量一般限制在 0.3%以下，但少量的均匀分布的磷共晶能显著提高铸铁硬度和耐蚀性。因此，C、Si、Mn 为调节组织元素，P 是控制使用元素，S 属于限制元素。

2. 组织对性能的影响

铸铁的组织由金属基体和石墨组成。铸铁的性能则取决于金属基体的性能和石墨的性质及其数量、大小、形状和分布。

(1) 石墨对性能的影响

石墨十分松软而脆弱，抗拉强度在 20 MPa 以下，延伸率趋近于零。因此，石墨就像金属基体中的孔洞和裂缝，可以把铸铁看成是含有大量孔洞和裂缝的钢。石墨一方面破坏了基体金属的连续性，减少了铸铁的实际承载面积，另一方面，石墨边缘尖锐的缺口或裂纹，在外力作用下会导致应力集中，形成断裂源。因此，灰铸铁的抗拉强度、塑性和韧性都很低。

石墨的数量、大小和分布对铸铁的性能有显著影响。就片状石墨而言，石墨数量越多，对基体的削弱作用和应力集中程度越大，灰铸铁的抗拉强度和塑性越低。但是灰铸铁的抗压强度比抗拉强度高得多，这是由于在压应力作用下，石墨片不引起过大的局部应力。石墨数量一定时，石墨片会很粗，虽然使应力集中程度减弱，但在局部区域使承载面积急剧减少，性能也显著下降；石墨片很细，数量增多，应力集中程度增大，尤其当石墨片相互黏结时，承载面积也显著下降。所以，石墨片尺寸应以中等为宜（长度约 0.03～0.25 mm）。当石墨的数量和尺寸一定时，石墨分布不均匀，产生方向性排列，则灰铸铁的强度和塑性也显著下降。尤其当石墨形成封闭的网络时，铸铁的力学性能最低。

石墨形状也显著影响铸铁的性能。当基体为珠光体的铸铁，石墨由灰铸铁的粗片状分别变成细片状（孕育铸铁）、团絮状（可锻铸铁）和球状（球墨铸铁）时，则抗拉强度由100～200 MPa 分别提高到 200～400 MPa、450～700 MPa 和 600～800 MPa，延伸率从0～0.3%分别提高到 0.2%～0.5%、2.5%～5%和 2.0%～4.0%，无缺口试样冲击韧性则从 0～3 J/cm^{2}分别提高到 3～8 J/cm^2、5～15 J/cm^{2}和15～30 J/cm^2。由于片状石墨对基体的削弱程度和应力集中程度最大，所以灰铸铁强度最低，塑性和韧性最差。可锻铸铁中的石墨呈团絮状，对基体的割裂作用显著降低，因而强度增大，塑性明显提高。球墨铸铁中石墨呈球状，对基体的割裂作用最小，并不造成明显的应力集中，故对基体的破坏作用最小，强度利用率最高（达到 70%～90%），因此强度最高，塑性和韧性也明显改善，断裂韧性也较高。当石墨从片状变为团絮状或球状时，铸铁的强度可以和中碳钢的强度相当。因此，改善石墨形状是提高铸铁性能的一条最重要的途径。

(2) 共晶团对性能的影响

共晶团的细化能明显提高灰铸铁的强度性能，增加共晶团数也可以减少白口倾向。灰铸铁共晶团数受炉料、化学成分、熔化工艺、孕育剂、孕育方法与冷却速度等各种因素的影响。过多的共晶团数不仅会增加外缩孔，而且由于结晶时“糊状凝固”造成的缩松倾向以及共晶石墨膨胀引起的型壁移动，都会增加铸件缩松渗漏的危险。合适的共晶团数只能按各自生产条件来选择。

（3）基体对性能的影响

基体组织对铸铁的力学性能也起着重要的作用。对于同一类铸铁来说，在其他条件相同的情况下，可以显示出基体组织对铸铁性能的影响。铸铁基体中铁素体相越多，铸铁塑性越好；基体中珠光体数量越多，则铸铁的拉伸强度和硬度越高（如图 9—4 所示）。但是普通灰铸铁由于粗片状石墨对基体的强烈割裂作用，即使得到全部铁素体基体组织，塑性和冲击韧性仍然很低。因此，只有当石墨为团絮状、蠕虫状或球状时，改变金属基体组织才能显示出对性能的影响。例如，铁素体可锻铸铁具有一定的强度和较高的塑性和韧性，珠光体可锻铸铁具有较高的强度、硬度和耐磨性及一定的塑性和韧性。

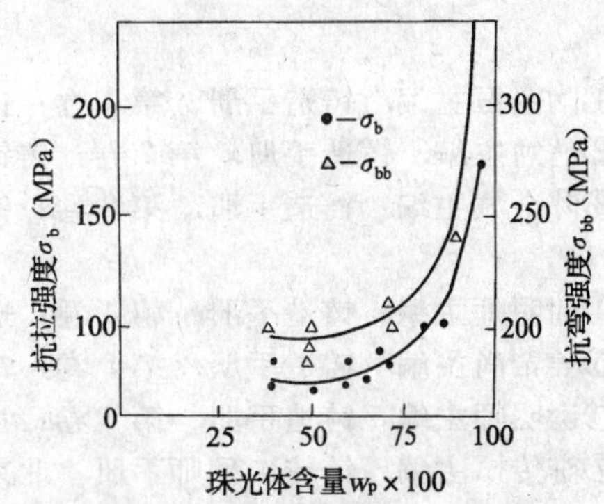

图 9—4　灰铸铁珠光体数量与强度的关系（ϕ40 mm）

球墨铸铁的基体组织对铸铁的力学性能起着更显著的作用。铁素体球墨铸铁塑性和韧性相当高，延伸率为 10%～20%，冲击韧性可达 50～150 J/cm²。珠光体球墨铸铁强度很高，耐磨性较好，并具有一定的塑性和韧性。例如，铸态珠光体球墨铸铁抗拉强度高达588～735 MPa。此外，通过热处理可使球墨铸铁基体得到下贝氏体、回火马氏体、回火索氏体等组织，从而使球墨铸铁具有更高的强度、塑性和断裂韧性。

由上可知，铸铁的力学性能主要受基体和石墨所控制，因此强化铸铁时，一方面要改变石墨的数量、大小、形状和分布，一方面又可通过合金化、热处理或表面处理方法调整基体组织，提高基体性能，以改善铸铁的强韧性。表 9—3 列出了具有各种基体石墨组织的铸铁的力学性能。

表 9—3　各种铸铁的力学性能

材料种类	组　织	抗拉强度 σ_b (MPa)	屈服强度 $\sigma_{0.2}$ (MPa)	抗弯强度 σ_{bb} (MPa)	延伸率 δ (%)	冲击韧度 a_k (J/cm²)	硬度 HB
铁素体灰铸铁	F+G片	100～150	100～150	260～330	<0.5	1～11	143～229
珠光体灰铸铁	P+G片	200～250	200～250	400～470	<0.5	1～11	170～240
变质铸铁	P+G细片	300～400	300～400	540～680	<0.5	1～11	207～296
铁素体可锻铸铁	F+G团	300～370	190～280	540～680	6～12	15～29	120～163
珠光体可锻铸铁	P+G团	450～700	280～560	540～680	2～5	5～20	152～270
铁素体球墨铸铁	F+G球	400～500	250～350	540～680	5～20	>20	117～241
珠光体球墨铸铁	P+G球	600～800	420～560	540～680	>2	>15	229～321
白口铸铁	Fe_3C+P+Ld	230～480	230～480	540～680	>2	>15	375～530
铁素体蠕墨铸铁	F+G蠕	>286	>204	540～680	>3	>15	>120
珠光体蠕墨铸铁	P+G蠕	>393	>286	540～680	>1	>15	>180
45 钢	P+F	610	360	—	16	80	<229

参 考 文 献

①陶令恒主编．铸造手册．第 1 卷：铸铁．北京：机械工业出版社，2000．2

②丛勉主编．铸造手册．第 2 卷：铸钢．北京：机械工业出版社，2000．3

③陈金城主编．铸造手册．第 3 卷：铸造非铁合金．第 2 版．北京：机械工业出版社，2002．1

④谢明师主编．铸造手册．第 4 卷：造型材料．北京：机械工业出版社，1992

⑤姜希尚主编．铸造手册．第 5 卷：铸造工艺．北京：机械工业出版社，1994．10

⑥谢明师主编．铸造手册．第 6 卷：特种铸造．北京：机械工业出版社，2000．2

⑦李传栻主编．铸造工程师手册．北京：机械工业出版社，2001．1

⑧柳百成，荆涛等编著．铸造工程的模拟仿真与质量控制．北京：机械工业出版社，2001．4

⑨赵克法主编．铸造设备选用手册．第 2 版．北京：机械工业出版社，2001．3

⑩陈琦，彭兆弟编．铸件配料手册．北京：机械工业出版社，2000．4

⑪刘小年，刘振魁主编．机械制图．面向 21 世纪课程教材．北京：高等教育出版社，2000．7

⑫李澄，吴天生，闻百桥主编．机械制图．教育部高职高专推荐教材．北京：高等教育出版社，1997．7

⑬唐玉林主编．圣泉铸工手册．沈阳：东北大学出版社，1999．10

⑭李在田主编．检验技术手册．北京：机械工业出版社，1994．10

⑮北京铸造专业学会．铸造技术数据手册．北京：机械工业出版社，1996．5

⑯《铸造车间和工厂设计手册》委员会编．铸造车间和工厂设计手册．北京：机械工业出版社，1995．8

⑰陈国桢，肖柯则，姜不居编．铸件缺陷和对策手册．北京：机械工业出版社，1996．8

⑱吴光峰主编．铸造工艺装备设计手册．北京：机械工业出版社，1989．5

⑲潘天明编著．工频和中频炉．北京：冶金工业出版社，1983．8

⑳胡彭生主编．型砂．第 2 版．上海：上海科学技术出版社，1994．8

㉑林汉同主编．日本现代铸造技术．上海经济区铸造协会，1990．4

㉒丁根宝主编．铸造工艺学．高等专科学校教材．北京：机械工业出版社，1985．6

㉓成大先主编．机械设计手册．第三版．第 1 卷．北京：化学工业出版社，1997

㉔成大先主编．机械设计手册．第三版．第 5 卷．北京：化学工业出版社，1997

㉕上海市机械工程学会编．简明实用机械设计手册．第 2 版．北京：机械工业出版社，1993．5

㉖刘振康主编．铸造机械．北京：机械工业出版社，1985．12

㉗《实用机械设计手册》编写组．实用机械设计手册．第 2 版．北京：机械工业出版社，1997．2

㉘孙可伟，孙力军编．铸造车间环境保护．重庆：重庆大学出版社，1992

㉙崔更生编著．电弧炉铸钢熔炼．黑龙江：黑龙江科学技术出版社，1983．12

㉚铸造名词术语委员会编．铸件缺陷手册．青海：青海人民出版社，1981．5

㉛张毅主编．铸造工艺 CAD 及其应用．北京：机械工业出版社，1994.11
㉜朱华寅，王苏生编著．铸铁件浇冒口系统的设计与应用．北京：机械工业出版社，1991.1
㉝M.T. 罗利编．刘振康等译．国际铸件缺陷图谱．江苏：江苏科学技术出版社，1983.6
㉞叶容茂等编．铸造工艺课程设计手册．哈尔滨：哈尔滨工业大学出版社，1995.12
㉟刘幼华，胡起萱主编．冲天炉手册．北京：机械工业出版社，1990.4
㊱施廷藻主编．铸造实用手册．第 2 版．沈阳：东北大学出版社，1994.7
㊲杨可桢，程光蕴主编．机械设计基础．第三版．北京：高等教育出版社，1996.5
㊳黎克仕编著．感应炉熔炼铸铁．北京：机械工业出版社，1986.8
㊴李本栋编著．职工技术培训．辽宁：辽宁人民出版社，1981.5
㊵柳吉荣主编．（初级）铸造工技术．北京：机械工业出版社，1999.6
㊶柳吉荣主编．（中级）铸造工技术．北京：机械工业出版社，1999.5
㊷柳吉荣主编．（高级）铸造工技术．北京：机械工业出版社，1999.5
㊸张忍安主编．铸造工技师培训教材．北京：机械工业出版社，2001.7
㊹机械工业委员会统编．初级铸造工工艺学．北京：机械工业出版社，1997.1
㊺机械工业委员会统编．中级铸造工工艺学．北京：机械工业出版社，1996.11
㊻机械工业部统编．高级铸造工工艺学．北京：机械工业出版社，1998.3
㊼上海铸造协会编．简明铸工手册．第 2 版．北京：机械工业出版社，1999.11
㊽朱述曾主编．铸造工职业技能鉴定指南．北京：机械工业出版社，1996.12
㊾王文清，李魁盛编．铸造工艺学．北京：机械工业出版社，1998.10
㊿逯芝蓉，柳吉荣，谌学先编．铸造工基本操作技能（初级工）．北京：机械工业出版社，1998.4
51柳吉荣，苏朝国，栾新虹编著．铸造工操作技能与考核（中级工）．北京：机械工业出版社，1996.5
52吕伟凡主编．铸造工（初级、中级、高级）．职业技能鉴定指导．北京：中国劳动出版社，1997.11
53吕伟凡主编．铸造工（初级、中级、高级）．职业技能鉴定教材．北京：中国劳动出版社，1996.9
54葛晨光，张允华，朱文高编译．最新国际铸造标准．北京：机械工业出版社，1998.10
55机械工业部统编．铸工工艺学．技工教材．北京：机械工业出版社，1998.5
56李隆盛主编．铸造合金及熔炼．北京：机械工业出版社，1989.11
57李魁盛主编．铸造工艺及原理．高等学校教材．北京：机械工业出版社，1989.6
58中国标准出版社第三编辑室编．铸造标准汇编．北京：中国标准出版社，1997.9
59王秉刚，Keh Tung 等编译．QS－9000 及其配套手册中文本．天津：中国汽车技术研究中心，1997.6
60上海大众汽车有限公司译．质量管理体系审核．第三版．北京：北京理工大学出版社，1999.1
61黄敦谦，穆中元，金同颢等主编．中国机械工业企业管理手册．第一卷．北京：机械工业出版社，1991.6
62黄敦谦，曹仿颐等编．机械工业质量管理教材．修改版．中国机械工业质量管理协会，1990.1

⑥③王家炘编著．高强度铸铁．陕西：陕西机械学院，1990.10

⑥④郑国伟，文德邦主编．设备管理与维修工作手册．湖南：湖南科学技术出版社，1990.4

⑥⑤李慕洁主编．液压传动与气压传动．高等学校试用教材．北京：机械工业出版社，1987.5

机械行业国家职业资格培训教程

●国家职业技能鉴定指定辅导用书
●按照标准——教材——题库相衔接的原则编写
●中国劳动社会保障出版社独家出版发行

1.《国家职业标准——车工》
《机械加工通用基础知识》
《车工（初级技能　中级技能　高级技能）》
《车工（技师技能　高级技师技能）》
2.《国家职业标准——铣工》
《机械加工通用基础知识》
《铣工（初级技能　中级技能　高级技能）》
《铣工（技师技能　高级技师技能）》
3.《国家职业标准——磨工》
《机械加工通用基础知识》
《磨工（初级技能　中级技能　高级技能）》
《磨工（技师技能　高级技师技能）》
4.《国家职业标准——镗工》
《机械加工通用基础知识》
《镗工（初级技能　中级技能　高级技能）》
《镗工（技师技能　高级技师技能）》
5.《国家职业标准——装配钳工》
《机械加工通用基础知识》
《装配钳工（初级技能　中级技能　高级技能）》
《装配钳工（技师技能　高级技师技能）》
6.《国家职业标准——机修钳工》
《机械加工通用基础知识》
《机修钳工（初级技能　中级技能　高级技能）》
《机修钳工（技师技能　高级技师技能）》
7.《国家职业标准——工具钳工》
《机械加工通用基础知识》
《工具钳工（初级技能　中级技能　高级技能）》
《工具钳工（技师技能　高级技师技能）》
8.《国家职业标准——维修电工》
《维修电工（基础知识）》

《维修电工（初级技能　中级技能　高级技能）》
《维修电工（技师技能　高级技师技能）》
9.《国家职业标准——冷作钣金工》
《冷作钣金工（基础知识）》
《冷作钣金工（初级技能　中级技能　高级技能）》
《冷作钣金工（技师技能　高级技师技能）》
10.《国家职业标准——锻造工》
《锻造工（基础知识）》
《锻造工（初级技能　中级技能　高级技能）》
《锻造工（技师技能　高级技师技能）》
11.《国家职业标准——铸造工》
《铸造工（基础知识）》
《铸造工（初级技能　中级技能　高级技能）》
《铸造工（技师技能　高级技师技能）》
12.《国家职业标准——金属热处理工》
《金属热处理工（基础知识）》
《金属热处理工（初级技能　中级技能　高级技能）》
《金属热处理工（技师技能　高级技师技能）》
13.《国家职业标准——涂装工》
《涂装工（基础知识）》
《涂装工（初级技能　中级技能　高级技能）》
《涂装工（技师技能　高级技师技能）》
14.《国家职业标准——锅炉设备装配工》
《锅炉设备装配工（基础知识）》
《锅炉设备装配工（初级技能　中级技能　高级技能）》
《锅炉设备装配工（技师技能　高级技师技能）》
15.《国家职业标准——电机装配工》
《电机装配工（基础知识）》
《电机装配工（初级技能　中级技能　高级技能）》
《电机装配工（技师技能　高级技师技能）》
16.《国家职业标准——高低压电器装配工》
《高低压电器装配工（基础知识）》
《高低压电器装配工（初级技能　中级技能　高级技能）》
《高低压电器装配工（技师技能　高级技师技能）》
17.《国家职业标准——焊工》
《焊工（基础知识）》
《焊工（初级技能　中级技能　高级技能）》
《焊工（技师技能　高级技师技能）》